方李邦琴北京大学人文学科文库出版基金赞助

北京大学人文学科文库 | 北大外国哲学研究丛书

启蒙与理性
——西方近代早期人性论的嬗变

Enlightenment and Reason: The Evolution of Human Nature Theory in Early Modern Europe

尚新建　杜丽燕　著

图书在版编目(CIP)数据

启蒙与理性：西方近代早期人性论的嬗变/尚新建，杜丽燕著. —— 北京：北京大学出版社，2024.7.
（北京大学人文学科文库）. —— ISBN 978-7-301-35231-1

Ⅰ.B82-061

中国国家版本馆CIP数据核字第2024U4U313号

书　　　名	启蒙与理性：西方近代早期人性论的嬗变 QIMENG YU LIXING: XIFANG JINDAI ZAOQI RENXINGLUN DE SHANBIAN
著作责任者	尚新建　杜丽燕　著
责任编辑	田　炜　张晋旗
标准书号	ISBN 978-7-301-35231-1
出版发行	北京大学出版社
地　　　址	北京市海淀区成府路205号　100871
网　　　址	http://www.pku.cn　新浪微博 @北京大学出版社
电子邮箱	编辑部 wsz@pup.cn　总编室 zpup@pup.cn
电　　　话	邮购部 010-62752015　发行部 010-62750672 编辑部 010-62707742
印　刷　者	北京中科印刷有限公司
经　销　者	新华书店
	720毫米×1020毫米　16开本　33印张　536千字 2024年7月第1版　2024年7月第1次印刷
定　　　价	128.00元

未经许可，不得以任何方式复制或抄袭本书之部分或全部内容。
版权所有，侵权必究
举报电话：010-62752024　电子邮箱：fd@pup.cn
图书如有印装质量问题，请与出版部联系，电话：010-62756370

总 序

袁行霈

人文学科是北京大学的传统优势学科。早在京师大学堂建立之初，就设立了经学科、文学科，预科学生必须在5种外语中选修一种。京师大学堂于1912年改为现名，1917年，蔡元培先生出任北京大学校长，他"循思想自由原则，取兼容并包主义"，促进了思想解放和学术繁荣。1921年北大成立了四个全校性的研究所，下设自然科学、社会科学、国学和外国文学四门，人文学科仍然居于重要地位，广受社会的关注。这个传统一直沿袭下来，中华人民共和国成立后，1952年北京大学与清华大学、燕京大学三校的文、理科合并为现在的北京大学，大师云集，人文荟萃，成果斐然。改革开放后，北京大学的历史翻开了新的一页。

近十几年来，人文学科在学科建设、人才培养、师资队伍建设、教学科研等各方面改善了条件，取得了显著成绩。北大的人文学科门类齐全，在国内整体上居于优势地位，在世界上也占有引人瞩目的地位，相继出版了《中华文明史》《世界文明史》《世界现代化历程》《中国儒学史》《中国美学通史》《欧洲文学史》等高水平的著作，并主持了许多重大的考古项目，这些成果发挥着引领学术前进的作用。目前北大还承担着《儒藏》《中华文明探源》《北京大学藏西汉竹书》的整理与研究工作，以及《新编新注十三经》等重要项目。

与此同时，我们也清醒地看到，北大人文学科整体的绝对优势正在减弱，有的学科只具备相对优势了；有的成果规模优势明显，高度优势还有待提升。北大出了许多成果，但还要出思想，要产生影响人类命运和前途的思想理论。我们距离理想的目标还有相当长的距离，需要人文学科的老师和同学们加倍努力。

我曾经说过：与自然科学或社会科学相比，人文学科的成果，难以直接转化为生产力，给社会带来财富，人们或以为无用。其实，人文学科力求揭示人生的意义和价值、塑造理想的人格，指点人生趋向完美的境地。它能丰富人的精神，美化人的心灵，提升人的品德，协调人和自然的关系以及人和人的关系，促使人把自己掌握的知识和技术用到造福于人类的正道上来，这是人文无用之大用！试想，如果我们的心灵中没有诗意，我们的记忆中没有历史，我们的思考中没有哲理，我们的生活将成为什么样子？国家的强盛与否，将来不仅要看经济实力、国防实力，也要看国民的精神世界是否丰富，活得充实不充实，愉快不愉快，自在不自在，美不美。

一个民族，如果从根本上丧失了对人文学科的热情，丧失了对人文精神的追求和坚守，这个民族就丧失了进步的精神源泉。文化是一个民族的标志，是一个民族的根，在经济全球化的大趋势中，拥有几千年文化传统的中华民族，必须自觉维护自己的根，并以开放的态度吸取世界上其他民族的优秀文化，以跟上世界的潮流。站在这样的高度看待人文学科，我们深感责任之重大与紧迫。

北大人文学科的老师们蕴藏着巨大的潜力和创造性。我相信，只要使老师们的潜力充分发挥出来，北大人文学科便能克服种种障碍，在国内外开辟出一片新天地。

人文学科的研究主要是著书立说，以个体撰写著作为一大特点。除了需要协同研究的集体大项目外，我们还希望为教师独立探索，撰写、出版专著搭建平台，形成既具个体思想，又汇聚集体智慧的系列研究成果。为此，北京大学人文学部决定编辑出版"北京大学人文学科文库"，旨在汇集新时代北大人文学科的优秀成果，弘扬北大人文学科的学术传统，展示北大人文学科的整体实力和研究特色，为推动北大世界一流大学建设、促进人文学术发展做出贡献。

我们需要努力营造宽松的学术环境、浓厚的研究气氛。既要提倡教师根据国家的需要选择研究课题，集中人力物力进行研究，也鼓励教师按照自己的兴趣自由地选择课题。鼓励自由选题是"北京大学人文学科文库"的一个特点。

我们不可满足于泛泛的议论，也不可追求热闹，而应沉潜下来，认真钻研，将切实的成果贡献给社会。学术质量是"北京大学人文学科文库"的一大追求。文库的撰稿者会力求通过自己潜心研究、多年积累而成的优秀成果，来展示自己的学术水平。

我们要保持优良的学风，进一步突出北大的个性与特色。北大人要有大志气、大眼光、大手笔、大格局、大气象，做一些符合北大地位的事，做一些开风气之先的事。北大不能随波逐流，不能甘于平庸，不能跟在别人后面小打小闹。北大的学者要有与北大相称的气质、气节、气派、气势、气宇、气度、气韵和气象。北大的学者要致力于弘扬民族精神和时代精神，以提升国民的人文素质为己任。而承担这样的使命，首先要有谦逊的态度，向人民群众学习，向兄弟院校学习。切不可妄自尊大，目空一切。这也是"北京大学人文学科文库"力求展现的北大的人文素质。

这个文库目前有以下 17 套丛书：

"北大中国文学研究丛书"

"北大中国语言学研究丛书"

"北大比较文学与世界文学研究丛书"

"北大中国史研究丛书"

"北大世界史研究丛书"

"北大考古学研究丛书"

"北大马克思主义哲学研究丛书"

"北大中国哲学研究丛书"

"北大外国哲学研究丛书"

"北大东方文学研究丛书"

"北大欧美文学研究丛书"

"北大外国语言学研究丛书"
"北大艺术学研究丛书"
"北大对外汉语研究丛书"
"北大古典学研究丛书"
"北大古今融通研究丛书"
"北大人文跨学科研究丛书"[1]

这17套丛书仅收入学术新作,涵盖了北大人文学科的多个领域,它们的推出有利于读者整体了解当下北大人文学者的科研动态、学术实力和研究特色。这一文库将持续编辑出版,我们相信通过老中青学者的不断努力,其影响会越来越大,并将对北大人文学科的建设和北大创建世界一流大学起到积极作用,进而引起国际学术界的瞩目。

---

[1] 本文库中获得国家社科基金后期资助或入选国家社科基金成果文库的专著,因出版设计另有要求,因此加星号注标,在文库中存目。

"北大外国哲学研究丛书"序言

韩水法

北京大学是中国最早系统开设外国哲学课程，从事外国哲学研究的教育和学术机构。而在近代最早向中国引进和介绍外国哲学的先辈中，北大学者乃属中坚力量。自北大开校以来一百二十多年的历史中，名家辈出，成绩斐然，不仅有功于神州的外国哲学及其他思想的研究，而且也有助于中国现代社会的变迁。自20世纪80年代以降，北大外国哲学研究进入了一个新时期，学术领域不断拓展，学术视野日趋开阔，不同观点百家争鸣，学术风气趋向自由。巨大的转变，以及身处这个时代的学者的探索与努力带来了相应的成果。一大批学术论文、著作和译著陆续面世，开创了新局面，形成了新趋势。

本世纪初，在上述历史成就的背景之下，有鉴于北大外国哲学研究新作迭出，新人推浪，成果丰富，水平愈高，我们决定出版"北大外国哲学研究丛书"，计划陆续推出北大外国哲学研究领域有价值、有影响和有意义的著作，既展现学者辛勤劳作的成果，亦使读者方便获得，并有利于与国内外同行交流。

中国的外国哲学研究是一项巨大的学术事业，国内许多大学和科学院的哲学机构都大力支持和促进这项事业的发展，使之在纵深和高度上同时并进。而在今天，中国的外国哲学研究亦越来越国际化，许多一流的国际学者被请至国内各大学开设课程，做讲演，参加各种会议和工作坊。因此，研究人才的水平迅速提高，研究成果的质量日益升华。在这样一个局面之下，北京大学的外国哲学研究虽然依然保持领先地位，但要维持这个地位并且更上层楼，就要从各个方面加倍努力，本套丛书正是努力的一个体现。

"北大外国哲学研究丛书"第一辑在商务印书馆出版，发行之后，颇得学界肯定。第二辑移至北京大学出版社出版，亦得到学界好评。此套丛书只是展现了北大外国哲学研究的一个侧面，因为它所收录的只是北大外国哲学研究者的部分著作，许多著作因为各种原因未能收入其中。当时的计划是通过持续的努力，将更多的研究著作汇入丛书，以成大观。

北京大学人文学部于2016年启动了"北京大学人文学科文库"，"北大外国哲学研究丛书"被纳入了这个文库之中，进入了它第三辑的周期。与前二辑不同，按照"北京大学人文学科文库"的准则，本辑只收录著作，而不包括论文集。我们希望，通过这个文库，有更多的外国哲学研究的优秀著作在这个丛书中出版，并在各个方面都更上层楼，而为北京大学的外国哲学研究踵事增华。

2019 年 6 月 1 日

目　录

前言　啊，人 ……………………………………………… 001
　一、本书的缘起 ……………………………………… 001
　二、国内外研究状况 ………………………………… 004
　三、本书结构 ………………………………………… 006

导　论 ………………………………………………… 008
　一、关于中世纪 ……………………………………… 008
　二、蛮族日耳曼人 …………………………………… 012
　三、日耳曼人与封建制 ……………………………… 015
　　1. 奴隶制瓦解 …………………………………… 015
　　2. 封建制 ………………………………………… 015
　　3. 西欧封建制度的形成 ………………………… 017
　四、关于十字军东征 ………………………………… 020
　　1. 简述 …………………………………………… 020
　　2. 促成十字军东征的原因：众说纷纭 ………… 022
　五、十字军东征与使用暴力手段的心理习惯 ……… 025
　　1. 十字军东征使暴力手段排斥异己成为一种心理习惯 …… 025
　　2. 欧洲用暴力手段迫害犹太人的历史由此开始 ………… 026
　　3. 宗教裁判所产生 ……………………………… 027

  4. 使封建制受到无以挽回的重创 ················· 028
六、十字军东征与欧洲近代城市的兴起 ················· 029
  1. 希腊城邦 ··· 029
  2. 罗马城镇 ··· 032
  3. 中世纪城市的兴起 ································· 034
七、十字军东征与文艺复兴 ······························ 038
  1. 亚里士多德主义进入欧洲 ························ 039
  2. 欧洲大学产生 ······································ 043
八、十字军东征与宗教改革 ······························ 045
  1. 最大的赢家，也是最大的输家 ·················· 045
  2. 宗教改革 ··· 048

第一编　近代人性论拉开序幕

第一章　文艺复兴的基调——人 ······················ 053
一、关于文艺复兴 ·· 053
二、文艺复兴时期"人的发现" ························· 056
  1. 文艺复兴的底色——人 ··························· 057
  2. 上帝是建筑师，人是审美者 ····················· 058
  3. 人是有自由意志的生物 ··························· 059
  4. 人可以与天使同位 ································· 061
三、文艺复兴研究者眼中"人的发现" ················· 063
  1. 伏尔泰关注自由问题 ······························ 063
  2. 布克哈特和后布克哈特"人的发现" ·········· 066
四、几个问题 ·· 073
  1. 文艺复兴时期是走向世俗化的开始，但是，人们依然
    持有基督徒式的虔诚 ······························ 073
  2. 理性地位提升，然而是信仰体系下的提升 ····· 074
  3. 崇尚自由是文艺复兴时代基本的气质 ·········· 075
  4. 文艺复兴时期的人是独立的个人 ··············· 076

5. 世俗的价值取向崭露头角 ································· 077

第二章　中世纪晚期的科学革命 ································· 079
　一、科学与宗教关系面面观 ································· 081
　二、中世纪基督教是希腊科学的摆渡者 ································· 090
　　1. 摆渡何以可能？ ································· 091
　　2. 不得不摆渡 ································· 098
　三、哥白尼革命及科学革命的若干问题 ································· 108
　　1. 哥白尼革命及其影响 ································· 108
　　2. 哥白尼等人的天文学变革何以谓之科学革命 ································· 113
　四、关于科学革命 ································· 119
　五、关于科学与科学精神 ································· 123
　结　语 ································· 128

第三章　宗教改革对近代人性论的影响 ································· 131
　一、基督教信仰是道德性的 ································· 131
　二、十字军东征的影响 ································· 133
　三、集权导致教会腐败，腐败诱发改革 ································· 134
　四、宗教改革是场经济和政治斗争 ································· 138
　五、宗教改革的义理 ································· 141
　　1. 坚持奥古斯丁的原罪说 ································· 141
　　2. 关于自由意志的讨论 ································· 145
　　3. 君权神授 ································· 152
　　4. 赋予职业以神圣 ································· 155

第二编　自然法：人性论走向近代的拐点

第四章　古典自然法问题 ································· 161
　一、希腊人的自然法 ································· 162
　　1. 从神话到自然 ································· 162

  2. 赫拉克利特 ································ 164
  3. 柏拉图 ···································· 168
  4. 亚里士多德 ······························ 173
 二、斯多亚派 ····································· 180
  1. 世界主义 ································ 180
  2. 对人的定位的改变 ···················· 181
 三、西塞罗：理性、大自然、法 ··········· 189

第五章　中世纪自然法问题 ················ 192
 一、奥古斯丁：永恒的法和世俗的法 ····· 192
  1. 论恶 ······································ 194
  2. 永恒的法律和属世的法律 ············ 196
 二、阿奎那：四种法 ···························· 198
  1. 什么是法律？ ·························· 199
  2. 四分法 ··································· 201

第六章　中世纪晚期和近代早期的自然法 ···· 207
 一、格劳秀斯：自然法与自然权利 ········ 207
  1. 自然法思想 ····························· 207
  2. 对格劳秀斯的几种评价 ·············· 211
 二、普芬道夫：社会性是自然法的基石 ··· 217
  1. 普芬道夫是一个不可规避的人物 ··· 217
  2. 为自然法划界 ·························· 219
  3. 人是激情动物，这便导致人性恶 ··· 221
  4. 最基本的自然法是尽其所能地保存社会性　223
  5. 人的自然状态 ·························· 226
  6. 国家的作用 ····························· 229
 小　结 ··· 232

第三编　近代经验主义人性论的嬗变

第七章　霍布斯的人与人造人 ········· 237
一、人性的基础 ········· 238
　　1. 人是大自然最精美的艺术品 ········· 239
　　2. 人性：人是自然人 ········· 240
　　3. 人性：激情与理性 ········· 243
　　4. 人性：理性 ········· 247
二、人的自然状态 ········· 252
　　1. 人的自然状态 ········· 252
　　2. 如何看待人的自然状态 ········· 256
三、自然法 ········· 260
　　1. 第一自然法：力求和平、寻求自保 ········· 261
　　2. 第二自然法：为求和平和自保自愿出让权利，形成契约关系 ········· 264
　　3. 第三自然法和其他自然法：践行契约 ········· 267
四、自然法的性质 ········· 273
　　1. 自然法是道德法则 ········· 274
　　2. 自然法是神法 ········· 280
五、人造人——利维坦 ········· 284
　　1. 利维坦中的人（person） ········· 285
　　2. 人造的人 ········· 288
　　3. 君主是什么人？ ········· 291
六、相关问题的几点思考 ········· 294
　　1. 个人及人的拯救 ········· 295
　　2. 人的自由 ········· 297
　　3. 个人权利 ········· 300
　　4. 理性 ········· 302

第八章　洛克：人的自然状态与公民社会状态 ········· 307
一、人的自然状态 ········· 308
1. 人的自然状态的意涵 ········· 309
2. 自然状态与战争状态 ········· 312
3. 自然状态何以可能？········· 314
二、人的自然权利 ········· 316
1. 原初的自然权利 ········· 316
2. 人的财产权和仲裁权 ········· 318
3. 自然法 ········· 324
三、人的自由 ········· 328
1. 人的行动自由 ········· 329
2. 信仰自由 ········· 333
四、人的平等 ········· 340
1. 人的自然平等：人生而平等 ········· 340
2. 政治权利的平等 ········· 343

第九章　曼德维尔：私人的欲望，公众的利益 ········· 348
一、曼德维尔悖论 ········· 350
1. 欲望蜂巢 ········· 351
2. 何为悖论 ········· 357
二、曼德维尔悖论所面临的价值体系 ········· 358
1. 柏拉图的正义 ········· 358
2. 基督徒的爱 ········· 369
三、人实际上是什么 ········· 376
1. 希腊哲学家提出：人是什么？········· 376
2. 基督教追问："我是谁？" ········· 379
3. 启蒙关注的首要问题之一是人性 ········· 381
4. 曼德维尔的回答 ········· 384
四、罪恶产生公众利益 ········· 394

     1. 一般商业活动可以带来公众利益 ·· 395
     2. 犯罪行为可以产生公众利益 ·· 397
     3. 贪婪挥霍造福社会 ·· 399
     4. 国家重臣的自私和野心为民造福 ······································ 401
  五、曼德维尔引发的理论思考 ··· 402
     1. 引发了休谟的反理性主义 ·· 403
     2. 正义的行为并不是产生于正义的动机 ······························· 406
     3. 经济人 ··· 408
     4. 结果主义 ·· 411
     5. 人的发现的另一种说法 ··· 412

第四编　近代理性主义人性论的嬗变

第十章　笛卡尔：我、我思、人 ·· 415
  一、人在哲学之树中 ·· 416
  二、"我"与"人" ·· 419
  三、普遍怀疑 ··· 421
     1. 形而上学的起点 ··· 421
     2. 梦还是醒 ··· 426
     3. 欺人的恶魔 ·· 431
  四、我思故我在 ·· 433
     1. 寻求知识的确定性 ·· 433
     2. "我思"的二重含义 ·· 434
     3. 我在 ··· 438
  五、人的心灵的本质 ·· 445
  六、人：身体及其与心灵的统一体 ·· 451
  七、结语 ··· 455

第十一章　斯宾诺莎：上帝、实体、人 ·· 457
  一、上帝是唯一实体 ·· 459

二、人是什么？ …… 469
1. 人不是什么？ …… 470
2. 人是被产生的自然 …… 472
3. 人的身心统一于上帝 …… 473
4. 人的情感 …… 479
5. 人性的改进 …… 484

三、人的权利和自由 …… 487
1. 神学与哲学互不隶属 …… 487
2. 人的自然权利 …… 489
3. 国家辖下的个人权利 …… 493
4. 人的自由 …… 496

所引文献 …… 501
1. 西文部分 …… 501
2. 中文部分 …… 504

后　记 …… 513

前言　啊，人

一、本书的缘起

20世纪70年代末到80年代前期，国内思想界曾经发生过一场关于人性论、人道主义的大讨论。作为哲学系的学生，我们关注的焦点，当然是理论讨论。大约在20世纪80年代初，一个偶然的机会，我们发现了戴厚英先生的长篇小说《人啊，人》。也许是由于文学作品通俗易懂，并具有感性的表达形式、形象的语言描绘和强烈的人文关怀等特点吧，我们似乎一下子就被这个主题迷住了。就在未接触此书的几年前，当时还处于"文革"时期，我们曾经读过一本书：《地主资产阶级人性论资料选编》[1]。自那时起，我们似乎被灌输了一个说法，即人性论、人道主义是属于地主资产阶级的，不是什么好东西。

但没过几年时间，我们居然可以公开讨论人性论、人道主义了。不只是批判，还有描述、讨论、辩护与褒扬。真是"锦江春色来天地，玉垒浮云变古今"。不过，讨论很快就结束了。虽然后来人们不再讨论这样的问题，然而当时提出的理论问题却依然没有解决，只是学界不再谈论而已。

今天我们重拾人性问题，固然与80年代前后国内讨论所引发的兴趣

---

[1] 这本书由中央党校编写小组编，于1973年由商务印书馆出版。

相关，同时，也是因为我们一直浸淫于西方近代哲学，对于十字军东征以降到18世纪启蒙运动时期关于人性问题的讨论有着浓厚的兴趣。于是，笔者便萌生了对近代早期人性理论进行全面梳理和研究的念头，试图研究和梳理人性理论在近代启蒙过程中的起源、发展和演变，探究各种人性理论背后的形而上学基础，揭示其基本内涵、精神实质和理论意义，思考和评价其得失，借以解决人性研究中的一些重要理论问题。2014年，这个想法付诸实施，此项研究被教育部人文社科基地立项为重大项目。[1] 本书是在这个项目的研究基础上形成的。

这里所说的西方近代启蒙是广义的，并非单纯指西方近代史上曾经发生的一场运动或一股短暂的思潮，而是涵盖整个西方近现代的（modern）思想文化建设，体现西方近现代文明的基本精神和核心价值体系，相对于古代和中世纪而言，西方近代启蒙是对于整个西方文化的重新塑造。这种文化塑造的重心是关于人性的重新塑造。因此不难理解，为什么在近代，几乎每一个哲学家或学者都强调研究人性的重要性："几乎每一种启蒙著作都充满了有关人性方面的观念，这些观念举足轻重，且常常面目一新，令人激动。"[2] 像休谟这样伟大的哲学家，甚至尝试建立一个专门研究人性的科学——人学（the science of man）。休谟认为，"关于人的科学是其他科学的唯一牢固的基础"[3]，因为"显然，一切科学对于人性总是或多或少地有些关系，任何学科不论似乎与人性离得多远，它们总是会通过这样或那样的途径回到人性……因此，在试图说明人性的原理的时候，我们实际上就是在提出一个建立在几乎是全新的基础上的完整的科学体系，而这个基础也正是一切科学唯一稳固的基础"[4]。按照这种理解，近代哲学与人性研究密切相关，二者是相互渗透，密不可分的。启蒙哲学的集大成者康德，将全部人类知识概括为四个问题：我能知道什么？我应当做什么？我希望什么？人是什么？第一个问题是形而上学问题，第

---

[1] 项目名称：《启蒙与人性论的嬗变》（教育部人文社会科学重点研究基地重大项目，项目批号14JJD720019）。
[2] Hyland, P.(ed.), *The Enlightenment: A Sourcebook and Reader,* London: Routledge, 2003, p.3.
[3] 休谟：《人性论》上册，关文运译，郑之骧校，商务印书馆，1996年，第8页。
[4] 同上书，第6—8页。

二个问题是道德问题,第三个问题是宗教问题,第四个问题是人类学问题。最终所有问题都归结为第四个问题。第四个问题"人是什么"就是要探究人的本质,探究人性,即人之为人根本在于什么。显而易见,人性理论在启蒙哲学家那里占据极其重要的地位。由此,也产生一些极其重要的问题:启蒙思想家为什么如此注重人性?人性研究在什么意义上成为其他科学的基础?启蒙思想家眼中的人性具有什么特征?其不同的人性理论建立在何种哲学的基础上?这些理论能否成立?它们产生何种影响?其利弊何在?等等。以上诸类问题,正是本书所研究和试图解决的。

自20世纪以来,西方学者,尤其后现代主义思想家,对启蒙思想和现代性进行了全面反思和批判,其中不乏对人性理论的批判,其批判的核心在于否定统一的人性,否定人的自立具有合法性。如果没有统一的人性,建立其上的各种启蒙理论就丧失了统一的依据,丧失了普遍必然性;如果人类不能自立,其本性和命运就必然受制于他者,甚至为超自然的神秘力量所支配。面对这些挑战,西方许多学者纷纷做出回应,或者重新考察历史,将统一的启蒙分解为多重启蒙;或者重新建构近代哲学家的人性理论,凸显各自的差异和特点;或者利用新的理论资源,重新解释人性;或者捍卫人性的统一性,通过普遍与特殊的辩证关系为启蒙人性辩护。所有这些讨论,导致西方理论界对人性理论产生了新的热切关注,从而促使人性论研究得到新的拓展和深化。本书试图通过充分吸收当今西方学界的研究成果,从新的理论高度重新审视和评估启蒙时期的人性论及其演化规律。

就人类社会的现代化进程而言,中国是个后发国家。如何借鉴发达国家现代化的历史经验,避免其教训,始终是我国理论工作者的社会责任和历史使命。笔者相信,对于启蒙时期的人性理论的研究将会给我们提供一个很好的理论参照,具有重要的实践意义。况且,我们自己的现代化深植于深厚的中国文化与传统的土壤之上,其特殊的社会政治境遇会不断提出新的人性理论问题,若能与西方启蒙时期的人性理论对照思考,将有助于理论的创新。

二、国内外研究状况

国外一些研究启蒙思想和近代思想史的专著，往往会辟专章讨论人性论问题。例如，彼得·盖伊（Peter Gay）的《启蒙时代》（*The Enlightenment: An Interpretation*），第 2 卷专设"人的科学"一章。该书反映了 20 世纪 60 年代西方学界的主流观点，是启蒙统一说最重要的代表作之一（另一部是卡西尔的《启蒙哲学》），它对人性论的分析深受这种统一观的影响。20 世纪末启蒙离散说渐成气候，其认为启蒙是多样的，在不同国家或不同时期呈现完全不同的性质，而其思想倾向大相径庭。例如，达恩顿（Robert Darnton）、阿尔德里奇（A. O. Aldridge）、梅（H. F. May）等人的著作，便反映这种倾向，对于我们深入理解启蒙的内涵大有助益。他们对近代不同启蒙思潮下的人性论的评价，可以为我们重新审视启蒙的人性理论及其演变提供多重的新视角。现代哲学家，例如霍克海默、阿多诺、哈贝马斯、弗洛姆、福柯等人对启蒙的反思和批判，亦对我们重新深入理解启蒙的内涵有很大启发。当今学者伯林（I. Berlin）、以色雷尔（J. I. Israel）等人的研究成果，也是我们重要的参考文献。

直接研究启蒙人性论的专著多针对一个思想家，往往是围绕他们关于人性的某部著作或某个理论（如自然哲学、政治哲学、伦理道德）进行诠释和分析，有些研究颇有深度。我们的课题将在对近代思想家原著的研读基础上，借助以上研究文献来系统梳理近代思想家的人性理论，充分吸收和反映西方当前的研究成果。因为这类著作甚多，这里就不一一列举。

对启蒙时代或某个国家的人性论进行系统研究的作品，近些年并不多见，但有两部重要的文献值得一提：（1）亨利·维弗伯格（Henry Vyverberg）的《人性、文化多样性和法国启蒙运动》（*Human Nature, Cultural Diversity, and the French Enlightenment*）。该书旨在探索法国启蒙思想的核心概念"人性"的演变过程及其结果。法国哲人一般将人性理解为普遍的、不变的，尽管可能因地理、社会、历史、教育等因素而有样态的变化，但其实质不变；而这与经验主义者认同的文化的多样性相冲突。作者分析了这种冲突的原因，指出了法国哲人追求人性齐一性的误区，但也证明了他们在一定程度上承认这种齐一是有局限的。（2）罗伯特·卡明（Robert D. Cumming）的《人性与历史：自由主义政治思想发展研究》（*Human Nature and History: A Study of the Development of Liberal Political Thought*）。该书重点探讨了人性论及其对自由主义政治思想的影响。自由主义者常把自己视为现代人性的代表，不过，自由主义者对于自由的认同有两种完全不同的方式：一种是理性的、抽象的自由，如特里林（Lionel Trilling）的《自由的想象》（*The Liberal Imagination*）；另一种是社会历史的自由，如拉斯基（Harold J. Laski）的《欧洲自由主义的兴起》（*The Rise of European Liberalism*）。两种不同的认同方式体现出完全不同的解释人性的方式和理论。不过，二者的共同点在于他们试图修正并构建新的解释原则和理论架构，借以重构关于近代人道主义的兴起和人性的理论，说明历史上人性论与个人主义、功利主义和自由主义的内在关联；由此展示自由主义的意义及其局限。

1949年之后，国内学者曾经对人性论研究表现出极大的热情，特别是20世纪70年代末到80年中期那场席卷全国的人道主义大讨论，把人性的研究推向高潮。但是由于时代的限制，关于人性讨论的意识形态色彩多于学术探讨，未能在理论上有更多建树，这不能不说是一个遗憾。然而可贵的是，前辈学者毕竟提出了问题。90年代后对人性论最重要的研究是赵敦华教授主编的《西方人学观念史》（北京出版社，2005年）。该书采取观念史的方法，把西方历史上出现的人的概念概括为九类：宗教人、文化人、自然人、理性人、生物人、文明人、行为人、心理人、存在人，对深刻理解人的含义具有重要意义。但该书并未专门分析和讨论西方近代人性理论的哲学内涵及其演变。

总之，目前国内对人性的研究依然较为缺乏，尤其在哲学上围绕人性所做的理论探讨仍嫌不足，至于系统的、深入的研究更是极为罕见。而启蒙人性理论，因其视角多样、观点复杂、内容丰富，需要我们认真总结、梳理和分析。

三、本书结构

卡西尔在《启蒙哲学》第一章第一节援引达朗贝尔《哲学原理》卷首的一段话，对西方三百年的思想历程做了简洁的描述："在近三百年来的精神生活中，18世纪中叶无疑是一个重要的转折点。文艺复兴运动始于15世纪中叶；宗教改革运动在16世纪中叶达到高潮；而在17世纪中叶，由于笛卡尔哲学的胜利，使人们对整个世界的看法发生了根本转变。"[1]本书的主旨，在于探讨17世纪，即西方近代早期的人性理论。西方近代早期的人性理论是从中世纪末的文艺复兴、宗教改革和科技革命的历史背景下滋生出来的，因此，对于近代早期人性理论的探讨，就不可避免地要延伸到文艺复兴。而文艺复兴与十字军东征有着千丝万缕的联系，于是我们的目光需再度延伸至中世纪。

本书的导论首先界定西方中世纪的意涵，简略探讨中世纪的历史进程及其特征。尔后，以较大篇幅探讨十字军东征的始末、其历史得失以及其与文艺复兴和宗教改革的关系。导论部分试图对中世纪时期与人性相关的各种要素加以阐释，以期表明，近（现）代人性理论与中世纪的内在关联。近代人无论与中世纪时期的人有多么不同，无论多么想与中世纪断然切割，都无法否认一个事实：他们的思想源于中世纪。就像人由猿进化而来一样，无论一个人多么衣冠楚楚，都少不了与猿相似的基因。

全书共分四编。

第一编阐释西方近代人性论的序幕，由三章组成，分别讨论文艺复兴、科学革命和宗教改革如何为近代人性理论的诞生和形成奠定基础。这是近代人性论的准备阶段，西方学界习惯将其列为一个单独的阶段，视为从中世纪向近代的过渡阶段。

第二编关注自然法，断言自然法理论的改变是人性理论走向近代的一

---

[1] E. 卡西尔：《启蒙哲学》，顾伟铭、杨光仲、郑楚宣译，山东人民出版社，1988年，第1页。

个拐点。本编由三章组成，简略勾勒自古希腊到17世纪的普芬道夫以来的自然法问题，强调自然法问题自产生之时，就与诸神、上帝、人性、善与恶、人的道德密切关联。确切地说，它关涉人是什么，即人应该是什么和人实际上是什么的问题。近代早期的自然法理论以格劳秀斯和普芬道夫为代表，其问题、结构、风格与古代中世纪都有极大的差异。这种变化反映出不同时期的哲人对人性善与恶不同的理解及其态度。

第三编阐述西方近代经验主义人性论，由三章组成，分别讨论霍布斯、洛克和曼德维尔的人性理论。无论是霍布斯出于对战乱的恐惧有感而发的每个人反对每个人的战争状态，还是洛克从常识出发淡然做出的对人的自然本性的认可，抑或是曼德维尔那吵吵闹闹的欲望蜂巢所告诉我们的真相，都为我们呈现了一幅人类的"画像"——人就是如此的不堪，而这三位思想家无一不是从身边的经验和利益出发来构筑一个理论体系，从而昭示人实际上是什么。人应当是什么之"应当"属于古典时代的命题，而从近代早期开始，"人应当是什么"就被"人实际上是什么"所置换。

第四编论述西方近代理性主义人性论，由两章组成，分别讨论笛卡尔和斯宾诺莎。两位理性主义者强调理性在塑造现代人性过程的核心作用，理性不仅约束激情，指导实践活动，而且亦是理论构建的出发点。17世纪的人逐渐褪去神性，不仅激情驱使着人的肉身，就连理性也期盼着松解与神的密切联系。人被从上帝的怀抱中请了出来，自亚当"尘归尘，土归土"之后，人第一次自觉地立足于大地。挣脱上帝怀抱的人一方面与上帝、教会依然藕断丝连，这在人性问题上尤其突出；另一方面，人的一只脚已经牢牢站立在大地上，这个"泥腿子"的形象似乎告诉我们，人原本就是这个样子：有肉体，有欲望，有激情，当然也有理性。这种形象或许处于圣俗之间吧。至于人完全地世俗化，那是18世纪的事情了。

导　论

公元476年，西罗马帝国灭亡；从476年到1453年东罗马帝国的灭亡——随后诞生了近代欧洲（西欧），欧洲经历了大约一千年的间歇期，这段时期被称作欧洲中世纪，即欧洲的封建时代。笔者（杜丽燕）《爱的福音：中世纪基督教人道主义》[1]一书，讨论了中世纪的各种人道主义学说，最后以但丁收尾。但丁是13世纪末意大利诗人哲学家，现代意大利语的奠基者，欧洲文艺复兴的开拓人物之一，按照恩格斯的评价，但丁"是中世纪的最后一位诗人，同时又是新时代的最初一位诗人"[2]。本书将从中世纪晚期——文艺复兴、宗教改革、科技革命为起点，开启近代人性论、人道主义的历程。

一、关于中世纪

15世纪后期，意大利人文主义者比昂多（Flavio Biondo, 1392—1463年）使用"中世纪"（"Medieval Ages"或"The Middle Ages"）一词用

---

[1] 参见杜丽燕：《爱的福音：中世纪基督教人道主义》，华夏出版社，2005年。
[2] 恩格斯："《共产党宣言》意大利文版序言"，见《马克思恩格斯选集》第一卷，人民出版社，1995年，第269页。

以描述西方近一千年的历史时期。这个时期的欧洲频繁陷入封建割据带来的战争之中。战争造成科技和生产力发展停滞，民众生活在毫无希望的痛苦中，所以中世纪（准确地说是中世纪早期）又被称作"黑暗时代"（Dark Ages）。据说，"黑暗时代"的说法来自意大利的人文主义者（人道主义者）彼特拉克（Petrarch），其用以描述后罗马时代，而与古典时代的"光明"相对照。换言之，近一千年的中世纪是沉睡的荒原，隔绝了希腊罗马盛世的辉煌和欧洲未来的希望。

关于中世纪的这种看法，整整持续了五百年之久。

在这期间，受文艺复兴和宗教改革的影响，西方世界似乎醉心于这样的说法：罗马帝国被杀死了，中世纪开始于地中海古代文明趋于消亡之时。"今天，一提到'中世纪'（medieval）这个词，人们脑海里就浮现出许多可悲可叹的事物，比如宵禁制度、残酷专制的政府、混乱的等级制度。"[1] 5—15世纪的一千余年，被视为欧洲文明走过的一段漫长而愚蠢的弯路，是横亘在罗马帝国与意大利文艺复兴之间的巨大错误，是一重重铅灰色的迷雾。于是，中世纪被视为"黑暗时代"。

最早对这些说法质疑的人已不可知，笔者在有限的阅读中看到，在欧洲学术重镇剑桥就有学者对这些说法颇不以为然。他们认为，"罗马帝国被杀死了"的论调实在不可取。任何一种文明都会由幼年逐渐走向成熟，乃至衰老，也会出现文明的更替和转变。事实上，文明不会消亡，但它会转变，这种转变是从一个模式向另一个模式的转变。

汤普逊从经济社会的视角出发，用详细的笔触和数据论证了，欧洲千年中世纪的发展历程如何促成了一个新欧洲的诞生，他尤其强调十字军东征的作用：

> 在十三世纪，欧洲曾发生一次革命式的改革。部分由于十字军运动，部分由于与此运动无关的力量，一个新欧洲，就是，一个还保存

---

[1] 朱迪斯·M. 本内特、C. 沃伦·霍利斯特：《欧洲中世纪史（第10版）》，杨宁、李韵译，上海社会科学院出版社，2007年，第1页。

着很多中世纪的东西,同时也具有按本质论很多近代特征的欧洲已经出现。如果可以说十三世纪是中世纪的结束,也可以同样正确地说,它是近代时期的开端。[1]

朱迪斯·M.本内特直言不讳地说:"无论如何,中世纪都不是一个沉睡的、可怕的时代,而是一个充满变化的时代。"[2] 倘若我们接受这一见解,从而更加客观地看待欧洲中世纪,或许我们能够更准确地理解欧洲近代的产生、近代的价值观,以及近代的政治、经济、文化。

如果罗马帝国的灭亡不是古代文明的消亡,而是一次文明的更替,那么这次更替的遗产是什么?或者说,入侵罗马帝国的蛮族,从罗马帝国继承了什么遗产?又给西方世界带来了什么?说中世纪"完成了整个劳动史上若干最大的社会与经济变革"[3]、中世纪是一个充满变化的时代,皆是指在一千年的中世纪里,欧洲,特别是西欧发生了巨大的变化,而这种变化"远比历史遗留的传统和'遗产'要多"[4]。笔者还想补充一句:有一个基本的事实,恐怕比这些学者历数的贡献更值得重视,就是中世纪的代表作——近代欧洲。

到了8世纪中叶,也就是日耳曼人入侵罗马帝国的三个世纪之后,在前罗马帝国的版图上形成三足鼎立之势:伊斯兰、东罗马帝国的拜占庭、西方基督教世界。西方基督教世界的霸主是法兰克人,这一时期他们统治的土地被史学家称为"加洛林帝国"——加洛林帝国统治着西欧的大片土地。帝国的统治者是赫赫有名的查理曼大帝,"在他的统治之下,西欧的各个文化成分——高卢-罗马文化、基督教文化和蛮族文化——开始混合成为一个新的整体"[5]。这是一种新的欧洲文化。查理曼的帝国又被称作

---

[1] 汤普逊:《中世纪经济社会史(300—1300年)》下册,耿淡如译,商务印书馆,1997年,第443页。
[2] 本内特、霍利斯特:《欧洲中世纪史》,第2页。
[3] P.布瓦松纳:《中世纪欧洲生活和劳动(五至十五世纪)》,潘源来译,商务印书馆,1985年,第1页。
[4] 罗伯特·福西耶主编:《剑桥插图中世纪史(350—950年)》,陈志强、崔艳红、郭云艳等译,山东画报出版社,2006年,第12页。
[5] 本内特、霍利斯特:《欧洲中世纪史》,第104页。

"欧洲帝国"（*Regnum Europae,* 即 realm of Europe）。"许多历史学家一致同意将查理曼的成就定性为建立了'第一个欧洲'。"[1] "第一个欧洲"，即中世纪的欧洲，仅是这一称谓，便可以看到中世纪对于欧洲的历史进程有着怎样的影响：

> "欧洲人"概念的使用晚于罗马时期而始见于八世纪，那时居住在西班牙的法兰克人和居住在那里的穆斯林居民发生了冲突。732年，一名西班牙编年史学家把打败了穆斯林的法兰克人称为"欧洲人"。[2]
>
> 中世纪欧洲文明创建于古典、基督教及日耳曼三种文化的综合。在安布鲁斯、哲罗姆及奥古斯丁时代，已经完成古典-基督教文化实质性的综合，但日耳曼文化的冲击，才刚刚开始，直至八世纪左右，古典-基督教与日耳曼文化方告融合，自此以后，才能说西方文明正式诞生。[3]

这里所说的古典，指希腊罗马文明，即地中海文明。关于希腊的柏拉图主义和新柏拉图主义、亚里士多德和亚里士多德主义、希腊罗马的政治及法理思想与基督教融合的问题，笔者（杜丽燕）在《爱的福音：中世纪基督教人道主义》中已经有过叙述，这里不再重复探讨。笔者拟用一定的篇幅来探讨与日耳曼人相关的问题。

需要强调的是，我们同样不能忽视另外一个事实，即文艺复兴时期的人道主义者对于中世纪的种种指控，尤其是对残酷的专制政府、混乱的等级制度、无自由的状态的指控。无论我们怎样评价中世纪的地位和影响，都不能否认它的黑暗与残酷。

---

[1] 本内特、霍利斯特：《欧洲中世纪史》，第104页。
[2] 陈乐民、周弘：《欧洲文明的进程》，生活·读书·新知三联书店，2003年，第27页。
[3] C. 沃伦·霍莱斯特：《欧洲中世纪简史》，陶松寿译，陶松云校，商务印书馆，1988年，第18页。

二、蛮族日耳曼人

罗马帝国灭亡到欧洲中世纪的产生,中间有过一段日耳曼民族大迁徙。3世纪左右,阿兰人、匈人开始扩张,迫使日耳曼的一些公社南下,形成了一个多米诺骨牌效应,从而引发了一连串的民族迁徙、入侵和移民运动。民族大迁徙使日耳曼人来到罗马帝国的边界,并与罗马帝国内的居民进行和平贸易。后来他们虽凭借武力灭掉了罗马帝国,但也承袭了罗马帝国的文明,正如布罗代尔所说:

> 蛮族之所以取胜,每次都因为它一半已文明化了。在进入邻居的内室以前,它已在前厅等了很久,并敲过十次大门。它对邻居的文明即使尚未操练得尽善尽美,但在耳濡目染之下。至少已受到很深的影响。……尤其是蛮族的胜利为时短暂。他们很快就为被征服者的文明同化。[1]

正是因为日耳曼人被罗马文明同化,他们才有可能成为罗马文明最重要的继承人。

日耳曼人是对入侵罗马帝国诸部族的总称,包括法兰克人、盎格鲁-撒克逊人、西哥特人、东哥特人、汪达尔人等,是后人对入侵部族的称呼。这些部族并不这样称谓自己,他们称自己为法兰克人或汪达尔人等,即所属部族名称。在入侵罗马帝国之前,这些部族曾经居住在北欧斯堪的纳维亚地区。

关于日耳曼人的习俗,西方学界通常采用的原始资料是塔西佗的《日

---

[1] 转引自陈乐民、周弘:《欧洲文明的进程》,第41页。参见布罗代尔:《15—18世纪的物质文明、经济和资本主义》(第一卷),顾良译,施康强校,生活·读书·新知三联书店,1992年,第106—108页。

耳曼尼亚志》[1]。这本书写于公元98年,是一部最早全面记录日耳曼人的文献,至今依然是研究日耳曼人的重要经典文献之一。

塔西佗时代的日耳曼人,社会组织还保留着石器时代的文化痕迹。主要活动是种地、放牧及战争。暴力活动是内部和部落之间司空见惯的事情。生活状况大约是,农产品丰富,家畜成群。商业活动是以物易物,而不太重视金银,当然,居住在罗马帝国边境的那些日耳曼人除外。

日耳曼人的司法体制特别值得一提。虽然他们的法律比较粗糙,但是"对于西欧思想领域却有一项重大贡献,那就是日耳曼法律体系中含有法律产生于人类古老的习俗,而不是统治者的意志这样一种概念,由于法律超越王权,没有一个国王可以绝对专制"[2]。国王依出身推举,国王不拥有绝对权力。

依据塔西佗的描述,日耳曼人选拔将军以能力为标准。将军若想获得士兵的拥戴,必须身先士卒,而不能单纯以命令统率士兵。只有祭司才能执行死刑、囚禁、鞭刑等刑罚,因为这是神的惩罚,而不是将军的命令。军队按照家庭和血缘关系来编排,这种编排的寓意在于,让战士们时刻听到妇孺的悲号。血亲组合使家庭成为激励战士的重要动力,无论家人是否在近旁,在他们心目中自己是在为家人而战。

日耳曼人的日常管理方式是小事由公社将领们决定,大事由公社全体人员裁决。日耳曼人尚武,无论是处理公事,还是私事,兵器总是不离手。男人不能随意持有兵器,而是需要在达到可以使用兵器的年龄时,通过公社会议,由相关人员授予他兵器。在参加授予兵器的仪式之前,他是家庭成员,而仪式之后,一旦握有兵器,他就成为国家的一员。男子只负责打仗,无战事时,他们将大把时光消磨在狩猎上,或者游游荡荡。家务及田间劳动均由妇孺老弱承担。在恩格斯看来,日耳曼"男人还完全保持着一切原始人所共有的习惯。把家务和耕作看成是没有丈夫气的事情,交给妇女、老人和儿童去做。但是,他们却染上了两

---

[1] 塔西佗:《阿古利可拉传 日耳曼尼亚志》,马雍、傅正元译,商务印书馆,2009年,第46页。以下关于塔西佗所描述的日耳曼人状况均出自本书。
[2] 霍莱斯特:《欧洲中世纪简史》,第20页。

种文明的习俗：饮酒和赌博"[1]。

日耳曼人居住在村落里，完全谈不上有城市。村落由一些独家院子组成，亦有一些毗连的院子。即便是毗连的院子，房子也是单独建的，周围是一片空地，房屋由未经加工的原木建成。房屋选址方式是逐泉水、草地、树木而栖，房子零星地散落在田地上。奴隶有自己的房屋和家庭，主人只从奴隶那里索取一定的谷物、牛和衣物，奴隶和主人之间的关系仅此而已。

由这种居住方式形成的日耳曼人村庄，土地分为三类：耕种的田亩；草地；森林和荒地，这就是所谓的公地，向大家开放，是没有开垦的土地，有时随着人口的增加，也会从中划出新地来耕种。汤普逊提请人们注意第一类土地，即耕地，不是连成片的，而是所有分散土地的总和。

土地归马尔克（公社）所有，马尔克土地的多寡以耕者人数为准，马尔克内的土地按等级分配。由于土地广阔平坦，所以也容易分配。在马尔克内，农夫获得土地的多寡，取决于节约、勤俭、遗产、婚姻等要素。日耳曼人并不过度使用土地，他们对于土地的使用，仅限于种植谷物。塔西佗概括道，日耳曼人的生活简单、原始，"他们不忧人事，不畏神明，已经到达了一种人所不及的福境：他们已经无所求于天地之间了"[2]。

汤普逊认为，塔西佗所描述的日耳曼人的生活，已经逐渐从畜牧阶段过渡到较多定居性质阶段，因而发展出一种简单的农业。农业从零星的耕种发展为经常性的生产，此时的日耳曼人已经处于定居状态。[3] 居住于村庄的制度是日耳曼人建立起来的。在西欧，凡是日耳曼人征服过的地方，如法国、英国等，都深深地烙有日耳曼人制度特征的印记。

---

[1] 恩格斯：《论德意志人的古代历史》，载于《马克思恩格斯全集》第二十五卷，人民出版社，2001年，第205页。
[2] 塔西佗：《阿古利可拉传 日耳曼尼亚志》，第73页。
[3] 汤普逊：《中世纪经济社会史（300—1300年）》上册，第109页。上述关于日耳曼人的叙述，也出于此。

三、日耳曼人与封建制

1. 奴隶制瓦解

奴隶制造就了罗马的繁荣,这一说法虽然有些极端,却也不无道理。至少可以说,奴隶制是造就罗马繁荣的推力之一。罗马奴隶多为战争奴隶,当罗马军队攻城略地后,被占领地区的居民,包括王公贵胄均沦为奴隶。据记载,到公元前 1 世纪,罗马城有 150 万人口,而奴隶就占了 90 万。也有一种说法认为,罗马帝国初期的奴隶约占全部人口的 15%~20%。在罗马共和国末期,奴隶劳动成为罗马重要的经济支柱,成为社会发展的重要组成部分,至少有 25% 的人口是奴隶。根据某些学者的估算,当时意大利地区的人口有超过 35% 是奴隶,仅罗马城就有 40 万奴隶。在罗马帝国走向衰败之际,环地中海区域约有 1 亿人为奴。这些"会说话的工具",是罗马帝国免费的劳动力、战士、佣人、角斗士等。奴隶制是"颓败的、没有收益的劳动形式"[1]。而日耳曼人的入侵,打碎了罗马帝国的版图,同时,也粉碎了罗马帝国的奴隶制。"奴隶制度,几乎完全消失,让位于市镇的自由工匠和乡下的隶农。……隶农制(The colonate)已成为农村居民的正常情况,它在为中世纪的贱农制(The villeinage)铺平道路。"[2]

2. 封建制

日耳曼人入侵罗马帝国,一路征战,把原有的罗马帝国版图敲成碎片,代之以数个马赛克式的小诸侯国。随着罗马帝国而退出历史舞台的,除了帝国本身,还有帝国的奴隶制。可以说,奴隶制为罗马帝国殉葬,随之而来的,是建立在马尔克公社基础上的封建制。

---

[1] 布瓦松纳:《中世纪欧洲生活和劳动(五至十五世纪)》,第 3 页。
[2] 同上。

什么是封建制度（封建社会、封建主义）？

根据布洛赫的看法，在西文中，"封建的"一词最早出现在拉丁文中，词语表达形式为 feodalis。这个词在中世纪就存在了。目前在拉丁文字典中，我们看到的 feudum 是现代拉丁语词典的表述形式，却不见 feodum（feodalis 的名词形式），后者只出现在中世纪拉丁语词典中。法文表达形式 féodalité（封建主义）则出现的较晚，最早也要到 17 世纪了。英文表达形式为 feudalism。"不过在相当长的时期，这两个词只是在狭隘的法律意义上使用。"[1] Feodum（feodalis）最初意指封地，也有学者将其译作采邑。布洛赫指出：

> 采邑（feodum）是一种不动产，所以 féodal（封建的）一词被理解为"与采邑相关的"（这是法国科学院对它所做的界定）；féodalité 既含有"采邑独有的特质"的意义，又表示随采邑占有而来的义务。1630 年，法国辞典编纂家里歇莱把这些词语称为"律师的行话"，而不是——请注意——史学家的行话。[2]

布洛赫认为，1727 年德·布兰维利耶伯爵出版的《议会历史文书》（Lettres Historiques sur les Parlements）在社会形态意义上使用了"封建政府"（Gouvernement feudal）和封建主义（féodalité）等词。波斯坦为布洛赫《封建社会》一书撰写英译版前言时中肯地指出，布洛赫看待封建社会的视角，是社会关系史的视角，"这些社会关系表现在附庸制、效忠关系、人身依附、私人对臣仆的权力，以及被封建制同化或取代的旧的家族和部落制纽带关系上"[3]。笔者在探讨十字军东征导致欧洲封建制度衰落时，不可避免地涉及十字军东征对欧洲社会结构的影响，对欧洲中世纪封建社会的影响。这里所说的封建制度，笔者采纳布洛赫视角：建立在采邑制基础

---

[1] 马克·布洛赫：《封建社会（上卷）：依附关系的成长》，张绪山译，郭守田、徐家玲校，商务印书馆，2004 年，第 27 页。
[2] 同上。
[3] M. M. 波斯坦："英译本 1961 年版前言"，见布洛赫：《封建社会》（上卷），第 21 页。

上的欧洲社会关系。

3. 西欧封建制度的形成

（1）西欧封建制的建立以日耳曼人的征服为起点。日耳曼民族中最强大的一支部族——法兰克人，从3世纪开始袭扰罗马帝国，5世纪入侵罗马帝国有人居住的地区。与日耳曼其他部族最大的不同在于，法兰克人没有进行肆无忌惮的屠杀和劫掠，他们通常的做法是没收罗马帝国的国有资产和土地，允许罗马贵族保留部分土地。公元5—9世纪，法兰克人建立法兰克王国，王国覆盖中欧和西欧，其疆域与罗马帝国在西欧的疆域基本相同，即从高卢到多瑙河中部。罗马帝国灭亡后，法兰克王国是西欧和中欧最重要的国家，王国有两大支柱，一个是采邑制，另一个是基督教。

（2）法兰克王国的封建化出现在克洛维一世（法语：Clovis Ier，466—511）时期。封建化的出现，是由土地的所有权形式发生改变而导致的。克洛维一世最初是法兰克人的首领，在法兰克的扩张过程中，克洛维获得了大量已故或逃亡贵族的土地，这造成了法兰克王国政权的一个重要特征，即"地主政权"（汤普逊语）。被征服的罗马帝国贵族的庄园和王室领地统称为"国库领地"，皆属于法兰克国王所有。因此，国王是最大的地主。正如汤普逊所说的：

> 法兰克国王既然占有了帝国国库领地，就成了一个大地主，的确，除了教会以外，是最大的地主。这些领地，不仅是作为进款的一个来源，而且是作为报酬他臣属的手段。国王的赐给土地，在初期，看来简直是赠与性质；但到后来，才完全认识到，王室土地在建立一个王室行政制度上，具有巨大价值，因而就发展成为一种封建式的庇护制度了。[1]

为了笼络人心，克洛维把一些土地分给贵族和亲兵们，采邑制在这一基础

---

[1] 汤普逊：《中世纪经济社会史（300—1300年）》上册，第256页。

上逐渐形成；同时，为了解决庞大的土地管理问题，他也把一些土地租给臣子们，因而，克洛维从部族首领成为一个真正的国王。法兰克王国从此开启了墨洛温王朝的统治（公元 5 世纪到 8 世纪之间，是统治法兰克王国的第一个王朝）。

（3）法兰克王国封建社会的制度化以《萨利克法典》（拉丁语：lex Salica）为标志。6 世纪初，在法兰克国王克洛维去世后，王国颁布了《萨利克法典》，这是一部对法兰克人古代习惯法的汇编。法典规定了土地三级所有权：王室所有、地主所有和公社所有。规定了农奴和奴隶不得离开土地，以及对主人的人身依附关系。"《萨利克法典》所反映的社会状况基本上是法兰克社会封建化的起点。"[1]《萨利克法典》导致了诸多后果，仅就人而言，最恶劣的后果莫过于对人身依附关系的合法化。

（4）法兰克王国统治的封建化。公元 817 年，法兰克国王、神圣罗马帝国皇帝虔诚者路易一世，把帝国分给他的三个儿子治理：洛泰尔、路易和丕平。830 年，洛泰尔（虔诚者路易一世的长子，查理曼大帝的长孙）作为皇储，成为意大利国王，路易成为巴伐利亚国王，丕平成为阿基坦国王（法国南部）。这就是历史上著名的"路易分土"：法兰克帝国分为几个王国。由此也拉开了路易一世诸子之间、诸子与父亲之间的残酷斗争，甚至不惜诉诸武力以获得尽可能多的国库领地。其结果是：

> 君主的集中权力被削弱，豪绅显贵获得了地方的自治权。为加强自身的力量，赢得更多的支持者，诸王都把所分得的国库领地作为采邑分封给追随其后的支持者。每一个国王，每一个皇帝都在努力增加他们的封臣的数字，以巩固自己的统治。……法兰克帝国实质上只是一个采邑的集合体。[2]

（5）封建等级关系的特征：他人之人。采邑的稳固性在于，得到采邑

---

[1] 朱寰主编：《世界中古史（修订本）》，吉林人民出版社，1981 年，第 22 页。
[2] 王亚平：《权力之争：中世纪西欧的君权与教权》，东方出版社，1995 年，第 97 页。

的附庸必须无条件地支持主人，否则就会被剥夺接受封地的权利。每个贵族不择手段地扩大自己的产业，例如哄骗、威吓或者背叛他们的宗主，用暴力手段剥夺邻人的土地。由此产生了一个新的阶层——封建领主。国库领地被大规模地分割，不仅没有加强皇子们的地位，反而削弱了王权，因为土地实际上掌握在封建领主手中，皇子们成了空壳子。以土地占有制为基础的封建制形成了。在这种所有制下，形成了新的封建等级关系：皇帝、国王、贵族占有土地，农民（农奴）被绑缚在土地上。这一金字塔结构的本质是人身依附。自上而下、自下而上相互依附，这是一种主奴关系。在这种关系中，没有任何人是独立的人。他人之人和拥有他人的人，形成了一种金字塔式的等级结构。于是：

> 在关于封建主义的词汇中，任何词汇都不会比从属于他人之"人"这个词的使用范围更广，意义更泛。在罗曼语系和日耳曼语系各种语言中，它都被用来表示人身依附关系，而且被应用于所有社会等级的个人身上，而不管这种关系的准确的法律性质如何。如同农奴是庄园主的"人"一样，伯爵是国王的"人"。[1]

无论是谁的人，所强调的因素是一样的，即此人附属于谁。从属关系所表达的状况是一种人身依附关系。按照黑格尔的说法，在主奴关系中，主人是自为的意识，奴隶是物；奴隶之为奴隶的本质就是物，是属于主人的物。在主奴关系中，主人形成了两种关系：一方面与奴隶相关联，一方面与物相关联。事实上，这两种关系都是与物相关联，因为奴隶也是物。主人与物的关联以奴隶为中介。奴隶对物进行加工，主人才能够把物作为消费品来享用；奴隶对物进行加工时，成为物的主人，而奴隶主由于把支配物的权利让给奴隶，奴隶主反而处于依赖奴隶的地位。这种人身依附原则，从社会最高阶层，到最低阶层，渗透到法兰克王国的整个社会生活。在人身依附关系中，没有个人的位置，个人没有任何意义。因此，每个人

---

[1] 布洛赫：《封建社会》（上卷），第145页。

都是不自由的。如果用一个词来形象地概括封建制的社会关系，那么最贴切的表达方式是附庸制。

日耳曼人建立的封建制，曾经历过辉煌的几百年，最终走向衰落，乃至退出历史舞台。有诸多因素导致了欧洲封建制大厦的倾覆，不过其中最无争议的，当属十字军东征。

四、关于十字军东征

1. 简述

十字军运动有诸多因素，但直接起因是基督教的朝圣需要。前往耶路撒冷朝圣，大约是从公元4世纪起基督教形成的惯例。朝圣的目标是耶路撒冷圣墓大教堂，又称"复活大堂"，是耶稣的蒙难地，也是耶稣的墓地。到公元11世纪，基督教世界大规模的朝圣有三次，分别发生在4、6、7这三个世纪里。至于个人的朝圣，每时每刻都在发生。朝圣是教会鼓励的活动，"教会也要求以朝拜圣地作为忏悔某种罪行的行为。因为朝拜圣地是一个路途遥远、艰苦、用费浩大、有时还冒着危险的旅程。关于这种赎罪行为，有着两类方式。大朝圣，是到罗马城、康波斯提拉。圣詹姆士寺院以及耶路撒冷圣地。小朝圣，是到距离较近地方的神殿去"[1]。

对于基督徒的朝圣活动，法国人陀莱（Gustave Doré）很煽情地描述说，在中古时期，朝圣活动所唤起的感情，"就像儿女在父母的坟墓之前，朋友在朋友的安息之地内心涌起的那种情绪一样，爱与崇敬，自基督教创始那天起，就一直召唤着信徒们不断走向掩埋着圣人遗骨的墓地"[2]。信徒们长途跋涉来到耶路撒冷，只是"为了能够经历一次虔诚的生活"[3]。奔赴耶路撒冷朝圣，是基督徒最高的朝圣理想。他们相信，朝拜圣墓，可以减轻内心的罪责和邪恶。"在十世纪以后，朝圣者的队伍

---

[1] 汤普逊：《中世纪经济社会史（300—1300年）》上册，第473页。
[2] 陀莱绘：《十字军东征图集》，梁展译，大象出版社，2001年，第5页。
[3] 同上。

中，很多人是犯有各种罪行的心灵不安者。按教规，谋害之罪必须朝圣才能赎免罪过。"[1] 如果历经了千辛万苦，这些朝圣者还能够安然无恙地返回故里，那么他们就被视为心灵被洗干净的人，自然也就由罪人变为信徒。去耶路撒冷朝圣就可以让人在尘世发生脱胎换骨的改变，朝圣对于基督徒而言的重要性就可想而知了。不仅如此，毫无疑问耶路撒冷也是犹太教圣地。而伊斯兰教信徒相信，耶路撒冷是穆罕默德夜行登霄、接受真主启示的圣城。因此，耶路撒冷是基督徒、犹太人、伊斯兰教信徒心目中的圣地。

11世纪初，在一段时间内，居住在耶路撒冷的不同教派教徒，还是能够和睦相处的。

公元1071年，中东和中亚地区穆斯林统治者塞尔柱土耳其人占领了耶路撒冷，耶稣圣墓落入穆斯林手中。法蒂玛王朝（al-Sulalah al-Fatimiyyah）[2] 第六代哈里发哈基姆（al-Hakim）迫害基督徒，致使基督徒到圣地朝圣遇到了困难，因而被迫中断。"恰如中国古代人视自己的祖坟落在敌人手里一样，实在难以忍受。"[3] 朝圣的基督徒把基督徒受到迫害的消息传到了罗马。基督徒恳请教皇乌尔班二世保护耶路撒冷，拜占庭也放下与罗马的恩恩怨怨，而向罗马求救。这促使教皇做出一个重要决定：确保基督徒能够自由前往圣地朝圣。

出于政治上的考虑，教皇乌尔班二世号召十字军进行东征。对于西部教派而言，除了用武力征服圣地外，没有更好的办法达到这一目的。为了解决兵力不足问题，教皇承诺，农民可以离开土地，罪犯在完成使命后可以得到赦免。凡参加十字军东征的人，由神职人员负责保护他们的财产，以免除他们的后顾之忧。

1095年12月27日，基督徒在法国克莱蒙召开誓师大会，教皇乌尔班二世发表了慷慨激昂的十字军东征宣言："受到感染的民众无不痛哭流

---

[1] 张春林：《世界文化史知识（第三卷·通往东方之路：朝圣者与十字军）》，辽宁大学出版社，1996年，第10页。
[2] 法蒂玛王朝是中世纪伊斯兰教什叶派在北非及中东建立的世袭封建王朝（909—1171）。
[3] 张春林：《通往东方之路：朝圣者与十字军》，第2页。

涕，齐声高呼'Deus Lo volt'（这是上帝的意愿）。"[1] 从这一天开始，欧亚大陆的东西方国家，伊斯兰教徒、基督教徒、犹太教徒，皆被卷入长达200年的战争之中。随着十字军东征步伐的不断前进，欧亚地区的历史格局被深深地改写了。

教皇的目的造就了十字军特定的成分。他们中有国王、贵族、修士、信徒，也有农民、手工业者、妇女儿童，各类罪犯也不在少数。说他们是一群纪律涣散的乌合之众，应该不算过分。不过，完全依据十字军组成成分来判定十字军东征是否正当，恐怕有失公允。陀莱指出[2]，不能否认十字军中间有大批虔敬之士，他们怀着单纯的动机踏上征程。也不能否认，即便是有着各类罪过的人，由于心灵长期无法安宁，他们怀着赎罪的期待走向心中的圣地，甚至他们手中拿着武器，也应被视为真正的朝圣。原先不怎么虔诚的人，也许在这一过程中变得虔诚了。如果我们充分肯定十字军东征的宗教虔诚性，就更会清楚地看到，十字军东征这场群众运动，在长达200多年的历史进程中，由于虔诚或虔诚的蜕变，而完全失控，偏离了它的最初目的。即便是它的发起者也始料未及。时至今日，留在人们记忆中的十字军东征，总是和血与火，杀戮与掠夺之类的字眼发生极大的重叠，以至于形成一个公式：十字军东征=血与火。十字军战士的赎罪是用新罪赎旧罪。

2. 促成十字军东征的原因：众说纷纭

无论做何辩解，十字军东征无疑是血与火的暴力行动，这是一个事实，若非如此，也无须为它辩解什么。是什么原因让基督徒使用暴力手段，写下血与火的历史呢？吉本指出："我们不能贸然相信，耶稣基督的仆人可以拔出毁灭的宝剑，除非出于动机相当纯洁、争执完全合法、需求无法避免。"[3] 吉本首先肯定了十字军东征的宗教动机的纯洁性。如果没有

---

[1] 陀莱绘：《十字军东征图集》，第10页。
[2] 陀莱的观点，请参阅《十字军东征图集》，第12页。
[3] 爱德华·吉本：《罗马帝国衰亡史（第6卷）》，席代岳译，吉林出版集团有限责任公司，2008年，第6页。

动机的纯洁性，原来势同水火的东西方基督徒，不会如此轻易地被说服而统统卷入到十字军东征中。他们认为，有充足的理由出兵，即圣地被邪教徒和异教徒荼毒、基督徒捍卫圣地是在行使正当权利、参加十字军是自我救赎的重要方式、对战功荣耀的憧憬。[1]

按照杜兰特（Will Durant）的描述[2]，十字军东征有三个主要原因：第一，宗教原因。耶路撒冷被穆斯林占领，基督徒受到迫害而不能进行正常的朝圣活动。在这一意义上可以说，十字军发端于激烈的宗教情绪。第二，拜占庭帝国的脆弱。拜占庭帝国横跨欧亚大陆。自7世纪以来，它一直在应付来自两个方面的敌人。一方面，它必须抵抗来自亚洲大陆的草原游牧部落的入侵；另一方面，在宗教信仰上，它与西部教会的争斗始终没有停息过。第三，意大利诸城商业扩张日益加剧。

著名经济史学家汤普逊认为，十字军的经济利益也不可小觑：

> 它是欧洲国家第一次向欧洲境外的扩展，是欧洲人在外国土地上和外国人民中最早一次向外殖民的试验，也是一次又庞大又复杂的商业冒险行动。关于这些方面，十字军在欧洲史上引入了一个新的运动。后来在地理大发现时期及其后，即在十六、十七、十八和十九世纪中，欧洲更大规模的殖民和商业的海外扩张，只不过是跟着十字军开始的运动之延续。[3]

美国学者朱迪斯·本内特认为，促成十字军东征，有三大时代要素：

> 宗教、战争和贪欲。这三者缺一不可。如果没有基督教的理想主义，那就根本不会有十字军；然而，从异教徒手中解放耶路撒冷、使

---

[1] 吉本：《罗马帝国衰亡史（第6卷）》，第6—11页。
[2] 威尔·杜兰特：《世界文明史》之《信仰的时代（下卷）》："黑暗时代与十字军东征"，幼狮文化公司译，东方出版社，1999年。以下内容参考了杜兰特的作品。也可参阅张春林：《通往东方之路：朝圣者与十字军》；Georges Tate：《十字军东征：以耶路撒冷之名》，吴岳添译，上海书店出版社，1998年；Michael J. O'Neal, *The Crusades: Almanac,* Thomason Gale, 2004。
[3] 汤普逊：《中世纪经济社会史（300—1300年）》上册，第491页。

其重新对基督教朝圣者安全开放的梦想,若没有新土地上滚滚财富的诱惑,也不会如此诱人。十字军战士们终于有机会将一身勇武用于效忠上帝——顺便大发横财。[1]

汤普逊与其他学者一样,或多或少地谈及教皇乌尔班二世的演说,不过,他更注重其中的经济鼓动:

> 演说中所引基督徒在东方的痛苦、土耳其人的"暴行"以及狂热的语调和完全赦罪的允诺,当然可打动一切人的情绪;冒险的爱好、战争的希望以及采邑的前景,感动了封建主阶层;商业的机会和贸易的扩展,虽然在演说中没有谈到,但在教皇为请求海上援助写给热那亚人的信里,却是明白地说出了。最有意思的,是教皇在讲到法国的领土时说:它"太狭窄不够容纳它的稠密人口;它的财富也不多;连它所产的食粮也几乎不够供应它的种田的人们。因此,你们互相厮杀吞噬,你们进行战争"。[2]

宗教原因和经济动力,也被说成是信仰的因素和世俗的因素。这是研究者都会提及的原因,不同的地方在于对世俗和信仰因素的强调程度。所有研究者都提到了教皇乌尔班二世的鼓动能力和作用,尽管他们强调的内容不同,有作者强调他的许诺,"参与圣战,你们必将洗清原罪,必将沐浴天国神圣的光辉"[3]。有作者注重他为法兰克人描述的美好蓝图。教皇煽动起不同阶层和群体的东征热情,然而,当人们总结历史原因时,乌尔班二世的鼓动虽然被视为诸多原因之一,却不被作为十字军东征的根本原因。这里必须指出,这是不可或缺的原因。要知道,中世纪是信仰的时代,教皇是上帝的代言人,他握有绝对权力,说赦免谁就赦免谁。在政教合一、权力高度集中的中世纪,我们不能忽略教皇的作用。十字军东征,成也

---

[1] 本内特、霍利斯特:《欧洲中世纪史》,第243页。
[2] 汤普逊:《中世纪经济社会史(300—1300年)》上卷,第485页。
[3] 本内特、霍利斯特:《欧洲中世纪史》,第244页。

罢,败也罢,教皇的作用举足轻重。

五、十字军东征与使用暴力手段的心理习惯

当人们走出中世纪,回眸这一历史时期,会发出无限的感慨。十字军东征从讨伐异教到同室操戈,致使无数生灵涂炭。指斥其野蛮、血腥、罪恶,是许多作品中常见的字眼。这些都是事实。十字军东征的后果是什么,对欧洲乃至欧亚大陆产生了怎样的影响?对于这些问题,学者们众说纷纭,仁者见仁,智者见智。对基督教持肯定和否定态度的研究者,结论可能有极大的差异。出于对中世纪,对十字军,对血腥暴力,对政教合一的排斥心理,不要指望人们会对这一运动产生崇敬之情,无论它最初的思想渊源多么虔诚。直至今天,客观地评价十字军东征也不是一件容易的事情。对基督教持肯定态度的人,也不能保证其评价的公正。笔者力求在二者之间寻求尽可能一致的看法,以飨读者。

1. 十字军东征使暴力手段排斥异己成为一种心理习惯

正如朱迪斯·本内特所描述:"十字军高涨的贪欲、暴力和战斗精神导致欧洲产生出一种迫害心理。持异见者面临着新的威胁;犹太人和其他少数民族也惨遭横祸;到最后,甚至连一部分基督教军人都受到残害。"[1] 13世纪教皇发动圣战,征讨法国的清洁派,史称阿尔比派圣战,是基督教世界用暴力手段排斥异己的经典案例。13世纪初,清洁派在法国势力强盛,拥有自己的教会、神父、主教、圣礼和神学系统。教皇英诺森三世起兵讨伐清洁派,历时20年。由于法国国王出手帮助教皇讨伐,清洁派最终被镇压下去。为了彻底清除异端,保持当地宗教的纯洁性,宗教裁判所由此建立,这是"中世纪教会最压抑的制度的标志"[2]。排斥异端在基督

---

[1] 本内特、霍利斯特:《欧洲中世纪史》,第252—253页。
[2] 同上书,第253页。关于英诺森三世讨伐异教的文字,也参考了本书。

教历史上并不少见，但是，罗马教廷用暴力手段打击异端，则是从阿尔比派圣战开始。阿尔比派圣战英文叫作"Albigensian Crusade"，即阿尔比派十字军运动。阿尔比派十字军是反异教的十字军之一。阿尔比派十字军在法国南部的征战是13世纪的重要事件。大量异教徒在圣战的名义下遭受屠戮。阿尔比派十字军强化了中世纪法国的中央集权，因此，最终的受益者是法国国王。

2. 欧洲用暴力手段迫害犹太人的历史由此开始

基督教徒仇视犹太教徒由来已久，最直接的原因是，基督教徒认为"这个钉死耶稣的民族，被指控必须对耶稣受难负责"。[1]然而，大规模地迫害犹太人，则是从十字军东征开始。十字军向耶路撒冷进军的途中，大规模地屠杀犹太人，部分犹太人被驱逐出他们居住了几个世纪的国家和地区。1215年，教皇英诺森三世召集第四次拉特兰公会议，颁布一批直接针对欧洲犹太人的法令，并要求基督教世界，必须严格遵守以前罗马帝国和教会制定的敌视犹太人的法令。在此后的三百年间，欧洲频频发生驱逐犹太人的事件。[2]

1290年，英国颁布驱逐犹太人法令，1394年犹太人被法国驱逐，1492年被西班牙驱逐。"从西班牙驱赶是最骇人听闻、灾难最深的一次。"[3]西班牙国王斐迪南二世"向犹太人发出最后通牒：要么皈依基督教，要么离开西班牙。许多人被迫皈依，另外一些人离开西班牙，这些被放逐者再次踏上寻找家园的征程"。[4]即便是皈依了基督教的犹太人，许多人也未能免于宗教裁判所的迫害。甚至可以说，第二次世界大战纳粹德国对犹太人的迫害，无论从心理，还是到手段，基本上承袭了十字军迫害犹太人的做法。"一些历史学家认为，中世纪起对犹太人的这些攻击，标志

---

[1] 安德烈·舒拉基：《犹太教史》，吴模信译，商务印书馆，2001年，第85页。
[2] 相关内容参见阿巴·埃班：《犹太史》，阎瑞松译，中国社会科学出版社，1986年，第166页。
[3] 舒拉基：《犹太教史》，第86页。
[4] Michael J. O'Neal, *The Crusades: Almanac,* Marcia Merryman Means and Neil Schlager (eds.), US: UXL, p.192. 宗教裁判所迫害犹太人的情况，可参阅埃班：《犹太史》第12章。

着一段惨痛历史的开端,其高潮就是纳粹德国的恐怖集中营。"[1] 也有一些历史学家对此持反对态度,他们认为,中世纪对犹太人的迫害,发源于特殊的历史情境,与20世纪对犹太人的迫害没有什么关系。仅就事件本身而言,也可以这么说。但是,中世纪的欧洲人厌恶、迫害犹太人,利用暴力手段残害犹太人,特别是利用国家法案使迫害犹太人的行为合法化,而且,其迫害理由仅因他们是犹太人,这从十字军到纳粹德国如出一辙,恐怕不能简单地说二者之间没有联系。至少,二者之间有相似的社会心理和相似的政治经济原因。所谓种族灭绝(genocide)是指人为地、系统性地、有计划地对一个民族或一些民族进行灭绝性的屠杀。依据这一说法,中世纪对犹太人的迫害,与纳粹德国屠杀犹太人,都属于种族灭绝而令人发指。

3. 宗教裁判所产生

"在十一世纪之前,西欧人大部过着一种农村生活,每一地区和它的邻近地区分隔着。"[2] 他们与东方的穆斯林也处于隔绝状态。东方是东方,西方是西方。十字军东征结束了东西方之间这种相互隔绝的状态。希腊文化、拉丁文化、穆斯林文化因十字军东征而胶着在一起,在东征中建立的贸易往来,更是使基督教与异教建立了直接的日常联系。随着商品渗入西方的是希腊思想,东方思想,东方人的生活方式、艺术、绘画、医学等。"各种思想随着商品涌入欧洲,从而导致了异端运动的骤然加剧,这就是十二世纪欧洲的显著特点。约从1150年开始,异端思想潮水般涌入,迫使教廷作出防御性反应而采取了镇压的手段。因而到了该世纪末,教会采取了一系列临时措施,使建立基督教教会法庭的做法到了登峰造极的地步,这就是宗教裁判所。"[3] 宗教裁判所(the Inquisition)也被称作异端法庭。对于异端,阿奎那在《神学大全》第十一题"论异端"

---

[1] 本内特、霍利斯特:《欧洲中世纪史》,第255页。
[2] 汤普逊:《中世纪经济社会史(300—1300年)》上卷,第472页。
[3] 爱德华·伯曼:《宗教裁判所:异端之锤》,何开松译,辽宁教育出版社,2001年,第1—2页。

这样定义:"异端教徒是……发明或信从虚假或新奇学说的人。"[1] 由谁来判定一个信徒所持学说之真伪、是否新奇？无疑是教皇、主教以及他们把持的宗教裁判所。以信仰的名义排斥异己，党同伐异，这是中世纪最为黑暗的一页，是十字军东征最恶劣的后果之一，也是最应该受到批判反思的地方。

4. 使封建制受到无以挽回的重创

我们在前面讲过，欧洲封建社会的物质基础是采邑，社会关系是人身依附关系。农奴被绑缚在土地上，没有随意离开的自由。十字军东征需要将领、骑士、战士，在鼓动教民参加第一次东征时，教皇允许农民离开土地，向国王和贵族承诺由教会代他们管理庄园。然而，"参加十字军须先准备现款，也就是说，用抵押财产或出售财产来获得现款"。因而"'神圣道路'不是供穷汉走的。为此，很多贵族、很多自由人负债重重，无以自拔。凡愿参加十字军的人，贵族也好，农民也好，无论从什么地方，用什么方法，必须获得行装和现款；所以，他们出售或抵押财产，或掠夺犹太人"。[2] 国王、贵族、自由人，他们的财产都来自土地，行军打仗，需要钱，需要补给，然而他们无法背着土地走。于是，此时的土地成为最没有用的东西，一时间，土地房屋等不动产滞销，能卖个白菜价就不错了。

持有现款的人，特别是不去打仗的领主、教会和修道院中的人员，以极低的价格购置大量的土地。根据采邑、庄园制度以及与之相关的法律规定，例如国王、贵族的各种特权，农奴的人身依附地位，都是建立在土地所有权基础上的。土地所有权发生变化，特别是贵族、领主卖掉土地的同时，也随之失去了建立在土地之上的特权，农民离开土地成为自由人，支撑封建制度基础的人身依附关系被削弱。由于教会购买了大量的土地，教皇和教会暴富，这既为继之而来的政教合一奠定了物质基础，也为政教合一无可挽回的衰落埋下了种子。

---

[1] 阿奎那:《神学大全》第七册，陈家华、周克勤译，中华道明会/碧岳学社，2008年，第172页。
[2] 汤普逊:《中世纪经济社会史（300—1300年）》上卷，第487页。

六、十字军东征与欧洲近代城市的兴起

到目前为止,依然没有太多的资料能够有力地说清西方城市的起源。西方学者通常描述性地说,西方城市的历史可以追溯到迈锡尼文明时期,为人们普遍接受的说法是古代城市有两个辉煌时期,一是希腊城邦时期,二是罗马帝国时期。

1. 希腊城邦

关于希腊城邦(Polis, πόλις),吴寿彭先生在亚里士多德的《政治学》中译本第110页有一个长注,详细探讨了城邦这一概念的词源学问题。吴先生指出:

> "波里"(πόλις)这字在荷马史诗中都指堡垒或卫城,同"乡郊"(δημος)相对。雅典的山巅卫城"阿克罗波里"(ακροπολις),雅典人常常简称为"波里"。堡垒周遭的"市区"称"阿斯托"(άστυ)。后世把卫城、市区、乡郊统称为一个"波里",综合土地、人民及其政治生活而赋有了"邦"或"国"的意义。拉丁语 status,英语 state,德语 staat,法语 état,字根出于 sto-("站立"),这个动词变成名词时的意义是"立场"或"形态"。拉丁语 civitas 字根出自 cio-("召集"),这个动词变成名词时,civis 是"受征召者",即"公民-战士",许多战士集合起来所组成的只能是军队或战斗团体。这些名词,作为政治术语,称为近代邦国,都同 πόλις 渊源相异。[1]

顾准先生认为:"城邦,是以一个城市为中心的独立主权国家。"[2] 18 世

---

[1] 亚里士多德:《政治学》,吴寿彭译,商务印书馆,1983年,第110页。
[2] 顾准:《希腊城邦制度:读希腊史笔记》,中国社会科学出版社,1982年,第8页。

纪，英国学者将πόλις译作city-state，学者们通常译作"城市国家"。不过，state不是指疆土意义上的国家，而是指政权、政治、公务等，也就是说，它的主要内涵是功能性的。政治功能是state的首要功能，是建立政治组织的能力。

Polis由卫城与周围乡村组合而成，它的核心是"城"，或者叫卫城，这是Polis最初的含义。在这种组合中，城的作用鲜明地体现了城邦国家的本质。卫城最初的作用首先是防御，在动荡不安的年代尤其如此。共同的生存需要，使这些居住在乡村和城圈内的人，逐渐形成了一个又一个的政治单元。在日常生活中，生活的需要又使得卫城成为中心集市，至少是以物易物的场所。这就是我们通常所说的"市"。"市"的主要功能是商业，有街市、市场的意思，它更多体现的是生活的内容。因为城邦有城有乡，它是由城乡、城乡所包含的财产以及居住于其中的人共同组建的新的组织单元。各种关系的基础，不再仅是血缘关系，而是地域和财产关系。对每个居民来说，最重要的是身份的变化。"氏族成员一变而为市民，他与国家的关系是通过地域关系来体现的，不是通过他个人与氏族的人身关系来体现的。"[1]

生活在城邦中的人具有双重角色，一种为社会生活的，一种为私人生活的。柏拉图《理想国》的一个重要内涵是，探讨个人在城邦的私人生活和社会生活中何以是善的。"任何人凡能在私人生活或公共生活中行事合乎理性的，必定是看见了善的理念的。"[2]阿伦特把柏拉图这一城邦生活的理念概括为两种生活："城邦国家的兴起意味着人们获得了除其私人生活之外的第二种生活，……这样每一个公民都有了两个生存层次；在他的生活中，他自己的（idion）东西与公有的（koinon）东西有了一个明确的区分。"[3]两个生存层次使人在家庭和城邦中扮演着双重角色：家庭中的父子等身份和城邦的公民。

---

[1] 路易斯·亨利·摩尔根：《古代社会》上册，杨东莼、马雍、马巨译，商务印书馆，1981，第218页。
[2] 柏拉图：《理想国》，郭斌和、张竹明译，商务印书馆，1986年，第276页。
[3] 汉娜·阿伦特：《人的条件》，竺乾威等译，上海人民出版社，1999年，第19页。

在希腊人的精神世界中,城邦究竟意味着什么?基本已达成共识的内涵有两个:

第一,如果城邦公民的身份首先意味着说话的权利,一旦你不是公民,那么你失去的不仅仅是做人的权利,更重要的是说话的权利。因此,城邦对于公民的意义,首先在于使每个公民获得了表达自己意见的场所。也就是说,城邦的首要意义在于赋予公民言论自由,并且把言论自由视为公民之为公民的首要权利。由此我们获得了城邦的第一要义,即城邦是赋予公民自由的地方。

按照希腊人的习惯,无论什么力量,必须与神相关才是神圣的。一旦当人们生活在城邦这个公共的场所中,"话语成为重要的政治工具,国家一切权力的关键,指挥和统治他人的方式"[1]。为了强调话语的合法性和威力,希腊人用自己习惯的方式,把话语权变成一个神,即说服力之神"皮托"(Peitho)。"皮托"并不能导致宗教仪式中宣读警句格言的那种效用,希腊人所谓的话语指在城邦内针锋相对的讨论、争论、辩论。

第二,由于城邦的一切事务都通过公民在城邦内公开地讨论来决定,所以社会生活中最重要的内容都具有公共形式,即民主形式。政治生活完全是公开的,用现代语言来说是完全透明的。唯有崇尚自由和民主,才可能做到公开透明。我们甚至可以说,只有当一个公共领域出现时,城邦才能存在。

关于希腊城邦的这两点共识表明了,城邦首要的功能是政治的。而政治功能得以运行的重要前提是言论自由和民主。行使政治功能和政治权利的群体是公民,需要指出的是,雅典公民不是指每个人,仅限雅典人,其中不包括妇女、18岁以下未成年人、奴隶、侨居此地的外来人等。柏拉图谈到理想的城邦时曾经说,一个理想的城邦应该有5000名公民。在这个意义上也可以说,城邦是特权政治的产物。

---

[1] 让-皮埃尔·韦尔南:《希腊思想的起源》,秦海鹰译,生活·读书·新知三联书店,1996年,第37页。

2. 罗马城镇

古罗马的领土最初在意大利境内。在罗马帝国早期，他们吞并的地区可以分为两类：一类是自治小城镇，一类是他们用以建立行省的城镇，后者应该是希腊意义上的城邦。罗马人基本上是按照希腊人的方式建立城市，他们的做法是尽可能利用原有的城邦，他们只是控制这些城镇，进行一定的调整，但并不新建城镇。罗马帝国感兴趣的事情是，在所征服地区建立罗马公民的殖民地，使退役士兵和没有土地的罗马公民占有土地。这一思路始终是罗马帝国统治者的基本理念，也决定了罗马帝国城市的特点。可以说，罗马帝国时期，"城市（civitas, polis）并不是指一个'市镇'。所谓'城市'是指一个自治社区，拥有一定范围的土地，社区成员的资格不取决于是否居住在该地，而取决于世代相传。就法律上而言，散居于乡下村落的居民，只要他们定期聚会，推选负责公共事务的官员并投票立法，就是一个'城市'（civitas）。这种原始形态的城市，一直存在于帝国时代的落后地区。"[1]

随着罗马人不断的征服活动，其领土日益扩展。到罗马帝国时代，版图已扩大到横跨欧亚非三洲。"如果俯瞰罗马帝国，首先得到的一个强烈印象是它的地中海特性。帝国的疆土几乎没有超过它所四面环抱的那个内陆大湖的沿岸地区。莱茵河、多瑙河、幼发拉底河和撒哈拉等边远地区形成保护地中海周边地区的广阔防御圈。"[2]也是在这一意义上，皮雷纳断言，罗马帝国的存在，依赖于对海的控制。依据同一假设，他断定，罗马帝国东西部分裂后，东部支配着地中海沿岸的地区，君士坦丁堡、埃德萨、安条克、亚历山大、叙利亚、埃及、北非、小亚细亚等地凭借地中海得天独厚的海上贸易渠道，商业、贸易、手工业迅速发展，其发达程度远远超过西部。"在帝国的两在地区——东部和西部之间，东部不仅文明比较优越而且经济活跃的程度高得多，所以远远超过西部。在4世纪以

---

[1] 韦尔南：《希腊思想的起源》，第38页。
[2] 亨利·皮雷纳：《中世纪的城市：经济和社会史评论》，陈国樑译，商务印书馆，2006年，第1页。

后,除在东部以外,不复存在真正的大城市。"[1]当日耳曼人入侵,罗马帝国变得日益衰弱时,罗马人收缩到地中海沿岸,随即追来的日耳曼人似乎受罗马人影响,全力推进到地中海沿岸以便在那里定居下来。"虽然征服者最后可以随心所欲地定居在他们所喜爱的任何地方,但他们的目标却是海,就是罗马人在漫长的岁月中既亲切又自豪地称之为我们的海的那个海。征服者急于沿海岸定居下来,欣赏那里的美景,所以他们无有例外地一起向海走去。"[2]记得20世纪50年代中期,贺敬之曾经写过一首诗:《地中海啊,我们心中的海!》,与日耳曼人的地中海情结,倒有几分异曲同工的效果。作为入侵者的日耳曼人,占领罗马帝国的目的不是为了消灭它,而是为了将其据为己有,"在那里安居乐业。总的说来,他们所保留下来的东西,远远超过他们所破坏的东西以及他们所带来的新东西"。[3]即所谓坐享其成。罗马帝国虽然被蛮族灭掉了,但是罗马帝国的文明还存在着。

从公元500年至700年,是西方世界所经历的破坏性世纪。蛮族所到地区,完全退回落后时代。日耳曼人在历史上由战争劫掠、部落仇杀起家,因而形成了非常原始的军事贵族集团。当然,这些贵族与希腊罗马贵族不可同日而语。他们目不识丁,没有教养,行为举止粗俗,甚至缺乏最一般的城市生活常识。他们完全没有能力管理其凭借武力获得的地盘。除了尚武以外,他们对如何有效地管理城市及公共设施一窍不通。罗马帝国严格的税收制度,在他们手中全然消亡。大城市已经在战火中成为废墟,小城镇虽存在,但它们对于蛮族的王国而言几乎没有什么重要作用。另有农民的村庄和一些半庄园还存在。古代文化大多在城市中盛行,随着城市被毁,城市文化绝大部分也消失了。

在日耳曼人大规模入侵罗马帝国以前,一些日耳曼人已经皈依基督教,因此,在他们占领这个帝国的过程中,对基督教相对客气一些,因而基督教修道院和教堂基本没有受到更大的破坏。由于原来的罗马帝国已经

---

[1] 皮雷纳:《中世纪的城市:经济和社会史评论》,第2页。
[2] 同上书,第3页。
[3] 同上书,第4页。

被蛮族分裂为若干个日耳曼王国,地中海沿岸那种国际间的经济交往也不复存在。商业往来又退回以物易物的状态。已经发展起来的以城市为中心的罗马帝国经济网络,被地方经济和自给自足的农村经济所取代。由于长期以来形成的习惯,蛮族几乎个个掠夺成性。在公元6世纪以及以后的几个世纪里,战争连绵不断。长达几个世纪的战争,造成文明的普遍衰退。劫后依然挺立在日耳曼诸王国的基督教,在一片废墟上显得鹤立鸡群,文明之光在基督教会中依然闪光。当一切事物都陷入可怕的混乱之际,基督教向渴望文明的人提供了一个平静的港湾。基督教会组织一开始就出现在市中心的周边地区,这些地方存在着许多信徒群体。教会的分布是依国家行政区域来划分的。每个主教管辖的区域相当于一个城市。当城市被蛮族摧毁,成为一片废墟时,"在日耳曼征服者建立的新王国中,教会组织保留了它的城市特性。这是确确实实的,以致从6世纪起,城市一词具有主教管辖城市即主教管区中心的特殊含义。作为教会基础的帝国灭亡之后,教会得以幸存,因此教会在保卫罗马城市的生存方面做出了很大的贡献"。[1]

尽管如此,文明毕竟因为蛮族入侵而倒退了。直到加洛林王朝复兴,西方文明才进入了一个新的历史时期。紧随加洛林王朝复兴而来的,就是著名的十字军东征。我们现代意义上的城市,兴起于中世纪中期,与十字军东征有着直接的关联。

3. 中世纪城市的兴起

中世纪城市究竟如何产生的,到目前为止,依旧众说纷纭。笔者对于城市学说没有研究,在阅读城市学说的作品时,比较认同汤普逊的看法。汤普逊曾经把城市起源说归纳为如下几种假设,并且明确表示,每一种假设都具有一定的真实性。(1) 公社起源说。认为"中世纪城市是从古代日耳曼自由农村公社即'马克'发展出来的"。[2] 城市是扩大了的自由农村

---

[1] 皮雷纳:《中世纪的城市:经济和社会史评论》,第7—8页。
[2] 汤普逊:《中世纪经济社会史(300—1300年)》下卷,第409页。

公社。汤普逊指出,直到他的时代[1],这一说法依然是德意志历史学界的最爱。(2)庄园起源说。认为"中世纪城市,由于庄园制度改变为城市制度,是从庄园脱胎而来的;所以,城市社会是起源于奴役状态而非自由状态的"。[2]据说,依附庄园的小行政官吏,即半骑士和手艺人,是后来城市社会的核心,当城市出现时,市政官吏多半从他们之中产生。汤普逊指出:"为了支持这项理论,就赋与'métier'('手工业')这一名词以重要意义,它一定是从旧庄园名词'ministērium'得来的。"[3](3)"市场法"起源说。依据这一学说,"支配市场的'和平'创造了一个脱离当地封建法院管辖的被保护地区,从而产生了一个被保护的集团,主要是手艺人和商人集团"。[4]未来城市集团的核心是这些早期的商人和手艺人。"城市的行政制是从市场行政制度里成长起来的。"[5](4)免除权起源说。汤普逊认为,这一理论主要涉及主教城市起源问题,在德意志尤其受人追捧。在中世纪的德国,主教们享有最大的免除权。他们只受国王的管辖,而不受任何其他管辖权支配。免除权的范围包括主教管辖的城垣和附近的农村。主教城市是一个市邑。后来,这些居民摆脱了主教的权力,建立了自己的自治政府。这种相对自由的氛围,对商人和手工业者颇有利。(5)卫戍起源说。这一学说在德国和英国部分地区很是流行。在德国,捕鸟者亨利为抵抗匈牙利人入侵,在萨克森等地建造了无数堡垒。英国为防止丹麦人入侵建造了五座堡垒。法国则是由秃头查理为保卫塞纳河、防范北欧人而建造的堡垒。卫戍成员们在堡垒周围拥有土地,堡民们流入被保护点的同时,带来了商业和工业。城市的核心就是在堡垒内。[6](6)加洛林王朝地方制度起源说。城市的市长是由旧时执政官、法兰克的"百户官"或"邑"的官员衍化而来。(7)德意志行会起源说。概括一下,在这7种起

---

[1] 汤普逊(1869—1941)是美国著名中世纪史专家。他生于美国中部的艾奥瓦州,1892年毕业于罗格斯学院(Rutgers College),1895年毕业于芝加哥大学研究院。自毕业到1933年,一直在该校担任中世纪史的教学工作,晚年又在加利福尼亚大学任教,1941年去世。
[2] 汤普逊:《中世纪经济社会史(300—1300年)》下卷,第409页。
[3] 同上。
[4] 同上书,第410页。
[5] 同上。
[6] 汤普逊:《中世纪经济社会史(300—1300年)》下卷,第411—412页。

源说中，最普遍的要素是手工业、商业、行会、自由民。

虽然汤普逊认为这些说法都有一定道理，但是，他依然坚持认为，中世纪城市起源依然没有强有力的资料支持。汤普逊形象地描述道："欧洲的广阔地面上，在长久时期内，好象曾笼罩着一块漆黑的帷幕。当这幕布揭开的时候，城市已经形成。但现在所要问的是，在什么情况下并在什么时候它们形成起来的呢？从第七到十一世纪，几乎没有一项有关的文献，而且这个巨大的空隙大概将永不会填补起来的。"[1]

人们通常知道的情况是，十字军东征前的西欧始终是有城市存在的。但是，自西罗马帝国灭亡后，"在西罗马帝国城市'遗址'的围墙内只住有少数居民和一名军事、行政或宗教的首领。城市首先是主教驻在地，寥寥无几的世俗人聚居在相对来说多得多的教区周围；经济生活局限在一个小地方，也就是交换日常必需品的市场内"[2]。这就是我们通常所说的"市"。公元11—13世纪，西欧的城市迅速发展起来，无论是数量还是规模，都甚为可观。仅在公元1150年至1200年的半个世纪里，神圣罗马帝国的城市就从200座增加到600座。[3]

城市的出现，最初是由海上贸易拉动的，因而城市多出现在港口。随着运输渠道的扩展，繁忙的海上运输拉动了陆地运输的车轮，由"港口开始的新繁荣波及整个大陆的时代。甚至远在内地，恰巧地处重要商道的寂静的乡村也发展成有围墙的城市"[4]。

汤普逊指出：

> 在十一世纪之前，西欧人大部过着一种农村生活，每一地区和它的邻近地区分隔着。他们同穆罕默德教徒很少发生关系，除非遇到他们的侵入或者冒险的基督徒参加对东方的战争。……但是到了十一世纪末期，这种隔离状态结束了：这两种人民间已建立恒久的接触，主

---

[1] 汤普逊：《中世纪经济社会史（300—1300年）》，第408—409页。
[2] 雅克·勒戈夫：《中世纪的知识分子》，张弘译，商务印书馆，1996年，第5页。
[3] 相关研究，参见美国时代-生活图书公司编著：《骑士时代：中世纪的欧洲（公元800—1500）》，侯树栋译，山东画报出版社，2001年，第123页。
[4] 同上。

要在下列三个地区：十字军所建立的公国、西班牙和西西里。[1]

随着十字军而产生的是集体意识和集团心理活动。"新集体主义的意识……在十一到十二世纪已经表现出来。这些运动有很多尽管是重要的，但其中没有一个运动再比城市的兴起具有更持久的意义。城市运动，比任何其他中世纪运动更明显地标志着中世纪时代的消逝和近代的开端。"[2]

经济史学家们通常从经济的视角阐释城市的兴起，认为城市的兴起无疑是一次重要的经济革命，其意义超过了文艺复兴、印刷术和指南针。这一评价并不过分。不过，同作为经济史学家的汤普逊，似乎更愿意从社会视野看待城市的兴起，他认为："在城市兴起的过程里，我们第一次在欧洲历史上写了'平民的传记'。前所未知的一个新社会集团，即市民阶级或资产阶级出现了。"[3] 这是十字军东征的意外收获，也是最伟大的收获。大批农民加入十字军，并且有一些人安然返回，他们原来被束缚在贵族的庄园里，没有人身自由。当他们返回时，他们已经是自由民了。依据当时的法令，他们不能再返回庄园，于是大批十字军战士涌入城里。农民离开土地时是农奴，回来后，有些人学会了东方的技艺，如绘画、雕刻、纺织、医术、理财，有些人发了财，有些人成为英雄。总之，他们不再是原来的农民。

由于这些自由的、有手艺、有财富的人涌入，于是，原来作为主教和行政长官驻地的城，逐渐扩展为既拥有主教、行政长官的城，也拥有相当数量自由民的市。或者说，由城变为城市，即有城，有市。城，本来是军事的、政治的、宗教的，现在城有了市，且市的功能日益扩大，甚至超过了城的功能。这样，城便成为真正意义上的城市。自由民、贵族、僧侣、国王都生活在城中，使城拥有了世俗生活的内涵。于是 polis 成为 city。

由 polis 成为 city，是西方历史上一次翻天覆地的变化。作为 polis 的

---

[1] 汤普逊：《中世纪经济社会史（300—1300年）》上卷，第472页。
[2] 汤普逊：《中世纪经济社会史（300—1300年）》下卷，第407页。
[3] 同上。

城，是特权者生活的地方，西方学者形象地将其比作"鸡蛋格局"。城相当于蛋黄，是权贵和公民生活的地方，环绕着城的是乡村，城的功能是单一的。而city则有所不同，city主要指大都市，它有传统的政治、军事、宗教功能，但它同时也具有经济、文化、技术、教育等功能。后一种功能，主要体现在第三等级身上。所谓第三等级，是指从事商业、贸易、文化、技术、教育等工作的人，是介于王公贵族、军事权贵与僧侣集团之间的第三种力量。他们所从事的职业是自由职业。由于他们的存在，城市拥有封闭的乡村所不具有的自由，自由是当时城市的第一气质。中世纪的德国流行这样一句话：城市里流动着自由的空气。城市自由的重要原因之一，是城市不受封建领主的束缚。城市居民的生活是自治的，这与大量行会存在于城市有着不可分割的关系。由于历史的原因，能够在欧洲历史上书写"平民的传记"的集团，是一个前所未有的新社会集团，即市民阶级或资产阶级，或称第三等级。他们代表了一种新的生产方式、生活方式，体现着一种新的价值观念。由于他们登上历史舞台，在西方历史上，"一种新的生产财富的方式开始流行，一种商业和工业使欧洲所能产生的财富是注定要超过于农民组织和农业所曾能生产的财富。'新兴起的或已经兴起的城市，自然是这些市场的所在地'"。[1] 这些拥有自由，但又不是权贵的第三等级，自然是城市新的生产财富的引领者。甚至可以说，中世纪城市的历史，主要是他们主导历史潮流的历史。中世纪城市的平民，在未来的欧洲资产阶级革命中扮演了重要角色，特别是法国的第三等级，主要成员就是这些平民。十字军东征推动的城市化进程，促使社会结构发生变化，这一变化为未来的社会变革奠定了基础。新兴的第三等级问鼎权力促使平民为主体的社会诞生了，代表平民权力的政权结构形成了。

七、十字军东征与文艺复兴

文艺复兴译自"Renaissance"，直译为再生。蒋百里先生将其称作

---

[1] 汤普逊：《中世纪经济社会史（300—1300年）》下卷，第407页。

"曙光"。一般意义上的西方文化,产生于两希文明之间,即希伯来文明与希腊文明,这是地中海文明。如果"文艺复兴"最原始的内涵是再生或者复兴,那么,自然是回到两希文明,复兴两希文明。在这一意义上可以说,复兴就是复古。"所谓文艺复兴者,有复古之义;而事实上则分为二种:一为脱离宗教关系,一为发生新理想之生活。"[1]希腊哲学、科学、修辞学、逻辑学、医学、艺术、雕塑等,成为文艺复兴时期的人道主义者最为青睐的内容,在英、法、意、荷等国占据主导地位。回到希伯来文明,则是回到使徒时代的基督教,这一复兴被称作宗教改革(Reformation)。

文艺复兴是人们非常熟悉却也是争议最多的历史概念,它从何时开始,有多大范围,波及多少地域,涉及多少领域等,都没有明确的定论。本文所说的文艺复兴,是指广义的文艺复兴,即欧洲文艺复兴,从12世纪开始直至16世纪。因本书所涉及问题为欧洲人道主义、欧洲近代价值观念的发端,所以对十字军东征与文艺复兴的关系的探讨主要围绕相关内容展开。

1. 亚里士多德主义进入欧洲

亚里士多德主义进入欧洲有两个渠道:东部和西部。东部主要是地中海东岸地区,西部主要是西班牙。

大约在公元5世纪,一批希腊经典被译成叙利亚文。叙利亚当时是基督教东部教会的一支生力军,他们的特点是,认为亚里士多德比柏拉图更重要。他们自觉地用亚里士多德逻辑解释基督教信仰。由于聂斯托利派受到君士坦丁堡当局的镇压,部分希腊学者经由美索不达米亚流亡到波斯,相当一部分留在叙利亚。由于波斯善待这些流亡的希腊研究者和宗教人士,因而也成为希腊文化的研究基地。

伊斯兰教征服叙利亚以后,首先从他们的被征服者那里获得了希腊哲学的知识,受叙利亚人影响,阿拉伯哲学家从一开始就认为,亚里士多德

---

[1] 蒋百里:《欧洲文艺复兴史》,东方出版社,2007年,第29页。

比柏拉图更重要，他们也像自己的被征服者一样，认为亚里士多德最重要的是逻辑学。大约在公元 8 世纪中期，也就是开明的哈里发曼苏尔（al-Mansur, 754—775 年在位）时期，亚里士多德的逻辑学著作从叙利亚文被翻译成阿拉伯文。随后的几任哈里发，也对收藏、搜集和翻译希腊文献持鼓励的态度。需要说明的是，阿拉伯哲学家对于亚里士多德的研究，并不是对亚里士多德哲学的复原，而是采取东方式的研究和观点，因而他们被称为阿拉伯的亚里士多德主义。

阿拉伯人对于亚里士多德的研究虽然起源于叙利亚，却盛行于东西两端：波斯与西班牙。尽管当时波斯人与西班牙人主要信奉伊斯兰教，但是，由于两个地区的文化基础有明显的差异，因而形成了两个有显著差别的阿拉伯亚里士多德主义：东部亚里士多德主义和西部亚里士多德主义。

两派的重要代表人物分别是波斯的伊本·西那（Ibn Sina, 980—1037），拉丁文称作阿维森纳（Avicenna）；和西班牙的伊本·鲁西德（Ibn Rushd, 1126—1198），拉丁文称作阿威罗伊（Averroës）。12 世纪以后，随着亚里士多德的著作由西班牙和东方流入西欧，他们受到基督教哲学家的高度尊重，并且成为西欧亚里士多德研究兴起的重要因素。

促成亚里士多德主义流入欧洲的主要力量是十字军。教士是十字军东征的一支重要力量，能够幸运地返回家园的教士、贵族等，将东方教会整理、保存并翻译的阿拉伯文的希腊典籍，特别是东部教会保存柏拉图和亚里士多德著作的希腊本带回欧洲。亚里士多德从阿拉伯世界进入西方，也必须将阿拉伯文的亚里士多德主义翻译成可以对换的文字，直接译成拉丁文或者先译成西班牙语，再由西班牙语翻译成拉丁文。经过转译，亚里士多德、阿维森纳、阿威罗伊、迈蒙尼德等人的著作进入西方。随着十字军东征和由十字军东征建立起来的东西方贸易，欧洲掀起了一场前所未有的搜集、翻译亚里士多德著作的浪潮。

在蛮族入侵、蒙昧时期降临之时，还有一些古典文献尚存于原宫廷贵族或者基督教团体中。那些热衷于古代希腊哲学且学识渊博的人，付出极大的努力来保存这些流行的希腊典籍，这些通常都是希腊文著作。以当时著名学者波爱修（Boethius, 480—525）为主的一些学者，原计划将柏拉图和亚里士多德的著作全部译成拉丁文,但是受条件限制,只翻译了亚里士多德的《工具篇》中《范畴篇》(加注释)、《前分析篇》《后分析篇》《论辩篇》《正位篇》这五篇论文。不过,《前分析篇》《后分析篇》《论辩篇》《正位篇》直到12世纪才被人发现,被称为"新逻辑"。在亚里士多德主义进入西方之前,这些著作成为仅存的亚里士多德著作。当阿拉伯的亚里士多德主义进入西方时,西方人突然发现自己不仅无法阅读阿拉伯文的著作,而且看不懂希腊文了,那些希腊文的经典成为古董。当时在西方通用的科学、哲学、神学的语言是拉丁语,甚至懂阿拉伯语的人都比希腊语的人多。在这种情况下,西方的基督教求助于西班牙的基督徒和犹太人,他们甚至向穆斯林求助。就这样,所有的语言能力都被聚集在一起,组成许多翻译团体,其中最负盛名的是克吕尼修道院。

基督教学者通过翻译给西方基督教世界带来了一大笔丰厚的古典遗产。它们包括欧几里得几何学、数学,托勒密天文学,希波克拉底和加伦的医学,亚里士多德物理学、逻辑学、形而上学和伦理学。这些学说进入西方无疑"是一次震动,是一剂兴奋剂,这是一种学说,它是古希腊文化在历经东方与非洲的长途旅程后,又传送给西方国家的"。[1]西班牙成为东西方文明的交汇处,去西班牙求学者大量增多。与公元前7—前6世纪希腊人去埃及和波斯,18世纪和19世纪日本人去西方,19—20世纪东方人去欧美的情形十分相似。西班牙和意大利对古代希腊的典籍进行了粗加工——翻译,而那些求学若渴的西方学人——僧人和俗人,则痛快地汲取着这些粗加工产品,他们不仅把这些翻译作品带到西方,而且对其进行消化吸收,古代希腊文明的真正继承者在西方出现了。这些文献的相关内容成为12世纪兴起的西方大学教育的基本内容。也许文艺复兴并没有使西方人回到希腊的世界——也回不去,但是却使希腊文化恢复生机,迸射出璀璨光芒。

自基督教统治西方世界以来,哲学与神学有过两次大的契约合作,第一次契约合作是奥古斯丁与柏拉图主义,第二次是阿奎那与亚里士多德

---

[1] 勒戈夫:《中世纪的知识分子》,第14—15页。

主义。

亚里士多德主义在西方兴起以后，经过12—13世纪基督教世界哲学家惊人的努力，促成了理性与信仰之间在中世纪的第二个契约。关于第一次契约的结果，笔者赞同巴雷特的观点，他指出：

> 圣奥古斯丁认为信仰和理性，亦即生命的和理性的，终将和谐地汇聚在一起……这种模式或公式在奥古斯丁之后成了"信仰寻求理解"：这就是说，把信仰当作一种根据，个体存在中一个被给予的事实，然后试图尽可能理性地把它本身详尽地阐述出来。[1]

第二个契约中，阿奎那则把人撕成两半，格劳秀斯比喻说，人实际上成为在自然和神学层次之间被分割开的生物。但他不是对半分开的。因为阿奎那在自己的学说中，反复强调亚里士多德伦理学思想：理性是我们真正的和实在的自我。在《神学大全》中，强调理性是人的最高功能的说法几乎俯拾即是。尽管阿奎那也承认，理性的动物处于自然层次上，而自然的层次依赖于超自然的层次。在信仰时代"舆论的气候"之下，阿奎那对于理性的肯定已经做到了最大限度。与奥古斯丁式的契约相比，阿奎那更体现了希腊人所说的"人是理性动物"这一根本的价值取向。阿奎那的契约实际上把理性提高到了几乎与信仰比肩的位置。正是在这一意义上，我们说，阿奎那的思想是信仰时代的理性主义。用巴雷特的话来说，信仰和理性的差别就是有生命力的东西与合理性的东西之间的差别。差异的核心在于，人的人格中心应该放在信仰上，还是应该放在理性上？奥古斯丁是将其放在信仰里面，阿奎那则是放在理性里面。从亚里士多德的兴起，我们可以清晰地听到近代理性主义的脚步声，随着理性主义的崛起，近代价值体系的变迁开始发端。

---

[1] 威廉·巴雷特：《非理性的人：存在主义哲学研究》，段德智译，上海译文出版社，2007年，第102—103页。

2. 欧洲大学产生

西方近代人道主义、近代价值体系的产生，大学是不可不提的重要因素。英国著名哲学史家拉斯达尔（Hastings Rashdall）在其鸿篇巨制《中世纪的欧洲大学：大学的起源》开篇指出，"圣职主义、帝国主权以及高等学业，这三者曾被一位中世纪作家赋予了至为神秘的力量与'德行'"。[1] 不过，在12世纪以前，西方没有大学。古代希腊罗马有各类学园，那算得上是高等教育的场所，但那不是大学。"像苏格拉底这样的伟大教师，不会发给学生毕业文凭；假设现代的一个学生拜在苏格拉底门下三个月的话，他一定会向他索要一个证书，一个可以证明这件事情的真实的、外在的东西——顺便插一句，这将是苏格拉底对话的一个绝佳主题。"[2] 11世纪以前，欧洲也有学校，但都是主教坐镇的学校或者修道院学校。大学与教会一样，是中世纪的产物。

大学最初的含义是"公会群落"（universitas vestra），这个词的意思是"你们全体"（the whole of you）。公会意指一个合法的社团或法人，在罗马法中，它与合议制社团（collegium）的意思相当。直到12和13世纪，这个词才开始用于教师团体或学生社群。[3] 公元11—12世纪，随着十字军东征返回故土的将士进入城里，席卷整个欧洲的行会组织开始在城市大集结。学者行会也像雨后春笋般涌现出来，并且在城市迅速发展起来。

在这一背景下，产生了最初的大学：11世纪博洛尼亚大学诞生，12—13世纪，巴黎大学、牛津大学、剑桥大学相继诞生，其共同特征是"有组织性教育，即以系科、学院、学习课程、考试、毕业典礼和学位为代表的教育机构"。[4] 大学教育，不是所谓"七艺"（the seven liberal arts）教育，而是传授新知识。这些新知识包括亚里士多德哲学、欧几里得几何

---

[1] 海斯汀·拉斯达尔：《中世纪的欧洲大学：大学的起源》第一卷，崔延强、邓磊译，重庆大学出版社，2011年，第1页。
[2] 查尔斯·霍默·哈斯金斯：《大学的兴起》，王建妮译，上海人民出版社，2007年，第1页。
[3] 上述内容可参见拉斯达尔：《中世纪的欧洲大学：大学的起源》第一卷，第3—4页。
[4] 哈斯金斯：《大学的兴起》，第2页。

学、托勒密天文学、希腊医学、新算术、古罗马法等。从事大学教育的主体不再是僧侣教士,而是知识分子。所谓的知识分子,是"一个以写作或教学,更确切地说同时以写作和教学为职业的人,一个以教授与学者的身份进行专业活动的人,简言之,知识分子这样的人,只能在城市里出现"。[1] 十字军东征,致使大量自由民进入城里,成为商人、手工业者、画匠、乐手等专业人士。在诸多专业中,知识分子作为一种专业人员出现了,他们专业是写作和教育,他们的组织也是行会。

不过,由于历史的原因,阿尔卑斯山南麓与北麓存在巨大的文化差异。阿尔卑斯山北麓国家,如法国、德国,古罗马文化在蛮族入侵时便消失殆尽。几乎目不识丁的查理大帝,是在意大利执事、文法家比萨的皮持门下完成扫盲的。他们的学校基本上是主教座堂学校和修道院学校,这造成法国和德国教育与教会有着不可分割的联系,他们的知识生活基本上都发生在修道院。希腊思想为他们带来的是经院哲学的诞生,其最著名的教师是罗瑟林和阿伯拉尔。

在意大利,教会虽有强大势力,但是,罗马帝国时期的教育传统并没有完全消失。事实上,教会学校在意大利并没有占据统治地位。当希腊罗马思想进入意大利时,原本有鲜明世俗色彩的学校一下子活跃起来,成为研究、教授、传播希腊文明的重镇。不仅如此,罗马帝国时期的法学,在原有的基础上得到进一步复兴和拓展。欧洲最早的大学博洛尼亚大学,虽然是学科最完备的大学,但是真正让她享誉世界的却是法学。博洛尼亚大学被欧洲人视为罗马法复兴中心。

法的精神在近代思想和政治体系中举足轻重。西塞罗曾经说过:"正义的来源就应在法律中发现,因为法律是一种自然力;它是聪明人的理智和理性,是衡量正义和非正义的标准。……但在确定正义是什么的时候,让我们从最高的法律开始。"[2] 用法律寻求正义、保障正义,是西方文明的传统。尽管西方学者对这一传统也有诸多说法,但是法的精神成为西方近

---

[1] 勒戈夫:《中世纪的知识分子》,第4页。
[2] 西塞罗:《国家篇 法律篇》,沈叔平、苏力译,商务印书馆,2002年,第158—159页。

代以来最重要的精神传统，法的精神是西方政治制度的支柱，却是不争的事实。大学在法律文献的整理、研究、传播和复兴方面，有着广泛的影响。它的影响不仅仅限于学术方面，而且延伸至政治方面和社会方面。从西方文艺复兴到近代，乃至现代，在这漫长的历史进程中大学始终扮演着多重角色。如果说西方近代思想的特征是自由、理性、科学、民主，西方近代建立的政治制度是以社会契约论为理论前提、以三权分立为基础的民主，那么大学的作用在于为其奠定了知识的基础。甚至可以说，西方大学的崛起，对于西方的文艺复兴、近代的启蒙以及民主制的建立，具有无可置疑的影响。

八、十字军东征与宗教改革

自十字军东征以降，历经 200 多年，在变革的摧枯拉朽之势下，耶路撒冷最终还是陷落了。13 世纪中叶，蒙古旭烈兀建立伊儿汗王朝，并于 1258 年攻陷巴格达，杀死阿拔斯王朝末代哈里发，叙利亚、巴基斯坦都受到威胁。埃及马穆鲁克王朝（Mamluk）苏丹拜巴尔斯一世击败蒙古军，并于 1268 年攻陷安条克。1289 年，马穆鲁克王朝攻占十字军重要据点黎波里，1291 年，又攻占十字军在东方最后的据点阿克。至此，西亚大陆十字军国家全部灭亡。如果以成败论输赢，从十字军东征的目的而言，完全可以说十字军东征以失败而告终。我们在前面已经谈论过十字军东征方方面面的影响。下面我们想要谈的是，十字军东征对于始作俑者——基督教会的影响。我们很快会看到其强大的反噬作用。

1. 最大的赢家，也是最大的输家

关于十字军东征，没有争议的说法是，只有第一次十字军东征获得胜利。最初，罗马教会的威望，因第一次十字军东征胜利而大大提高，教会和教皇的权力也因此得到加强，欧洲教权高于皇权的状态走向极端。但是，祸兮福之所倚，福兮祸之所伏。权力鼎盛的教皇和教会迅速腐败，引发了教众对于教皇权力和作为上帝代言人的质疑,这种质疑最终导致宗教改革。由此开始,基督教会永远失去了至高无上的地位。作为十字军东征最大赢家的教会和教皇,最终成为最大的输家。

十字军东征使教会成为基督教世界首富。汤普逊指出,[1] 参加十字军的人必须携带一定现金,为此,需要抵押或出售财产。神圣道路不是供穷汉走的。结果,很多贵族、自由民负债重重而无法自拔。动产是高价的,不动产如土地、房屋庄园则以极低的价格卖给了有钱的地主,特别是寺院住持和主教。只此一项,就使教会和主教财富大增。不仅如此,十字军东征使教皇的威望得到空前提高,成就了乌尔班二世、英诺森三世显赫的声名,罗马教廷的势力也随之大大增强。

在以后的东征中,教皇代表进入各国和各教区,直接招募新兵,为十字军募捐筹款,"他们的权威侵犯或甚至取代了当地主教高僧之权,信徒们几乎是透过他们,直接向教皇纳贡。此等募集捐款的作风,不久变成习惯,很快地也用在十字军以外的其他目的上"。[2] 教皇获得征税权,使本该进入国库的钱流入罗马,封建君主的利益受到损害,普遍的不满情绪日益增长,最终酿成教权与王权旷日持久的争斗,乃至成为中世纪一道壮观的风景线。

信仰本来是无价的,给信仰明码标价,也算是中世纪教会最大的创新工程。为信仰明码标价最突出的表现就是发放赎罪券。始作俑者是乌尔班二世。发动第一次十字军东征时,乌尔班二世宣布,所有参加十字军的人,都可以获得赎罪券。后来,十字军东征的国王、贵族、教士等见到了东方富丽堂皇的宫殿、豪华的生活方式、五彩缤纷的装饰画等,返回故乡后,一股东方文化旋风席卷西方,教皇、主教、国王、贵族大兴土木,建造宫殿和教堂。经费不够用,便出售赎罪券,赎罪券成为教会搜刮钱财的工具。

假上帝之名生活的教士和教皇,生活准则同样是享乐主义的。《欧洲

---

[1] 相关内容可参阅汤普逊:《中世纪经济社会史(300—1300年)》上卷,第16章。
[2] 杜兰特:《世界文明史》之《信仰的时代(下卷)》,第478页。

风化史：文艺复兴时代》这样描述："对于僧侣的寻欢作乐，人民创造了这样的谚语：'喝酒喝得像教皇'，'忏悔师是馋痨鬼'，'修女吃斋吃得肚子都鼓了起来'，'僧侣说，我把自己钉上了十字架，说罢便把十字架放到面包、火腿和野味上'，'配得上主教的盛宴'等等。"[1] 教会本应该是静修之地，然而此时，"修女和妓女往往是同义词。有句谚语说：'她不是修女就是妓女。'另一句谚语说：'她下面是妓女，上面是修女'"。[2] 教皇和主教更糟糕，"意大利最最美丽的高级妓女是教皇宫廷和红衣主教府邸的常客"。[3] "文艺复兴时代的一封信谈到一位红衣主教举行的酒宴，说是酒宴上西班牙妓女比罗马男人多。"[4] 教皇、红衣主教、僧侣，这些所谓上帝的仆人，在政教合一的体制下，堕落成一味追求肉体享乐的登徒子。奢侈、享乐，没有巨大的财富做后盾是不行的。当上帝的仆人成为登徒子之后，利用权力搜刮民脂民膏便在所难免。政教合一的时代，一切都以上帝的名义进行，这便形成教会的绝对权力。绝对权力导致绝对腐败。在信仰的旗号下，从教皇、红衣主教、主教到普通的僧侣，"经常利用教会的权力、教会的统治手段来为他淫佚的生活服务"[5]。于是在中世纪末期及文艺复兴和宗教改革时代，"大多数修道院不是神圣的场所，不是在那里持斋、戒色、祈祷，而是在那里拼命享受生活的乐趣"。[6]

假上帝之名进行的卑劣活动，引起宗教人士和百姓的不满，马丁·路德的《九十五条论纲》主要是针对赎罪券，针对教皇到底有没有权力代上帝宽恕罪人而作。其第 8 条指出："根据教会法规，悔罪条例仅适用于活人，而不能加于任何死者身上。"[7] 第 21 条指出："推销赎罪券的教士们鼓吹，教皇的赎罪券能使人免除一切惩罚，并且得救，便陷入了谬误。"[8]

---

[1] 爱德华·傅克斯：《欧洲风化史：文艺复兴时代（插图本）》，候焕闳译，辽宁教育出版社，2000年，第354页。
[2] 同上书，第360页。
[3] 同上书，第368页。
[4] 同上。
[5] 傅克斯：《欧洲风化史：文艺复兴时代》，第370页。
[6] 同上书，第375页。
[7] 洪永宏、严昌编：《世界经典文献》，北京燕山出版社，1997年，第122页。
[8] 同上书，第123页。

第27和28条直接抨击教会的做法。马丁·路德指出,赎罪券的推销者说"当钱柜中的银币叮当作响,炼狱中的灵魂即会应声飞入天堂","显然,当钱币在钱柜中叮当作响,增加的只是贪婪和利己之心"[1]。当教会腐败到无以复加的地步,对基督教现状不满的情绪也日益强烈,宗教改革就成了迫在眉睫的事情。

2. 宗教改革

宗教改革始于16世纪,比文艺复兴略晚些。文艺复兴与宗教改革的关系,始终是学界争执不休的话题。尽管众说纷纭,然而对于二者不可分割的联系却也无人否认。特别是文艺复兴倡导的人道主义,文艺复兴回到希腊思想的尝试,为宗教改革奠定了理论和思想基础。对于这些内容,虽然说法上有差异,却也没有太多的质疑。

按照《新编剑桥世界近代史》一书中的说法是:"应该把'宗教改革时代'定义为新生教会采取攻势的时代。因此,这个时代应该(按照一般传统)始于路德发布《九十五条论纲》的年代(1517),一般要延续到16世纪50年代晚期。"[2] 这是一次席卷整个欧洲的运动。杜兰特认为,马丁·路德关于宗教改革的文章,"是一种诚实的愤怒,而非内容空洞的无耻妄为。"[3] 马丁·路德的呐喊"变成了日耳曼知识界的言谈资料。万千的人正等待着这种抗议,于是在发现了此一抗议之声时,几代以来,郁积胸中之反抗教会的心理,全都振奋了"。[4]

关于宗教改革,笔者将有专门章节进行探讨,在这里,就不打算详细叙述宗教改革的过程及其争论,只对宗教改革的特征和定性进行阐释。宗教改革的直接起因很难说清楚,通常公认的原因至少有两个:第一,教会腐败,引起信众普遍的不满,从而对教皇、教会的权威性产生怀疑,路德的《九十五条论纲》将这种质疑表现得淋漓尽致,宗教改革矛头所向,即

---

[1] 洪永宏、严昌编:《世界经典文献》,第123页。
[2] G.R.埃尔顿:《新编剑桥世界近代史(第2卷):宗教改革(1520—1559年)》,中国社会科学院世界历史研究所组译,中国社会科学出版社,2003年,第3页。
[3] 杜兰特:《世界文明史》之《宗教改革(上卷)》,第261页。
[4] 同上。

是质疑教会和教皇权威。第二，教权与皇权的斗争：教会直接征赋，损害了民族国家和世俗皇帝、国王、贵族们的利益，于是，"宗教改革往往伴随着对罗马的敌意与狂热的民族主义。毫无疑问运动中夹杂着贪婪与嫉妒，其中还有权谋。但是不可否认，那些改革家所传讲的讯息满足了人们强烈的灵性饥渴，这正是官方教会未能做到的"。[1] 宗教改革满足人们灵性饥渴的方式是回到使徒时代的基督教信仰中。

作为十字军东征的两个重要结果，文艺复兴和宗教改革，就其实质而言，是回到两希文明的尝试。蒋百里先生指出，文艺复兴与宗教改革都是复古，一则复希腊之古，一则复耶稣之古，"然潮流之方向虽同，而其目标乃极端相反。则前者离宗教而入自然，崇现在，尊肉体；而后者，则尊未来，黜自然，以禁欲刻苦为事，而返之原始之真正基教也"。[2] 他由此断定，宗教改革是文艺复兴的反动。

需要指出的是，改革并不总是向前看的，而且改革并不一定都是发展进步的。中世纪是欧洲的专制时代，在不具有言论自由的情况下，改革只能在教皇、国王允许的情况下进行。这种改革不太可能突破现有的制度或思想体系。而改革"向后看"，回到耶稣时代的基督教，既是受到东正教的影响，也是最安全的做法。教皇的权威再怎么至高无上，也不及耶稣，教皇对教义所做的任何解释，也不比《圣经》更权威。在教会的禁锢下，回到耶稣是最安全的方式。宗教改革并不是争取自由民主、个性解放的运动，由于宗教的和世俗的原因促成宗教改革，因而宗教改革"意在抵制一个特定的权威——教会与教皇的权威。但是几乎所有形式的新教都以某种其他形式的权威取而代之"。[3] 既然回到耶稣时代，最高的权威，特别是涉及教义解释的最高权威，当然就是《圣经》。解释《圣经》只需要注重教义，无须借助教会的力量。对于教皇权威的否定，导致了教皇对新教改革的迫害，于是新教改革者不得不求助于世俗君王，而世俗君王也借宗教改革之势或反对教皇，或脱离教皇。这一关系充分体现在宗教改革奇

---

[1] 埃尔顿编：《新编剑桥世界近代史（第2卷）》，第4页。
[2] 蒋百里：《欧洲文艺复兴史》，第178页。
[3] 埃尔顿编：《新编剑桥世界近代史（第2卷）》，第5页。

特的态势上：同样需要灵性的抚育，但是结果却不同，宗教改革在有的地方扎根了，在有的地方却消失了。原因很简单："凡是在世俗政权（诸侯或执政者）赞成宗教改革的地方，宗教改革就能在那里维持下去，在那些世俗当局决心镇压宗教改革的地方，它便无法存在下去。"[1] 在世俗君主支持下的宗教改革，其结果是形成了受世俗君主支配的国教。在谁的领地就信谁的宗教；一个政体中，只能有一个宗教。宗教的不宽容达到登峰造极的地步，宗教裁判所可以对任何被斥为异端的信徒实施残暴的刑罚。

鉴于宗教改革中书籍印刷所发挥的巨大威力，各国宗教裁判所纷纷建立书报检查制度。事实上，基督教早期，大约在公元150年，就出现了焚书传统，150年的以弗所会议禁止未经获准的圣保罗生平问世。1140年，英诺森二世命令烧毁阿贝拉文稿；1230年格利高里九世命令烧毁犹太教法典……不过，那时只是烧书，到了宗教改革时期，特别是1559年罗马宗教裁判所成立时，既禁书，也禁作者。当英法德等国发起资产阶级革命时，思想家通常都会提倡言论自由、思想自由，弥尔顿呼吁出版自由、洛克等人为宗教宽容呐喊、马克思终生反对书报检查制度，在当时，这是不得不为之的事情，因为由宗教改革形成的、受世俗君主保护的新的政教合一，开创了人类历史上尤为黑暗的时代。近代哲学先驱者们，以追求真理的勇气，用生命在黑暗中撕开了一个口子，他们倡导理性，讴歌人的自然本性，发出自由的呐喊。这一过程通常被称作启蒙运动。西方近代价值体系的缘起，正是依托这一大背景。

---

[1] 埃尔顿编：《新编剑桥世界近代史（第2卷）》，第6页。

第一编

近代人性论拉开序幕

第一章 文艺复兴的基调——人

文艺复兴似乎是一个人人共知的话题：人的尊严、人的地位、人的理性、人的自由，凡关于人的问题的林林总总，以及赞美人的一切美好的字眼，似乎都赋予了文艺复兴。自从布克哈特《意大利文艺复兴时期的文化》一书问世以来，这一切似乎尽在不言中，虽然百余年来质疑不断，却没有产生能够与之相匹敌的颠覆性结论。文艺复兴，"至今已觉不新鲜"，我们还能再说些什么吗？

一、关于文艺复兴

如果从14世纪算起（也有学者从12世纪算起），文艺复兴距今已经700余年了，然而，把文艺复兴作为一个历史时期来看待，却是18世纪以来的事情。18世纪中叶，伏尔泰率先提出文艺复兴概念，[1]但是他没有系统阐释文艺复兴问题。19世纪中期，布克哈特的鸿篇巨制《意大利文艺复兴时期的文化》问世，把文艺复兴视为一个独立的历史时期，由此开启系统研究文艺复兴之先河。在该书问世之后将近一百多年间，布克哈特

---

[1] 伏尔泰：《风俗论：论各民族的精神与风俗以及自查理曼至路易十三的历史》中册，梁守锵、吴模信、谢戊申等译，郑福熙、梁守锵校，商务印书馆，2000年，第247页。

的作品受到诸多质疑,否认文艺复兴作为一个历史时期的呼声也一直存在。

有些西方史学家之所以否认文艺复兴是一个历史时期,是因为他们有一个习惯,即通常愿意找到一个明显的历史事件作为一个时代的开端。战争、权力更替等重大历史事件,都有可能成为划分历史时期的依据。文艺复兴却有所不同,它是以文化作为时代的标记,而这文化却是古典文化的复兴或再生。哈伊指出,文艺复兴"本身包含有一个关键的含义——'再生'"。[1] 把"再生"当作一个历史时代,确实让习惯于用军事、战争、政治事件划分历史的西方史学家难以接受。

1959年11月,学者云集于美国威斯康星大学,举行文艺复兴暨纪念布克哈特《意大利文艺复兴时期的文化》百年学术研讨会,大有对文艺复兴研究振兴之势。由此开始,把文艺复兴作为一个历史时代的观点,成为西方学界的共识。文艺复兴作为一个历史时代的意义在于:它不同于中世纪,也不同于近代。西方世界由此走出中世纪,并且由此进入近代。它是一个独立的历史时期。

说文艺复兴即"再生"或"恢复",最早是由彼特拉克倡导的。经过布克哈特的系统阐释,这一结论得到学界的普遍认同。仅就词源学而言,Renaissance之"naissance"为产生、出生、产生处、发源地,"Re"为重新、再生。文艺复兴的字面意思,有回到发源地、再生之意。其实人们对于文艺复兴的解释,也是从这两个方面出发。再生和恢复是试图回到两希文明,这是文艺复兴的初衷,其结果却不是回到过去,而是走向未来。在文艺复兴时期,欧洲文明实现了人的再生和世界的再生,也称"人的发现"和"自然的发现"。

复兴古典、回到两希文明有两种截然不同的做法:一种是嗜古癖,另一种是借助古典,破解当时的问题。

嗜古癖者们奉古典为图腾,带着宗教般的狂热,亦步亦趋地膜拜、效

---

[1] 丹尼斯·哈伊:《意大利文艺复兴的历史背景》,李玉成译,生活·读书·新知三联书店,1988年,第28页。

仿古典。布克哈特在《意大利文艺复兴时期的文化》中，曾对这一倾向进行了尖锐地批评："1400年以后人文主义的迅速发展破坏了人们的天赋本能。从那时起，人们只是靠古代文化来解决每一个问题，结果是使文学著作堕落成为仅仅是古代作品的引文。"[1] 在人文主义者占主导地位的学校，对于古典文化的热情，主要表现在学习拉丁文、逻辑学、修辞学等方面，追求文字的华丽、奇特和惊人，甚至达到病态的程度。效仿古典文化，成为效仿语言、逻辑、对仗，这种外在的模仿，使复兴古典流于形式。一个人文主义者之所以对教皇或君主来说不可或缺，"是因为他有两项用途：即为国家草拟公函和在公开而庄严的场合担任讲演"。[2] "倾听"为人们的主要生活享受之一，演说家亦成为当时最耀眼的明星。

模仿古典，也影响了他们的创作方式。这一时期出版的作品，常常采取对话的形式，即便写论文也是如此。大多数作家、演说家，其作品的特征是对古典文献旁征博引，可以说这是一种洋八股。文艺复兴确实由复兴古典开始，然而，复兴古典并不等于，也不可能等于单纯地复古。因为文艺复兴所面临的问题是当下的，复兴古典是为了解决当下的问题，这一目标决定了文艺复兴不可能是纯粹的复兴古典。无论过去在人们心目中多么美好，人们都回不到过去。不仅如此，"我们也不能毫无批判地接受这样的看法，即人们对古典文物兴趣的扩大和古典拉丁文的复活，其本身就构成与过去的断然决裂"。[3] 无论任何时代，单纯地为复古而复古都是一种无效、无用的劳动。文化是活的力量，扎根于人的现实生活。今人已经回不到过去。对过去文化的传承，是一个让历史活到今天的尝试。按照尼采的说法，让历史活到今天，需进行批判的传承，即把古典文化有生命力的东西挖掘出来，使之适应今天的现实生活。只靠几个迂腐文人摇头晃脑哑吧之乎者也，不是传承文明，而是嗜古或自恋。

也有另外一类人，他们并不单纯地模仿古典形式，而是传承古典精

---

[1] 雅各布·布克哈特：《意大利文艺复兴时期的文化》，何新译，商务印书馆，1983年，第200页。
[2] 同上书，第226页。
[3] G. R. 波特编：《新编剑桥世界近代史（第1卷）：文艺复兴（1493—1520年）》，中国社会科学院世界历史研究所组译，中国社会科学出版社，1999年，第4页。

神，他们像古代人一样，"是为市民而写作的市民"。[1] 他们创作的目的是给同代人以精神享受。"在这些条件下所产生的最好的作品不是模仿而是自由创作。"[2] 正是通过他们的自由创作，古典文化的精髓焕发生机，并为解决当时的问题提供了文化蓝本。

文艺复兴时期，其"当下"的问题是什么？从14世纪的意大利开始，越来越多的人认为，自西罗马帝国灭亡到14世纪，是一个漫长的黑暗时期，没有修辞学，没有诗歌，没有伟大的雕塑和绘画作品。如蒋百里先生所描述的："中古时个性不发达，其个人生活附属于团体以自存。精神上有宗教之束缚，物质上受封建制度之压迫。"[3] 人们对于中世纪封闭、僵死、教条的氛围极为不满，渴望走出黑暗，寻找光明。也确实有不少人是为复古而复古，流于对古代单纯的模仿。但是，文艺复兴真正的成就并不在于回到过去，而是在回归古典的过程中，找到了破解当时问题的钥匙。如果说回归古典是开端，那么运用古典文明解决当时的问题则是正途。走出中世纪封闭僵死的氛围，是文艺复兴对世界的最大贡献，也是它的灵魂所在。

文艺复兴时期为欧洲以及整个近现代世界的最大贡献是什么？无疑是人的发现和自然的发现。人的发现究竟指什么，笔者认为，指的是独立的、自由的个人之产生。

二、文艺复兴时期"人的发现"

这一时期最有影响的思想家多多少少都涉及对人的问题的讨论，例如，彼特拉克、马尔西利奥·费奇诺（Marsilio Ficino）、皮科·米兰多拉（Pico della Mirandola）、皮埃特洛·彭波那齐（Pietro Pomponazzi）等，都有相关著述。然而在人的问题上，最有代表性的思想家首选皮科·米兰多拉。

---

[1] 布克哈特：《意大利文艺复兴时期的文化》，第245页。
[2] 同上书，第253页。
[3] 蒋百里：《欧洲文艺复兴史》，第15页。

他对人的理解，鲜明地体现在他那著名的作品《论人的尊严》中，这本小册子被后人称作"文艺复兴宣言"。

1. 文艺复兴的底色——人

皮科·米兰多拉在《论人的尊严》开篇便说："没有什么比人更值得赞叹了……人，是一个伟大的奇迹。"[1]这一直白的说法，被西方学界视为文艺复兴的底色。可以说，文艺复兴的第一关键词是人，或者说，人是文艺复兴的第一主题。正因如此，人们在评价文艺复兴时，都不可避免地认定文艺复兴的首要贡献是"人的发现"，民国时期的西学东渐亦承袭了这一观点。蒋百里先生在《欧洲文艺复兴史》一书中表达了同样的见地："文艺复兴实为人类精神之春雷……有二事可以扼其纲：一曰人之发现，一曰世界之发见。"[2]

人需要被发现吗？究竟在什么意义上，我们可以谈论"人的发现"？蒋百里指出，[3]所谓人的发现，是指人的自觉。他认为，中世纪是教权时代，人与世界之间有上帝存在，上帝与人之间有教会存在。文艺复兴改变了这一关系结构，人与世界形成直接关系，不需要其他中介。而宗教改革则使人与上帝形成直接关系，亦同样不需要教会这一中介。人与自然新的关系，意味着人是自然的一部分，人的自然本性成为人最重要的内涵。人的内涵是个人、自然之人。

人的内涵的变化，就是所谓人的发现。这意味着，人们必须用文艺复兴的立场重新认识人，定义人，理解人。皮科·米兰多拉说，人是一个伟大的奇迹。他认为，当时的人提出的道理并不充分，有人说，"人是造物之间的中介，既与上界为伴，又君临下界；因为感觉的敏锐、理性的洞察力及智性之光而成为自然的解释者；人是不变的永恒与飞逝的时间的中点，（正如波斯人所言）是纽带，是世界的赞歌，或如大卫所言，只略低

---

[1] 皮科·米兰多拉：《论人的尊严》，顾超一、樊虹谷译，吴功青校，北京大学出版社，2010年，第17页。
[2] 蒋百里：《欧洲文艺复兴史》，第9页。
[3] 同上。

于天使"。[1] 该书对这段话的注释表明,纽带、赞歌说是费奇诺在《柏拉图神学》10 及《迦勒底神谕》残篇 6 中的见解,代表了当时的新柏拉图主义的立场,而大卫的见解来自《诗篇》。米兰多拉认为,虽然基督教传统及新柏拉图主义对人的解释自有其道理,但是并没有切中要害。米兰多拉所认定的要害,刷新了上帝的形象和对人的定位。

在 19 世纪中期,布克哈特对文艺复兴的基调做出了简洁的概括:文艺复兴是"人的发现"。"布尔克哈特提出的在文艺复兴时代'人的发现'的命题是很有道理的,但是他们所说的'人'是指意识到他在伟大赎罪计划中的个人作用的人。"[2] 布克哈特的解释,有文艺复兴时期的作品作为佐证。而被视为"文艺复兴宣言"的皮科·米兰多拉的《论人的尊严》一书,尤其清楚地显现了这一特点:人是个人,人的发现是宗教氛围内对人的重新阐释。

2. 上帝是建筑师,人是审美者

米兰多拉认为,上帝是一个建筑师,他用自己神秘的智慧法则建造了尘世,当作品完工之后,他创造了人。上帝之所以创造了人,是因为上帝"这位工匠还渴望有人来思索这整个杰作的道理,去爱它的美丽,赞叹它的广袤"。[3] 人是上帝杰作的审美者,"宇宙的沉思者"。于是米兰多拉赋予人的第一个属性,即人虽然是被造物,但是上帝创造人是为自己的创造选择了一个审美者,人是上帝创造的宇宙的沉思者。

这些是《圣经》里所没有的。《圣经》只是说,上帝是至善至美的,人是上帝的杰作,是被造,仅此而已。没有文字表明人是上帝创造的宇宙的审美者、沉思者。我们从《圣经》中看到的内容与这一说法恰好是相悖的。在《创世记》,耶和华对亚当说:"园中各样树上的果子你可以随意吃,只是分别善恶树上的果子,你不可吃,因为你吃的日子必定死。"[4]

---

[1] 米兰多拉:《论人的尊严》,第 17 页。
[2] 波特编:《新编剑桥世界近代史(第 1 卷)》,第 23 页。
[3] 米兰多拉:《论人的尊严》,第 21 页。
[4] 《圣经》之《创世记》和合本,2.16-2.17。

蛇一语道破天机:"神知道,你们吃的日子眼睛就亮了,你们便如神,能知道善恶。"[1] 上帝造人,最初人眼睛不亮,赤身裸体而无耻感,无法分辨善与恶。这是一个蒙昧的生物形象,丝毫看不出人是审美者和沉思者的意味。始祖违背上帝的意志偷吃禁果,便被逐出伊甸园,上帝需要他无条件地服从,哪里需要他沉思、审美啊?在20世纪,米兰·昆德拉还这样说:人类一思考,上帝就发笑。玛格丽特·L. 金(M. L. King)对于皮科·米兰多拉的见解,做了一个阿奎那式的解释:"人类实质上是唯一可以理解和感知事物的生物,通过知识,他们能够接近上帝的无限性。整个物种因哲学家头脑中的无限可能性而变得十分高贵。这个物种,在皮科的思想中就是指普通人。"[2] 在《论人的尊严》中,这个高贵的物种是人,是亚当。能不能把亚当算作普通人?如果亚当依然是人类的始祖,哪怕他没有原罪(在皮科的文本中,确实没有看到亚当有原罪),鉴于他是上帝亲手所造,且是世间最重要、最伟大的被造,那么这个人就不是普通人。但是,亚当确实只是"个人"。

3. 人是有自由意志的生物

按照皮科的说法,上帝在创世之余创造了人类。但是,造人之时,上帝面临一个尴尬局面:创世时,上帝宝库里的东西全部用完了,并没有可塑造的新物种的原型,也没有什么技能可以让人继承,也没有什么位置可以安置人。万物已经被分配到高、中、低的位置。人被造之初,形象未定,没有位置,没有禀赋。最后上帝决定,人虽然没有任何专属性质,但是人可以享受其他造物的一切所有。皮科"把人放在天使、天国和自然力的这三个世界的等级体系之外,把人自身当作第四个世界,赞美人和人的才能"[3]。

到此为止,我们可以清楚地看到,皮科的《创世记》,似乎不是《圣

---

[1] 《圣经》之《创世记》和合本,3:5。
[2] 玛格丽特·L. 金:《欧洲文艺复兴(插图本)》,李平译,上海人民出版社,2008年,第69页。
[3] 保罗·奥斯卡·克里斯特勒:《意大利文艺复兴时期八个哲学家》,姚鹏、陶建平译,上海译文出版社,1987年,第81页。

经》的《创世记》,却与柏拉图《普罗泰戈拉篇》版的创世说极为相似。在这两个版本的创世说中,人都没有任何专属的技能。所不同的是,柏拉图版创世记中,宙斯派赫耳墨斯再返人间,把虔诚与正义带给身无所长的人类,并以此建立城邦。由《普罗泰戈拉篇》版的创世记,我们得到了柏拉图对人的界定:人是有德性的城邦动物。

皮科版的创世记则是回到希腊,又走出希腊。他说,上帝把人这种形象未定的造物置于世界的中间,人近乎一无所有,赤条条来到世间。上帝告诉亚当,万物的本质被上帝规定,一旦被规定,就受上帝法则的约束。而亚当"不受任何限制的约束,可以按照你的自由抉择决定你的自然,我们已把你交给你的自由抉择……你就是自己尊贵而自由的形塑者,可以把自己塑造成任何你偏爱的形式"。[1] 皮科重新解读的创世记,上帝也赐予人能力,这种能力就是自由。这里所说的自由不是指个人的政治权利,而是个人的意志和行动的自由。"上帝不把人限制在固定的地方,不规定劳动形式,不用铁的必然的法则来加以束缚,而给他以意志和行动的自由。"[2] 上帝的话似乎告诉人们,世间万物是为人造的,人也是为人造的。如果说上帝创造了人的形体,接下来的事情便是人的自我创造,即按照人自己喜欢的模式再塑造自己。人也是自己的艺术品。

人能够自由选择,得其所愿,是因为人出生时,上帝为他注入了各类种子和生命根苗,它们会在人那里长大结果。人可以有植物特性、动物特性,亦可以是天上的生灵,可以是天使和神子,如果他对任何形式的被造都不满意,那么他也可以将之收拢到自身统一体的中心,"变成唯一与上帝同在的灵"。[3] 阿那克萨戈拉的"种子说"被用在这里,以说明上帝赋予人的特性。

人不是上帝,不是至善至美的,因而有自由意志的人,可能会堕落为更低等的野兽,也可以在神圣的更高等级中重生。善恶均有可能,这是人

---

[1] 米兰多拉:《论人的尊严》,第25页。行文中所说的"抉择你的自然"英译本显示为"thou wilt fix limits of nature for thyself"。参见 Pico della Mirandola, *On the Dignity of Man,* Cambridge: Hackett Publishing Company, 1998, p.5。自然即 nature,也可以理解为本性。
[2] 布克哈特:《意大利文艺复兴时期的文化》,第351页。
[3] 米兰多拉:《论人的尊严》,第29页。

的有限性所致。有限性即是罪，虽然皮科没有明确说明这一点，但是，自由意志可导致善，也可走向恶，这表明了人的自由意志的有限性。在这里，皮科为自由意志安上了一个沉重的翅膀。尽管文艺复兴时代"'人的发现'的命题是很有道理的，但是他们所说的'人'是指意识到他在伟大赎罪计划中的个人作用的人"。[1] 伟大赎罪计划中的个人，是基督教信仰中的个人。这是皮科与中世纪基督教信仰相契合的地方，也突出地展示出文艺复兴时期思想文化的特点：在基督教氛围内，为人的尊严呐喊。戴着镣铐起舞！这是历史使然。

4. 人可以与天使同位

皮科并不满足于大卫给人"略低于天使"的定位。他认为，基于上帝创世的理念，人可以与天使处于同等地位。上帝身旁有三大天使：炽爱天使（The seraph，六翼天使，地位最高）、普智天使（the cherub）、宝座天使（the throne）。要像炽爱天使一样生活。"炽爱天使燃烧着爱之火；普智天使闪耀着智性的光辉；宝座天使立于审判的坚实之中。"[2] 三大天使代表着基督教信仰倡导的三种德行：爱、理智和正义。

不言而喻，爱是基督教信仰的核心。因而像炽爱天使一样生活，就是做一个爱者，爱则信，因信而称义。这是基督教独有的。皮科也是在这一意义上使用炽爱天使一词。"炽爱天使，即爱者，在上帝之中，上帝在他之中；上帝与他实为一体。"[3] 普智天使，上帝座前居中的天使，就其作用而言，他也是居中的。"普智天使是最好的心智的纽带，是帕拉斯的秩序、是沉思哲学的照看者。"[4] 该书对此的注释表明，帕拉斯即雅典娜。马克罗比乌斯的《论西庇阿之梦》（1.6.11）表明，帕拉斯的秩序指普智

---

[1] 见波特编：《新编剑桥世界近代史（第1卷）》，第23页。
[2] 米兰多拉：《论人的尊严》，第37页。原文为"The seraph burns with the fire of charity; the cherub shines with the radiance of intelligence; the throne stands in steadfastness of judgment"。如果直白地翻译是这样的："炽爱天使燃烧着慈悲之火；普智天使闪耀着理智的光芒；宝座天使立足于坚实的审判。"行文引用的是中译本原话。
[3] 同上书，第39页。
[4] 同上。

天使，其一项神职是照管沉思者。效仿普智天使，渴求他并且理解他，就能自他而被提升，达到爱的高度。普智天使之光照亮了炽爱之路，也照亮了正义审判。理智是第一位的，人想如同天使一样生活，第一要义是凭借理智提升自己，以便达到爱的高度。凭借理智也可以降到行动的责任中，做值得做的事情，这样，便可达到正义审判的通途。司天职，是理智照亮爱，司地上之职，是理智与正义结合。理智是人等同天使的大前提，它的功能是用道德知识抑制情感的冲动，为人们消除无知和洗净邪恶，使灵魂得以净化，以便使人不至于在冲动中偏离正轨。在这一意义上可以说，帕拉斯的秩序就是理性的秩序、正义的秩序，就是希腊人的秩序。可以认定，皮科对于爱与理智的定位，是阿奎那-亚里士多德主义的。宝座天使司正义审判之职，他代表正义。《论人的尊严》对于天使的论述占据的篇幅不算太大，而对于普智天使的论述，是天使论中比例最大的一部分。在某种程度上可以说，皮科《论人的尊严》虽然同时提到了爱、理智、正义，也阐释了爱、理智、正义是如何在使人与天使的比肩中起作用，如何使人可以过上天使的生活，但是从行文还是可以看出，他对普智天使情有独钟，换句话说，他更注重理智的作用。"人的发现"与理智地位的提升有着某种内在关联。

皮科关于人与上帝、人的德行等思想，是基督教思想与阿奎那-亚里士多德主义的结合，这是自阿奎那以来欧洲哲学思维的常态，皮科思想依然是在这一脉络中进行。不过，我们可以清楚地看到，皮科思想中的希腊成分高于基督教信仰。理智高于爱，理智是爱的前提，这显然不是基督教传统思想，崇尚理智是希腊思想的特征。美国学者玛格丽特·L.金看到了皮科的人与天使同位说法的另一个寓意：人是可以自由塑造自己的生物。她指出，皮科表明："人类的才能是无限的，因为人类能够通过思想的力量使自己攀升到上帝即造物主的高度。人类已经能够达到这样一个阶段——按照自己的意志效仿上帝。人类的本性有一些特别的地方：它是自由的。"[1] 人的本性是自由的，人的生活是否可以像天使的一样，这是人的

---

[1] 玛格丽特·L.金:《欧洲文艺复兴（插图本）》，第71页。

自由意志所能做出的选择。她也看到硬币的另一面，即自由意志也可以使人顺着造物阶梯下滑，成为与魔鬼同住的人。如皮科本人所说，像普智天使般生活，便可以用道德抑制情感的冲动，避免脱离生活的正轨。

我们梳理文艺复兴时期的思想时遇到一个现象：哲学在这一时期似乎不占据主流。一些哲学思想是通过政治、宗教、文学和艺术而表现出来。因此，从哲学的视角探讨文艺复兴时期的"人的发现"，需从上述这些领域的作品中去寻找蛛丝马迹。虽然文艺复兴的最高成就被视为"人的发现"和"世界的发现"，但是，文艺复兴时期对于人的问题的研究，是无法与近代比肩的，至少在理论上略逊一筹。可以说文艺复兴时期对人的理解，尚处在感性的、宗教的、外部形态的阶段。

美国学者克利斯特勒的《意大利文艺复兴时期八个哲学家》一书，略显无奈地指出："人的价值这个术语是人文主义从现代的语言中获得的……人文主义者的大部分著作，不是哲学的……而是博学的或者说是文学的。"[1] 这便形成了文艺复兴研究的一个趋势，即研究者多依托文学、艺术、绘画、雕塑、戏剧、修辞、拉丁语等门类，挖掘文艺复兴的思想。"他们对哲学所作的贡献……一定夹杂有其他非哲学的成见或影响。"[2] 于是，"人的发现"问题在文艺复兴研究者笔下，显得格外明艳、多彩，多了几分生动，少了几分深刻。尽管如此，文艺复兴时期为人的尊严所发出的呐喊，是近代理性思考人的问题的先驱。

三、文艺复兴研究者眼中"人的发现"

1. 伏尔泰关注自由问题

根据西方学者的说法，伏尔泰是提出文艺复兴概念的第一人。他在《风俗论》中描述文艺复兴流行的拉丁文时说，十二、十三世纪的拉丁文

---

[1] 克利斯特勒：《意大利文艺复兴时期八个哲学家》，第3—4页。
[2] 同上书，第5页。

赞美诗所用的韵脚,就是粗俗语言的标志。对理性和良好学风所造成的破坏,比汪达尔人和匈人更严重。意大利最初只有宗教神秘剧,内容多为《旧约》和《新约》故事。在德国、法国、英国、西班牙和伦巴第北部,仅有野蛮风俗、比武、经院神学和巫术。"在不少教堂,一直庆祝驴子节、愚人节和疯人节。人们把一匹驴牵到祭台前,唱赞美歌,开始的迭句是'阿门,阿门,驴;哎,哎,哎,驴老爷;哎,哎,哎,驴老爷'。"[1] 驴子所以享有如此崇高的地位,因为它是圣母和耶稣的坐骑。信徒们从驴子想到的是圣母骑驴前赴埃及,耶稣骑驴在海面上行走,经威尼斯到阿迪杰河畔。这不是伏尔泰心目中纯洁的宗教,而是为迷信而迷信,受时代精神和粗野本能支配的愚昧。迷信蒙蔽理性,使人变得更加迟钝,诱发各种狂暴行为。伏尔泰不无感慨地说,回顾过去的时代,甚至从14世纪向前追溯到十字军东征,再到查理曼死后的时代,欧洲同样是灾难深重,而且更为野蛮。相比之下,伏尔泰认为,生活在他的时代(18世纪)是一件非常幸福的事情。

伏尔泰并没有像布克哈特那样,完全从文化的角度看待文艺复兴,而是从政治、历史、社会的角度审视这一时期,他看到了文艺复兴不同于布克哈特的内涵。在混乱野蛮的欧洲,伏尔泰看到一束最幸福之光——自由。"在欧洲的普遍混乱中,在层出不穷的灾难里,诞生了自由的历史无价之宝,自由使帝国的城市和其他都邑逐步繁荣起来。"[2] 人们步履蹒跚,历尽艰辛,逐渐恢复了他们的天赋权利。

我们再强调一次,获得自由的历史进程,始于农奴离开土地。事实上,解除农奴的束缚不是从14世纪开始,而是始于1095年十字军东征。欧洲封建社会的物质基础是采邑,社会关系是人身依附关系,农奴被绑缚在土地上,没有随意离开的自由。十字军东征需要将领、骑士和战士,在鼓动教民参加第一次东征时,教皇允许农民离开土地,向国王和贵族们承诺由教会代他们管理庄园。由此大批农民离

---

[1] 伏尔泰:《风俗论》中册,第251页。
[2] 同上书,第257页。

开束缚自己的封建庄园和采邑。

农民离开土地时是农奴,而当结束东征回来后,有些人学会了东方的技艺,如绘画、雕刻、纺织、医术、理财,有些人发了财,有些人成为英雄。总之,他们不再是原来的农民。十字军中的农奴,用鲜血和生命换来了作为自己天赋权利的自由。从此,他们不再是谁的人,而是他自己,作为一个个体的人。

随之,诞生了自由城市。伏尔泰描述说,在法国,1301年自由城市产生三级议会,第三等级开始问鼎权力。关于这一点,我们在导论中已经讲过,于此再简单地重申一下。所谓第三等级,是从事商业、贸易、文化、技术、教育等工作的人,是介于王公贵族、军事权贵与僧侣集团之间的第三种力量。他们所从事的职业是自由职业。由于他们的存在,城市拥有封闭的乡村所不具有的自由,自由是当时城市的第一气质。中世纪的德国流行一句话:城市里流动着自由的空气。城市拥有自由的重要原因之一是,城市不受封建领主的束缚。城市居民的生活是自治的,这与大量行会存在于城市有着不可分割的关系。由于历史的原因,能够在欧洲历史上书写"平民的传记"的集团,是一个前所未有的新社会集团,即市民阶级或资产阶级,或称第三等级。这个等级代表了一种新的生产方式和生活方式,体现着一种新的价值观念。这个观念的核心是"自由"。

虽然伏尔泰第一个使用"文艺复兴"一词,不过并没有明显的迹象表明伏尔泰认为文艺复兴是一个历史时期,一个介于中世纪和近代之间的时期。作为近代启蒙运动之父,伏尔泰对于自由的关注,对于政治构架、阶层、权力等问题的关注,远远大于对于人的问题的关注。如果说伏尔泰是站在第三等级的立场看问题,应该不为过分。当时的第三等级正忙于争取权力,政治色彩大于人文色彩。伏尔泰并不能算作文艺复兴的研究者,但是由于他率先提出"文艺复兴"这一概念,简述其思想也是应该的。另需要指出的是,在伏尔泰那里,文艺复兴只是用来描述某种文化现象,同时也没有证据表明,伏尔泰关注人的问题。

2. 布克哈特和后布克哈特"人的发现"

在文艺复兴的研究者中,布克哈特的研究有着划时代的作用。自《意大利文艺复兴时期的文化》问世以来,无论是赞同者还是反对者,都是在布克哈特的脉络中研究文艺复兴。就我们研究的主题而言,可以说,布克哈特的影响举足轻重。

布克哈特认为,在中世纪,人的意识被信仰、幻想和幼稚的偏见所编织的纱幕笼罩着,透过纱幕向外看,世界和历史如同幻象,人本身迷失在纱幕的幻象中。而此时的人是什么呢?人是一个民族、党派、家族成员或社团一员,唯独不是他自己。或者说,人是一种身份认证,因为一个人或属于一个民族或属于一个宗教团体或属于一个信仰族群、一个家族,离开这一切,他就失去了人之为人的依据。到文艺复兴为止,人始终需要通过某个一般的范畴寻找到自己存在的根据,希腊人也不例外。文艺复兴时期,这一切发生了变化,人首先要做自己,于是每人在认识自己的与众不同中也发现了自己。

(1) 着装的个性化

人的发现,首先是人的个性的发现。就文艺作品而言,无论是但丁还是彼特拉克,无论是 14 行诗,还是小说、绘画等,无不显现出创作者丰富的个性。最重要的是普通民众的变化,从行为举止到言谈语吐,无不充满了鲜明的个性。最为醒目的莫过于生活中外表的变化。布克哈特描述道:"十三世纪末,意大利开始充满具有个性的人物;施加于人类人格上的符咒被解除了;上千的人物各自以其特别的形态和服装出现在人们面前。"[1] 没有人害怕自己的穿着打扮与众不同,人人追求特立独行。服装样式不断变化,赏心悦目,为当时的欧洲之最。布克哈特用了一章的篇幅,讨论文艺复兴时期的意大利服装、装饰、化装、社会交际等问题。他的结论是"在十五世纪和十六世纪早期,外表生活的美化和提高是世界其

---

[1] 布克哈特:《意大利文艺复兴时期的文化》,第 126 页。

他民族中间所没有的"。[1]

服装、装饰等问题,何以和"人的发现"扯上关系呢?

中世纪的基本特质是禁欲主义。著名的摩西十诫是信徒的行为准则。说到中世纪,总不免会让人想到宽大的袍子、刻板的举止、呆滞的表情。信徒力图抑制人的欲望,存天理,灭人欲。

就经济社会史而言,中世纪是庄园制。庄园主、贵族与农奴和奴隶的关系是人身依附关系,在法律上,后两者是不自由的。被禁锢在土地上的农民,是保守且墨守成规的。由于生产工具落后,也由于繁重的地租和十一税,农民的生活艰苦而单调。"那些农民所处的苦难而又残酷的境遇,使他们的感觉性变得如此迟钝而又麻木。"[2] 天气炎热之时,男人一丝不挂地在田间和妇女并肩工作着。汤普逊惊呼:"近代生活中最主要的礼貌是被漠视的。"[3] 所谓"仓廪实而知礼节,衣食足而知荣辱",当劳动成果仅仅够果腹蔽体时,着装美饰显得是何等奢侈!

就政治而言,"文艺复兴意味着资产阶级世界的诞生、幼年和少年,换句话说,意味着市民阶级的诞生和初露头角"。[4] 在爱德华·傅克斯看来,狭义的文艺复兴,仅把文艺复兴理解为艺术上发生的事情,那么它确实应该介于哥特时代与巴洛克时代之间。广义的文艺复兴,其范围前推到意大利,后延至西欧,即我们通常所说的意大利文艺复兴和欧洲文艺复兴,只是说法不同而已。他认为,广义的文艺复兴分为两个时期:"第一个时期是手工业即行会占优势;第二个时期则是以商人为主"。[5] 广义地看,文艺复兴不仅仅是艺术领域发生的事情,而是一次历史变革,它的经济基础与中世纪采邑、庄园经济截然不同。最大的不同在于出现了城市。关于城市问题,我们在"导论"中已经有过讨论,这里从略。

---

[1] 布克哈特:《意大利文艺复兴时期的文化》,第369页。上述相关内容,根据此书第五篇社交与节日庆典的第一章、第二章概括而成。
[2] 汤普逊:《中世纪经济社会史(300—1300年)》下卷,耿淡如译,商务印书馆,1997年,第378页。
[3] 同上。
[4] 爱德华·傅克斯:《欧洲风化史:文艺复兴时代》,第80页。
[5] 同上。

再回到我们前面的问题,即服装、装饰等问题,何以和"人的发现"扯上关系呢?笔者赞同爱德华·傅克斯的观点,服装、装饰的变化,意味着人们美的观念发生了变化。这一变化不是形而上的,而是源自生活,是形而下的。审美观变化的基础是政治、经济、文化以及社会阶层的变化。文艺复兴时期这些变化正在发生,不过根本性的变革还没有发生。爱德华·傅克斯明确指出:

> 社会的根本改造在于:随着新经济原则的诞生,形成了具有不同利益因而不同观点的新阶级;其次,这个新因素或者使社会的旧阶级瓦解或者以适当的方式改造他们。这两个现象都是进化的必然的结果,所以在这个过程中,人们社会存在的整个旧面貌都必定会改变。[1]

这一提法是经济基础决定上层建筑,人们的社会存在决定人们的思想的另一种表达方式。当经济基础开始发生变化,却没有完成变化时,作为经济基础变化最外有的表现,作为社会存在变化伊始的末梢,审美发生了轰轰烈烈的变化,它是一种感性的变化。

在这方面,文艺复兴不是特例。中国20世纪70年代末80年代初也有类似情况。"文革"结束时,中国的着装被称作"共产主义蓝蚂蚁",即整齐划一的中山装、军便服,配以单一的蓝、黑、灰、国防绿。十一届三中全会以后,开启了改革开放。80年代初期,人们对于美的追求像火山喷发一样,最初的表现,依然是在着装方面。时代的变迁,往往是从末梢率先表现出来。爱美之心人皆有之。

(2)人格的发现

人格理论大致可分为三类:类型理论、分析理论和折中理论。类型理论产生于古希腊,由希波克拉底提出,后为盖伦系统阐释的理论。这种理论认为,人的气质一般可分为四种类型:胆汁质、多血质、黏液质、抑郁

---

[1] 爱德华·傅克斯:《欧洲风化史:文艺复兴时代》,第86页。

质。分析理论的创始人是弗洛伊德。20世纪以来盛行折中理论。

布克哈特认为,文艺复兴时期流行的人格理论是希腊的四种气质学说。流行的四种气质学说却常常与迷信星宿的力量结合在一起,因此,布克哈特宣称,意大利文艺复兴时期人格的彰显,不是通过心理学理论,而是当下鲜活的生活内容。由于自然的发现,人们发现了自然美,于是在人寻求自然美的同时,亦刻意追寻人的自然本性和人的自然美。

在文艺复兴时期的伟大诗作中,可以看到大批对于内心生活的奇妙观察和独到的描绘。例如,但丁的十四行诗和短歌:"以大胆的坦率和真诚来流露他的种种欢乐和悲哀……主观的感受在这里有其充分客观的真实和伟大。"[1] 薄伽丘的十四行诗虽不大著名,却脍炙人口,如《回到被爱净化的地方》《春的忧郁》《诗人老去的悲哀》等。描写爱情是一种使人趋于高贵和纯净的力量,读这些诗,你无法想象它们是出自《十日谈》作者的手笔。叙事诗以生动的故事对人物的内心世界、人的性格做更为深刻地刻画,如阿里奥斯托《愤怒的奥兰多》描写浪漫骑士的生活,充满了冒险与爱情故事。传记题材更是鲜明生动,如薄伽丘所著《但丁的生平》辞藻华丽,虽充满主观臆测,却使但丁的个性栩栩如生。文学艺术作品对于人的外貌的描写有令人惊讶的敏锐和准确。

总之,人的鲜明个性、丰富的生活和内心世界通过文艺复兴时期的文学艺术被清晰地显露出来。与之相比,中世纪的驴子之歌则显得格外贫乏,可笑亦可悲。文学艺术表现的人有爱有欲,有喜怒哀乐,是日常生活中的凡人。[2]

(3) 人的价值观

布克哈特对文艺复兴时期极尽溢美之词,却独独对文艺复兴时期的价值取向,特别是道德问题持审慎的保留态度。布克哈特认为,16世纪初,文艺复兴时期的文化已经达到最高峰,而道德却在堕落,他引用文艺复兴时期一个人的话(未具名):"我们在个性上已经得到了高度的发展;

---

[1] 布克哈特:《意大利文艺复兴时期的文化》,第306—307页。
[2] 以上内容根据《意大利文艺复兴时期的文化》第四章概括而成。

我们已经突破了我们在未发展的情况下看来很自然的道德的和宗教的限制;我们轻视外部法律,因为我们的统治者不是正统合法的,而他们的法官和官吏都是坏人。"马基雅维利也补充说:"因为教会和它的代表们给我们树立了最坏的榜样。"[1] 文艺复兴确实是彰显个性,追求与众不同的时代,作为"自然的发现"的孪生现象,对于人的自然本性的崇尚在文艺复兴时期也颇成气候。可以说崇尚自然是健康的、阳光的,也可以说它是充满物欲、肉欲的。文艺复兴时代是一个充满创造性的时代,而"一切创造的时代都喜欢奢华和挥霍无度"[2]。当时流行的说法是西塞罗等人曾经说过的话:"人的全部光荣在于活动。"人的欢乐不在于闲散和无所事事,而在于工作和活动。"由于这些理论,上千年来束缚人们思想的禁欲主义逐渐瓦解了。"[3] 这意味着统治欧洲近千年的基督教价值观念正在趋于瓦解,也可以说当时的状况是"礼崩乐坏"。

毫无疑问,中世纪基督教价值体系是禁欲主义的。欲,指物欲、肉欲等。后布克哈特时代最重要的文艺复兴研究者丹尼斯·哈伊提醒人们,基督教对于财富的态度在《圣经》上写得很明白:"如果你想成为完美无缺的人,你就去卖掉你的财产,……跟我走。""财主进天国是难的。""骆驼穿过针的眼,比财主进神的国还容易呢!"[4] 贫穷、苦行似乎是进入上帝天国的门票。一些受人尊重的作家,在作品里颂扬古代生活的纯朴、贫穷。"严格的节制生活似乎已经成为一种理想。"[5] 财富意味着欲望、贪婪、罪恶。

文艺复兴时期,由于第三等级的出现,由于城市生活、行会、贸易和金融的发展,市民社会便诞生了。于是,市民的生活、市民社会的价值观开始出现:既享受财富和富有的生活,又过着一种有美德的生活,甚至可以说,富有的生活就是一种享有美德的生活。这是文艺复兴时期的理想生活。一些人文主义者不仅公开倡导这一价值取向,而且大胆地对早期的宗教价值提出疑问。

---

[1] 布克哈特:《意大利文艺复兴时期的文化》,第422—423页。
[2] 爱德华·傅克斯:《欧洲风化史:文艺复兴时代》,第156页。
[3] 哈伊:《意大利文艺复兴的历史背景》,第129页。
[4] 《圣经》和合本之《马太福音》,19:23、19:34。
[5] 哈伊:《意大利文艺复兴的历史背景》,第129页。

L. 金描述说，波焦·布拉乔利尼（Gian Francesco Poggio Bracciolini）的对话体著作《论贪婪》（De Avaritia），设计了三人辩论：两人谴责贪欲，告诫人们一定要远离贪欲——这一破坏灵魂的罪恶根源，一人为贪欲辩护。下面一段话，颇有些挑战人的道德底线的意味："事实上，贪心是一个社会所不可缺少的。……没有它，'各种辉煌、各种高雅、各种装饰都将失去。如果人们都对自己感到满足了，就没有人会去建造教堂或是柱廊，所有的艺术活动都会停止。这样的话，我们的生活和公共的事务就会发生混乱'。'如果没有贪欲加工场'，城市和国家何以存在？"[1]

布拉乔利尼断言，几个世纪以后，贪欲将会显示其价值。18 世纪初，伯纳德·曼德维尔在《蜜蜂的寓言》中很顺口地表达了相似的理念："个人的欲望，公众的福祉。"布拉乔利尼也谈到瓦拉的《论快乐》（De Voluptate），他的对话以斯多亚派与伊壁鸠鲁派的不同口吻展开。前者要求自己必须像个基督徒那样克己自律，后者则鼓励教徒们去享受适度的生活愉悦，而不必惧怕死亡和来世的报应。

哈伊说[2]，当时流行的一本伪亚里士多德著作《经济学》断言，对外部财富的占有，提供了实施德行的机会。亦有"穷困可以限制德行的发展"的说法。阿尔贝蒂说："财富的日益增长是家庭幸福生活的重要组成部分；财富是友谊、颂扬、名声和权力的源泉，无论对个人和国家来讲都是如此。"[3] 快乐是一件真正的善事。这多多少少有点亚里士多德"幸福即是最高的善"的味道，而幸福度与财富的比例紧密相连。

基督教的特征是爱，这是耶稣曾对自己的门徒说过的。基督徒要选择爱的生活，"要尽心、尽性、尽意，爱主你的神。这是诫命中的第一，且是最大的。其次也相仿，就是要爱人如己。这两条诫命是律法和先知一切道理的总纲"。[4] 不难看出，作为基督教核心价值的爱，是圣洁之爱，爱上帝，爱邻人，甚至爱敌人。可以说基督教崇尚的爱，是纯粹精神性

---

[1] 玛格丽特·L. 金：《欧洲文艺复兴（插图本）》，第 73 页。
[2] 相关内容可参见哈伊：《意大利文艺复兴的历史背景》，第 130 页以降。
[3] 同上书，第 131 页。
[4] 《圣经》和合本之《马太福音》，22：37-40；《马可福音》，12：30-31。

的，是非自然的，是由基督教信仰所致。

文艺复兴时期，人们对爱的追求没有丝毫减少，不过内容却发生了变化。不知何时，爱主要是指性爱。当人的自然本性成为人们的新宠时，自然的爱当然会受到人们的青睐。自然之爱、肉体之爱，本来就是人的天性的一部分，禁欲主义是抑制人的自然天性的结果，或者用弗洛伊德的话说，文明是压抑人的天性的结果。随着自然的发现，人的自然天性作为自然的一部分也被发现了。于是爱成为性爱、爱欲。不要说基督徒式的爱，就是柏拉图式的爱也变得不那么时尚了。在道学先生的眼中，当时的文艺作品显得有点无耻。据布克哈特的描述："当我们更仔细地去研究文艺复兴时期的恋爱道德的时候，我们不能不为一个鲜明的对比而吃惊。小说家们和喜剧诗人们使我们了解到爱情只是在于肉欲的享受，而为了得到这个，一切手段，悲剧的或喜剧的，不仅是被允许的，而且是越厚颜无耻和越肆无忌惮地使人感兴趣。"[1] 爱德华·傅克斯说，着装也透出这样的信息，男子的服装告诉女子："瞧我这小身板，生来……啊，哈哈哈。"而女装也毫不掩饰地告白："对面的兄台看过来，没问题呀。"今人可以认为这是率真、大胆、自然，没什么大惊小怪的。历史地看这些现象，它们出现于文艺复兴，而所面对的历史境况和价值体系都是中世纪的，不难想象，它们会遭遇多么大的攻击。爱德华·傅克斯断言："文艺复兴时代不仅仅是肉欲横流。因为是上升的阶级胜利了，所以它既没有羞耻心，也不知恐惧为何物，大胆地、无所畏惧地把自己的意图贯彻到底。"[2] 毫无疑问，这个意思可以用最顺嘴的词表示，如伤风败俗，厚颜无耻，暴发户行为等。于是时装问题变成爱的问题，爱变成欲。可以得出的结论是，时装是色情问题。

总之，文艺复兴时期，随着第三等级的崛起，随着人文主义思潮兴盛，人们的生活情趣被引向世俗生活，于是出现了世俗生活的内容与基督徒圣洁的生活分庭抗礼的情势。与两种生活内容相关的价值取向，在欧洲

---

[1] 布克哈特：《意大利文艺复兴时期的文化》，第431—432页。
[2] 爱德华·傅克斯：《欧洲风化史：文艺复兴时代》，第157页。

主要国家并存。随着自然的发现，被造世界受到人们前所未有的关注，对于被造世界自然美的欣赏和迷恋，潜移默化地影响着人们的审美观念。第三等级所代表的世俗生活无所顾忌、大胆露骨，带着无畏和无耻，带着虎虎生机走来，人天性中自然主义的力量，如火山爆发般地喷发出来，奔涌向前，势不可挡，对中世纪的核心价值有摧枯拉朽之势。文艺复兴时期的人的价值与中世纪告别了。"人们隐晦地、有时也是公开的抛弃与超物质的宗教结合在一起的禁欲主义原则。那些多少世纪以来一直宣扬天主教苦行主义的修士和神父，现在也开始追随不同样板的圣徒尘世间取得的成就和知识，以及尘世的道德是同禁欲主义的生活相矛盾的。"[1] 从文艺复兴的价值取向中已经能够清晰地听到近代的脚步声。

四、几个问题

笔者认同这一说法：文艺复兴是一个独立的时代，亦是一个承先启后的时代。它有中世纪的特征，亦蕴含着近代的一切创造。仅就本文探讨的问题而言，笔者认为，有些问题还需要加以说明。

1. 文艺复兴时期是走向世俗化的开始，但是，人们依然持有基督徒式的虔诚

"人们并未完全抛弃天主教教义。事实上……对宗教真正持淡漠态度的人还是极少数，而且这种态度更多地来自于商人，而不是来自学者。"[2] 普遍现象是，人们对于基督教教义依然是虔诚的，但是，对于教廷的信任已不复存在。尽管神职人员不乏虔敬者，但是无法改变人们对教廷的看法。教众普遍认为，罗马教廷关心的是他们的钱袋子，而不是不朽的灵魂。他们没有资格代表上帝，他们只代表自己的利益。事实上，无论是以

---

[1] 哈伊：《意大利文艺复兴的历史背景》，第133页。
[2] 同上书，第131页。

上帝之名，还是以其他名义，王权与教权的冲突，并不是信仰冲突，而是利益冲突，与信仰没什么关系。十字军东征，使教会成为最大的、最富有的商人。在文艺复兴时期，教会从上层到底层，虔诚者虽有之，而常态是腐败堕落。教会普遍存在的恶习有懒惰、愚蠢、粗野、狡诈、贪图享受、淫乱成性。"教会是懒汉的天堂"，"懒惰是修道院的根本"。与普通教士相比，教廷的举止令人发指："'在罗马，连天使都会被剪掉翅膀'，'如果有地狱，那罗马就是建立在地狱上的'，或'选举教皇的时候，你在家里见不到一个鬼'。"[1] 文艺复兴时期最著名的几位教皇，例如亚历山大六世、尤利乌斯二世、利奥十世等，都患有梅毒。除非白痴，否则不会有人认为这样的教廷、教皇、神职人员有资格代言上帝。当教廷、教会、教士成为邪恶堕落的代名词，这些"好话说尽，坏事做绝"的蛀虫被民众唾弃也理所当然。文艺复兴时代依然是信仰基督教的时代，但与中世纪不同的是，民众信仰上帝，却不再相信教廷、教皇和教会。

从皮科的"文艺复兴宣言"，我们可以清晰地看到，即便是当时比较激进的思想者，对于基督教信仰依然是虔诚的。尽管他们用相对世俗的立场重新诠释经典，但是，对经典、对基督教和对上帝信仰的态度如故，虽然他们希望带来改变，但并没有想摧毁它的意图，只是想使其更好而已。所以，文艺复兴不是反基督教的，而是在相对虔诚的基督教氛围中进行的。应该承认，世俗力量开始崛起，并渐成气候。整个文艺复兴时代是欧洲走出中世纪，走向世俗化时代的开始。这个时代，是教权、王权、世俗力量，特别是第三等级并存的时代，也是中世纪、两希文明、新产生的文艺复兴价值体系和思想并存的时代。可以说，文艺复兴时代正在开始走向世俗化，但是，占统治地位的依然是基督教。当这三种思想和价值体系的精华完成整合之日，便是近代来临之际。

2. 理性地位提升，然而是信仰体系下的提升

奥古斯丁思想占统治地位的时代，理性只能认识被造世界，对于信徒

---

[1] 爱德华·傅克斯：《欧洲风化史：文艺复兴时代》，第352页。

与上帝的关系的认识并不起重要作用。与上帝交往具有内在性，不是理性所能胜任的。早于文艺复兴时代的中世纪晚期（13世纪），亚里士多德著作就已经进入西方，像阿奎那等划时代人物，均用亚里士多德主义解释基督教思想。与奥古斯丁主义最大的不同在于，阿奎那主义赋予理性极高的地位，他们坚信，通过理性就能探求到世界本体——上帝。理性把人的思想提升到一个高度，在这个高度上，人与上帝的交往才是可能的，这是奥古斯丁主义所没有的。文艺复兴给理性以尊严的说法并不过分，然而文艺复兴不是理性的时代，依然是信仰的时代。因为理性的尊严是在基督教信仰的前提下获得的，并且服务于基督教信仰。

3. 崇尚自由是文艺复兴时代基本的气质

笔者认为，文艺复兴时代最重要的气质是崇尚自由。无论是皮科的作品，还是伏尔泰对文艺复兴的界定，都凸显了文艺复兴时期的基本气质是崇尚自由。皮科为自由加上了一层圣洁的亮色，称自由是上帝赋予人的生存权利。伏尔泰看到，文艺复兴时期有一束最幸福之光——自由，他认为，自由是当时混乱的欧洲所获得的"无价之宝"。

文艺复兴时期所崇尚的自由，尚不是近代意义上的自由。近代的自由强调以自然法为基础的人人平等、自由、独立的状态，是一种政治诉求。洛克的立场或许是近代自由理念的典型代表。他说："为了正确地了解政治权力，并追溯它的起源，我们必须考究人类原来自然地处在什么状态。那是一种完备无缺的自由状态，他们在自然法的范围内，按照他们认为合适的办法，决定他们的行动和处理他们的财产和人身，而毋需得到任何人的许可或听命于任何人的意志。"[1] 相比之下，文艺复兴时期所追求的自由，首先不是政治权利层面的，而是强调人的个性自由，而个性自由主要指个人意志自由，即个人追求幸福、追求财富、追求爱情、追求与众不同的自由意志。这种自由的追求更外在，更贴近生活层面。即便是这一外在

---

[1] 洛克：《政府论：论政府的真正起源、范围和目的》下篇，叶启芳、瞿菊农译，商务印书馆，1964年，第5页。

的追求，也给封闭、保守、僵化的中世纪氛围以重创，以至于风化史研究者惊呼，从风化的角度看，文艺复兴时代有诸多乱象，礼崩乐坏。可以说文艺复兴时期对自由的追求，其作用如同一把锤子，打破了中世纪的不自由状态，同时孕育了未来时代即将出现的自由。

4. 文艺复兴时期的人是独立的个人

在中世纪的欧洲，以采邑制为基础的金字塔式的政治体制，决定了欧洲封建等级关系的特征：他人之人。这是一种稳定的统治方式。无论是国王和贵族，还是农奴、奴隶，都被采邑制紧紧地束缚着。因为得到采邑的附庸们，必须无条件地支持主人，否则就会被剥夺领受封地的权利。但是，这并不妨碍贵族们不择手段地扩大自己的产业：哄骗、威吓或者背叛他们的宗主，用暴力手段剥夺邻人的土地。这种统治方式被称作以土地占有制为基础的封建制，统治阶层是封建领主。在这种所有制下，形成了新的封建等级关系：皇帝、国王、贵族占有土地，农民（农奴）被绑缚在土地上。这一金字塔结构的本质，是人身依附，是自上而下、自下而上相互依附的主奴关系。在这种关系中，没有人是独立的人。他人之人，拥有他人的人，形成了一种金字塔式的等级结构。正如布洛赫所说：

> 在关于封建主义的词汇中，任何词汇都不会比从属于他人之"人"这个词的使用范围更广，意义更泛。在罗曼语系和日耳曼语系各种语言中，它都被用来表示人身依附关系，而且被应用于所有社会等级的个人身上，而不管这种关系的准确的法律性质如何。如同农奴是庄园主的"人"一样，伯爵是国王的"人"。[1]

无论是谁的人，所强调的因素是一样的，即此人附属于那个人。从属关系所表达的状况是一种人身依附关系。按照黑格尔的说法，在主奴关系中，主人是自为的意识，奴隶是物。奴隶之为奴隶的本质就是物，是属于

---

[1] 布洛赫：《封建社会》（上卷），第249页。

主人的物。在主奴关系中，主人形成了两种关联：一方面与奴隶相关联，一方面与物相关联。事实上，这两种关联都是与物相关联，因为奴隶也是物。主人与物的关联是以奴隶为中介，奴隶对物进行加工，主人才能够把物作为消费品来享用。奴隶对物进行加工时，成为物的主人，而主人由于把支配物的权利让给奴隶，主人反而处于依赖奴隶的地位。[1] 这种人身依附的原则渗透到法兰克王国的整个社会生活，从最高级到最低级。在人身依附关系中，没有个人的位置，个人没有任何意义。因此，每个人都是不自由的。如果用一个词来形象地概括封建制的社会关系，那么，最贴切的表达方式是：附庸制。生活在这种关系中的人，是"他人之人"。

崇尚自由的文艺复兴时期，人不再是被束缚在采邑上的他人之人，而是城市人，无论是曾经的贵族，还是农民、手工业者等，都获得自由之身，成为城里人，成为自由人。自由人发出的呐喊，概括起来，就是尊重人的个性，尊重个人。皮科等人将个人的自由解释为上帝赋予的权利。人想成为什么样，就成为什么样，这是上帝赋予的权利。"人的发现"发现了什么样的人？个人！有自由权利的个人。个人受尊重的全部理由是：他是一个人。承蒙上帝的恩赐，人按照自己的自由意志成为他自己。人的含义与中世纪的"他人之人"有很大的不同。不过，文艺复兴时期的人，虽然是个人，具有自由意志，但与近代相比，还是有所不同。最大的差异在于，这些个人对于个性的追求还只限于日常生活的具体内容：衣食住行。如着装的个性化，自由的爱恋甚至纵欲等，尚不是对个人权利，特别是公民权、司法权，以及其他政治权利的诉求。

5. 世俗的价值取向崭露头角

简单地说，文艺复兴时期的价值取向同样处于中世纪向近代的过渡之中。爱依然占据着核心位置。爱的主流依然是博爱，然而世俗生活中俗人之爱，如爱欲、情爱、性爱也堂而皇之地成为爱的内涵，对于世俗之爱的

---

[1] 黑格尔：《精神现象学》，贺麟、王玖兴译，商务印书馆，1983年，第127—129页。本段文字的解读，参阅张世英：《自我实现的历程：解读黑格尔〈精神现象学〉》，山东人民出版社，2001年，第109—111页。

追求，甚至到了无所顾忌的地步。

近代价值体系也强调博爱，它被法国人简洁地概括为"自由、平等、博爱"。但是，此博爱是基督教的博爱吗？内容还是有一定的变化。穆勒在陈述功利主义原则时说："功利主义伦理学的全部精神，可见之于拿撒勒的耶稣所说的为人准则。'己所欲，施于人'，'爱邻如爱己'，构成了功利主义道德的完美理想。"[1] 詹姆斯·斯蒂芬对这种说法颇不以为然。他先是对卢梭的《忏悔录》大加挞伐，称"几乎很少有文学作品能像他对人类表达的爱那样让人恶心。'你把爱留着自己享用吧，别用它来烦我们！'——这便是他的书总让我想到的评语"[2]。随之，詹姆斯·斯蒂芬对穆勒的说法提出疑问，他指出："给爱下一个定义虽然迂腐，但可以说它至少包含两个要素：其一，与互爱之人的境况相适应的友好交往带来的欢愉，不管它是什么；第二，彼此都希望对方生活幸福。"[3] 可以看出，詹姆斯·斯蒂芬对于博爱的界定，与基督教的"博爱"意涵完全不同，却与文艺复兴时期出现的世俗的爱，有异曲同工之效。对于幸福的解读同样如此。

文艺复兴是从中世纪通向近代的必经之路，由于有文艺复兴，便有了欧洲近代。无论如何，文艺复兴是一个不容忽视的历史阶段，它是解开近代奥秘的钥匙。

---

[1] 约翰·穆勒：《功利主义》，徐大建译，上海人民出版社，2008年，第17页。
[2] 詹姆斯·斯蒂芬：《自由·平等·博爱：一位法学家对约翰·密尔的批判》，冯克利、杨日鹏译，广西师范大学出版社，2007年，第197页。
[3] 詹姆斯·斯蒂芬：《自由·平等·博爱》，第198页。

第二章　中世纪晚期的科学革命

14—17世纪，通常被西方学界认为是文艺复兴（Renaissance）时期。在14世纪，"文艺复兴"的概念已被意大利的人文主义作家和学者所使用。当时人们认为，文学艺术在希腊、罗马古典时代曾高度繁荣，但在中世纪"黑暗时代"却衰败湮没，直到14世纪后才获得"再生"与"复兴"，因此被称为"文艺复兴"。

16世纪，欧洲发生了宗教改革运动（Reformation），它是基督教自上而下的一场改革运动。其起点是1517年马丁·路德提出《九十五条论纲》。通常认为，到1648年《威斯特伐利亚和约》的出台为止，欧洲宗教改革运动宣告结束。

16—17世纪，欧洲也爆发了第一次科学革命，史称哥白尼革命。科学革命与宗教改革均发生在文艺复兴时期，其发起的原因和开展的进程，与文艺复兴有密切关联，因而，科学革命与宗教改革被视为文艺复兴的衍生物。于是，科学革命像宗教改革一样，可被看作文艺复兴的结果。这个说法虽然有些简单，但不无道理。

作为同一历史时期发生的变革，文艺复兴、科学革命和宗教改革拥有共同的特点：回到过去。我们在第一章已经讨论过文艺复兴，这里不再赘述。宗教改革是回到使徒时代的尝试，如怀特海所说，16世纪基督教发生了分裂。宗教改革仍是欧洲民族内部的事情。但是，无论怎样看待宗教改革,必须承认一件事情,即不能把宗教改革"算为一种新宗教的出现……宗教改革运动本身并不承认有一种新宗教出现,而宗教改革家也说他们只是把那些被人遗忘的东西恢复起来而已"。[1] 怀特海还认为:"宗教改革是一种群众性的骚动,它曾使整个欧洲在一个半世纪中沐浴在血泊里。"[2] 宗教改革似乎被定格在血与火的模式中。最终的结果是基督教走向式微,至少其中世纪的雄风不再。也可以说,它不再是统治西方世界的硬实力,而成为西方人日常生活中的一种力量,一种文化习惯,即软实力。我们将在第三章再讨论宗教改革。

本章讨论欧洲历史上第一次科学革命,即著名的哥白尼革命。尽管科学革命的结果是推动历史进步,但它的起点依然是回到希腊。哥白尼的日心说之所以产生,在很大程度上拜托勒密所赐。怀特海说:

> 科学运动在刚开始时,则只限于少数知识界的菁华。在那目睹30年战争发生,而尼德兰的亚尔伐事件又还是记忆犹新的世纪里,科学界人物遭到的最大不幸,只是伽利略在平安地寿终正寝以前所受光荣的拘禁和缓和的谴责。人类面貌古来第一次最深入的变革,就是以这种平静的方式开始的。迫害伽利略的方式可以说是这个变革的开幕式上的一个献礼。因为自从一个婴儿降生在马槽里以来,还很难说有这么大一次变革是以这样小的骚动开始的。[3]

相对平静温和的起点,导致的最终结果却是震撼世界的发展和进步。在推动欧洲近代产生的诸多精神力量中,最大的力量当属科学革命。

第一次科学革命产生于广义的文艺复兴时期。从时间段上看,文艺复兴与中世纪有重合。科学革命与文艺复兴都是"回到希腊"的一种尝试。那么科学是否从希腊一跃而来,直接从希腊进入文艺复兴和近代早期的呢?不是的!笔者认为,科学革命的发生,中世纪基督教功不可没。不

---

[1] A. N. 怀特海:《科学与近代世界》,何钦译,商务印书馆,1989年,第2页。
[2] 同上。
[3] 同上。

过,在这一问题上,学界并没有形成共识。回答中世纪基督教是否促成了人类史上第一次科学革命,我们首先要面对的问题是科学与宗教之关系的问题。

一、科学与宗教关系面面观

无论学界在科学与宗教的关系方面持什么样的态度,他们都不会否认,科学与宗教是社会生活的两个方面。约翰·H. 布鲁克指出:

> 在形成西方社会的价值方面,科学和基督宗教各自都扮演了卓越的角色,留下了持久的印记。不管是否夸大,这样的对比都提出了一个显而易见的问题:这两种强大的文化力量之间的关系是什么?它们是在效果上互补的,还是相互对抗的?宗教运动曾有助于科学运动的产生,抑或从一开始就存在着权力的斗争?科学信念和宗教信仰常常是背道而驰的,或者,它们也许更多地是由神职人员和科学实践者融合在一起的?这种关系是如何随时间而变化的?[1]

提出这些问题相对容易,但回答这些问题却是有难度的。而且答案也不是一成不变的,它取决于不同时代的人对宗教与科学之间关系的态度。正因为回答这些问题有难度,因而在这些问题上,学界远没有形成共识。笔者拟阐释几种具有影响力的观点,以飨读者。

布鲁克在《科学与宗教》一书中指出,关于科学与宗教的关系,流行的文献中有三种观点。

第一种观点认为,"科学精神与宗教精神之间存在着根本的冲突,一个处理的是可检验的事实,另一个则为信仰而舍弃理性;一个对科学认识

---

[1] 约翰·H. 布鲁克:《科学与宗教》,苏贤贵译,复旦大学出版社,2000年,第1页。

的进步所带来的变化感到欣喜,另一个则在永恒的真理中找到安慰。"[1]当科学可以堂而皇之地与宗教分庭抗礼时,人们通常认定,以宗教名义建构的宇宙论便在更精致的科学理论面前退缩了。而这段历史并不算很长。至少在哥白尼时代还达不到这种程度。19世纪的学者,如德雷珀(J. W. Draper)和怀特(A. D. White),列举了许多这方面的例子,但那也是19世纪的事情了。在科学与宗教较量时,笑到最后的是科学。

第二种观点认为,科学与宗教本质上并非争斗的力量,而是互补的力量。持这种观点的人诉诸历史以证明自己的见地。根据这种观点,"科学语言和神学语言必须和不同的实践领域相联系。对上帝的论说在实验室实践的情境下是不合适的,但在崇拜或自我检讨的情境中是合宜的。"[2] 这也算是恺撒之物与上帝之物区分的演变形式吧。这种分别的基础在于,牧师们不对自然的作用指手画脚,而科学家谨慎地设想科学能够满足人类的深层需求。如此便可相安无事。各安其位,各司其职,没有谁可以君临天下。不过,这种理念至少也应该是18世纪以后的事情。

第三种观点认为,科学关怀和宗教关怀之间,可能有更亲密的关系。这种观点与第一种观点,即对立说相反,它断言某些宗教信条可能对科学活动有益。和第二种观点即分离说也不同,"它认为宗教和科学之间的相互作用决不是有害的,而是能够对双方都有利"。[3]

这三种观点的产生,基于一个基本事实,即它们都是从科学史的视角看待科学与宗教的关系。可以说,在科学发展史上,这三种情形都曾存在过,因而布鲁克断言:"严肃的科学史研究成果表明,科学和宗教之间在过去存在异常丰富和复杂的关系,以至于很难支持一些一般性的论题。结果,真正的教训正是在于这种复杂性。"[4]

仅就个体而言,基督教会人士并非都是蒙昧主义者,如阿奎那;而科学家也并非都是无神论者,哥白尼、布鲁诺等自不必说,就是牛顿、达尔

---

[1] 布鲁克:《科学与宗教》,第2页。
[2] 同上。
[3] 同上书,第4页。
[4] 同上书,第5页。

文也接受基督教信仰。就社会集团而言,"所谓的科学与宗教间的冲突,结果可能是相互竞争的科学利益之间的冲突,或者相反,是相互竞争的神学派别之间的冲突"。[1] 谈及利益,是从政治学的角度看待科学与宗教之争。在中世纪晚期,也可以说,科学与宗教之争是教会与世俗力量(如行会、市民社会、政治集团、社会群体)之间的冲突。信仰只是一袭外衣。

布鲁克认为,仅从利益关系来看科学与宗教,与从它们之间观念性的关系来看待二者是不同的。他认为,"我们应该更多地关心科学和宗教的思想在不同社会中如何被使用,而不是它们之间的观念性的关系"。[2] 仅就使用而言,人们似乎更容易接受这样一个假设:"近代科学大体上是造成社会的世俗化的原因。"[3] 布鲁克指出,这个假设虽然有悠久的历史,现在也常常受到人们的质疑。他更倾向于证明:"在历史上,自然科学曾被赋予宗教的含义,也曾被赋予反宗教的意蕴,而在很多情形中则根本不带任何宗教意义。"[4] 这一观点提示人们,宗教与科学的关系,无论是相融合、相对立,还是没有关系,取决于不同的历史时期。"一旦人们追问'科学'和'宗教'在过去的关系时,问题就产生了。不仅它们之间的界线是随时间变动的,而且,把它们从历史的具体情境中抽象出来,会导致人为炮制和混淆年代的错误。"[5] 也就是说,科学与宗教的关系不是一种抽象的概念,而是历史和时代的产物,不能脱离时代去谈论科学与宗教是什么关系,笔者深以为然。本章在科学革命(哥白尼革命)的题目下讨论科学与基督教的关系,是力求说清近代的世俗化力量源自何处,科学在引导欧洲人走出中世纪所起的作用。这是一个有限定的探讨。

伊安·巴伯的《当科学遇到宗教》一书,试图探讨17世纪以后的几个世纪里,科学与宗教的关系。他认为,当宗教与现代科学在17世纪相遇时,这种遭遇是友善的:

---

[1] 布鲁克:《科学与宗教》,第5页。
[2] 同上书,第11页。
[3] 同上。
[4] 同上书,第16页。
[5] 同上。

> ……科学革命的创始人大多数是虔诚的基督徒,他们认为自己在科学工作中研究的是造物主的手工作品。到了18世纪,许多科学家相信一位设计了宇宙的上帝,但他们不再相信一位积极地涉入世界和人类生活的人格化的上帝。到了19世纪,一些科学家对宗教表现出敌意——尽管达尔文本人坚持认为进化的过程……是由上帝设计的。
>
> 宗教与科学的相互作用在20世纪采取了多种形式。科学的新发现对许多古典的宗教思想提出了挑战。[1]

基于这一基本的考量,巴伯概括出关于宗教与科学广泛争论的6个问题:1.宗教与科学是敌人、陌路人,还是伙伴? 2.起初:大爆炸为什么会发生? 3.量子物理学:对我们关于实在的假设的挑战。4.达尔文与《创世记》:进化论是上帝的创世之道? 5.人性:我们是由我们的基因决定的吗? 6.上帝与自然:上帝能在一个服从规律的世界中活动吗?[2] 这6大问题是近400余年,我们对科学与宗教关系广泛关注的问题。笔者之所以引述巴伯关于宗教与科学关系的6大问题说,是想提请读者注意,关于宗教与科学关系的探讨,可以有多大的范围和多宽的视野。然而,只有第一个问题与笔者所探讨的问题相关,因此,对于巴伯观点的阐释,仅限于此。关于科学与宗教的关系,他还提出四重分类法,这种划分影响很大。

第一,冲突说。达尔文进化论与基督教信仰的冲突,也许是冲突论最典型的例证。公元313年,罗马皇帝君士坦丁颁布"米兰敕令"宣布了基督教的合法性,325年召开教义辨析会议,确定统一的正宗教义和教会组织,393年,罗马皇帝狄奥多西一世宣布基督教为国教。如果从393年算起,到达尔文时代(查尔斯·达尔文,1809—1882),将近1500年的时间,上帝创世说在西方人的心目中根深蒂固。当达尔文的进化论告诉人们,人是由猿进化而来时,西方的主流价值观遭受了严重的冲击,西方人无论如何不能接受人只是穿着衣服的猿这一说法。尽管达尔文是一名基督

---

[1] 伊安·巴伯:《当科学遇到宗教》,苏贤贵译,生活·读书·新知三联书店,2004年,前言第1页。
[2] 参见上书,前言部分,第2—5页。

徒，于1828年被父亲送到剑桥大学改学神学，但是，他提出的进化论在当时与基督教的核心价值观形成了尖锐的对立。如果人们因此而强调科学与宗教的冲突，至少在19世纪是有据可依的。

第二，无关说。该说认为，宗教与科学是一对路人：

> 只要彼此保持安全距离，他们就可以和平共处。根据这种观点，科学与宗教之间不应存在冲突，因为它们指涉生活的不同领域，或实在的不同方面。不仅如此，科学断言和宗教断言还是两种并不互相竞争的语言，因为它们在人类生活中发挥着完全不同的功能。它们回答截然不同的问题。科学追问事物是如何运行的，它和客观事实打交道；宗教则涉及价值和终极意义。[1]

这是一种类似于社会学的视角，把社会生活切割成若干块，彼此独立。如果把社会视为一个有机整体，社会生活的各方面都是你中有我、我中有你，无关说恐怕就难以自圆其说。巴伯也提到了另一个版本的无关说，即"这两种探究对世界提供了互补的、并不互相排斥的视角。只有当人们忽视了这些区别的时候——即当宗教人士做出科学断言，或当科学家越过他们的专业范围去推广自然主义哲学时，冲突才会发生"。[2] 各安其位、各司其职，则相安无事。不过巴伯也意识到其中的弊端："分隔的做法避免了冲突，但其代价是阻碍了任何建设性的互动。"[3]

第三，对话说。按照巴伯的看法，对话可有三种形式：一、比较这两个领域的方法，也许能够显示出它们之间的相似之处，尽管它们的区别人所共知。二、当科学在其边界，提出自己无法回答的极限问题时（如宇宙为什么是有序的，可理解的？），对话就可能产生。三、当人们用科学概念做类比，来谈论上帝同世界的关系时，对话也会产生。例如，可以把上帝设想为量子力学中悬而未决的不确定性的决定者，而又不违背任何物理学

---

[1] 巴伯：《当科学遇到宗教》，第2—3页。
[2] 同上书，第3页。
[3] 同上。

定律。在这样的对话中,"科学家和神学家们作为对话的伙伴,参与到对这些论题的批判性反思之中,同时又尊重各自领域的完整性"。[1]

第四,整合说。在那些力求把这两个学科更紧密地整合起来的人们之间,产生了一种更系统、更广泛的伙伴关系。这种整合是两个学科内容的整合,是一种更内在、更实质性的伙伴关系。例如,自然神学曾经在自然之中寻找上帝存在的证明。事实上,这种尝试在整个中世纪都是存在的,笔者拟在下一节具体讨论这一问题。巴伯表明,他本人倾向于"对话"和"整合"。[2]

罗素认为,科学与宗教是社会生活的两个方面。宗教与人类思想史几乎同步发展,而科学是在希腊和阿拉伯人中间出现,在16世纪一跃而居于重要地位。此后,科学对欧洲的思想和制度产生的影响与日俱增。罗素认为,科学与宗教之间存在着长期的冲突,直至罗素时代为止,科学总是冲突的胜利者。

罗素指出:"科学是依靠观测和基于观测的推理,试图首先发现关于世界的各种特殊事实,然后发现把各种事实相互联系起来的规律,这种规律(在幸运的情况下)使人们能够预言将来发生的事物。"[3] 罗素同时指出,同科学相关联的力量是技术。技术创造出大量的昂贵物品和奢侈品,技术使芸芸众生更看重科学。

罗素认为,从社会方面来看,宗教是一种比科学更复杂的现象。历史上著名的宗教都具有三个方面:教会、教义、个人道德法规。在不同的时代,这三个要素虽然轻重有所不同,但是,对于作为一种社会现象的宗教来说,却是本质的东西。

> 教义是宗教与科学冲突的理智上的原因,但对立之所以尖锐剧烈则一直是由于教义同教会和同道德法规的联系。过去,那些对教义表示怀疑的人们削弱了教士们的权力,可能还削减了教士们的收入;此

---

[1] 巴伯:《当科学遇到宗教》,第3页。
[2] 以上四种分类法详见上书,第2—4页。
[3] 罗素:《宗教与科学》,徐奕春、林国夫译,商务印书馆,2010年,第1页。

外，他们还被认为削弱着道德的基础，因为道德义务是教士根据教义推断出来的。因此，世俗的统治者，和教士们一样，感到自己有充分理由害怕科学家们的革命学说。[1]

在教会、教义、个人道德法规三要素方面，罗素把教义放在最重要的位置，教义方面的对立，是科学与宗教对立的根本之所在。因为教义与科学观测、实验和学说的不同导致二者的对立，而个人道德、教会与科学的对立是派生出来的。

按照罗素的看法，理解科学与宗教的对立，不可以忽略方法论的差异。"科学并不是从广泛的假设出发，而是从观察或实验所发现的特殊事实出发。从一些这类事实中得出一条普遍的规律。如果这个普遍规律是正确的，那么这些事实就是这个普遍规律的例证。"[2] 可以看到，这里指的是著名的归纳法。当然，罗素并不否认，科学探索的开端需要假设，在这个假设之下，经过观察，如果某些现象真的发生了，那么假设成立，如果没有发生，则假设必须被抛弃。能够被科学证实的假设，就被称为理论，如此循环往复，科学就是在这样的轨迹中前行。

宗教与科学不同。宗教"自称含有永恒的和绝对可靠的真理，而科学却总是暂时的，它预期人们一定迟早会发现必须对它的目前的理论作出修正，并且意识到自己的方法是一种在逻辑上不可能得出圆满的、最终的论证的方法"。[3] 后来波普尔提出，所谓证实就是划定科学理论的适用范围和标准，因此，与其说是证实，不如说是证伪。

罗素认为，所谓科学与宗教的冲突，是权威与观察的冲突。科学家不会因为某个权威说过某些正确的命题，就要求人们信奉它们，相反，他们相信以事实为依据的学说。"这些事实对于所有愿意进行必要的观测的人来说都是明白无误的。"[4] 科学方法致使科学获得巨大的成功，迫使神学

---

[1] 罗素：《宗教与科学》，第2页。
[2] 同上书，第4—5页。
[3] 同上书，第5页。
[4] 同上书，第6页。

逐渐地适应科学。作为科学家，罗素持科学主义的态度，但是，他依然给予宗教一个无法被否认的地位。他认为，宗教生活中有一个方面与科学发现无关，这个方面也许是最令人神往的，不管我们对其本原想法如何，它都可以保存下来。这个方面就是"宗教不仅一直同教义和教会联系在一起，而且还同那些感觉到它的重要性的人们的私人生活联系在一起"。[1]现在，人们常常把那种深入探究人类命运、减轻人类苦难、实现人类期望的美好前景的人，视为具有某种宗教感情的人，这样的人也许并不一定接受基督教。只要宗教存在于某种情感之中，而不是存在于一套信条之中，它就是个人的事情，与科学就井水不犯河水。

关于宗教与科学的关系，笔者有几点想法。在人类文明史中，宗教（含原始宗教）是最古老的文明形态。科学虽然不及宗教古老，但是自希腊始，也可谓历史悠久。二者始终有纠缠不休的关系，在不同的历史时期，双方的关系各异。正因为如此，研究者们在科学与宗教的关系上才众说纷纭，莫衷一是。纵观历史，科学与宗教的关系是具体的，不是能一言以蔽之的事情。细细观之，两者间的关系，有学者们概括出来的三种关系说或四种关系说，这些关系说或是依历史沿革概括出来的关系，或是对当下状况的写照。笔者在阅读这些文献时，经常被不同的观点弄得眼花缭乱，毕竟他们所言各有千秋。相比之下，笔者更赞同罗素的观点。

第一，一般说来，科学学说与宗教教义本质上是截然不同的。科学探求真理，以事实为依据，以观察实验为手段，自哥白尼开启科学革命以来，科学倾向于崇尚归纳法。科学始于假设，但假设需要以事实和实验观测为依托。如果事实证明假设成立，那么围绕假设进行的一系列科学探索以及探索结果，便形成一套完备的科学理论。但是，这一理论不是永恒的、绝对的，它可以被新的假设和观察实验所否定。科学理论求真，正因为如此，科学永远面临新的质疑和否定，所以科学是一个开放的体系。而宗教则是信奉永恒、绝对的真理，他们信奉绝对和永恒，宗教权威不容置疑。信徒不知道需要质疑，或者不想、不敢质疑，他们因信称义，信仰高于理性。

---

[1] 罗素:《宗教与科学》，第7页。

第二，因为科学与宗教本质上的不同，无论是崇尚对立说、对话说、分离说或者是融合说，潜台词是二者本质是不同的，这毫无疑义。有学者用科学家个体也许是基督教徒这样的事实，寻求科学与宗教的内在关联，其实这毫无意义。因为科学与信仰的问题本身就不是个体的事情，个案并不能说明太多的问题。不同并不意味着必然对立，如罗素所云，科学与宗教是社会生活的两个方面。它们可以安其位，各尽所能，且和平相处。

但是，我们确实看到自中世纪始，科学与宗教始终存在着张力。导致这种张力的原因何在？首先是拜教会的独裁专制体系和无所不在的绝对权力所赐。当教会把自己的权力凌驾于整个世界，所有的人，所有的学说都是上帝的仆从，于是社会生活就没有其他方面，只剩信仰，科学并没有太多的发展空间。因此，才有在中世纪科学是神学的婢女之说，两者对立是必然的结果。其次，自加洛林王朝复兴以来，特别是十字军东征以来，教会迅速腐败，教会僧侣集团是社会财富最大的占有者，他们与行会（科学家、教员等当时也属于某些行会）组织，与第三等级形成尖锐的利益冲突。科学与宗教孰是孰非，已经不是信仰和学说能够考量的事情。在教会眼中，它成为利益之争。教会权威、《圣经》权威受到科学质疑，与科学对峙，这是教会的生死之战，这与信仰没有什么关系，尽管对科学的打压是以信仰的名义进行。社会学家和政治学家通常喜欢用全视角看待宗教与科学的关系。不可否认的是，宗教迫害科学的历史曾经真实存在过，想想哥白尼、伽利略等人是如何战战兢兢，布鲁诺惨烈的结局，便知此言不谬。

第三，中世纪是基督教一统天下。在欧洲历史上出现第一次科学革命之前，有无科学，科学在哪里？科学与宗教是否对立，或者，基督教是否不能容忍科学的存在？这是我们必须探讨和回答的问题。毕竟第一次科学革命发生在文艺复兴时期，而所谓文艺复兴，其实是中世纪晚期。回答这一问题，将在某种程度上证明，基督教与科学在学说上曾经有融合的历史。

二、中世纪基督教是希腊科学的摆渡者

之所以要讨论中世纪科学问题,是因为科学技术的发展是西方近代最重要的成就之一,是构成西方近代人道主义不可或缺的要素。然而,我们不能忽略一个基本的事实,就是西方近代科学技术的高速发展不是凭空而来的。从时间的接续而言,可以说,科学技术是文艺复兴的产物。纵观历史,科学技术始于希腊罗马,经过基督教的摆渡,进入近代欧洲,这是从地中海文明向近代欧洲文明摆渡的过程。科学技术的发展,让人类以自然科学的视角审视自然,尽管这种摆渡的方式,主要是以上帝6日创世说为依托进行的,就是这种纯粹解经的方式,把古典科学的成就点点滴滴地搬运到近代。古典科学技术进入近代,加速了近代世俗化进程,而世俗化,正是近代人道主义独有的特征。这算是意外的收获,所谓无心插柳柳成荫。

雅斯贝尔斯认为,纵观历史可以看到,科学的发展经历三步,第一步,一般的理性化,即借助前科学将神话和巫术理性化。第二步,希腊、中国和印度科学(我们权且把它们称作古典科学,西方学界将希腊科学称作自然哲学)。第三步,现代科学,始于中世纪末期,17—19世纪高速发展,并成为时代的标志。"无论如何,自17世纪以来,它使欧洲区别于所有其他文化。"[1] 换句话说,如果说文明古国都经历过第一、第二步,那么第三步,即现代科学则是西方世界独有的。或者说,自哥白尼革命以来,科学成为东西方文化分野的一个关键因素。西方近代是理性的时代,更是科学的时代,这个时代开始于中世纪后期。不过,我们需要再次强调,科学在中世纪后期不是突然产生的,在漫长的历史进程中,它是被基督教一点点地摆渡到文艺复兴及至近代。至少这种摆渡是不可或缺的因素。雅斯贝尔斯似乎有意无意地忽略了中世纪的作用。可以理解,西方学

---

[1] 卡尔·雅斯贝斯:《历史的起源与目标》,魏楚雄、俞新天译,华夏出版社,1989年,第96页。

者大多数对中世纪的看法就是黑暗、愚昧。试问，这样一种"黑暗、愚昧"的时代，能想象科学吗？

1. 摆渡何以可能？

爱德华·格兰特在《科学与宗教：从亚里士多德到哥白尼（400B. C.—A. D. 1550)》一书开篇，便很直白地问道：中世纪是野蛮无知的时代，还是激动人心的革新时代？旋即，他引用一位著名的研究中世纪的历史学家对中世纪的概括：

> 在一位经过彻底洗脑的 19 世纪作家看来，中世纪是"从来不洗澡的一千年"。对于其他人来说，中世纪就只是"黑暗的岁月"——近来又被描述为"人类进步中的一个巨大中断"。一般认为，在 15 世纪的某个时候，黑暗终于退去了。欧洲苏醒了，洗去尘埃，重新开始思考和创造。在漫长的中世纪中场休息之后，雄壮的进行曲重新响起来。[1]

格兰特认为，这是不准确和带有误导性的评价。但在 17—19 世纪这一观点却是老生常谈。"18 世纪著名的法国作家和哲学家伏尔泰道出了许多人的心声，他说'中世纪的历史'是'野蛮民族的野蛮历史，野蛮民族虽然变成了基督教徒，但并没有因此而开化多少'，他又说'只是为了鄙视那个时代的历史才必须知道它'。在 19—20 世纪，这种态度仍然司空见惯。"[2] 在同一页，格兰特引用了一位"有声望的历史学家"威廉·曼彻斯特（William Manchester）对中世纪的描绘："那是一个停滞的时代，没有提高也没有衰退。除了 9 世纪引进水轮，12 世纪晚期引进风车外，没有什么重要的发明。没有新奇的思想出现，没有对欧洲以外的新领土进行过

---

[1] 爱德华·格兰特：《科学与宗教：从亚里士多德到哥白尼（400B. C.—A. D. 1550)》，常春兰、安乐译，山东人民出版社，2009 年，第 4 页。
[2] 同上。

探险。一切都还是最古老的欧洲人所记忆的那样。"[1]

直到20世纪，中世纪依然是不体面的代名词，它意味着迷信、残忍、无知、蒙昧。格兰特说，一位记者这样说："纳粹把中世纪的残忍的最恶劣部分和20世纪的技术相结合，从而创造出一个令人心惊胆战的怪胎。"[2]想必有许多朋友还记得，当年克林顿因"拉链门"饱受舆论谴责时，而美国朝野和国际社会为克林顿辩护的也大有人在。在诸多辩护声中，有一种声音甚是独特，即认为克林顿在遭受中世纪式的迫害，是中世纪式迫害的牺牲品。中世纪在该语境下的意寓，依然是残忍、愚昧、政治迫害、党同伐异。说中世纪黑暗也许并不是偏见，否则人们不会把中世纪后期称作Renaissance（文艺复兴），把Renaissance之后称作Enlightenment（启蒙、开悟）。没有死寂就不需要复兴，没有蒙昧，也谈不上启蒙。但是，黑暗等只是硬币的一面，另一面也许与此结论有所不同。至少，在我们探讨的问题上，即古代希腊罗马辉煌的科学成就进入近代，中世纪基督教亦有它的贡献。

公元前2世纪到公元1世纪，希腊哲学和自然哲学（准科学）开始渗透罗马帝国，直至现在，有一个毋庸置疑的事实：公元500—1000年，科学在西欧处于最低潮。十字军东征改变了这一状况，从东方生还的十字军带来了古希腊和阿拉伯世界的科学、哲学文献。这些文献的传播，敲开了封闭的中世纪紧锁的大门。[3] 这一说法也许是毋庸置疑，但是我们不能由此断定，文艺复兴以来科学的复兴，或者所谓"哥白尼革命"是一起突发事件。如果不带偏见地看待中世纪及基督教，可以说，希腊优秀的文化遗产，特别是哲学、科学-自然哲学等，并不只是由十字军从东方带到西方，基督教在保留希腊科学方面，有着不可磨灭的贡献。由于基督教会和神职人员的努力，希腊经典，特别是柏拉图、亚里士多德思想，以及希腊科学-自然哲学的大部分内容，始终没有离开人们的视野。可以说，在历史上所谓哥白尼革命的促成者中，有基督教神学家们的身影。中世纪基督教是希腊科学思想的摆渡者，这何以可能？

---

[1] 格兰特：《科学与宗教》，第4页。
[2] 同上。
[3] 参见爱德华·格兰特：《中世纪的物理科学思想》，郝刘祥译，复旦大学出版社，2000年，第1页。

罗马帝国灭亡后，基督教曾经是文明的拯救者

罗马帝国曾经积极提倡哲学、文化、艺术的研究和发展，因此，帝国内学校林立；他们大力发展商业，为了便利帝国内的交流与发展，他们修筑了世界上最为著名的官道，从流传至今的名言"条条大路通罗马"，我们可以想象出当时的繁荣程度。不仅如此，以立法而闻名于世的罗马帝国，用自己出色的立法和令希腊人难望其项背的娴熟的政治管理，在庞大的帝国范围内建立了法制文明的秩序。

随着日耳曼人的入侵，希腊文明及其相关的一切文明设施，例如书籍、学园、雕塑、服饰等，罗马人的法律和罗马式的政治管理，几乎消失殆尽。日耳曼人是没有文化的蛮族，他们每到一处，必定劫掠财富、摧毁城市、大肆杀戮，图书馆、学校、剧院等毁于一旦。日耳曼人造成了罗马帝国在政治、文化、经济、思想、哲学、艺术、商业以及日常生活的全面倒退。古代典籍在战火中损毁佚失，所剩无几。学者、艺术家、哲学家、思想家或者丧生，或者流离失所。学校和上流社会的交际场所，曾是罗马文化与学术的研究和传播场所，随着这一场所的丧失，罗马时期那种学术上百家争鸣，文化上百花齐放的局面已经不复存在。日耳曼人入侵之后，帝国的驿站交通停顿了，大路毁坏了，商业因没有正常的社会秩序而陷入破产境地，当年繁荣的罗马帝国，如今只剩下满目疮痍。到处都是废墟，到处都是焦土。原来统一的罗马帝国，成为由若干个日耳曼国家组成的新王国。主要成员有法兰克王国（法兰西）、西哥特王国（西班牙）、东哥特王国（意大利）、不列颠王国等。

公元500—700年，是西方世界经历的破坏性世纪。蛮族所到地区，完全退回到落后时代。日耳曼人在历史上由战争劫掠、部落仇杀起家，因而形成了非常原始的军事贵族集团。当然，这些贵族与希腊罗马贵族不可同日而语。他们没有文化，目不识丁，没有教养，行为举止粗俗，他们甚至缺乏最一般的城市生活常识。他们完全没有能力管理他们凭借武力获得的地盘。除了尚武以外，他们对于如何有效地管理城市及其公共设施一窍不通。罗马帝国严格的税收制度，到了他们手中全然消亡。大

城市已经在战火中成为废墟，小城镇还存在，但是，它们对于蛮族的王国几乎没有什么重要作用。只有农民的村庄和一些半庄园还存在。古代文化大多在城市中盛行，随着城市被毁，城市文化绝大部分也消失了。在日耳曼人大规模入侵罗马帝国以前，一些日耳曼人已经皈依基督教，因此，他们占领这个王国的过程中，对基督教徒相对客气一些，因而基督教修道院和教堂基本上没有受到更大的破坏。由于原来的罗马帝国已经被蛮族分裂为若干个日耳曼王国，地中海沿岸那种国际间的经济交往也不复存在，商业往来又退回到以物易物的状态。已经发展起来的以城市为中心的罗马帝国经济网络，被地方经济和自给自足的农村经济所取代。由于长期以来形成的习惯，蛮族几乎个个掠夺成性。在公元6世纪以及以后的几个世纪里，战争连绵不断。长达几个世纪的战争造成文明的普遍衰退。

劫后依然挺立在日耳曼诸王国中的基督教，在一片废墟上显得鹤立鸡群，文明之光在基督教会内依然闪光。当一切事物都陷入可怕的混乱之际，基督教向渴望文明的人提供了一个平静的港湾。基督教会组织一开始就出现在城市中心的周围，这些地方存在着许多信徒群体。尼西亚会议不仅制定了基督教信经，而且对其组织形式也做出了相应的规定：若干城镇主教区组成一个受大主教统辖的大教区，管理机构通常设在帝国各行省的省会。当罗马帝国的政治被日耳曼人摧毁以后，在帝国版图内存在的社会组织，便仅剩下基督教各级教会和他们所辖教区。他们不仅拥有大批信徒，而且是日耳曼王国内唯一拥有文化与大批藏书的团体。在文盲皇帝与贵族面前，在战火中得以幸存的、基本上不开化的农庄农民面前，基督教是唯一有教养的群体，也是唯一与古代文明密切相关的群体。因此，在满目焦土的前罗马帝国土地上，基督教成为古典文明的唯一传人，也成为保存古典文明的唯一力量。中世纪西欧各国的启蒙重任，历史地落在基督教身上。

在罗马帝国，基督教的基本姿态是学习。作为新兴的宗教，他们向犹太教、琐罗亚斯德教以及其他异教学习；他们向希腊人学习哲学，努力将自己的教义系统化、理论化；他们向罗马文明学习，学会了适应罗马政治制度的方式；他们向罗马帝国内各种族学习，找到了与这些种族和平共处的途径。基督教文明像一块吸水海绵,饱蘸了地中海沿岸古代文明的一切精华,我们完全可以说,基督教文明是希腊罗马文明以及地中海沿岸文明的集大成者。这正是使基督教文明处于优势地位的主要原因。

日耳曼诸王国建立起来以后,基督教的态势发生了显著的变化。他们的身份和地位与罗马帝国时期相比,可谓沧桑巨变。刚刚脱离了底层宗教身份的基督教,在日耳曼人的帝国,不再是看皇帝、贵族、社会上层脸色行事的弱势力量,而是成为王者师和民众眼中的有教养阶层。基督教"在日耳曼西方的基本态势就是教导别人,它传授给日耳曼人的正是它过去从罗马人那里学来的东西"。[1] 目不识丁的日耳曼皇帝和贵族们,几乎是从学习第一个拉丁文字母和基督教第一个教义而开始他们的文明历程的。罗马帝国时期拥有的中央集权性的权威,目前仅存于基督教会中。

按照罗素的看法,尽管基督教对于保存古代文化有着举足轻重的作用,但是,教会似乎做得并不好,客观地说,他们并不是主动地保存古典文化,而是一种思想惯性。"因为那时甚至最伟大的一些教士也都趋向于宗教狂热和迷信,而世俗的学问是被认为邪恶的。"[2] 仅此一点,也可以充分说明,在奥古斯丁以后,到阿奎那哲学问世之前,为什么没有大思想家问世,没有足以影响世界进程的作品出现。奥古斯丁的伟大在于,他对基督教思想的阐释,完全是建立在当时流行的希腊哲学,特别是新柏拉图主义哲学的基础上。尽管自基督教问世以来,基督教信仰与其他学问特别是与希腊哲学一直处于十分微妙的关系中,即基督教想抗拒希腊哲学,但是又不得不利用希腊哲学来论证基督教信仰,特别是上帝创世说。他们的心态是既防备,又利用;既轻蔑,又重视。由于环境所致,他们对希腊哲学的利用多于对它的抑制。

---

[1] 约翰·麦克曼勒斯主编:《牛津基督教史(插图本)》,张景龙、沙辰、陈祖洲等译,贵州人民出版社,1995年,第60页。
[2] 罗素:《西方哲学史:及其与从古代到现代的政治、社会情况的联系》上卷,何兆武、李约瑟译,商务印书馆,1982年,第461页。

十字军东征的意外贡献

又不得不说十字军东征。笔者在"导论"部分,已经探讨过十字军问题,这里再次谈及,有些重复,然而涉及基督教对科学的贡献,不谈似乎又有所欠缺。十字军东征并不是为了发展科学,也没想到带来什么复兴,但是,它却意外地促成了文艺复兴、科学进步甚至宗教改革。正所谓歪打正着。

从希腊罗马时期科学–自然哲学发展来看,科学需要具备的条件是:都市生活、有闲阶层、稳定宽松的环境。随着罗马帝国的灭亡,帝国的政权崩溃了,作为帝国内部标志的城市生活消失了。"如果说适度的政治稳定、城市生活方式以及某些渠道的庇护对于科学探索是必不可少的,或者至少是有所帮助的话,那么,这些东西的缺乏便会使我们大致理解,在西欧历史中,科学的势头何以衰退并停滞如此长的时间。"[1] 打破这种停滞有多种因素,其中不可或缺的要素至少是上述这些条件的再度出现。

我们还需要再度强调十字军的作用。当十字军生还者归来时,他们在不经意间促成了城市的复兴。虽然十字军东征不是城市复兴的唯一原因,至少是最重要的原因。12 世纪到 13 世纪城市的复兴,是伴随一个新的社会集团产生的,这个社会集团就是所谓的市民阶级或第三等级。他们代表着新的生产财富的方式:商业和工业(当时指手工业)。这种新的生产方式使当时的欧洲能够产生的财富,远远超过农村和庄园。商业和手工业所在地无疑是城市,这种新的生产方式是中世纪的一种新东西,也是近代生活方式的一种早期形式。"城市运动不是一个全国性的运动。它是出现于中欧和西欧的各个地区和各个民族之间的一种社会经济现象。"[2] 由于城市生活方式的出现,促使中世纪发生结构性变化:人口增加、集团意识提升、农奴制衰退,工商业兴起促使货币经济的重要性增长,其重要性远远超过了旧的自然经济。

---

[1] 格兰特:《中世纪的物理科学思想》,第 2 页。
[2] 汤普逊:《中世纪经济社会史(300—1300 年)》下册,耿淡如译,商务印书馆,1997 年,第 408 页。

生活在城市中的第三等级由商人、手艺人、一些骑士和庄园主组成。但是，生活在城市中的不仅是第三等级，还有贵族集团、僧侣集团。最初是由贵族、僧侣掌控一切，形成独裁统治。第三等级为与之抗衡，在教会批准下成立兄弟会或慈善机构等互助团体，他们能够得到批准是因为他们在敬神的旗帜下活动。与此同时，他们获准成立了一些专业团体，这些被称作行会。实际上，这是欧洲中世纪民众用于争取自由的重要手段。行会在城市中迅速发展，吹响了结社自由的前奏。它们通常"采取两种形式，那就是自由同业公会（free craft）和结盟公会（sworn corporation）"，[1] 自由同业公会盛行于西方市镇中。这样的组织使自己的成员热爱诚实和独立的工作，享受职业自由和职业尊严。

城市、自由人（尤其是大学的知识分子）、行会以及相对稳定富裕的生活环境和十字军战士将希腊罗马经典从西班牙和阿拉伯国家带到欧洲[2]，这些因素共同推动了近代科学的产生。特别要提及的是，十字军长途奔袭，劈波斩浪，开创了一个航海和地理发现的新时期，最终导致新世界的发现。而地理发现最终证明了地球是圆的，是球体。"总之，十字军增加了欧洲人的知识，扩大了他们的兴趣，刺激了他们的思想。如果没有十字军，文艺复兴不会蓬勃发展，不能象它所表现的那样。"[3] 我们同样可以说，如果没有十字军东征，不知道是否会发生哥白尼革命。

此外，欧洲中世纪的大学对于文艺复兴乃至近代科学的产生，同样发挥了决定性的作用。从 12 世纪欧洲大学产生起，大学对于传播知识、从事科研、培养人才具有重大作用。正如怀特海所说："在 16、17 世纪时期使科学远远凌驾于欧洲各种潮流之上的特点之一就是当时的大学。"[4] 这里聚集着为科学而科学的有闲阶级。罗斑在讨论希腊科学精神的起源时曾经说过，科学不是希腊独有的，古代的东方同样有科学存在，不过他们的科学从来没有超出实用的目标，他们没有把自己拥有的科学提升到思辨和

---

[1] P. 布瓦松纳：《中世纪欧洲生活和劳动（五至十五世纪）》，潘源来译，商务印书馆，1985 年，第 213 页。
[2] 笔者在《爱的福音：中世纪基督教人道主义》第八章有过探讨，华夏出版社，2005 年。在此从略。
[3] 汤普逊：《中世纪经济社会史（300—1300 年）》上册，第 539 页。
[4] A.N. 怀特海：《科学与近代世界》，何钦译，商务印书馆，1989 年，第 3 页。

系统理论的高度。因此真正意义上的科学产生于希腊时代。也就是说，唯有希腊具有为科学而科学的探索，而最初从事这些探索的人，是一批有钱、有闲的人。这是一个没有争议的问题，笔者不再赘述。

2. 不得不摆渡

怀特海认为，科学在中世纪至17世纪的发展，没有宗教改革那般血雨腥风。科学家所遭遇到的不幸，以伽利略的境遇最为代表，但与宗教改革相比他只是受到了拘禁和温和的谴责。人类文明的面貌有史以来第一次深入的变革，就是以这种平静的方式开始的。与宗教改革相比，16世纪、17世纪的科学革命算是一次相对平静的变革。

之所以如此，原因是多方面的。怀特海提到的科学运动只是少数精英们的活动，不独中世纪如此，希腊、罗马、近代，甚至现代，科学研究始终是小众的。它常常是学园、大学的代名词。"希腊科学发展和进步的典型方式：就靠若干个中心的一小批研究人员。"[1] 罗马时期的科学研究模式基本上是希腊式的，其中最伟大的科学成就莫过于托勒密的《天文学大成》(Almagest)。既然科学属于小众活动，必定无碍大局。这是当局容忍科学变革的重要原因之一。

但是，除怀特海所说的原因外，还有一些其他原因，其中最重要的原因是：在漫长的中世纪，甚至在中世纪到来之前，来自希腊的科学与基督教思想便开始了旷日持久的对话、冲突和融合的过程。

如果说在公元4世纪以前，罗马帝国还有希腊遗风，那么，公元4世纪之后，基督教取得决定性的胜利，坚守希腊文明的只剩下一小批遗老遗少，他们力图理解和维持高水平的希腊理论科学。到公元500年左右，基督教会成为欧洲最大的精神统治力量，他们吸引了绝大多数有才华的人为其服务，其中包括会考、组织管理事务、探讨教义等进行纯粹的思辨活动。科学理解自然的荣耀已经不复存在。教会的目标才享有独一无二的殊荣。

从耶稣受难到基督教成为罗马帝国国教，一路走来，基督教是以自己

---

[1] 格兰特：《中世纪的物理科学思想》，第4页。

信徒的鲜血换来胜利的巅峰。至少在胜利的早期阶段，基督教是以恐惧不安的心态俯视着敌手。对异教信仰和学术的激烈排斥，在相当长的一段时间内，是基督教的典型标记。基督教获得胜利的版图，与希腊思想曾经占据统治地位的版图基本上是一致的。所以胜利的基督教，不得不面对希腊人留给他们的科学文化遗产。

无法规避的希腊科学[1]

《创世记》是基督教描述日月星辰、世间万物以及人类发端的重要文本。如果完全按照字面意思看，世界与人"是上帝用手或声音创造出来的"，即"他说有，就有"，"也就是说，他通过他的话语（word）使它们变为了实在"。[2] 这个世界是"说"出来的。不论基督徒如何坚定地相信这些说法，但是，对于受希腊思想熏陶长达几个世纪的罗马帝国来说，这些说法无论如何是有悖于常识的。最初的科学（自然哲学）与神学之争同此有直接关系。

对宇宙的系统描述，特别是科学的描述和探讨起源于希腊。系统的描述包括宇宙由什么构成，天体的结构和序列，自然现象的始基及背后的原因，宇宙万物间的关系，等等。西方世界对于这些问题的探讨和思考起源于希腊。

众所周知，希腊思想并不是从一开始就是科学的，希腊思想起源于古代宗教（或者更确切地说是神话）。"是用优美的古希腊诗句吟诵的宗教阶段，而不是科学的世界观。"[3] 自荷马之后，希腊始终处于走出荷马的尝试阶段，而开创科学思维先河的哲人，无疑是泰勒斯的米利都学派。泰勒斯一派提出，世界上存在着某种东西，它是一切事物产生的始基。万物损毁后会再回到始基中。万物皆变，始基本身不变，它是一切

---

[1] 希腊科学精神的起源是西方学界长期关注的问题，相关著述颇丰。本章出于行文和探讨问题的需要，需对希腊科学成就及其科学发展进行简略地描述，以期对于本章所探讨的问题有所裨益。但本章主题不是讨论希腊，故而仅对希腊科学成就及科学精神，特别是与《创世记》相关的问题和内容做最简单的概述，很有可能是挂一漏万的描述。敬请读者多多见谅。
[2] 安德鲁·迪克森·怀特：《基督教世界科学与神学论战史》上卷，鲁旭东译，广西师范大学出版社，2006年，第11页。
[3] 埃尔温·薛定谔：《自然与古希腊》，颜锋译，上海科学技术出版社，2002年，第28页。

事物的元素，是不灭的物质。"这种'自然本性'照泰勒斯来说，就是水。因此，泰勒斯不是以拟人化的表现来说明实在世界，最后把它归之于'混沌之神'的不可测的神秘或'黑夜之神'的黑暗之中，而是以一种经验中实在的东西，作为它的基础和始基。"[1] 由泰勒斯开始，米利都学派以及后来的爱利亚学派，都对构成世界的物质提出种种设想，看法有极大的差异，但是，他们都依据归纳法，将经验观察到的现象上升为普遍命题。

探求世界要素的努力，不外乎是寻找世界的同一性。对于世界的物质构成的探索同时告诉人们，世界是可知的。无论是认为宇宙的本原是水、气、火，还是原子，或者四因，在今天看来，似乎都有些幼稚可笑。然而不要忘记，这些看似幼稚可笑的看法，恰恰是人类用自然的方式看待自然、理解自然的开端。这种态度也是一种科学态度。希腊人迈出了科学地认识世界的第一步。

毕达哥拉斯派"万物皆数"，"是当时当地在数学和几何领域最伟大的发现。这一发现通常与对物质客体实际的或想像的应用相联系。现在，数学思想的本质就是从物质客体获取它的抽象数字并研究它们及它们之间的关系"[2]。毕达哥拉斯派的万物皆数的思想影响了全世界，用数学解决天、地、人、神及其关系，以及世界诸多问题的传统由此形成。学界之所以认为数学是世界上最伟大的发现，是因为一旦发现了数学，人类的思维便可摆脱特殊事例、特殊存在物的束缚，怀特海以略带戏谑的口吻说："我们不妨认为数学的研究是人类性灵的一种神圣的疯癫，是对咄咄逼人的世事的一种逃避。"[3] 于是，"当你研究纯数学时，你便处在完全、绝对的抽象领域里。你所说的一切不过是：理性坚信任何实有如果具有能满足某某纯抽象条件的关系，就必然也具有能满足另一件纯抽象条件的关系"[4]。数学的具体贡献自不用说，如以毕达

---

[1] 罗斑：《希腊思想和科学精神的起源》，陈修斋译，商务印书馆，1965年，第38页。
[2] 薛定谔：《自然与古希腊》，第38页。
[3] 怀特海：《科学与近代世界》，第21页。
[4] 同上。

哥拉斯命名的毕达哥拉斯定理等。对于人类思维来说，数学发现最重要的贡献是，为人能够凭借理性认识世界的本质奠定了基础。同样重要的贡献是，希腊人在发明数学的同时，为人类思维贡献了一个重要的方法论：演绎法。"希腊人对数学的最重大贡献是坚持一切数学结果必须根据明白规定的公理用演绎法推出。"[1] 正如柏拉图所说，数学处理的乃是抽象概念，它是进入哲学的阶梯，是认识理想世界的准备工具。怀特海之所以说毕达哥拉斯派认为"万物皆数"是数学和几何学领域最大的贡献，原因概出于此。希腊人崇尚理性有多种因素促成的说法，但是在数学方面的发现，应该是希腊理性的重要基础。

对于天体物理结构的描述，也源自希腊，最早出现于毕达哥拉斯学派。他们根据月食时投在月亮上的圆形阴影，推断出地球是一个球体，并且围绕着中心火（不是太阳）公转。地球只是行星中的一颗，它公转，也绕着自己的轴自转。阿里斯塔克斯（Aristarchus），古希腊时期最伟大的天文学家，数学家，是人类史上有文字记载的首位提倡日心说的天文学者，他将太阳，而不是地球放置在整个已知宇宙的中心。他认为，太阳居众恒星中心，与恒星一样静止不动，而地球绕地轴转动，并同其他行星一起绕太阳转动。

与日心说相对应的当然是地心说。地心说最初由米利都学派形成初步理念，后由柏拉图的学生欧多克斯（Eudoxus of Cnidos）提出，经亚里士多德、托勒密进一步发展而逐渐建立和完善起来。虽然地心说被哥白尼日心说体系挤出历史舞台，但是，它毕竟是世界上第一个行星体系模型说。古希腊时期科学家和哲人们的探索，使人类"在理解宇宙的结构这一重要的方向上取得了比较大的进展"。[2]

毕达哥拉斯最年轻的同代学者阿尔克梅翁（Alcmaeon），通过解剖

---

[1] 莫里斯·克莱因：《古今数学思想》第一册，张理京、张锦炎、江泽涵译，上海科学技术出版社，2002年，第39页。
[2] 薛定谔：《自然与古希腊》，第47页。薛定谔用十分简洁、生动优美的文字，对希腊人在天体结构等方面的成就进行了清晰的描述，笔者只是从中选取几例，只为说明问题而已。相关内容，也可参见罗斑的《希腊思想和科学精神的起源》，虽然这些书的时间稍久远，内容却不过时。

学和生理学，发现了主要的感觉神经，并将它与大脑联系起来。他认识到，大脑是进行思维活动的中心器官。虽然这些在当时都没有太成气候，但那毕竟是希腊人最伟大的贡献。

不得不提及的是柏拉图和亚里士多德。他们对于科学（自然哲学）的研究对中世纪乃至近代有着深远的影响。柏拉图的《蒂迈欧篇》或许是第一个假定世界是由造物主从无序的混沌中创造出来的物理世界。造物主与基督教所说的上帝不是同一个概念，他"代表着神圣的理性……造物主不是万能的，但是试图从不同易塑造的物质中，塑造出一个有序的、合理的世界。在《蒂迈欧篇》中，柏拉图企图表明世界是一个理性引导的实体"。[1] 也是在《蒂迈欧篇》中，柏拉图这样论述天体运行的轨道：宇宙的本质是和谐的，而和谐的体系应当是绝对完美的，由于圆是最完美的形状，因此，所有天体运动的轨道都应该是圆形的。按照这种假说，柏拉图提出了一种同心球宇宙模型，在这个模型中，月亮、太阳、水星、金星、火星、木星、土星，依次在以地球为中心的固定的球面上做圆周运动。柏拉图赋予造物主创世一个价值判断，即他之所以创世，是因为他是善的。尽管他探讨的许多问题是物理学和生物学方面的，但是由于有造物主这一设定，因而柏拉图以目的论的方式表明，自然中存在着设计。

亚里士多德是通过因果关系获得造物主概念，对于亚里士多德而言，变化是一种运动形式，宇宙中所有的运动都需要一个外部原因，即不动的推动者。运动的东西与不动的东西相比是低下的。与柏拉图不同的是，亚里士多德的造物主没有创造世界，尽管一切运动的最终目的都是为了最大限度地接近不动的推动者。但那只不过是无限接近终极原因而已，作为终极原因的不动的推动者，对于无限接近他的物质运动一无所知。他是被渴望的对象，这种渴望引起运动。目的论和因果律，是希腊对后世科学与哲学影响最大的东西。

在亚里士多德之后，差不多有五个世纪之久，出现了托勒密体

---

[1] 格兰特：《科学与宗教》，第14页。

系,直到哥白尼日心说的出现,亚里士多德和托勒密的天文学和宇宙论,一直统治西方世界。而造就他们地位的,正是基督教的神学家们。他们辛辛苦苦将二位伟大的天文学著述摆渡到基督教神学中,以期为上帝论作理论和科学论证。

对柏拉图和亚里士多德在科学(自然哲学)方面的成就的探讨如汗牛充栋,本文从略。

为证明《创世记》不得不利用希腊科学成就

吉尔松常常引用莱辛的话,宣称宗教真理不是理性主义的,而是启示的。舍斯托夫解释说,吉尔松之所以频繁引用此类观点,是想证明"启示真理尽管不以任何东西为依据,不证实任何观点,也不在任何人面前为自己辩护"[1]。后世学者大可以说启示真理如何是不言自明的,因此无须向任何人表白,但是,对于早期基督教,甚至成为罗马帝国国教的基督教来说,并没有这等自信——认为无须向人们表明信仰是天然合理的,更无须向信众做任何解释。

公元313年,基督教成为罗马帝国的国教,虽然其历经的过程十分艰难,但也是政令一出就一朝实施。不过,让罗马帝国的公民相信《创世记》所倡导的学说,却不是一纸政令就能够解决的,教会必须对《创世记》做出解释,必须解释诸如此类的问题:上帝如何创造世界?上帝用什么创造世界?创世用多长时间完成的?创世的日期?等等。对于这些问题的解答,恰恰需要基督教利用希腊科学和哲学,在当时,只有凭借希腊科学才能回答这些问题。

由于基督徒群体存在很大差异,因而对待希腊遗产的态度也大不相同。以德尔图良为代表的群体公开质问,耶路撒冷与雅典有什么相干?学园与教会有什么一致?也有一些基督徒把希腊遗产当作储藏室,从中可以信手拈来一些东西为基督教服务。这种"信手拈来"的态度,开启了基督教与希腊科学漫长的对话及对后者有限使用的过程。而这一过程

---

[1] 舍斯托夫:《雅典与耶路撒冷》,张冰译,上海人民出版社,2004年,第192页。

就是我们所说的基督教作为希腊科学摆渡人的过程，它也形成了被后人嗤之以鼻的"婢女传统"。

不过，被基督徒视为宝库的希腊遗产，与希腊时期的经典不可同日而语。在罗马帝国境内，凡接受正规世俗教育的基督徒，希腊思想是他们不可或缺的学习内容。然而，这种希腊思想已经不再是希腊本土原汁原味的东西，而是经过罗马帝国改造过的内容。罗马人对希腊思想尽管抱有敬畏之心，但是，他们那简单的头脑对希腊人抽象的理论、科学和哲学并没有兴趣。想了解希腊却又不想费脑筋，于是作为罗马有教养阶层叶公好龙的结果，一种简单却又包罗万象的传播知识的形式——百科全书出现了。大多数罗马人不懂希腊文，于是罗马人将希腊人的工具书加以取舍改造，再将其译成拉丁文的百科全书。诸如普林尼37卷本的《自然史》，便是这种"剪刀加糨糊式"的自然百科全书。被认为与基督教相关的希腊著作，也被译成拉丁文。"这些著作加在一起，实际上包容了早期中世纪的全部科学知识。在希腊和阿拉伯科学传来之前，后继作家所遇到的正是这么一大堆零乱混杂、自相矛盾的东西。"[1] 就是这样的东西，在当时也是弥足珍贵的。

上帝6天创世，这在基督教世界无可置疑。但是问题却随之而来。上帝是用了整整6天（每天24小时）创世，还是每天用瞬间完成的？斐洛等人强调瞬间创世，依据的是《诗篇》第33篇第9节："他说有，就有，命立，就立。"保险的说法就是依据字面意思相信，上帝以神秘的方式，在6天内创世，且创世是瞬间完成。再往下论证就有点意思了。斐洛认为，上帝用6天创世，乃是因为在所有的数字中，6是最有创造性的；而在第6天创造了人，作为创造性的终点，同样蕴含着这种意义；第4天创造天体是因为数字4包含着和谐。这个理念与毕达哥拉斯派不无关系。"1, 3, 6 和10这些数叫三角形数，因为相应的点子能排列成正三角形。第四个三角形数10特别使毕达哥拉斯学派神往，因为这是

---

[1] 爱德华·格兰特：《中世纪的物理科学思想》，郝刘祥译，复旦大学出版社，2000年，第10页。

他们所珍爱的数,并且这三角形的每边有 4 点,而 4 又是另一个得宠的数。"[1]

图 2.1

6 是一个完善的数字,所以上帝创世必定是在完善的数字中完成。这种推理在中世纪一直为人们所追捧,直到 15 世纪哥伦布发现美洲大陆,依然还能听到这样的附和声:"万物创造可以用数字 6 来解释,它的组成部分 1、2 和 3 呈现出一个三角形。"[2] 宗教改革时期,路德也全盘接受这种观点。

关于创造动物,神说:"地要生出活物来,各从其类;牲畜、昆虫、野兽,各从其类。"[3] 事就这样成了。于是神造出野兽,各从其类;牲畜,各从其类;地上一切昆虫,各从其类;神看着是好的。这是第五日。在希腊教父圣巴西勒的 22 个布道中,有 9 个是关于 6 日创世。他运用亚里士多德的《动物志》,对动物的习性加以描述和讨论。但是,他同时也以柏拉图的目的论来解释动物的创造。他认为,创造动物是上帝的天佑行为,即每一种动物的创造都有一个特别的目的。上帝创造动物,赋予它们适宜的身体结构,以便履行它们的使命。所有的动物都是按照造物主灌输给它们的自然法则行动。

我们在《普罗泰戈拉篇》也看到类似的描述。从前有一个时期,只有诸神,没有凡间生物。当创造生物的既定时刻到来时,诸神用土和水以及两类元素比例不同的混合创造了动物。动物造好之后,诸神指派普罗米修斯和厄庇墨透斯装备他们,装备的分配遵循补偿的原则以便确保

---

[1] 莫里斯·克莱因:《古今数学思想》第一册,第 34 页。
[2] 安德鲁·迪克森·怀特:《基督教世界科学与神学论战史》上卷,鲁旭东译,广西师范大学出版社,2006 年,第 14 页。
[3] 《圣经》之《创世记》和合本,1:24。

没有动物会遭到毁灭。换句话说，装备的原则是目的论的，即让每一种动物符合生存法则。补偿的法则也是自然法则，其符合目的论。以目的论来描述世界的构成，是柏拉图最具影响力的思想。圣巴西勒对于动物创造所做的布道，几乎是柏拉图和亚里士多德的结合。[1] 利用《动物学》《博物学》与《创世记》混合的方式探索自然，几乎是整个中世纪的标配。所有对自然的探索，都浸透着神学精神，这就是人们通常所说的用神学探索自然。而神学式的说明又以科学和自然哲学为支柱。直到近代，才走出神学的方法，代之以科学的方法探索自然。

希腊的天文学对中世纪和近代科学的贡献厥功至伟。早期教会并不太重视天文学，因为按照《新约》的说法，地球很快就会毁灭，随后会出现新的天空和新的地球。既然如此，就没有必要再研究与现存天体相关的天文学。起初，神学家们最多把天体作为上帝创造的星和光，它们有灵魂、有生命，是虔信的对象。亦有神学家认为，星辰是天使的居所。公元7世纪，基督教正统思想最重要的领袖圣伊西多尔的说法颇有代表性，他认为，随着人的堕落，日月光芒比以前要弱很多。他根据《以赛亚书》的一段经文证明，当整个世界得到拯救时，日月星辰将会重放异彩。"无论这些权威和他们的神学结论如何，科学思想在持续发展，它的主要来源是地球中心说，即认为地球是宇宙的中心，而太阳和行星都围绕着它运行。"[2] 今天看来，地心说是错误的，但它是古代社会对天体结构及其运行方式最早的设想之一。"由于哥白尼的工作始于托勒密止步的地方，所以许多人推断他们之间的几个世纪并不存在科学。实际上，那时存在着尽管断断续续，但相当强烈的科学活动，它为哥白尼革命的兴起和胜利奠定基础方面，起到了必不可少的作用。"[3]

希腊七艺中的逻辑学，在中世纪处于相对显赫的地位。这里特别要

---

[1] 相关内容，可参见格兰特：《科学与宗教》，第4章。
[2] 相关内容，可参阅安德鲁·迪克森·怀特：《基督教世界科学与神学论战史》，上卷，第109页。
[3] 托马斯·库恩：《哥白尼革命：西方思想发展中的行星天文学》，吴国盛、张东林、李立译，北京大学出版社，2003年，第98页。

提到拉丁教父波爱修——欧洲中世纪罕见的百科全书式的思想家。他翻译了亚里士多德的《范畴篇》《解释篇》《辩谬篇》《前分析篇》《论题篇》。他对其中四部著作做了评注，拟定了五部独立的逻辑学著作。他坚持运用逻辑和理性解决神学问题，波爱修开启了一种趋势："这种趋势最终使基督教发生了革命，并将其转变成了一门理性与分析的学科。"[1]虽然他最终被判死刑，但是，因为他的努力，在6—11世纪这段被认为西方世界最黑暗的日子里，古代逻辑成为硕果仅存在的理智之光。到了12世纪，逻辑和理性被大量地运用于启示真理的证明上，这种运用是中世纪科学与宗教关系的重要组成部分。"尽管这种运用有着确定的限度，但它却被视为对启示做出恰当理解的重要工具。"[2]

从希腊到中世纪，科学思想和科学精神处于丢失状态。第一次被丢失是罗马人所为，这一点，我们在前面已经谈过。第二次被丢失发生在中世纪。基督教神学家只是出于向受众证明基督教信仰的正确性，才赋予希腊科学一点点地位。希腊科学、哲学以及希腊思想与基督教的关系发生过很复杂的变化，在基督教早期，即便是在基督教成为罗马帝国国教以后的很长一段时间，罗马人防范希腊，甚于防川。而异教思想被视为基督教的敌人而受到排斥、敌视，虽然后人说基督教所持启示真理，而启示真理无须向任何人做出任何说明，不过这只是一厢情愿的事情。在罗马帝国的版图上生活着受希腊文化陶冶的人，他们习惯性思维是凡事都要说出逻各斯（logos）。基督教信仰的基础建立在一系列神迹和异乎寻常的描述上，让人们相信这一切的真实性，不加解释是不可能的。因而，向受众解释基督教信仰，让人们相信创世的奇迹，相信创世、救世、原罪、赎罪等教义，是必不可少的事情。因而，最终出于基督教自身的需要，便催生了神学家们有限接受希腊科学和哲学的尝试，希腊科学和哲学由此获得了一个无奈且声名狼藉的称号——婢女。

"婢女"意味着在中世纪基督教是被动地接受希腊科学和哲学，但同

---

[1] 格兰特：《科学与宗教》，第117页。
[2] 同上书，第126页。

时也意味着基督教被动且不情愿地将希腊科学与哲学摆渡到中世纪，从而进入近代。在这个意义上，我们说，中世纪基督教是希腊科学的摆渡者。

三、哥白尼革命及科学革命的若干问题

由于中世纪基督教出于论证上帝七日创世的需要，便把希腊科学遗产摆渡过来；由于十字军东征无意间把东方的希腊遗产传到西方，便促成了文艺复兴；由于大学的兴起，系统传授希腊七艺颇成气候；由于文艺复兴时期意大利及西方一些国家行会的形成，使对希腊科学、哲学的研究和对自然的探索成为有组织的行为，加上世俗国家、教会、社会成三足鼎立之势，这种态势促成了许多变革，其中影响最为深远的，首推科学革命。正如科恩所说："每当史学家们著书立说论述科学中那些富有戏剧性的变化时，首先跃入他们心头的便是宇宙中心问题的根本性转变，这一转变，一改那种把地球看作是宇宙的静止不动的中心的观点，而认为太阳是宇宙的中心。这一变革，亦即众所周知的哥白尼革命。"[1] 仅就这一革命对物理学和天文学的影响而言，人们通常认为从哥白尼到牛顿、爱因施坦是一脉相承的。这一传统的核心是日心说，即地球围绕太阳作圆周运动，其基础是地球是运动的。如果没有哥白尼，大约就不会有牛顿的三大定律。广义而论，哥白尼革命的影响远不止于天文学和物理学，我们随后将做进一步探讨。

1. 哥白尼革命及其影响

哥白尼革命以哥白尼《天体运行论》问世为标志，我们可以将其简单理解为由《天体运行论》引起的革命（有学者认为，这个说法也未见得合理[2]）。哥白尼是开拓者之一，但不是唯一推动者。

---

[1] 科恩：《科学中的革命》，鲁旭东、赵培杰、宋振山译，商务印书馆，1999年，第132页。
[2] 理查德·S. 韦斯特福尔：《近代科学的建构：机械论与力学》，彭万华译，复旦大学出版社，第1页。

那是因为：在1600年刚刚度过了他们最初的一段科学生涯的两个人——开普勒和伽利略将成为这场革命的主要推动者。约翰尼斯·开普勒（Johannes Kepler，1571—1630年）和伽利略·伽利莱（Galileo Galilei，1564—1642年）都承认哥白尼是他们的导师，且都献身于巩固哥白尼开创的天文学理论革命。尽管他们在各自的贡献中都以哥白尼不大可能接受的方式修改了哥白尼主义，但他们都为巩固这场革命作出了实质性的贡献。[1]

这一说法对于哥白尼的评价不算太高。事实上，不少西方学者对哥白尼的变革及其在科学革命中的作用，持的肯定态度并不太积极，虽然后期这一革命被冠以哥白尼的名号。之所以如此，有诸多方面的原因，其中最重要的原因是，哥白尼本人是在亚里士多德主义的科学框架中，对行星理论做有限的改革。一些学者认为，哥白尼的日心说就是去掉了托勒密的本轮，用太阳置换了地球作为宇宙的中心。尽管如此，我们依然不能否认哥白尼的历史作用。用哥白尼来命名这场科学革命，这本身就是对哥白尼地位的一种肯定。开普勒和伽利略有更大的贡献，但是这些贡献是他们沿着哥白尼所开辟的道路前行所致。

哥白尼革命的具体内容

从亚里士多德到哥白尼革命前，欧洲人的宇宙观是亚里士多德-托勒密的地心说。公元前3世纪左右的阿波罗尼奥斯或公元前2世纪左右的喜帕恰斯，都想到行星仅是以圆周运动环绕地球运行，并不足以完全解释行星多样化的运动。所以，他们都设想出是一个想象的小圆（而不是行星本身）在环绕地球作圆周运动，而行星就在这个小圆上运动，这个小圆被称为本轮，而本轮环绕地球运动的轨道则称为均轮。托勒密沿袭了这一说法。托勒密的宇宙模型里，行星循着本轮（epicenter，周转圆）的小圆运行，而本轮的中心循着被称为均轮的大圆绕地球运行。这种模型可以定性

---

[1] 韦斯特福尔：《近代科学的建构：机械论与力学》，第1页。

地解释行星为什么会逆行。据此宇宙模型,托勒密于2世纪,提出了自己的宇宙结构学说,即"地心说"。他说,宇宙是一个有限的球体,分为天地两层,地球位于宇宙中心,所以日月围绕地球运行,物体总是落向地面。地球之外有9个等距天层,由里到外的排列次序是:月球天、水星天、金星天、太阳天、火星天、木星天、土星天、恒星天和原动力天,此外空无一物。各个天层自己不会动,上帝推动了恒星天层,恒星天层才带动了所有的天层运动。人所居住的地球,静静地屹立在宇宙的中心。

地心说,又名天动说(geocentric model)。公元2世纪时它被体系化了,是地动说对应的学说。该学说认为地球位于宇宙中心,人类则住在半球型的世界中心。从13世纪到17世纪左右,地心说也一直是天主教教会公认的世界观。它有如下意涵:一、地球位于宇宙中心静止不动。二、每个行星都在一个称为"本轮"的小圆形轨道上匀速转动,本轮中心在称为"均轮"的大圆轨道上绕地球匀速转动,但地球不是在均轮的圆心,而是同圆心有一段距离。三、水星和金星的本轮中心位于地球与太阳的连线上,本轮中心在均轮上一年转一周,火星、木星、土星到它们各自的本轮中心的直线总是与地球-太阳连线相平行,这三颗行星每年绕其本轮中心转一周。四、恒星都位于被称为"恒星天"的固体壳层上。日、月、行星除上述运动外,还与"恒星天"一起,每天绕地球转一周,于是各种天体每天都要东升西落一次。

关于哥白尼革命,正如库恩所说,这场革命的方方面面已经被反复考察过。就哥白尼革命本身,还有什么东西没有被人们谈论过呢?如果仅就纯粹的天文学来看哥白尼革命,关于日心说和地心说似乎就那么些东西,还能说出什么新鲜的东西来呢?库恩认为,对这场革命"进行摹写的种种专门研究和基础工作,都不可避免地忽视了此次革命的最基本和最迷人的特征:一个来自革命的多元性本身的特征"。[1] 换句话说,哥白尼革命可以是狭义的天文学革命,也可以是广义的科学革命。在天文学革命的

---

[1] 托马斯·库恩:《哥白尼革命:西方思想发展中的行星天文学》,吴国盛、张东林、李立译,北京大学出版社,2003年,第1页。

层面讨论哥白尼的日心说与地心说的林林总总,科学界似乎已经把边边角角都清扫过了,似乎没有太多可说的东西,但是,当把哥白尼革命称作科学革命,或者西方历史上第一次科学革命时,我们就不能仅在天文学领域来解读哥白尼革命。因此,我们必须正视库恩提出的问题——哥白尼革命的多元性特征,唯有在这一层面,哥白尼革命才可被视为科学革命。尽管哥白尼革命已如此被人所熟知,还是需要对哥白尼革命做一个简略地描述。

哥白尼的日心说如图(图 2.2)所示:

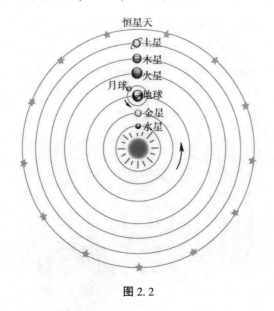

图 2.2

日心说的主要观点是:

一、地球是球形的。如果在船桅顶放一个光源,当船驶离海岸时,岸上的人们会看见亮光逐渐降低,直至消失。

二、地球在运动,并且 24 小时自转一周。因为天空比大地大得太多,如果只是无限大的天穹在旋转而地球不动,实在是不可想象。

三、太阳是不动的,而且在宇宙中心,地球以及其他行星都一起围绕太阳做圆周运动,只有月亮环绕地球运行。

关于托勒密地心说和哥白尼日心说以及一些相关内容，经过近五百年的讨论，已经是科学史中的常识，无须一一细解。本文只是出于结构的完整，才对其进行简单勾勒。哥白尼革命的"革命性"意蕴何在，这一问题始终是科学史界，也是哲学界关注的问题。

开普勒的推进

开普勒公开承认哥白尼学说，他从行星的数量入手，证明日心说的正确性。在托勒密体系中，月亮被看作是一颗行星，哥白尼体系只有六颗，而不是七颗行星。开普勒试图证明，上帝何以选择创造一个有六颗行星的宇宙，即日心说。开普勒的证明简单地说就是，存在五种并且只有五种规则的立方体。如果一个立方体与一个半径为土星半径的球体内接，那么与该立方体再的球体，将是木星的半径，余者以此类推。

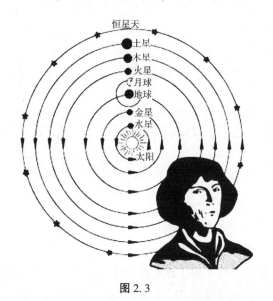

图 2.3

五个立方体决定了六个球体之间的空间，因为只存在五种立方体，所以只可能存在六颗行星。开普勒《宇宙的奥秘》清楚地展示出与哥白尼相类似的特征，即他们都深受文艺复兴时期新柏拉图主义的影响，并且吸纳了宇宙按几何学原理建构的思想。上帝是个几何学家，"开普勒的工作可说是哥白尼天文学的完善化。开普勒同样确信,天文学理论绝不仅仅是说明观察现象的一套数学方法,它也必须依赖于合理的物理学原理,从导致行星运动的原因推知行星的运动"。[1] 除了他追随哥白尼,力证日心说之外,开普勒最富影响力的学说,首选开普勒定律。开普勒利用第谷多年积累的观测资料,仔细分析研究发现了行星沿椭圆轨道运行,并且提出行星运动三定律(即开普勒定律),为牛顿发现万有引力定律打下了基础。开普勒定律,也叫"行星运动定律",是行星绕太阳运动的三定律,具体内容为:一、行星沿椭圆轨道运动,而太阳则位于椭圆轨道的两个焦点之一。二、在相同时间内,半径向量所扫过的面积是相等的。三、两个行星绕太阳运动的轨道的周期时间平方之比,等于两个轨道与太阳的平均距离的立方之比。这三大定律在天文学中是非常重要的,是自然界的基本定律之一。除此之外,科学史的研究者们,也将哥白尼革命推动者的荣耀赋予伽利略,而在物理学上对伽利略贡献讨论较多的内容是落体运动和惯性定律。在此从略。

2. 哥白尼等人的天文学变革何以谓之科学革命

哥白尼革命(广义的哥白尼革命,指由哥白尼开始,经伽利略、开普勒等文艺复兴时期的科学家发起的天文学变革)是一次天文学革命。前面所示内容即为证明。这是科学、哲学、史学界没有任何异议的共识。

哥白尼革命是一次科学方法论的变革

约翰·亨利的《科学与现代科学的起源》一书指出,什么样的科学变革可以称得上是革命呢,他认为有两个要素:"一是运用数学和计量以精确测度世界及其各个部分是怎样运作的,二是运用观察、经验以及人为控制的实验来理解自然。"[2] 不过,约翰·亨利也清楚地看到,在哥白尼革命前,数学测量和经验观察的方法就已经存在了,否则就不会有毕达哥拉斯

---

[1] 韦斯特福尔:《近代科学的建构:机械论与力学》,第 2 页。关于开普勒对天文学的贡献以及具体内容,可参阅韦斯特福尔这本书,该书通俗易懂,简洁明快。关于开普勒的贡献仅略提及,不再赘述。
[2] 约翰·亨利:《科学革命与现代科学的起源(第 3 版)》,杨俊杰译,北京大学出版社,2013 年,第 32 页。

学说和欧几里得几何学了，即便在中世纪，它们也是存在的，只不过与大学的七艺不相往来。哥白尼革命的积极影响首先在于，从前测量与观察的方法同大学井水不犯河水的态势改变了，"一些从前地位很卑微的学问和技能，现在能与在中世纪的大学里一直有着很高地位的自然哲学汇融到一起。这种新的汇融的融汇，现在看来，与现代科学是很贴近的。这种新的汇融的形成，使得之后的几代人觉得这个时期已经是科学革命时期了"。[1] 约翰·亨利的看法简单说就是，哥白尼革命以降，"很久以来，'自然的数学化'都被视作科学革命的一个重要内容，通常用来表示形而上学体系的重大变化。形而上学体系重写了有关自然世界的所有概念，引入'柏拉图式'或者'毕达哥拉斯式'看世界的方式，取代了中世纪自然哲学的亚里士多德形而上学"。[2] 或者说，哥白尼革命是方法论的变革，即数学测算和经验观察看世界的方法成为科学研究在方法论上的共识。对待数学和经验观察，不再是哥白尼革命前的那种工具主义的态度，而是更加唯实主义的态度。所谓工具主义是指这样一种态度，即认为"数学所得出的理论只是假设而已，关键还是要利用数学得出的计算与预测。唯实论者们则相反，他们认为数学分析揭示了事情怎么就必定是那样子的；如果计算是准确的，那么这只是因为所设想的理论确实是真的，抑或接近于真的"。[3] 由此，数学摆脱了工具主义盛行时期的那种劣等学科的工具地位，而成为科学家们揭示真理的方法。

怀特海在《科学与近代世界》一书中，对数学与近代的关系所做的探讨，亦表达了类似的意思。他认为："纯粹数学这门科学在近代的发展可以说是人类性灵最富于创造性的产物。……数学的创造性就在于事物在这一门科学中显示出一种关系，这种关系不通过人类理性的作用，便极不容易看出来。"[4] 数学的特点是，可以摆脱特殊事例，甚至可以说，摆脱一切特殊的实在。数学所表述的关系是一个一般，"当你研究纯数学时，你便

---

[1] 约翰·亨利：《科学革命与现代科学的起源（第3版）》，第32页。
[2] 同上书，第33页。
[3] 同上。
[4] 怀特海：《科学与近代世界》，1989年，第20页。

处在完全、绝对的抽象领域里"。[1] 在数学研究领域内，你所说的一切，不过是，如果理性坚信实在具有满足某种纯抽象条件的关系，就必然能够满足另一个纯粹抽象条件的关系。数学被认为是在完全抽象的领域里进行活动的科学，它和自身所研究的任何特殊事件脱离了关系。数学确定性的基础，在于它是抽象的一般。人们相信，现实世界中被观察到的现象，能够成为我们普遍推理过程中的一个特殊事例。正如约翰·亨利概括的：

> 哥白尼的天文学就清晰地表露了新出现的唯实论。天文学作为一门所谓的"交叉"学科（"mixed" science），向来既包括数学部分，也包括物理学部分。说到底，天文学家就是要让数学所试探的结构（提供了计算行星及其他天体运行的手段），比如旋转着的球体或者各种不同的旋转轨道，与亚里士多德宇宙论和物理学要求相吻合。[2]

作为方法论变革的哥白尼革命，在天文学上的成就是极其伟大的，他把天文学建立在新的宇宙的基础上，从根本上推翻了天文学发展的宇宙观，带给天文学以新的生命。

哥白尼革命引发价值观的变革

伯纳德·科恩很精准地将哥白尼革命，或者哥白尼与托勒密之争概括为两个问题："（1）哥白尼的计算方法所得到的结果是否比托勒密的方法更符合观察结果？（正如我们马上就会看到的那样，答案是：否）（2）哥白尼的计算方式是否比托勒密的方法用起来更为容易（即更为简便）？（尚未有证据表明，这个问题在 16 世纪末曾有人讨论过。）"[3] 他指出，17 世纪许多论述科学问题的作者，并不怎么重视哥白尼，其意思是说，这个说法暗

---

[1] 怀特海:《科学与近代世界》,第 21 页。
[2] 亨利:《科学革命与现代科学的起源（第 3 版）》,第 34—35 页。
[3] 科恩:《科学中的革命》,第 145—146 页。

示,天文学不曾发生过哥白尼革命。亦有科学家说,哥白尼不过就是抛弃了托勒密的本轮,把不动的星球变成太阳,其实他的整体思想仍旧是在托勒密的体系中。但是,科恩并不否认,哥白尼以降,西方世界确实发生了一场革命,即便不承认哥白尼的天文学革命,学界也确实否认哥白尼引起了一场革命,而且他以这场革命而名扬天下。这场革命叫作宇宙论革命,即是一场哲学革命。正因为这一性质的哥白尼革命,近代价值观萌芽了。

库恩首先承认,哥白尼革命是一场天文学革命。他在《哥白尼革命:西方思想发展中的行星天文学》一书中指出:

> 1543年,尼古拉·哥白尼提出将以前属于地球的许多天文学功能转移到太阳上来,以提高天文学理论的精确性和简单性。在他的计划提出之前,地球是作为固定的中心,天文学家根据它来测算恒星和诸行星的运动。一个世纪之后,太阳至少在天文学中取代了地球成为行星运动的中心,同时,地球也失去了其独特的天文学地位,成为了众多运动行星中的一员。现代天文学中许多主要的成就都基于这一变换。所以,天文学基本概念的变革是哥白尼革命的首要含义。[1]

库恩认为,哥白尼革命的首要含义,是天文学基本概念的变革。但是,天文学革命并不是哥白尼革命的全部意义。自《天体运行论》问世之后,人类对自然的理解、对自然与人的关系的理解、对人在自然界中的地位等问题的理解,都发生了激进的变化。这一变化在一个半世纪后的牛顿的宇宙概念中达到顶点。

但是,他同时也认为:"哥白尼革命是一场观念上的革命,是人的宇宙概念以及人与宇宙之关系的概念的一次转型。在文艺复兴思想史上的这一幕,被一再地宣称为西方人思想发展的划时代转向。"[2] 所谓"划时代的

---

[1] 库恩:《哥白尼革命》,第1页。
[2] 同上。

转向",是说:

> 他的行星理论和相关的日心宇宙概念有助于中世纪向现代西方社会的过渡,因为它们看起来影响了人与宇宙、人与上帝的关系。哥白尼的理论是作为对古典天文学专门技术性和高度数学化的修正而被引入的,但却成了宗教、哲学和社会理论中巨大争论的一个焦点,这些争论在美洲被发现后的两个世纪中成为现代精神的要旨。[1]

在哥白尼革命之前,人们把地球看作上帝创造的独一无二的星球,处于宇宙的中心。哥白尼革命之后,地球仅是围绕太阳旋转的诸多行星之一。"因此,哥白尼革命又是西方人价值观转变的一部分。"[2] 哥白尼作为宗教法博士、医生、弗龙堡大教堂教士,并不是一位职业天文学家,他的成名巨著是在业余时间完成的。但是,哥白尼的日心说却是一种典型的科学理论,他在提出日心说时,也许并不是想质疑人与宇宙、上帝与人、上帝与人生活的地球之间的关系,他甚至坚持认为日心说与《圣经》并不矛盾。他只是提出了与托勒密体系不同的另一种天体运行模式,而处于文艺复兴时期的哥白尼本人,或许并没有意识到,他提出的这种模型在天文学以外究竟产生了多么巨大的冲击。

日心说作为一种天体模型论,之所以能够引起一场价值观的革命,与古典宗教和基督教有很大的关系。按照库恩的说法,所有古代文明都有自己的宇宙观。

> 所有这些宇宙结构的草图都实现了一个基本的心理需要:它们为人们的日常生活及其神的活动提供了舞台。通过说明人类的栖居地和自然其他部分在物理上的关系,它们为人类整合了宇宙,使人在其中有一种家园感。人类若不发明一个宇宙论是不会持久地生存的,因为

---

[1] 库恩:《哥白尼革命》,第2页。
[2] 同上。

> 宇宙论能够为人提供一种世界观,这种世界观渗透在人类每一种实践的和精神的活动中,并且赋予它们意义。[1]

宇宙论可以提供心理上的满足,但是,作为天体理论,它必须对人们肉眼可见的日月星辰的现象提供说明。因此,宇宙论那种寻求家园的冲动,也会引起人们对自然现象做出科学说明的热情,这便是天文学发展的内在动力。

根据西方思想界的探讨,科恩概括出哥白尼革命如下几个方面的价值:按照爱德华·罗森的观点,每当史学家们著书立说,论述科学中那些富有戏剧性的变化时,首先跃入人们心头的,便是宇宙中心问题的根本性转变,这一转变一改那些把地球看作宇宙静止不动的中心的观点,而认为太阳是宇宙的中心,这一变革,即是众所周知的哥白尼革命;哥白尼革命常常被描述为我们参考系的第一次变更,它在许多层次上都引起了反响。"宇宙学上的这一转变被看作是富有革命性的转变;所以,哥白尼就是一位'反叛的宇宙设计师',他导致了一场'宇宙概念结构中的革命'。"[2] 科恩也对库恩的一种观点展示出极大的兴趣,他认为,库恩把哥白尼革命作为一场思想中的革命不是单一事件,而是西方思想发展中划时代的转折点;对此,至少可以从如下意义上考虑:"首先,它是一次'天文学基本概念的革新';其次,它是'人类对大自然的理解的'一次'根本性'的变革",他的副产品是一个半世纪后的牛顿的宇宙观概念,这场革命到牛顿提出牛顿式宇宙观而告结束,"再次,它是'西方人价值观转变的一部分'"。由此而得出结论,"按照库恩的观点……哥白尼革命并非仅仅是科学中的一场革命,它是人的思想发展和价值体系中的一场革命"。[3] 这场革命的结果,是形成了以科学和理性为核心的近代价值观。

---

[1] 库恩:《哥白尼革命》,第6页。
[2] 科恩:《科学中的革命》,第132页。
[3] 以上所引内容参见科恩:《科学中的革命》,第132页。

四、关于科学革命

哥白尼革命首先是天文学革命,但同时也是一场科学革命。日心说被称作天文学革命本身就有争议,而哥白尼引发的天文学革命是否为科学革命,更是始终存在着争议。自库恩以降,西方科学界、科学史界开始把自哥白尼到爱因斯坦为止的这段科学史,视为科学革命的过程,这一过程居然长达400多年!那么,究竟什么是科学革命?

按照科恩的看法,科学革命像社会革命、政治革命和经济革命一样,分不同等级。这种将革命分成不同等级的倾向,在18世纪就开始了。大规模的科学革命,其影响涉及其他学科和思想模式,而小规模的科学革命对某一学科的某部分有影响。如果我们认同科恩的这一说法,那么哥白尼革命显然应被视为大规模的科学革命,即影响其他学科和思想模式的革命。用当下流行的话语来说就是,一种价值观的革命、一种形而上学的革命。这场革命以哥白尼为起点,到爱因斯坦得以完成,至此,西方世界最终完成了自近代以来的价值观变革,这一过程被称作科学革命。如果这一说法成立,那么至少表明,制度革命是硬件,而价值观的革命是软件,后者相当于换脑换芯,所需要的时间远远越过制度变革。而科学革命在西方近代价值观变革中,处于无法替代的耀眼位置。如果说近代价值观的核心是科学与理性,那么科学至少占据半壁江山。

20世纪六七十年代,西方科学家和科学哲学家掀起了一场对科学革命或科学进步方式的大讨论,核心人物是库恩,他提出科学革命是一场范式变革的理论。这一理论引起西方世界的热烈争论,也主导着学界对于科学革命的讨论。时至今日,科学革命是一种范式变革的理论,基本上得到了广泛的认同。哥白尼革命之所被称作科学革命,是说由他开始西方世界开始了一场范式变革。

按照库恩的看法,科学史似乎逐渐成为一门编年史学科,仅记载成功的累积过程以及累积的障碍。于是关心科学发展的学者,通常有两项主要任务：第一，确定当代科学的每一个事实、定律和理论是何人于何时发现或发明的；第二，必须描述和解释阻碍现代科学教科书诸成分迅速累积起来的错误、神话和迷信。这两项任务是不可能完成的，无穷追寻下去，会令人崩溃。"或许科学并非是通过个别的发现和发明的累积而发展的。"[1] 更不用说，科学史家们所面临的更多困难，即如何区分出过去的观察和信念中的科学成分和迷信错误；同时对由个别科学家所做的贡献组合在一起的累积过程的质疑等，都使人们对科学进行编年史研究的意义产生怀疑。这种逐渐产生的怀疑，使科学家们开始提出新的问题，并且追踪科学的非积累式发展。代之以对科学发展的渐进式研究，科学家们把目光投向"那门科学在它盛行时代的历史整体性"。[2] 以伽利略为例，人们不再追问伽利略的观点与现代科学的关系，而是追问他的观点与他所在的科学团体，即他的老师、同辈和后继者是什么关系。关注科学共同体内的关系，更关注共同体内人们在某些观念上的共识。

说几句题外话，笔者以为，库恩的观点具有结构主义的特征。提请读者注意，《科学革命的结构》的出版时间是20世纪60年代初，而这一时期，恰恰是结构主义在欧洲风头最劲的时段。我们没有证据证明，库恩关于科学革命结构的理论确实是受到结构主义影响，但是，从库恩为《科学革命的结构》一书所作序中可以看到一丝端倪："一个偶然碰到的脚注导致我注意到J.皮亚杰的实验，皮亚杰通过这些实验既阐明了成长中的孩子的不同的世界，也阐明了从一个世界过渡到另一个世界的过程。我的一位同事指点我读知觉心理学的论文，尤其是格式塔心理学家的论文。"[3] 格式塔心理学主张以整体的动力结构观来研究心理现象，而皮亚杰的发生认识论所及，乃儿童思维结构的建构过程。皮亚杰、索绪尔和乔姆斯基曾经被称作欧洲结构主义语文学三大流派代表人。

大约在20世纪50年代末，在第二次世界大战结束十余年后，法国结

---

[1] 托马斯·库恩：《科学革命的结构（第四版）》，金吾伦、胡新和译，北京大学出版社，2012年，第2页。
[2] 同上书，第3页。
[3] 同上书，"序"，第2页。

构主义崭露头角。此后,直到60年代红色风暴结束,大约又有10年之久,结构主义成为法国思想界趋之若鹜的时尚。结构主义人类学、结构主义发生学、结构主义语义学引领法语世界时尚。尽管他们之间尚存在激烈的争论,也许正是他们之间的激烈争论,以及他们所代表的非介入倾向,使结构主义成为20世纪50年代后期法国知识分子的通用语言。20世纪60年代,一位足球教练为了取得更好的战绩,改组了他的球队,他声称自己"对足球队进行了'结构主义'改组"。结构主义雄踞天下的时代被称作"结构主义十年",即1958至1968年。

科学范式变革是一个过程。大多数科学家,不可避免地把大好年华都花费在常规科学的研究上。所谓常规科学基于一个假设,即科学共同体知道世界是什么样子,多数事业的成功,得自科学共同体捍卫这个假定。如果有必要,他们会不惜一切代价为之奋斗。正因为如此,倘若有什么新思想出现,而这些思想与常规科学的研究理念大相径庭,那么新思想就会被压制。这种状况会持续很长时间。"到了科学团体不再能回避破坏科学实践现有传统的反常时期,就开始了非常规的研究,最终导致科学共同体做出一系列新的承诺,建立一个科学实验的新基础。这乃是一个非常规时期,其间科学共同体的专业承诺发生了转移,这些非常规时期在本文中称之为科学革命。"[1] 至此,库恩关于科学革命的定义便呼之欲出了:"科学革命在这里是指科学发展中的非积累事件,其中旧范式全部或部分地为一个与其完全不能并立的范式所取代。"[2] 库恩这一著名论战,被学界流利地归纳为,科学革命就是范式变革。范式变革会引起什么样的后果?库恩认为,政治革命是以现有的政治制度不允许的方式,来改变现有的政治制度。因此,革命的成功必然要废除一套旧制度,以新制度代之。从旧到新有一个过渡期,之间,社会会分化为相互竞争的党派或阵营,有守旧的,有革新的,直到重建社会新秩序。科学革命与此类似。在制度变迁时,人们会在相互竞争的政治制度中做出选择,同理,当科学革命发生

---

[1] 库恩:《科学革命的结构》,第5页。
[2] 同上书,第85页。

时，人们会在相互竞争的范式之间做出选择。这种选择是"在相互竞争的范式之间做出选择，就等于在不相容的社会生活方式间做选择"。[1] 正因为这样，范式的选择并不能凭借常规科学所特有的评估程序，原有的评估是旧的，是旧范式的组成部分。因为它出了问题，所以人们才想以新的东西取而代之。"当不同范式在范式选择中彼此竞争、互相辩驳时，每一个范式都同时是论证的起点和终点。每一学派都用它自己的范式去为这一范式辩护。"[2] 问题的最终解决，还是通过辩论形成共识。

每一次科学革命，都迫使科学共同体放弃一种盛极一时的科学理论，而赞成另一种与之不相容的理论。科学革命引起科学所探讨的问题发生转移，科学评判问题的标准就相应地发生了转移。更重要的是，科学革命的结果最终是科学思维方式的改变。一句话，科学革命的结果是科学可以进行研究的世界发生了转变。这种转变就是所谓的世界观、价值观、科学观的转变。"从现代编史学的眼界来审视过去的研究纪录，科学史家可能会惊呼：范式一改变，这世界本身也随之改变了。科学家由一个新范式指引，去采用新工具，注意新领域。甚至更为重要的是，在革命过程中科学家用熟悉的工具去注意以前注意过的地方时，他们会看到新的不同的东西。"[3] 世界还是那个世界、宇宙还是那个宇宙、地球还是那个地球，但是范式改变了，人们看待世界的眼光变了，世界就变了。

哥白尼革命发生之后，地球还是那个地球，月亮还是那个月亮，太阳还是那个太阳，但是当太阳取代了地球的核心位置之后，人们心目中的天地人神的关系发生了变化。世界不再是上帝的一统天下，自然本身、人本身、世界的一切，都在日心说的氛围内被重新定位。科学革命为近代价值观奠定了科学的基础。

科恩指出，自哥白尼以来，科学界并没有在是否发生过科学革命的问题上达成共识。即使到了20世纪，科学家和科学史家也没有普遍认为，科学是通过一系列革命而进步的。在20世纪上半叶，人们依旧认

---

[1] 库恩：《科学革命的结构》，第80页。
[2] 同上。
[3] 同上书，第94页。

为，科学发展是一个累积的过程，是一种渐进式的发展，科学发生革命是极为罕见的。1962年，库恩《科学革命的结构》问世，这本书从根本上改变了人们的看法。即便是不同意库恩观点的人，也不得不承认，科学发展并非一个累积渐进的过程，而是由大大小小的科学革命构成。常态科学与科学革命交替出现的一系列科学变革，是科学变革的社会动力学。科恩表示，他与库恩的主要差异在于，他一直在探讨这400年间科学发生的革命性变革，以及参与者和同时代的分析家们所持的态度。这种探讨方式，把革命这一概念视为一个复杂的、在历史上不断变化的整体。它必然受到政治领域中革命理论和革命事件的影响，而并非单单只是有关科学变革如何发生的一种观念。也就是说，科恩看待科学革命，不是仅仅把它视为科学本身的变革，而是把它放在政治变革的大背景中来审视。如此一来，科学革命作为政治变革的一部分，或者与政治变革息息相关的部分，被赋予了超出科学变革本身的价值和意义。

如果从这一视野来看哥白尼革命，那么将其视为西方世界政治变革、制度变革的重要内容，便是具有相当的合理性。因此，作为科学革命的哥白尼革命，不仅仅是一场天文学革命，更是一场方法论、形而上学、价值观的革命。它为西方世界走出中世纪进入近代奠定了科学基础。

五、关于科学与科学精神

最后，笔者想说几句题外话。科学一词对于中国人来说，不过仅有百年历史，是西学东渐中的产物。这是一个中国文化引进、吸收、融合科学的过程。直到今日，在什么是科学、什么是科学精神等问题上，我们依然有许多模糊不清的地方，因此，我们有必要对什么是科学，什么是科学精神加以探讨。

科学进入国人视野之时，被视为"夷之长"，被定性为用、为术、为器，为形而下者。1922年梁启超做过一次题为《科学精神与东西文化》

的演讲[1]。此演讲至今堪称经典。梁先生说,科学进入中国有一阵子了,已经没有人再说"科学无用",但是,中国人依旧被视为"非科学的国民",原因何在?在于中国人对于科学的态度有几点误区。第一,把科学看得太低太粗。多数人以为,科学无论多么高深,总不过属于"艺"和"器",国人深信"德成而上,艺成而下"(《礼记·乐记》)。科学的物质结果摸得着,看得见,因而对于科学的看法,总脱不开效用,故科学为艺,不足为重。国人更笃信"形而上者谓之道,形而下者谓之器"(《周易·系辞传上》)。科学,器也,形而下者。最多有辅助之用,即"中体西用"之"用"也。在梁启超看来,这种说法是"穿西装的治国平天下大经纶"。第二,将科学看得太呆太窄。"就是相对的尊重科学的人,还是十个有九个不了解科学性质。他们只知道科学研究所产结果的价值,而不知道科学本身的价值。"[2] 从洋务运动开始到梁启超发表这篇演讲的时代,算来五十多年,但是梁启超不无遗憾地感慨道:"中国人因为始终没有懂得'科学'这个字的意义,所以五十年前很有人奖厉学制船学制炮,却没有人奖厉科学;近十几年学校里都教的数学几何化学物理,但总不见教会人做科学。"[3] 长此以往,"中国人在世界上便永远没有学问的独立"。[4] 梁启超所说的科学有三个特征:一、追求真理;二、具有系统性,即有普遍性和因果性;三、真理可教,"可传与其人"。"中国凡百学问,都带一种'可以意会不可以言传'的神秘性,最足为智识扩大之障碍。"[5] 用科学精神教导人,而不仅仅教人一个命题、一些计算方式,不是把科学作为"术",而是作为"道",作为形上之思教与国人。在诸多的科学救国论中,梁启超心目中的科学最接近科学的本质。需要强调的是,用科学技术提升我国生产力水平,使中国成为现代化强国同样非常重要。中国如果要领跑世界,成为科技大国,需培育国人的科学精神,不能

---

[1] 梁启超:《科学精神与东西文化》,见《梁启超学术文化随笔》,夏晓红编,中国青年出版社,1996年,第220—229页。以下关于梁启超对科学的看法,均出于这篇随笔。
[2] 梁启超:《梁启超学术文化随笔》,第222页。
[3] 同上。
[4] 同上书,第223页。
[5] 同上书,第226页。

把科学仅仅理解为"术""器"。日本在这方面的教训，足够我们吸取的。

历经百年，科学的价值，特别是器物层面的价值在国人眼中已毫无疑问，当今几乎无人不识"君"。不过，把科学视为术、视为形而下者，实际上是把科学当作功利性的东西，即它可以带来有形的进步。换句话说，当把科学当作术时，我们理解的科学是技术，甚至是技术手段。直到今天，科学精神依然离我们很远。缺乏科学精神的学术研究，受利益原则支配是可以想象的。

坦率地说，我们的文化基因中没有科学精神。然而这一说法常常受到诟病，我们常常听到这样的反驳，我们没有科学精神的这种说法简直缺乏常识。莫非不知道中国的四大发明吗？浑天仪等，不也是中国发明的吗？这不是科学吗？这确实是事实。但是，需要说明的是这些都是科学发明，而科学发明不等于科学，也不等于科学精神。

"科学"是古希腊语"επιστεμη"（知识）的翻译。尽管英语"science"一词意义比较狭窄，多用来指"自然科学"（natural science），但是，拉丁语"Scientia"（Scire，学或知）却意义广泛，具有"学问或知识的意思"。[1] 毫无疑问，后者更接近"επιστεμη"的本义，可以称作"广义的科学"。

广义科学（知识）的内涵或实质是什么？

卡尔·波普尔提出一个探索的路标："或许除了普罗泰戈拉……这个唯一的例外，亚里士多德之前所有严肃的思想家，都对**知识**（即实在的知识、确定的真理，后指知识）……与**意见**……做出清晰的区分。"[2] 这意味着，当人类的知识尚未分门别类，形成诸多独立学科之时，"哲学"（爱智慧）就是人类知识的别名，用以表示知识的总汇和整体，也是当时人类唯一的学问。能够称作"哲学"的，才有资格称为"科学"。这里的"科学"，显然指一般的人类知识。在这个意义上，哲学就是科学，即广义的

---

[1] 参见 W. C. 丹皮尔：《科学史：及其与哲学和宗教的关系》上册，李珩译，商务印书馆，1975年，第9页。
[2] Popper, Karl R., *The World of Parmenides: Essays on the Presocratic Enlightenment*, A. F. Petersen (ed.), London: Routledge, 1998, p.1.

科学（即知识）。难怪不少思想史学家宣称，科学是随着哲学的诞生而诞生的，伊奥尼亚自然哲学家是科学的首创者。

由此可见，将早期希腊哲学家对"本原"（共相）的探讨看作是对广义科学的阐释，将巴门尼德的真理之路当作他们的代表，应该是合理的。可以认为，巴门尼德阐述的世界本原"存在"（Being），不仅明确了哲学的研究对象，而且提出了广义"科学"——知识——的一般规定性。尽管其观点有些极端，将现在人们所谓现象世界的知识统统排除在外，但确实揭示了哲学以及人类一般知识对象的基本特征：考察最抽象、最普遍的一般（universals）。波普尔用现代语言对巴门尼德的这一贡献加以概括，断言巴门尼德"决定了科学的目标和方法就是探索不变量"；而这位2500年前的伟大人物，"其观念至今依然对西方的科学思想发挥着几乎无限的影响力"。[1]

追求"最抽象、最普遍的一般"，不仅规定了人类的认识对象，而且指明了获取人类知识的正确途径，即理性之路。其意图主要不是区别哲学与其他科学（狭义），这门科学与那门科学，而是为了界定何以为科学（知识）。这也是古希腊人最初对于科学精神与神灵崇拜划界的基本准则。正如韦尔南所说，古希腊哲学家"创立了一种新的思维方式，他们把自然当作对象，进行了非功利性的系统考察和总体描述，对世界的起源、构造、组织以及各种天气现象提出了解释，这些解释完全摆脱了古代的神谱和宇宙谱的戏剧性形象……"[2] 科学（知识）是巫术和神话的对立物。这里展示的是逻各斯与神秘之物的对立。以往官方的宗教权威、创世神话中的原始神力、日常传言中隐匿的无法捕捉的无形力量，统统被可以公开表达、辩论、探讨的"共相"所取代。这种共相，即普遍必然的一般，开启了人们理性的思维能力。任何哲学或科学（知识），都以追求共相为己任，以追求真理为目的。唯独理性才是通向真理的光明之路，那些含糊不定，虚实难辨的感性经验，只能是通往意见之路。

真理之路形成一套严格的方法论规则。"这种新思想的目的是通过一

---

[1] Popper, Karl R., *The World of Parmenides: Essays on the Presocratic Enlightenment*, p.146.
[2] 让-皮埃尔·韦尔南：《希腊思想的起源》，秦海鹰译，生活·读书·新知三联书店，1996年，第90页。

种累积性的个人探索达到真理,每个人都要反驳他的前者,提出与之对立的论据,这些具有理性特点的论据本身又可以引起讨论。"[1] 因此,"爱智慧",要求采用说理的、逻辑的手段。他们必须"在一种论证方式之下"提出自己的理由。[2] 正是这种推理的需求和论证规则的形成,导致古希腊人走上演绎科学的道路,使科学(知识)成其为科学(知识)。这门"涉及抽象对象的科学,从有限的几条公设、公理和定义出发,把严密演绎得出的命题一个接一个地连接起来,用具有形式化特点的验算来保证每个命题的有效性,并在连贯的推理中把这种有效性确定下来"。[3] 早期古希腊哲学家不仅规定了科学(知识)的对象,而且规定了科学探索的最基本方法和表达形式。

因此,爱智慧的真理之路表明,凡人类科学(知识),必须运用理性的能力探究普遍必然的一般,并通过合乎逻辑的论证方法明确、系统地表达出来,以求达到真理的认识。人的思想和言说,不论什么内容,只有满足了以上条件,才有资格称为科学,才是知识。不难得出结论,古希腊哲学家通过(本原)描述的"智慧"不单纯是哲学本身的内涵,而且也是广义科学的内涵,是区别知识与意见、科学与非科学的标准。即便人们后来所说的狭义科学,也都必须符合这种广义的科学标准。科学精神正体现在"智慧"的这一标准中。

现代思想家对于科学的理解,基本上是沿着希腊人的思路前行的。例如,巴什拉认为,科学的发展是一种建构过程,其本质是理性关系的进步。默顿给出了科学精神的四个基本特点:[4] 第一,科学精神具有"universalism",译作普遍性(主义)。第二,科学精神具有"communism",译作"公有性"。第三,科学具有"disinterestedness",译作无私利性。准确地说,科学是单纯追求真理的结果。第四,科学具有"organized skepticism",被译作"有条理的怀疑主义",就是借助专业知识、逻辑和经验,对现有的知

---

[1] 韦尔南:《希腊思想的起源》,第13页。
[2] 参见罗斑:《希腊思想和科学精神的起源》,陈修斋译,商务印书馆,1965年,第190页。
[3] 韦尔南:《希腊思想的起源》,第12页。
[4] 罗伯特·K. 默顿:《社会研究与社会政策》,林聚任等译,生活·读书·新知三联书店,2001年,第6—14页。默顿对于科学精神四个特点的描述,均在这8页中。

识进行质疑。这种精神就是笛卡尔的普遍怀疑的精神。

综上所述，科学精神最精要的内涵是追求真理。科学的精神气质归结起来就是：科学即追求真理。不是出于功利目的，而是为求知而求真理。真理与身份、种族、等级等无关。追求金钱或者经济利益会有立竿见影的效果，利益在当下摸得着，看得见。追求真理也许未必能产生当下的利益，真理的作用在于说明什么是正确的思想，什么是正义的东西，其根据何在。并不是单纯地描述世界的现象、就世界论世界，而始终将真假问题贯穿其中。甚至可以说，真理是国家、社会、个人行动和思想的标杆，是价值体系的准则。在求真的基础上，才可能有善与美。追求真理就是呵护人类最根本的利益，然而追求真理本身不是功利性的。我们的文化传统，恰恰缺乏为真理而真理的精神。西方人称，吾爱吾师，吾更爱真理；中国人则说为尊者讳，为亲者讳，为贤者讳。西方人重视的是真理本身，而中国人重视的是说"真理"的人。谁说的更重要，至于说得对与错，那得看是谁说的。

科学的精神特质，是在一定的社会结构中发展起来的。并不是所有的社会结构，都有可能为科学精神的充分发展提供制度性保障。科学精神的产生，需要思想和想象的自由空间，亦需要表达思想的氛围。而默顿认为，民主、自由与科学精神有最高度的吻合性，因而是科学精神的最佳拍档。制度保障是科学及其科学精神发展必不可少的前提。

结　语

18 世纪是一个重要转折点。文艺复兴始于 15 世纪，宗教改革在 16 世纪中叶达到高潮，这一说法的依据是 1517 年 10 月 31 日，德国神学家马丁·路德将他写成的《九十五条论纲》，贴在维滕贝格万圣教堂大门上，由此拉开宗教改革的序幕。自中世纪开始，比宗教改革略晚一些，而一直持续到 19 世纪的那场变革，被称作科学革命。达朗贝尔亦提到，由于笛卡尔哲学的胜利，使人们对整个世界的看法发生了根本的改变。简单地说就是，由于这一系列变革的发生，"我们的观念在某些方面正在发生一种极为显著的变化"[1]。这种观念的变化是价值观的变化，它使西方世界走出中世纪，进入近代。

文艺复兴、宗教改革和科学革命三大变革，最初都起源于向后看，即回归古典，回归希腊罗马。因此，在一些西方学者看来，尽管复兴希腊思想，或者回到基督教的使徒时代，都是复古，然而，复古并不足以解决当时时代面临的问题。如果仅仅是回到希腊，很有可能就是食古不化，而回到使徒时代，并不能促使新宗教的产生，只是使基督教回到原点。然而当历史的脚步赶到中世纪中后期时，希腊人式的小国寡民和罗马大帝国的版图已经不复存在，而希腊罗马的古典学说和思想，只在古代世界才有存在的土壤。古典思想和学说所传承的一些东西还是有价值的，不过，它们也需附着于新时代的新格局。否则，纯粹的复古并不具有太强的生命力。相比之下，科学革命，或者当时发生的哥白尼革命，虽然也把目光转向过去，当时的科学家必须面对从希腊罗马到中世纪的科学，尤其是托勒密体系，但是，他们的努力不是以欣赏的目光凝视古典科学，而是以批评的目光审视它们，如此，才会有对地心说的怀疑，才会提出日心说理论。因此，唯有科学回到古典的同时，以批判的精神质疑古典，从而推动科学进入当下，并且以批判精神为依托，才能使科学走向未来。

中世纪中后期的科学革命赖以产生的因素，不是一句话可以说清楚的。不过，有几个条件或许是无法或缺的。第一，十字军东征归来者带回阿拉伯地区万千的希腊科学与哲学典籍。第二，十字军东征幸存者归来后，离开乡下或庄园，选择生活在城市。盖伊在谈论启蒙运动时期的哲人时说，启蒙哲人"只有在都市里才能崭露头角。事实上，典型的启蒙哲人出类拔萃、无所畏惧，是不可救药的都市人。都市是他们的土壤；都市滋养他们的心智，传递他们的讯息。……启蒙哲人属于都市。有的生长在城市；有的生在乡村，也辗转到城市，以城市为栖息地。"盖伊又引休谟自传里的话，声称：

---

[1] 卡西尔:《启蒙哲学》，第1页。

"城市是文人的真正场景。"如果康德没有柯尼斯堡,富兰克林没有费城,卢梭没有日内瓦,贝卡里亚没有米兰,狄德罗没有巴黎,或者换个角度说,吉本没有罗马,那将会怎样呢?当启蒙哲人旅游时,他会从一个城市到另一个城市,愉快地进行大同世界的交流。当他退居乡村时,常常声言喜爱简朴生活,其实他是把城市带在身边。[1]

城市的前身是城,是国王、贵族、僧侣们居住的地方,然而,当十字军的军士们回来后,不少人学会了手艺,亦有不少人获得了知识,他们离开乡村,选择生活在城里,于是由这些自由民形成了市,城与市结合形成了城市。城市是自由的地方,在自由的空间里,有知识、有手艺的人获得生存空间,他们组成行会,行会是国王贵族和僧侣之外的第三等级,他们造就了城市的自由,享受着城市的自由。科学在科学家行会,由此教员行会得以兴盛。盖伊所描述的启蒙哲人的状况,得益于十字军东征。第三,十字军回归者带来了希腊罗马的古典学说和阿拉伯的科学及文学艺术。这是文艺复兴和科学革命不可或缺的重要思想来源。

---

[1] 以上所引具见彼得·盖伊:《启蒙时代(上):现代异教精神的兴起》,刘北成译,上海人民出版社,2014年,第11—12页。

第三章　宗教改革对近代人性论的影响

12—18世纪之间，欧洲经历过若干次革命：象征着欧洲文化变革的文艺复兴，科学变革的哥白尼革命，路德、加尔文代表的宗教改革，瓦特代表的工业革命，康德引发的哲学革命，尼德兰肇始的资产阶级革命等。这些革命改变了人们对世界的描述，重新界定了人与世界、人与上帝、人与社会、人与政府的关系。笔者认为，就现代西方文明普遍认同的价值观——自由、平等、博爱而言，影响最深远的革命，首选宗教革命，或称宗教改革。正是宗教改革，为西方现代的价值体系和制度奠定了深层基础。

一、基督教信仰是道德性的

从耶稣受难到君士坦丁大帝颁布《米兰敕令》，历经400年左右，基督教终于获得了合法身份。从君士坦丁大帝到但丁，历经800余年，基督教成为西方世界的主导力量，西方终于把基督教这份大礼送给了世界。基督教信仰究竟意味着什么？耶稣基督的底蕴又是什么？笔者愿借用杜兰特夫妇那简洁、凝练的概括:"教会将耶稣的形象铸成德行的神圣化身。"[1]这种信仰使野蛮人相形见绌,有劝诫野蛮人归向文明的力量。或者可以这样说,对基督的信仰本身是道德性的。劝人文明,即是劝人向善。善的典范是耶稣,耶稣则是德行神圣的化身。像耶稣一样生活,即是谨遵《圣经》教诲,过良善的生活。《圣经》降自天国,是基督教向善的信经,唯有虔诚信仰耶稣,依《圣经》教诲做人做事,人才能成为高尚宇宙的一部分。

基督教信仰同时传递了一个信息,即人,无论处于何种地位,无论在尘世间的地位多么卑微,只要他信仰耶稣,因信而称义,他就与上帝紧密地联系在一起,他就是高尚的。这是自希腊以来,西方世界第一次产生的平等理念,它是由基督教提出的。原罪把所有的人拉向同一层次,每个人都是始祖的后裔,每个人都是罪人。每个人都会因信仰上帝而变得高尚,这与出身、财富、权力、地位没有关系。

基督教从受迫害到成为罗马帝国国教,"乃是凭着其教义之安慰、仪式之魔力、信徒之高尚道德、主教之勇气、热诚与圣洁……"[2] 在蛮族入侵后,在黑暗和蒙昧之中,正是基督教在罗马帝国留下的政治真空中支撑起文明与秩序,也是基督教开垦荒地、赈济贫穷、教育孩童、收容病患、庇护孤寡妇女,可以说基督教是慈善事业最早的发起者。

僧侣们抄录保留着希腊及其他经典的文献(虽然他们也毁掉不少),使希腊和拉丁文本得以保存下来,延续到后世。如果我们说,正是基督教带领欧洲穿过黑暗和蒙昧,成为希腊以来的欧洲文明之光,应该不算过分。基督教是成功的,基督教对人类文明有极大的贡献,无论今天怎样评价基督教,这一点是不可否认的。

何以如此呢?有学者认为,宗教改革是文艺复兴的一个结果,这种说法没有错。不过,仅仅认为宗教改革是文艺复兴的结果是远远不够的。宗教改革的原因蕴含在一个漫长的历史进程中,它只是这一进程最终的结

---

[1] 威尔·杜兰特:《世界文明史》之《宗教改革(上卷)》,幼狮文化公司译,东方出版社,1998年,第4页。
[2] 同上书,第5页。

果，文艺复兴是其中的一个原因。与其说宗教改革是文艺复兴的结果，不如说它是十字军东征的结果，甚至可以说，文艺复兴本身也是十字军东征的结果。因此，当我们谈及宗教改革的缘起时，无论如何不能避开十字军东征。

二、十字军东征的影响

十字军东征刺激并扩大十字军士兵（包含武装贵族、骑士、农民、僧侣等）无法抑制的贪欲。十字军经一路艰辛而来到君士坦丁堡，所见所闻诱发了他们的贪婪和嫉妒。眼前的这座城市，如此宽广、如此富饶，富丽堂皇的教堂、宫殿、广场、街道，他们以为自己到了天堂。在东正教的希腊人眼中，西欧人是野蛮人。事实上，来自游牧部落的西欧人，与拥有悠久历史的希腊人相比，确实野蛮、落后，缺乏文明素养。他们必须向希腊人，向结合希腊文明与阿拉伯文明的东方文明学习大量的东西。"这种力量源自与高度发达的希腊和阿拉伯文化的全面接触，这令人惊奇地涉及了精神生活的各个方面，装饰、建筑、数学、哲学、天文、文献、地理、医学。"[1] 生还的十字军东征将士，将东方文化输入西方。这是世界历史上规模最大的一次文化融合，"我们几乎不可能找出一个政治的、军事的、商业的、工业的、科学的、艺术的、甚至宗教的生活领域，没有从东方获得某种影响而丰富起来的"。[2] 在不经意间，十字军成为向西方输入新奇而富有创造性的东方文明的力量，从而促进了西方世界的发展进程，虽然是用血腥的方式。历史有时就像一个魔术师。

十字军东征对于欧洲及全世界的影响是深远的，多方位的。当世俗民族国家的王侯贵族们在沙场血战，最终满载而归时，奇迹发生了。首先，民族国家的经济实力大大增强，由于开辟了贸易通道，商业兴旺起

---

[1] 陀莱绘：《十字军东征图集》，第41页。
[2] 汤普逊：《中世纪经济社会史（300—1300年）》上册，耿淡如译，商务印书馆，1997年，第537页。

来，海外殖民地也得以建立，对地中海的控制权重新回到西方人手中。其次，东方的农产品源源不断被运到西方，来自伊斯兰教的织品、香料、珠宝、玻璃镜等成为西方人的最爱。东方市场、东方产品、东方绘画、染料、器具、许多新的生产方式与金融运作方式被引入西方。第三，经济、社会、文化发生变革。"十字军开始于一个农业的封建制度，因日耳曼的野蛮本质夹杂着宗教热忱而触发；其结束时是工业兴起，商业扩张，终至造成经济的革命。是文艺复兴的先驱，也是文艺复兴的财源支持者。"[1]第四，国王们的腰包鼓囊起来，他们拥有了与教皇和教廷一决雌雄的实力。而这一点是宗教改革不可或缺的要素。教会更加富足，日益沉溺于花天酒地，引起信徒们的不满，它同样是宗教改革的重要诱因。

三、集权导致教会腐败，腐败诱发改革

教会腐败和教皇、教会体制有直接关系。罗马教会、地方教会毕竟只是宗教组织，如果不具备相当的经济实力，就无法谈及它们的存在和发展。当罗马帝国灭亡后，教堂是罗马帝国版图上唯一屹立不倒的建筑。罗马教会及其地方教会名下广袤的土地，也在日耳曼人的铁蹄下得以幸存。罗马教会在这些土地上延续罗马帝国时期的农耕文明，凭借这种生产方式，行使自己的行政管理权。正是经营土地的基本经济形式，使罗马教会及其地方教会逐渐形成封建化管理。而此时的欧洲，由于日耳曼人的不断征伐、掠地、分封土地，也渐渐形成了世俗封建制。两种以土地为中心，以农耕文明和农业生产为中心的行政管理，逐渐产生了一种很合拍的封建制。"主教的政治势力和财富这样的发展，对教会所发生的影响，当然是使教会和世俗间的界线比以前更加模糊了。……教会一旦尝着权力的甜味之后，再也不愿离开那世俗筵席了。"[2]基督教最初本是穷人的宗

---

[1] 杜兰特：《世界文明史》之《信仰的时代（上卷）》，第479页。
[2] 汤普逊：《中世纪经济社会史（300—1300年）》上册，第81页。

教，早期皈依基督教者多为穷苦人，早期的教会也是非常贫穷的。他们坚信耶稣对门徒说的："我实在告诉你们，财主进天国是难的。骆驼穿过针的眼，比财主进神的国还容易呢。"但是，当基督教成为罗马帝国的国教以后，财富像潮水般涌向教会，将遗产捐赠给教会成为宗教义务，渴望升入天堂的宗教期待使赐予之风一发不可收拾。受基督教的新财富和救济工作所吸引，大批无所事事的富人从上层侵入教会，而下层则是一些乞丐骗子装作忠诚的样子，从下面涌入教会。为了救济这些"穷人"，教会不得不开辟财源，获得新财富。于是他们把目光指向异教，排斥异教虽有宗教因素在，但是，异教神庙拥有大量资金和财富，吸引了基督教会的目光。剥夺异教财产既可排斥异己，又可获得财富，何乐而不为。汤普逊认为，欧洲之所以有"黑暗时代"，至少有一个原因——教会的腐败，它的作用不亚于罗马文明衰败和蛮族入侵。这个评价是否准确另当别论，但是基督教会的腐败，确实在欧洲历史上留下了重重的一笔。谈论基督教命运和地位的变迁，腐败是无法规避的问题。

十字军东征之前，教皇格里高利一世（Gregory I，590—604年在位）以圣彼得继承人自居，他下令将原罗马教会分布在意大利、西西里、科西嘉、西班牙、法兰克以及北非等地方的教产、庄园、土地等收归教会所有，按照罗马帝国管理庄园的办法，经营圣彼得教产。农民所受教会的盘剥，比世俗封建主的压榨有过之而无不及。也是格里高利一世，提倡在西欧各地建立修道院，这一举措使罗马教廷的触角伸向欧洲的各个角落。修道院成为罗马教廷的坚实堡垒，修道院不仅是教会培养修道士的学校，也是最大的经济实体和精神实体。教士们在修道院内扩建庄园，将大量土地出租给农奴，用以经营手工业和商业。为了扩充土地，修道院也开垦荒地，改造沼泽地，砍伐森林，使之成为耕地。修道院管理下的庄园，比日耳曼贵族的庄园精致得多。他们集体经营、集体劳作，收获归修道院所有，具有早期共产主义精神的雏形。这种发展模式的积极的一面在于，修道院把罗马帝国庄园管理经营的科学方法摆渡到中世纪。中世纪的修道院对于社会服务具有重要价值，但是，不可否认的是，修道院制度"象一切人类制度一样，它决不是十全十美的，而且常常是腐化的"。[1] 富有的教会和修道院，是一种有秩序的社会经济、政治、宗教组织。教会的最高统治者是教皇，之下是大主教、主教。宗教大会和会议是教会的立法会议，教会有自己的法律，有自己的法院和监狱。教会有权向社会中的每个人征收什一税，并且收集名目繁多的酬金，类似于手续费之类的东西。

可以说，教皇的统治"不仅限于宗教的统治，而且行使政治、行政、经济和社会的权力。它的管辖权推及到'基督教国家'中的每个王国；它不仅是每个国家中的一个国家，而也是一个'超国家'"。[2] 罗马教廷是基督教国家之王，每个王国都是罗马教廷的臣属，这也意味着罗马教廷是一个"超国家"，教皇是王中王。"罗马天主教会掌理整个基督教，因而是一个影响遍及各阶级公共及私人生活的社会团体，在欧洲文化以及当时所有的基督教国家中，从来没有过另一个团体像它那样强大。它的势力在整个中世纪没有遇到挑战。在最早的宗教改革萌动之后仍延续了几个世纪。"[3]

这种"王中王"的地位，首先是由经济实力，尤其是以土地占有的面积造就的。十字军东征时，许多贵族把自己的土地卖给教会，或者让教会托管，教会由此成为大地主，而教皇是大地主中的大地主。"土地不仅是当时物质财富的最普遍形式，也是几百年来差不多独一无二的财富生产形式。教会的土地占有权和世俗性，跟着时间的进展而给教会带来了政治权力、优越的社会地位和经济的资源以及那管理和控制社会的权力，无论在宗教或世俗方面。"[4] 教皇和教会强大的经济实力，使其在宗教、政治、经济、社会以及行政管理方面，处于绝对支配地位。换句话说，由于土地占有处于绝对优势地位，由于收取税费带来巨大的财富，成就了教会和教皇为欧洲首富的地位，也成就了他们的绝对权力。正因为如此，"在中世纪欧洲的历史里，要在教会机关权力的正当使用和滥用之间划出一条分界

---

[1] 汤普逊：《中世纪经济社会史（300—1300年）》上册，第193页。
[2] 同上书，下册，第261页。
[3] 爱德华·傅克斯：《欧洲风化史：文艺复兴时代（插图本）》，第339页。
[4] 汤普逊：《中世纪经济社会史（300—1300年）》下册，第262页。

线,那往往是不容易的"。[1] 之所以这样,是因为他们假上帝之名,让信徒以为,他们一言一行无不代表上帝。这是一种专制体制,其特点"是既无法律又无规章,由单独一个人按照一己的意志与反复无常的性情领导一切"。[2] 更可怕的是,与寻常的专制体制相比,他们的专制更令人发指。因为他们是在上帝的名义下实施专制。试想,在基督教统治的中世纪,谁能、谁敢质疑上帝,当教皇和教会以上帝的名义行使权力时,无论是宗教权力,还是世俗权力,是没有任何人可以制约。没有人可以制约他们手中的权力,意味着他们拥有绝对权力。权力的使用和权力的滥用就没有什么界限。绝对权力导致绝对腐败,这种腐败从滥用权力开始。滥用权力表现为不择手段地疯狂攫取财富。

教皇和教廷对权力的滥用,莫过于出售赎罪券。其实从基督教成为罗马帝国的国教、教皇制产生之日起,教会和教皇便开始了走向世俗化的途径,也开辟了通向腐败的不归路。宗教改革前夕,这种腐败已经成为常态。十字军东征后归来的将士将东方的文化、建筑风格、装饰风格、着装、绘画等引入西方,西方世界的奢靡之风大行其道,这毕竟是经济繁荣的标志。教会大兴土木,建造教堂,并学习东方将教堂装饰得金碧辉煌。而奢华需要经济基础的支撑,于是,当奢华的生活遭遇经济瓶颈时,教会开始动歪脑筋。来钱最快、最便捷的方式是出售赎罪券。1095年,教皇乌尔班二世发动第一次十字军运动时,为了让十字军战士加强其宗教信仰,教皇宣布所有参军的人,可以获得减免罪罚。并为每一位十字军人发放赎罪券。其本意并不坏,但是渐渐地,赎罪券开始变味了。后来的教皇索性宣布不能前往罗马朝圣的人,可以支付相应的费用来获得救赎,并发行代表已经朝圣的文书。这种文书就被称为"赎罪券"。教皇利奥十世(Leo X, 1513—1521年在位),出身于佛罗伦萨豪门美第奇家族,喜爱艺术,生活骄奢淫逸。因为兴建圣彼得大教堂,导致财政紧张,以售卖赎罪券来筹款。罗马天主教会甚至宣布,只要购买赎罪券的钱一敲钱柜,就可

---

[1] 汤普逊:《中世纪经济社会史(300—1300年)》下册,第263页。
[2] 孟德斯鸠:《论法的精神》上卷,张雁深译,商务印书馆,1995年,第8页。

以使购买者的灵魂从地狱升入天堂。

虽时过境迁,当生活在20世纪的萨特描述赎罪券时,依然有着路德式的愤慨。他说:

> 他……买下一个赦免状,他就可以拿一张圣马丁的请帖进入我的天堂。嗯?嗯?这,这机会难得?来吧,彼得,掏出你的钱包。我的弟兄们,上帝要卖给他这件难以想象的便宜货:两个埃居就可以进天堂,付两个埃居就可以得到永生,哪个守财奴,哪个吝啬鬼不愿意啊?……瞧,这是很上算的一张证件,只要你把这卷东西给你的神甫看,他就得赦免你一桩大罪,你要赦哪桩就赦哪桩。[1]

不论干了多么十恶不赦的事,只要此时把那叮当作响的银币放进教士的钱袋里,他就有了上天堂的资本。"埃居一落下,灵魂就飞上天。"毫无疑问,买赎罪券不是为人们赎罪,而是买了一份重新干坏事的权利。

四、宗教改革是场经济和政治斗争

以圣彼得继承人自居的罗马教廷,其使命原本应该是引导主的羊群走向草原,而现在却只对剪他们的羊毛感兴趣。人们很清楚"罗马关心的主要是他们的钱袋而不是他们的不灭的灵魂"。[2] 因此,为了保护自己的钱袋而摆脱罗马的控制,是日益强大的民族国家以及一切有识之士的一种自觉的斗争,他们是为保护自身的利益而战。但是,这种战斗却表现为"用道德上的义愤对付教会机体上的道德败坏,把道德败坏看成是教会衰落的全部原因"。[3] 这完全可以理解。因为基督教送给人类的大礼是德行的神圣化身。基督教会的言行是站在道德最高点上的,是神

---

[1] 萨特:《萨特戏剧集(上)》,沈志明选译,人民文学出版社,1985年,第506页。
[2] 傅克斯:《欧洲风化史:文艺复兴时代》,第340页。
[3] 同上。

圣的化身，而所作所为却如此不堪。所以宗教改革的形式表现为对教会的道德义愤。

究竟如何看待宗教改革？笔者认为，宗教改革虽然首先表现出对腐败的道德义愤，但是改革本身不是单纯出于道德的，甚至可以说，首先不是道德上的原因。宗教改革是教皇权力与世俗王权在经济利益上的角逐，也是教皇政治权力与世俗王权之争。这些方面的比重远远大于道德的义愤，虽然表现形式为道德上的义愤。

基督教成为罗马帝国国教后，教会地位日益提高，进入中世纪，当世俗封建主和国王皈依基督教后，教会逐渐成为享有特权的组织，俨然成为国中之国，教皇制产生后，教皇成为王中之王。教会在欧洲世俗封建统治者和国王的版图内，享有各种特权，其中最大的特权莫过于免除一切赋税。

受教廷保护的世俗统治者和封建主，承认教廷的宗主权，不对教会财产征税。例如，7世纪末不列颠的肯特王国《维特列德法典》第一条就明文规定："教会可以免除一切赋税。"[1] 7世纪以后相当长的一段时间，几乎所有的教会和修道院都被免除一切赋税。如果教会地产只是少数，不纳税尚可。但是，"有明显的迹象证明，在九世纪，西方基督教国家的土地有三分之一属于教会"。[2] 十字军东征以后，教会占有的土地远不止这个数字。罗马教廷教产、各地方教会教产，以及修道院开垦荒地形成的教产，加之教会以低价购买的十字军东征将士的庄园、土地和受命托管的土地，使得教皇、教会成为最大的地主。人们无法想象的庞大的教产均免除赋税，不难想象，在以土地占有制为核心的中世纪欧洲，从罗马教廷到地方教会所拥有的经济实力是何等的惊人。

接受国王、贵族和信众的馈赠，也是教会财产的重要来源之一。例如：

---

[1] 陈曦文：《基督教与中世纪西欧社会》，中国青年出版社，1999年，第165页。
[2] P. 布瓦松纳：《中世纪欧洲生活和劳动（五至十五世纪）》，潘源来译，1985年，商务印书馆，第81页。

> 在英格兰，人们看到国王大笔一挥，就对四十个寺院有所赐予，把皇室领地十分之一赐给他们，在基督教德意志，寺院与主教管区都充满了赐予物。普鲁姆有二千个"小庄园"、一百一十九个村庄和两个大森林……以一个墨罗温王朝的国王的话来说："所有的财富已经交给教会了。"……在以前的帝国领地上，教会与寺院也同样受到惠赐。……罗马教皇的地产，简直就是一个幅员广大的国家，它的财产布满了西方的部分地区。[1]

所有这些教产都享有特权，无须纳税。

我们在前面讲过，十字军东征使教皇和罗马教廷的经济实力大为改观，一跃成为西欧最大的封建主。到了12世纪，教产不需要纳税，教廷还向所有的教区收取什一税，教区无论在英格兰，还是在法兰西，所收什一税须上交罗马教廷。也就是说，无论教区有多大，收取的什一税有多少，与世俗统治者没有太大关系。本国产生的财富已无法让国王受益，而是让教廷受益。当世俗君王实力不足以与教皇抗衡时，只能默许教皇的特权。但是，从十字军东征开始，西欧民族国家，特别是大不列颠、法兰西、西班牙、尼德兰等欧洲主要国家纷纷开辟了海外贸易，本土商业、金融、工业、城市等的发展取得长足进展，羽翼丰满的国王和贵族们已经非常不满教皇的特权，一场专利权与皇权的激烈斗争即将开始，而拉开序幕的正是宗教改革。

历史的时钟悠悠地走到了1517年10月31日，马丁·路德以学术争论的方式，在维登堡城堡大教堂的大门上，张贴出了"欢迎辩论"的《九十五条论纲》。由此揭开了宗教改革的序幕。宗教改革虽然是由马丁·路德以学术争论的方式挑起的，但是，支撑宗教改革的力量却是民族国家的国王和贵族。他们支持路德的宗教改革，主要目的不是宗教方面的，而是对教皇权力和特权的反抗，对教皇国的反抗。以期为民族国家争取独立自主的权利。当民族国家具备了与教皇抗衡的力量时，听命于教皇、做教皇的

---

[1] 布瓦松纳：《中世纪欧洲生活和劳动（五至十五世纪）》，第81—82页。

"仆从"的时代已经成为过去。因此,人们谈论宗教改革,虽然总是不可避免地谈论路德的《九十五条论纲》,但是,宗教改革背后的诉求是,打破教皇一统天下的宗教集权主义,还民族国家和世俗王权应有的支配权。宗教改革的结果不仅仅是出现了新教,更重要的是世俗政权在与教廷的权力角逐中,羽翼丰满,已经能够与教廷一决雌雄。这一较量,引起欧洲诸基督教国家政治、经济和宗教体制的变革,整个世界格局随之发生了变化。近代的一切改变,均与宗教改革有不可分割的联系。笔者以为,与文艺复兴相比,宗教改革与近代的精神之联系更为密切、直接。

五、宗教改革的义理

1. 坚持奥古斯丁的原罪说

宗教改革虽以路德的《九十五条论纲》之发表为标志,其思想酝酿却并非从路德开始。事实上,在路德之前,大约在15世纪,基督教内部就已经发出改革基督教的呐喊。康斯坦茨会议(1414)和巴塞尔会议(1431—1449)就曾提出对教会的领袖和成员改革。1484年的三级会议和1493年的教士大会也有类似的内容。不过,路德之前的改革,"是对教会的生活秩序的改革,而不是对教义、圣事、教阶制度等结构的秩序的改革。这就相当普遍地将改革限制在对运用职权进行改革……人们改革风俗习惯,而不改革教义"。[1] 路德、茨温利、加尔文等人所追求的改革,恰恰是教义的改革。他们对教会的指责,不仅仅是教士的生活不轨,主要是信仰不端。其宗教改革的纲领,非《九十五条论纲》莫属。虽然《九十五条论纲》没有太多的理论,甚至无序、杂乱且重复,但是,无论如何,人们都不否认,它是宗教改革的纲领性文件。

《九十五条论纲》大致涉及赎罪券、自由意志、上帝恩典、教皇权力

---

[1] 查理·斯托非:《宗教改革(1517—1524)》,高煜译,商务印书馆,1995年,第2页。

等方面的问题：1. 赎罪券仅仅能够免除教会的惩罚，教会有权免除教会施加的惩罚，无权免除上帝的惩罚。2. 赦免罪过的权力只为上帝所有，教会和教皇无此权力，因此，赎罪券不能免除罪过。3. 教会所予惩罚，仅限于生者，对死者无效，教皇只能为炼狱的亡灵祈祷，无权裁决人经过炼狱上天堂，还是下地狱；因此，赎罪券对亡灵无效。4. 基督徒只要真正悔改，就能得到上帝的宽恕，不需要赎罪券，因此基督徒要做的就是真心忏悔。5. 教会的宝藏是彰显上帝荣耀和恩典的至圣福祉，赎罪券只是一味地积聚财富，显然不是教会的宝藏。这些问题的核心是基督教原罪－赎罪说，而对于原罪的解释和界定，路德坚持奥古斯丁主义。

如果用奥古斯丁皈依基督教以后的思想来概括"人为什么作恶"的问题，可以用一句最简单的句子来陈述：无基督教信仰的世俗生活就是恶。奥古斯丁对这一问题的回答，基本前提是基督教著名的"原罪说"，我们可以把人的原罪看作是人本质的恶。这里所说的本质的恶，指人作为亚当夏娃的后裔，与生俱来身负始祖背叛上帝之罪，而不是指上帝创世时为人注入了恶的本质。堕入尘世的人类，在没有皈依基督教信仰之前，人的意志没有圣爱的引导，因而，它的基本取向也是恶的。这是由原生的恶引起的次生的恶。原罪和次生的罪是罪的基本含义。

原罪是人类始祖亚当和夏娃背叛上帝教诲造成的。这种背叛的根源在于，他们内心没有相信上帝的话，没有按照上帝的意愿行事。这种背叛和不相信，既是行为上的，更是意志上的，是始祖滥用自由意志所致。在某种意义上可以说，原罪首先是自由意志之罪。这个立场一直统治着基督教世界，直到宗教改革路德依然持这一立场。

伊甸园原本是上帝为尚未违背自己的意志——没有原罪的人造的，是人的天堂，生活在伊甸园中，就是生活在上帝的天国之中。人违背上帝的禁令，偷吃禁果，表面上是因为蛇的诱惑，实际上则是"傲慢的天使降临，由于他的骄傲，他产生了嫉妒，因此背离了上帝，自行其事。他用一种暴君式的骄傲的蔑视，选择了愉悦自己，而不是成为一个属民；所以他从精神的伊甸园中跌落下来"。[1] 这种跌落为人类带来的直接后果有如下几个：1. 精神上是堕落的。人类的野心凭借一种诱惑人的狡诈慢慢进入人的意识。人成为心灵上和精神上的罪人，人原本的圣洁灵魂（上帝向他面上吹了一口气，从此人有了属于上帝的精神），从此蒙垢，人的灵魂堕落了。之后，成为罪人的人，行为受自身欲望和自己意志的驱动，因此是肮脏的，充满罪恶的。2. 肉体上是有死的。人类从伊甸园跌落下来的结果是，人从无限变成了有限，即人来自尘土，复归于尘土，人与其他生命一样，从此成为有死的。3. 生存是痛苦而艰难的。伊甸园中那种不劳而获、食宿无忧的时代已经一去不复返了。人在世俗世界上生存，必须付出辛苦的劳动才能获得衣食，他必须得在长满荆棘和蒺藜的荒野中辛苦劳作才能勉强糊口。从此人堕入死亡的恐惧、生存的恐惧、劳作的艰辛之中，人堕入由灵魂的堕落而产生的难以填满的欲壑之中，在无休止增长的欲望和欲望无法满足的痛苦之中生活，生活世界必然变得痛苦不堪，人生除了痛苦的欲求外，必然变得毫无意义。

所谓人的世俗生活是恶的，并不是说人本质上是恶的，而是说，在人的世俗生活中，人完全凭借自己的意志行事，而不是按照上帝的意志行事，这就是人的骄傲，骄傲就是恶。自由意志是罪的元凶，由自由意志导致的人的各种骄傲，使人生活在上帝创造的世界，却不相信上帝，所以他犯有同亚当和夏娃在伊甸园一样的罪恶，即骄傲的意志自行其是。其表现是任凭人的欲望自由宣泄，这种宣泄同样是上帝的处罚。因为人在犯有原罪之前，并不能为所欲为。例如，他被告知不得吃园子中间那棵树上的果子，但是，人能够做自己愿意做的事情。人在犯原罪之后，所接受的惩罚之一是"他的肉体成为精神的，而他的理智成为肉体的"。[2] 所谓"肉体成为精神的"，是指肉体的欲望得不到满足，久而久之，成为一种精神渴望；所谓"理智成为肉体的"，是说由于人没有信仰，因此，人的理智完全用在物质生活上。

---

[1] Augustine, *City of God,* Penguin Books, 2003, p.569.
[2] Ibid., p.575.

上帝对原罪的惩罚是，人既然相信自己的意志，那好吧，就罚人类凭借自己的意志生活。但是，人的意志是凡人的意志，它不是万能的。人喜欢运用自己的意志，但是，人又不能理性地运用意志，意志常常受肉体欲望的支配。因此，当上帝允许人按照自己的意志自由行事时，他并不像自己想象的那样自由。尽管他渴望许多事情，但是，他力所能及的范围却十分有限。因此，跌入凡尘中的人，处于另外一种受奴役状态，即成为欲望的奴隶。这是一种可怕的奴役，是人自己无法摆脱的奴役。在这种受奴役状态，"人的精神是死的，人的意志同样是死的"。[1] 在这种情况下，人凭借自己意志的力量是无法获得解脱的。恰恰相反，使他堕入今天境地的，正是他钟爱的自由意志。按照奥古斯丁的看法，"他只有凭借恩典才能获得自由"。上帝恩典的前提是人的服从，而人服从上帝不是自动的过程，而是通过基督教信仰来实现的。

带着原罪生活在苦难世界的人类，在日常生活中派生出次生的罪。这就是所谓人的两种罪。按照奥古斯丁的看法，人生在世，必须遵守两种律，一种是上帝之律，即永恒之律，它属于信仰；一种是理性之律，世俗世界的法律依理智而生。理性是上帝赐予人类的。如果不信仰上帝，人的原罪便罪无可赦；如果在世俗生活中不依理智生活，随意践踏法律，人便犯了次生的罪。也就是说，信仰和理性都是善的生活所必不可少的。其中信仰是第一位的，理性适用于世俗生活。奥古斯丁的原罪论在基督教世界始终占据着主导地位，即便到了宗教改革时期，路德派改革的利器依然是奥古斯丁的原罪论。

奥古斯丁原罪说被路德继承下来，成为宗教改革的理论基础。两种罪依然是路德的罪与赎主张的核心。原罪和次生的罪，标志着人的全面堕落。"路德的主张中以及在宗教改革运动中独树一帜、与众不同的这一切，可以追溯至这样一种信念，即坚信人的彻底的堕落及其与上帝的整体异化疏远，因为人的原罪广大深重。"[2] 因为有原罪，所以，如果人不相

---

[1] Augustine, *City of God*, p.575.
[2] 列奥·施特劳斯、约瑟夫·克罗波西主编：《政治哲学史》上，李天然等译，河北人民出版社，1993年，第363页。

信上帝，便不会称作义人。不信上帝的生活是罪与恶。原罪论是《九十五条论纲》的理论前提，坚持奥古斯丁的原罪论，便可以直接质疑教皇是否有权赦免人的罪。而这一质疑，正是《九十五条论纲》的核心。

2. 关于自由意志的讨论

自由意志问题，同样与原罪论密切相关，这个问题也是宗教改革的重要理论问题。按照奥古斯丁的看法，自由意志是上帝赐予人类的。上帝给了人自由意志，是为了让人能够过上正直的生活。"人缺少自由意志，不能过正直的生活，这就是神给人自由意志的充分理由。……自由意志正是为这目的而赐下的……假若人没有意志的自由选择，那么，怎能有赏善罚恶以维持公义的善产生出来呢？"[1] 如果人没有意志的自由选择，所谓惩恶扬善就无法体现上帝的公义。因而，人应该且必须有意志的自由选择。如果上帝是为人的善行而赐予人自由意志，那自由意志必定是好的赐予，而且上帝按照自己的形象造人，人与上帝最相像的地方在于人拥有自由意志。于是，自由意志来自上帝，是上帝的恩赐，拥有自由意志就是拥有一种高贵。

需要指出的是，奥古斯丁认为上帝的善是至善，是不变的善，人的意志必须不能离开上帝的至善，也就是说，他必须选择追随不变的善。一旦他离弃了不变的善，意志就成为一种放纵的力量，成为一种可变的善。在究竟是离弃至善还是归向至善方面，人是自由的，而非强迫的。但是，离弃至善意味着背弃至善，为此付出的代价是必须接受痛苦的惩罚。惩罚背离是正义的，因为意志使人离开上帝是一种罪恶。

在亚当和夏娃偷食禁果之前，人具有自由意志。自由意志意味着自由选择，即人可以选择善，也可以选择恶。人有灵魂和肉体，灵与肉都有善，但是，善无论是在灵魂还是在肉体，都有可能被人误用，这不足为怪。不过，人们并不能因此断言，上帝不应该把它赐予人类。人是有限的

---

[1] 奥古斯丁：《恩典与自由：奥古斯丁人论经典二篇》，奥古斯丁著作翻译小组译，江西人民出版社，2008年，第44页。

存在，所以，做出错误的选择是完全可能的，这就是所谓善被误用。始祖偷食禁果是自由意志的错误选择，由此，人有了原罪。恶进入世界历史，人丧失了不犯罪的可能性，只剩下了犯罪的可能性。罪与恶不是上帝创造的，上帝是至善的，绝不会创造恶，恶的产生是由于善被腐蚀，善的缺位、缺乏。始祖犯罪就是因为他心中的善被蛇腐蚀，他心中没有了上帝。犯次生罪者也是如此。虽然原罪与次生的罪是人自己犯的，但是，人本身却没有能力和力量从罪中爬出来。基督徒若想赎罪，正确的生活方式应该是信仰高于个人的心智。相信上帝，这是基督徒不二的选择。

路德坚持认为，在上帝的恩典之外，人没有自由意志。路德坚信奥古斯丁所说的：在恩典以外的自由意志，除了犯罪以外，不能做任何事情。在《驳经院神学论纲》第7条，路德指出："如果没有上帝的恩典，人靠自身的意志所产生的行为是堕落的和邪恶的。"[1] 第65条指出："如果处于上帝的恩典之外，想使一个人不暴躁、无私欲，实在是不可能的。"第68条指出："没有上帝的恩典，一个人无论如何是难以成全律法的。"第69条断言："没有上帝的恩典，一个人凭其本性，只能破坏律法。"[2] 在路德作品中，诸如此类的论述比比皆是。他反复重申这一点，旨在表明，既然原罪与罪的根子在于滥用自由意志，导致始祖和人类背离上帝的意志，因而，这样的罪是教宗和教会无权赦免的。这一思想就是奥古斯丁所说的，人无法自己从罪中爬出来。

路德对于自由意志的探讨，有相当一部分是用来反驳伊拉斯谟的观点。尽管伊拉斯谟是文艺复兴的重要思想家，但是，他对路德及其宗教改革最初还是采取同情的态度，后来因为自由意志问题二人产生激烈的争论，用当时普遍流行的看法说就是："'伊拉斯谟下蛋，路德孵蛋'……因此，伊拉斯谟与路德在他们和他们的同代人关于人性，即自由意志问题上的争论，是进化中的天主教和新教立场之间独有的差异。"[3] 他们

---

[1] 路德：《路德文集》第一卷，路德文集中文版编辑委员会编，上海三联书店，2005年，第4页。
[2] 65条、68条、69条均出自路德：《路德文集》第一卷，第9页。
[3] Ernst F. Winter (trans. and ed.), *Discourse on Free Will*, "Introduction", New York: The Continuum Publishing Company, 2002, p. v.

之间激烈的争论所展示出来的东西，是从文艺复兴向宗教改革转变时，思维模式和氛围的变化，是文艺复兴后期和北方的人文主义向新教和后天主教转向。

仅就我们要讨论的主题——自由意志而言，可以说，伊拉斯谟对于自由、自由意志的看法，有着文艺复兴时期人文主义思想家特有的色彩，属于亚里士多德-阿奎那传统。其特征是强调人是自由的，试图用充足的理由证明自由是上帝赐予的，通常的做法是回到《圣经》引经据典。这一立场是文艺复兴时期的基本气质。

伊拉斯谟认为，人有自由意志，否则就无法说明人何以赞成什么，反对什么。伊拉斯谟指出：

> 亚当受造时拥有未堕落的理性，能分辨什么应该追求、什么应该避免。再者，他被赋予的意志也是未堕落的，自由而不受约束的，所以自己会弃恶从善。然而在堕落的人中，意志乃是完全地步入歧途，所以无法回头转向比较善良之事，但在信仰仍然坚贞的人中，他们的意志是建立在善良之上，以后也不可能迷失而落入恶中。[1]

不过，是否像路德所说的，人类一经堕落，自由意志就只能使人作恶，成为恶的孵化器？伊拉斯谟似乎并不认同这种说法。他坚持认为："人类的意志是非常正直的，自由的，即便没有新的恩典帮助，也能保持纯真无邪。不过，它自然无法获得耶稣所应许的永恒生命的幸福境界。"[2] 亚当的堕落在于意志的堕落，因为他任自己的意志溺爱堕落的夏娃，他宁愿满足她的欲望，而不愿意遵守上帝的诫命。不仅如此，随着意志的堕落，作为一切善恶之源的理性（reason）和智力（intellect）也堕落了。因为理性是意志产生之处。凭借上帝的恩典，当人的罪得到赦免时，意志便获得自由，理性便得到提升。如果没有获得上帝的恩典，理性和意志力会消

---

[1] 路德：《路德文集》第二卷，第581—582页。
[2] E. Gordon Rupp and Philip S. Watson (eds.), *Luther and Erasmus: Free Will and Salvation*, Louisville: Westminster Press, 1969, P.48

减,但是并没有完全灭绝,他们的理性或意志只是被遮蔽,并没有熄灭。这样的人没有失去意志力,但是,他们的意志失去行善的能力,也即是说,堕落的人依然有理性、有意志力,但是没有行善的能力,唯有信仰上帝,才能恢复意志和理性行善的能力。这种说法与奥古斯丁没有太大的差异。

　　伊拉斯谟、路德或者基督教思想家的主流看法,都同圣保罗的说法相一致,即人受三重律法支配:自然法(Law of nature)、行为法(Law of work)、信仰法(Law of faith)。自然法是刻在每个人心中的法,指自由意志。无论是在斯基泰人(Scythians)心目中,还是在希腊人心目中,任何人强迫他人做不愿意做的事情就是犯罪。自由意志是一种行善的力量,但是,自由意志必须有上帝的恩典才能完成永恒的救赎。再说行为法,伊拉斯谟认为,行为法受命令和惩罚制约。摩西十诫之一"不可杀人",杀人者必受惩罚。行为法与命令和惩罚相关,与原罪和死亡相关。最后,关于信仰的法则。信仰的法则要完成的事务,比行为法要求完成的事情更为艰难。但是,由于有上帝的恩典贴补,所以依据信仰法,人们能够轻易完成自身根本不可能完成的事情。因此,信仰治愈了因原罪而受到伤害的理性,上帝的仁慈推动软弱的意志前行。伊拉斯谟想要告诉人们的,无非是人有自由意志,在被造物中,意志是自由的,不受拘束的。如果不是这样,人就不会被控有原罪。如果人的意志不是自由的、不能自愿地做某事,何来罪之说。具体到亚当而言,如果他是被迫吃下智慧树上的果实,他就没有原罪。有了原罪,却没有获得恩典之前,人的自由选择有什么价值?伊拉斯谟历数诸多学者的看法以后,亦提到了奥古斯丁。伊拉斯谟指出,奥古斯丁否认有犯罪倾向的人在没有上帝恩典的情况下,靠自己就能够做任何使他得救的事情,即是说仅凭自己无法爬出罪恶。得救必须靠上帝的恩典,恩典居于主导地位。

　　伊拉斯谟认为,人所得到的恩典有三种类型:第一种恩典是与生俱来的,虽然因原罪而受到损害,却没有完全灭绝。如果人类能够很好地利用这种恩典,便会为未来可能得到恩典做好准备。第二种恩典是特别恩典,上帝用这种恩典唤起罪人悔改。第三种恩典是至高恩典,上帝在赐予人这种恩典时，使人能够恢复上帝曾经赐予他的自由意志，人会自愿地将自己交给上帝。这三种恩典虽然说法不同，却属于同一种恩典，其效能是激发、促进和完成人的救赎。这一切围绕着人重新获得自由意志而展开。[1] 伊拉斯谟的看法总的来说就是，人始终拥有自由意志，即便在人有了原罪以后，自由意志依旧存在，这是人与生俱来的能力，是上帝赐予人的力量。人有了原罪以后，上帝的恩典与救赎，首先表现在如何让人的自由意志重新归顺上帝，归顺至善。自由意志是人能够得救的重要前提，当然，无论如何人不应该忘记恩典是第一位的。但是，自由意志也是上帝的恩典。这是伊拉斯谟强调人拥有自由意志的依据。

伊拉斯谟关于自由意志的论述，是企图说明"根据《圣经》的教导、早期教士们的断言、哲学家们的证实和人的理性，人的意志是自由的。如果不承认自由意志，表达上帝的正义和仁慈的语词就没有意义。……假如不论好坏，我们和上帝的关系只不过像是斧头对木匠的关系，那么赞扬对上帝的顺从又有何目的呢?"[2]

路德收到伊拉斯谟的著作后，表现出的厌恶、鄙视以及长期累积的不快，终于在路德著名的作品《论意志的不自由》（另有译名《论捆绑的意志》）中毫无保留地喷发出来。《论意志的不自由》这篇名作是对伊拉斯谟的《论自由意志》一文的回应和批判。因为是驳论，因而文章的基调是以其人之道，还治其人之身。"拯救错位的人，把他往相反的方向上拉。他那带有乡野气息的、令人望而生畏的头脑从他那火一般的信仰里演绎出令人震惊的结论。此时，他毫无保留地接受了绝对决定论（absolute determinism）的一切极端论调。"[3]

围绕伊拉斯谟关于自由意志的定义，路德提出疑问。伊拉斯谟认为，所谓自由意志乃是指人类意志上的一种能力，人们能够借此使他自己专心一意地致力于通往永恒救赎之事。路德指斥伊拉斯谟十分精明，只下

---

[1] 这段陈述内容来自伊拉斯谟的《论自由意志》参见 E. Gordon Rupp and Philip S. Watson (eds.), *Luther and Erasmus Free Will and Salvation*, p. 49-54. 也可参阅《路德文集》第二卷，第 581—589 页。
[2] 约翰·赫伊津哈:《伊拉斯谟传:伊拉斯谟与宗教改革》，何道宽译，广西师范大学出版社，2005年，第 165 页。
[3] 同上。

定义，不做任何解释。路德认为：

> 自由意志只属乎上帝，而不属乎任何人。你把某种程度的选择能力归于人，大概可以算是合情合理的，但是，若在关乎上帝的事务上也把自由意志的能力归于人，那就太过分了；因为自由意志这个用语，按每个人一般的判断，（严格地说）指的是：自由意志可以并且也是任随己意行关乎上帝的事，而不受任何律法或任何至高无上的权柄所禁止。[1]

也就是说，路德承认伊拉斯谟所说的自由意志是一种选择的能力，人有这个能力，这是正确的。不过随之路德即对这一说法提出限定，他明示，自由意志行使的范围是有限的，不可以把它用在关乎上帝的事物上。如果不限定自由意志的使用范围，随意使用它，并把它用在有关上帝的事务上，那就太过分了。捆绑意志，就是限定意志发生作用的范围，即只可用在普通事务上，不可用在上帝的事务上。这一说法，依然是奥古斯丁思想的翻版。

路德之所以如此限定意志，基于一个理论前提：一切事物的发生均源于绝对的必然性，人没有什么自由。即便在人堕落之前，人也只拥有有限的自由意志，究其原罪，概因为人是有限的。唯有上帝才有完全的自由意志，因为上帝是无限的、绝对的完满。路德依据上帝的本性对此做出论证。他认为，作为必然存在的上帝，从来不是偶然地预知任何事情，上帝凭借不变的、永恒的、绝对无谬误的旨意（意志）预知事情。只有上帝是自由的、必然的、不变的、绝对的。上帝意志的永恒和不可变革，正是上帝的本质、上帝自身的能力，也只有上帝才有这样的本质，人的意志是无常的、偶发的。

不过，需要指出的是，路德认为不论是上帝的意志，还是人的意志，所做的事情不论是善的，还是恶的（上帝是至善的，不做恶的事情；

---

[1] 路德：《路德文集》第二卷，第381页。

这里所说的做恶的事情，是指人做的事情），都不是被强迫去做的，而是出于自愿，或者是欲望驱使。意志是自愿、自觉的产物，正是在这一意义上，路德承认人是自由的，即意志是自由的。上帝的自由意志与人的自由意志的差异在于，上帝的意志是不变的、至善的、绝无谬误的。我们的意志是无常的，可以在意志的驱使下做善事，也可以做恶事。人的意志受上帝意志的管辖。因为上帝是绝对的必然性，凭借上帝的必然性和不变性，人的必然性才能得到补充，才具有善的能力。如果没有凭借上帝的必然性助力，人虽然能够做善的事情，但是，那只不过是世俗世界的东西。"'种种善功'如果按照上帝对他的仆人所要求的那种正义标准来衡量，乃是可怜的，不得要领的。"[1] 特别是人有了原罪之后，若想得到上帝的宽恕，仅凭自身的力量，无论如何是做不到的。

路德认为，自由意志是一个仅属于上帝的概念。贝拉基派把自由意志归为人的神性，人的神性由两部分组成，第一部分属于理性，第二部分归于意志。前者为辨别能力，后者为选择能力。路德对于贝拉基派也颇不以为然。不过，尽管如此，他依然认定，伊拉斯谟关于自由意志的看法，甚至比不上贝拉基派。至少贝拉基派把理性和意志都归为属于人的神性，而伊拉斯谟却只强调选择，不强调理性（辨识）。因此他断言："他所神格化的是残废的，只有一半的自由意志。"[2]

路德将到他为止的关于自由意志的探讨归结三种意见：第一种意见，否定人可能有行善之愿；第二种意见是奥古斯丁的，即认为人的自由意志除了犯罪以外，不能产生任何有益的事情；第三种意见，人的自由意志只是虚有其表，路德自认自己是这种意见。他重申："自由意志已失去其自由，被迫成为罪的奴隶，而且无法立志行任何善事。"[3] 原罪之后，它已经成为一个空洞的名词，除此之外，无任何意义。

人的救赎需要上帝的恩典，获得上帝恩典的唯一出路是回归信仰。无论是购买赎罪券还是其他活动，均不能使人免罪。只有重新回到信仰，回

---

[1] 施特劳斯、克罗波西主编：《政治哲学史》上，第363页。
[2] 路德：《路德文集》第二卷，第385页。
[3] 同上书，第394页。

到《圣经》，回到信仰的内在性，才能得到神恩庇佑，才可获救。这是路德在宗教改革时期提出的重要宣言，矛头直接针对赎罪券，针对教会的种种敛财活动，针对教皇和教廷在赎罪上的权威而发出的。至于自由意志问题，笔者认为，与文艺复兴时期相比，路德对于自由意志的看法是一种倒退。

3. 君权神授

自奥古斯丁提出上帝之城与世俗之城开始，基督教世界一直存在着争论——世俗之城（地上之城）究竟是什么，是国家，是政府？还是兼指二者。上帝之城与世俗之城的关系若何？诸如此类的问题，一直争论不休。相关著述颇丰。无论有多少种说法，有多少解释，两座城折射出来的问题，或者说两座城涉及的问题可总结为3点：

第一点，理性与信仰的问题，尽管奥古斯丁主义和阿奎那主义对这一问题的看法有极大的差异，但是焦点在于如何处理理性与信仰的关系问题。作为基督教哲学家，他们的答案没有悬念，即都强调信仰第一，差异在于赋予理性何等地位。奥古斯丁认为，理性只能使人认识被造世界，不能使人认识上帝。认识上帝，或者更确切地说被上帝所知，只能靠人的信仰。而阿奎那则强调理性的重要性，理性把人提升到一个高度，在这个高度，人得以见到世界本体——上帝。

第二点，信仰与日常生活的关系问题。人具有双重身份：信徒和公民。生活在世俗之城的公民，日常生活多是饮食儿女，与欲望、财富等有不可分割的联系。人如果同时是信徒，也必须同时面对上帝之城，而上帝之城的价值取向与世俗之城有很大的差异。日常生活追求的东西，有相当内容与耶稣的教诲有出入。比如，《马太福音》之《登山宝训》中耶稣教诲说："不要为自己积攒财宝在地上，地上有虫子咬，能锈坏，也有贼挖窟窿来偷。只要积攒财宝在天上，天上没有虫子咬，不能锈坏，也没有贼挖窟窿来偷。因为你的财宝在那里，你的心也在那里。"人们通常把这一段文字简洁地表述为"当积财富在天上"。然而在日常生活中，有谁可以做到不积累世俗生活的财富呢？看看上帝的代言人教皇的所作所为，便知人无法做到不积累俗世财富。俗世财富直接决定人的生活质量。苦行、清贫虽然是每时每刻都被提到的字眼，但是，人的真实情况是喜欢舒适安逸。面对直接改善生活的俗世财富，真正不动心的人恐怕没有几个。

宗教改革时期，欧洲城市化进程加速，封建庄园式微。手工业、商业、贸易、文学、艺术、教育等行业构成城市运营的主体。这些行业不仅代表着新的生产方式，而且为城市带来巨大的利益和活力。在这种生活方式中，拒绝积累世俗国家的财富，那是痴人说梦。宗教改革的领袖们，不得不重新审视世俗国家、政府与财富、行业、工作、职业的价值和意义。路德和加尔文等人对于世俗生活的重新解读，恰恰是这样的一个急剧变革的时代所必需的。想回到两希文明（想回到希伯来文明时代，即使徒时代）的宗教改革，是真的回不到过去了，因为他们面对的问题和产生这些思想的基础，实实在在是近代的。正因为如此，他们才会给予世俗国家如此重要的地位。

第三点，政治学的视角，涉及天国与世俗王国的关系。在现实社会中，天国与世俗王国的关系，也常常被理解为教廷与民族国家的关系。在宗教改革时期尤其如此。从基督教成为罗马帝国国教，及至欧洲成为基督教国，特别是宗教改革时期，教廷与民族国家的关系，是天国和世俗国家名义下最为关键的问题。事实上，宗教改革的进行，始终与王权和教权的关系紧紧地缠绕在一起。我们甚至可以说，这种关系是宗教改革成败的关键。由于利益将民族国家的国王、贵族与路德、加尔文等人捆绑在一起，因而改革宗对于世俗国家的作用和地位给予新的诠释，其中最重要的是君权神授。

加尔文指出，人生活在双重政府的领导之下：属灵的政府和属世的政府，即上帝的天国和俗世的国家。在他（路德也如此）看来，天国无疑是上帝创造的，同样毫无疑问的是，世俗国家也是上帝设立的。上帝把始祖夫妇贬到俗世，让其辛苦地生存繁衍，同时也为其委派了管理他们的政府，这便是俗世政府的来源。换句话说，君权也是神授的。加尔文指出，首先，不能把两个政府混为一谈，圣俗不可混同。但是他同时指出，两种政府没有冲突，属世的政府也是神的预定。

在人间的政府与食物、水、太阳以及空气一样重要;事实上,他比这些东西有更高的尊荣。因为政府不像这些东西,仅仅叫人能够继续呼吸、吃、喝以及保暖,虽然他管理人的共存包括这一切。我再说一次,属世的政府不仅仅在乎这些事情,他甚至禁止偶像崇拜、对神圣名的亵渎、对袖真理的亵渎,……这政府保守社会治安;给各人保护财产的权利;叫人能够顺利彼此的来往;保守人与人之间的诚实和含蓄,简言之,这政府负责保守基督徒之间公开的敬拜,并保守人与人之间的仁道。[1]

这一大段引文,是加尔文详细阐释世俗政府职能的文字。世俗政府的职责是管理民众日常的饮食男女、吃喝拉撒,管理圣事相关事宜,管理人与人之间的关系,管理人之间的诚信、敬拜和仁道。他们是上帝指派在人间的管理者,虽然他们管理的均为人间事宜,然而却是在执圣职。君权来自神授,因此,君权同样是神圣的职务。由此得出的结论是,人必须服从政府,官员的职分是神预定的,服从政府也是服从上帝。在加尔文的解释中,俗世政府获得了神圣的正当性,服从政府,由此也成为神圣的举动。这些论述的依据是《罗马书》中的"帝王藉我坐国位。君王藉我定公平。王子和首领,世上一切的审判官,都是藉我掌权"。

君权神授凭借《圣经》证明君权的神圣,同时赋予君权绝对支配力量。这便"导致行政长官不受世俗法律的约束。他们的行为只服务于上帝的意志和法律"。[2] 于是,君主的权力不是来自人的堕落,而是来自上帝的旨意和圣训。好政府是奉神旨意管理作为公民的信众,坏政府、坏国王也是上帝派来的,只不过他们的职责是替上帝惩罚有罪之人。只要有上帝买单,世间的一切均会获得一个合理的说法。

路德和加尔文赋予世俗王权的权力,不仅仅是管理世俗事宜,还包括

---

[1] 约翰·加尔文:《基督教要义》下卷,钱曜诚等译,生活·读书·新知三联书店,2010年,第409页。
[2] 唐纳德·坦嫩鲍姆、戴维·舒尔茨:《观念的发明者:西方政治哲学导论》,叶颖译,北京大学出版社,2008年,第186页。

管理与上帝相关的事宜。施特劳斯认为，这意味着"假如有必要的话，国家有权，并且实际上是被责成，按照上帝的圣道来净化和改革教会，使之恢复真实教会的形式，真正的教会应该切记在心的一个根本内容在于，教会独立于并区别于世俗权力"。[1] 随即，施特劳斯提醒人们注意以下两点："首先，世俗权力对教会所特有的领域（不过这一领域得加以限定）所进行的干预只是应急之举，而并非某种固定的特征；其次，世俗权威之有权进行干预，只是为了使教会恢复《新约》基督教精神。'上帝般的君主'有义务并且也局限于使教会恢复它在《新约》中所赋予的形式与职能。否则，他的干预就全然不合法。"[2] 当宗教改革需要屏障时，世俗政权便被赋予很实际的功能，搬出君主来进行管理，并赋予其神圣性，以对抗教皇和教廷的反对力量。这种理论折射出宗教改革时期神权与王权力量的博弈，亦反映出宗教改革家所面临的两难境地。两座城的关系在宗教改革时期格外耐人寻味。

4. 赋予职业以神圣

十字军东征促进欧洲城市化进程。而在城市经济中，主导力量是金融家、银行家、手工业主以及各类行会，他们代表着新的生产力，有着朝气蓬勃的生命力。但是，从传统的角度看，他们的生活方式和生产方式与教会倡导的教条式的方式格格不入。他们一直受到教会的批评，尽管当时的教会也爱财如命。

自使徒时代开始，基督教传统就视金钱、财富为罪恶，贫穷会受到上帝的祝福。在经济相对落后的中世纪早期，这也许不是问题。但是，随着城市文明的兴起，金融、银行等行业为欧洲注入新的活力，这种传统的价值观念遇到新生活的挑战。反映在宗教改革中，无论是路德还是加尔文（特别是加尔文），都努力试图把个人的信仰与世俗经济发展进行有机结合。加尔文凭借重新解释《创世记》，而给予二者关系一种合理的解释。

---

[1] 施特劳斯、克罗波西主编：《政治哲学史》上，第375页。
[2] 同上。

这一尝试表现在他们对职业概念的解释上，而这些尝试至少是未来新教伦理的主要内涵之一。

加尔文指出，伊甸园富庶、安逸，无须劳作便可丰衣足食。因为亚当的不顺服，破坏了这个美好的状态，人类被逐离富裕的伊甸园。上帝对亚当说："你既听从妻子的话，吃了我所吩咐你不可吃的那树上的果子，地必为你的缘故受咒诅。你必终身劳苦才能从地里得吃的。地必给你长出荆棘和蒺藜来，你也要吃田间的菜蔬。你必汗流满面才得糊口。"[1] 受到惩罚的始祖及后裔，必须辛苦劳作方能果腹；受诅咒的土地，杂草丛生；人在伊甸园外的生活艰辛、劳累甚至饱受饥饿之苦。

但是，在加尔文等宗教改革家看来，让人受苦仅仅是上帝对原罪的惩戒，凭借劳作获得食物，亦是人类为自己的骄傲、不顺从上帝所必须付出的代价。但是，上帝并不想置人于死地。人失去乐园的同时，上帝也把自己创造的万物赐予了人类，只是人需要劳作才能获得这一切。因上帝的恩赐，人获得使用世物的自由。加尔文在谈论基督徒的自由时指出："今日有许多人找借口过度地使用世物，而给放纵肉体铺路。他们认为理所当然的，我并不以为然：使用世物的自由不应当被约束，而是应当由各自的良心决定如何使用。"[2] 良心不是受律法制约，而是受《圣经》教导的制约，因为《圣经》教给人类使用世物的一般原则。上帝创造万物，不仅解决人的衣食住行，而且具有审美价值。凭借《圣经》教诲使用世物，就是凭借良心正确地使用神赐予的一切。正确的使用方式既可避免心胸狭隘，也可以避免放纵行为。做到在贫困中忍耐，在富裕中节制。之所以要这样做，是因为上帝将世物交给人类，而人类总有一天也要向上帝交账。这笔账要想让上帝满意，人类需"节制、自守、节俭"，以向他证明自己并没有离开圣洁。

按照加尔文的看法，上帝让人类坠入凡尘，也赐予人类将来获救的可能性。

---

[1] 《圣经》和合本之《创世记》3：17-19。
[2] 加尔文：《基督教要义》中卷，第138页。

最后我们也应当牢记这点：神吩咐我们一举一动当仰望祂对我们的呼召。因神知道人生来倾向过度急躁、善变、并信心地想同时拥有许多不同的事物。所以，为了避免因自己的愚昧和轻率使一切变得混乱，神安排每一个人在自己的岗位上有所当尽的本分，也为了避免任何人越过自己所当尽的本分，神称这些不同的生活方式为"当召"。因此，每一个人都有神所吩咐他的生活方式。这生活方式是某种岗哨，免得人一生盲目度日。[1]

笔者之所以引录这么一大段话，是因为西方学者比较关注这段话对《圣经》中关于职业的诠释。尽心、敬职、敬业是尽信徒本分的虔敬之举。之所以这样说，因为职业不是别的，正是上帝赐予一个人的生活方式。职业是上帝的安排，从事某种职业无异于从事圣职。职业没有高低贵贱之分，也就是说，所有的职业都是平等的。职业不仅被赋予神圣的意蕴，亦被赋予平等的内涵，它同时还包含着基督徒使用世物的自由。最终，职业是上帝对基督徒的圣爱。从职业一词，我们可以读出自由、平等、博爱。近代以来西方的价值观，在加尔文等人阐释的职业概念中显现出来，而职业由此也成为神圣的事业。

韦伯的看法，也许是对加尔文、路德等人职业概念的最好概括："艰苦劳动精神，积极进取精神（或不管将其称为什么精神）的觉醒之往往被归功于新教。"[2] 这种精神的背后，是基督教世界对于职业的理解。由于宗教改革家们赋予职业神圣的性质，职业不仅仅是对原罪的惩罚，不仅仅是辛苦劳作、养家糊口的手段，更是上帝赐予一个人的生活方式。践行这种生活方式就是赎罪，是服从上帝的举措。

职业真正的含义是天职。也许路德、加尔文等人只是在特定的历史条件下提出职业概念，并依据《圣经》对其进行重新解释。也许他们自己也没有想到这一概念会产生怎样的影响。在人们解读路德和加尔文思想

---

[1] 加尔文:《基督教要义》中卷，第140页。
[2] 马克斯·韦伯:《新教伦理与资本主义精神》，于晓、陈维纲等译，生活·读书·新知三联书店，1987年，第30页。

时，职业引起的关注，可能比不上自由意志、原罪、赎罪券等。但是，自20世纪以来，韦伯等人对宗教改革时期加尔文、路德职业概念的探讨，逐渐引起学界的关注。在宗教改革300多年后的20世纪，在重新审视加尔文等人思想的影响时，韦伯明确地表示："一个人对天职负有责任——乃是资产阶级文化的社会伦理中最具代表性的东西，而且在某种意义上说，它是资产阶级文化的根本基础。它是一种对职业活动内容的义务，每个人都应感到、而且确实也感到了这种义务。"[1] 加尔文在《评马太福音》时所说的"职业"这个词，含有"召唤"的意思；而所谓"召唤"，乃是指上帝用手指头指向某一个人说，"我要你如此如此地生活"，于是，敬业是秉持上帝的召唤所体现在尘世间的生活态度。于是，对上帝的信仰与世俗社会的劳作，在"职业"一词中相遇。如韦伯所说，它是新教伦理与资产阶级伦理最具代表性的东西。在某种意义上可以说，宗教改革是圣俗思想结合的重要契机。正是凭借宗教改革，基督教的传统进入欧洲近代，并与之紧密地结合在一起，且无违和感。

---

[1] 韦伯：《新教伦理与资本主义精神》，第38页。另关于对加尔文、路德等人职业概念的讨论，可参阅《基督教要义》中卷第十章《信徒应当如何使用今世和其中的福份》注释Ⅸ。这一注释对韦伯等人关于宗教改革时期职业问题的讨论作了简单描述。

第二编

自然法：人性论走向近代的拐点

第四章 古典自然法问题

对于从文艺复兴到近代人道主义的开端这一主题而言,自然法问题是必须关注的一个核心问题。赛班指出:"十七世纪前几十年,开始了一个把政治哲学从神学的结合中解放出来的渐进过程,而这种与神学相结合的状态,曾经是纪元以来早期历史的特征。在十七世纪,由于宗教论战逐渐隐退,由于政治理论所探讨的问题逐渐趋向世俗化,遂使这种解放成为可能。"[1] 这一说法,涉及政治哲学如何走出中世纪的问题。然而,作为近代政治哲学的重要问题之一的自然法,与西方哲学的其他问题一样,同样经历了从古典进入中世纪、在中世纪得以发展,以及从中世纪进入近代。

自然法是一个非常古老的概念,也是一个歧义丛生的概念。政治学家们通常把自然法分为古典的、基督教的和近代的。施特劳斯认为,这三个历史时期的自然法之间,存在着明显的断裂。施特劳斯这一想法颇有些影响,追捧者亦不在少数。断裂之说总是让人想到历史的断层,如同地质断层一样,层层叠叠,除了码出一个高度,显现出某种层次之外,似乎没有什么内在的关联。如果从库恩的角度看问题,也许会是这种情况:"新理论可能并不与任何旧理论相冲突。……或者,新理论可能仅是比现有理论更高层次的理论,它能把一批较低层次的理论组合在一起,而无须对其中任

---

[1] 赛班:《西方政治思想史》,李少军、尚新建译,桂冠图书股份有限公司,1991年,第433页。

一理论做实质性改变。"[1] 笔者认同这一点，在科学革命中新理论比现有的理论层次更高，它同化融合了现有的理论，把它们有机地组合在一起，纳入新的理论框架中。在这一意义上，科学革命不是科学发展的断裂，而是一种上升，但它绝不呈现为历史断层，而是一种螺旋式上升。旧理论与新理论之间，有不可分割的内在联系。不过，这种螺旋式上升，在理论上有实质性的改变。但是，改变不是断裂，而是一种历史的传承。

一、希腊人的自然法

1. 从神话到自然

希腊哲学起源于荷马，至少是起源于对荷马的批评。在这一意义上我们可以说，希腊哲学起源于神话。柏拉图在谈到荷马时说，他是希腊的教育家。由于阅读、背诵史诗，人们的感情、想象力甚至语言都受到了熏陶。希腊人始终在奥林匹斯山诸神的亲切注视中，为了城市的荣誉，为了个人名节英勇博击，凯旋而归。按照亚里士多德的看法，荷马和赫西俄德（Hesiod）的传统是到诸神那里寻找万物的起源和动因，"他们将第一原理寄之于诸神"。[2]

赫西俄德的《神谱》，涉及奥林匹斯诸神的起源，《神谱》以描写原始的混沌状态为开篇，以宙斯战胜诸神而告结束。宙斯按照宇宙神的正义律法，维持了人与诸神之间的和平。赫西俄德的《工作与时日》，描述了宇宙四季的节奏以及循环往复的节日。这种节奏决定了地球运转的时间表；箴言、谚语和格言，表现了农人古训的准则，遵守它们便可以风调雨顺、国泰民安。两部作品反映的思想，显然发源于荷马史诗的精神背景中，是宙斯式正义的延伸。按照亚里士多德的看法，荷马和赫西俄德的传

---

[1] 库恩：《科学革命的结构（第四版）》，第81—82页。
[2] 笔者在《人性的曙光：希腊人道主义探源》一书，对此有过较详细的论述。这里不再赘述。

统是到诸神那里寻找万物的起源和动因,"他们将第一原理寄之于诸神"。

希腊理性主义思维方式的兴起,由自然主义运动开始。亚里士多德曾经明确地将自然主义与荷马和赫西俄德的神话传统加以区分,这种区分方式产生了深远的影响,直至今天,人们一直认为以泰勒斯为代表的米利都学派开辟了一个新的传统,这就是西方文明史上著名的自然主义传统,它与荷马、赫西俄德的神话思维是不同的。

肇始于米利都学派的自然哲学运动,其流派被称作希腊历史上第二个群体,认为他们是"自然的学生",或者"自然主义者"。他们的共同特点是,放弃了关于自然界产生和变化的神话解释,代之以在自然自身之中寻找自然产生变化的原因。他们率先提问,世界的真正本原是什么?并对这一问题给予自然主义的回答:"万物唯一的原理就在物质本性。万物始所从来,与其终所从入者,其属性变化不已,而本体常如,他们因而称之为元素,并以元素为万物原理。"[1]亚里士多德认为,提出这一问题,就是提出哲学的第一原理。仅只这一问,就在神话学与自然主义之间划定了一条清晰的界线。

自然主义思想家对于希腊城邦人道主义的贡献在于,他们关注的问题主要是自然界和宇宙万物的问题,不过他们对自然问题的探讨和解决,有明显的虚构和想象成分,尽管他们竭力想摆脱荷马以来的神话思维传统,但是,在解决具体问题时,这种传统的影响依稀可见。不过,我们依然可以肯定,这些自然主义者是希腊思想史,也是希腊人道主义史上最伟大的人物。正如伯奈特所说的,他们的伟大"不在于他们如何回答了问题,而在于他们提出了问题"。[2]正因为他们提出了问题,希腊人的思维模式发生了变化,他们不再满足于听荷马和赫西俄德杜撰的诸神与英雄的故事,而是渴望知道真实的世界是什么。

伊奥尼亚的自然主义者在希腊历史上,也在西方历史上进行了一次前无古人的尝试,他们力求摆脱对宇宙和自然的神话思维定式,努力寻找宇

---

[1] 亚里士多德:《形而上学》,吴寿彭译,商务印书馆,1981年,第7页。
[2] John Bernet, *Greek Philosophy: Thales to Plato,* Macmillan and Co. Limited ST. Martin's Street, London, 1932, p.21.

宙和自然自身的构成、本质、规律和法则。这是一个伟大的创举，它开始了"从神话到逻各斯，从神话学到理性的转变"。[1] 这是当时希腊哲学的大气候，正是在这种寻求对世界的自然解释的氛围中，自然法的产生才是可能的。西方一些学者在追溯自然法的产生时，往往追溯到赫拉克利特。

不过，依笔者之见，赫拉克利特的主张勉强可以说是自然法的早期形式，与其说是自然法，不如说是他尝试对自然本质和动作法则、规律加以描述。事实上，这一尝试从米利都学派就开始了，与荷马时代的希腊文明差别很大。希腊哲学家明确地提出自然法，恐怕得从柏拉图算起。即使是柏拉图和亚里士多德，亦未曾对自然法做过系统阐释。通常认为，如果说希腊哲学家有谁曾经对自然法做过较为详细地阐释，非斯多亚学派莫属。事实上，对自然法的系统阐释是罗马人的荣誉。

2. 赫拉克利特

按照麦克里兰的看法，荷马的世界由三个层系组成：神、人、自然。"三个层系像纸牌搭成的城堡，空有美观，实如累卵：只要抽掉一张牌，三者全告土崩瓦解。动手抽掉第一张牌的，是在原子论方面做了精彩设想的德谟克里特。"[2] 因为德谟克里特认为，整个自然可用一些非常小的微粒来解释。原子论的自然观对荷马层系的冲击是不言而喻的。既然世间一切都是由微粒构成，自然还有不同层级吗？国王、贵族、公民、奴隶或者人、动物等，一切的一切，在质上并没有什么差别。既然如此，"在这个世界上引进一个属于神的特殊等级，说这个等级非常重要，足以解释伟人的伟行，就没有必要了。一切之间只有规模之异，没有本质之别"。[3] 用自然因素解释一切，是走出荷马神话世界的第一步，亦是为自然法奠定的第一块基石。其实不仅是德谟克里特，从泰勒斯开始的七贤，到德谟克里特、赫拉克利特，都在做类似尝试。他们所秉持的理念是使世界获得和

---

[1] Karsten Friis Johansen, *A History of Ancient Philosophy: From Beginnings to Augustine*, Henrik Rosenmeier(trans), London: Routledge, 1998, p.18.
[2] 约翰·麦克里兰：《西方政治思想史》，彭淮栋译，海南出版社，2003年，第32页。
[3] 同上。

谐与平衡：

> 和谐或平衡，或者也可称之为"公道"，是所有最早创立物质世界理论的努力中一项终极法则。……由此可见，和谐或平衡这个基本概念，人们一开始不加区分地视为物理原则和伦理道德原则来应用。而且不加区分地将它表述为自然界的特性，或人性的一个合乎情理的特性。然而，这个原则的最初发展，是自然哲学之中……[1]

当然，他们认定这样的自然界是变动不居的，无论是德谟克里特的原子，还是赫拉克利特的活火，始终处于流变中。于是，巴门尼德说，既然如此，那就不用费心追求知识了，世界总在变，今天真实的知识明天就不真实了。如果相信这一点，那么开始追求时，这一过程就已经结束了。所以麦克里兰认为："德谟克里特与赫拉克利特构想的这么一个世界，除了说它就是如此，很难加上有什么积极价值。"[2] 但事实似乎没有这么简单。

赫拉克利特确实认为，世界是由火产生的，经过一定时期之后又复归于火，永远循环不已。一切皆流，无物常住；万物有如一条河流，我们不能两次走入同一条河流中。诸如此类的说法，每个哲学人都耳熟能详，无须赘述。不过，对于赫拉克利特残篇，有几点思想值得我们注意。

第一，永恒存在的逻各斯。如果从赫拉克利特思想中寻找自然法的内容，同样应该注意他关于命运和逻各斯的说法。"[神就是]永恒的流转着的火，命运就是那循着相反的途程创生万物的'逻各斯'。"[3] 艾修斯解读说："赫拉克利特断言一切都遵照命运而来，命运就是必然性。——他宣称命运的本质就是那贯穿宇宙实体的'逻各斯'。"[4] 赫拉克利特所说的逻各斯，永恒地存在着，只是人们即使听到它或说到它，也并不了解它。逻各斯是人人共有的，人应当遵从它。如果变动不居，怎么遵守？所

---

[1] 赛班:《西方政治思想史》，第41页。
[2] 麦克里兰:《西方政治思想史》，第32页。
[3] 北京大学哲学系外国哲学史教研室编译:《古希腊罗马哲学》，生活·读书·新知三联书店，1957年，第17页。
[4] 同上。

以，逻各斯应该是赫拉克利特学说中永恒不变的东西。人有灵魂，"'逻各斯'是灵魂所固有的，它自行增长"[1]。赫拉克利特也说，自然界的法则是"互相排斥的东西结合在一起，不同的音调造成最美的和谐；一切都是斗争所产生的"[2]。所谓自然是对立的和谐，这一自然法则也是不变的。

从这些残篇，我们依稀能够看到，赫拉克利特学说透出的东西是，逻各斯是不变的，作为自然法则的对立和谐是不变的，然而，它们不是物质的。可见世界一直处于流变之中。我们在残篇看到的这句话："思想是最大的优点；智慧就在于说出真理，并且按照自然行事，听自然的话。"[3] 或许，这可以理解为思想中存在的东西是不变的，"自然"在这里应该是指自然法则，而不是可见世界，即自然界。因为可见世界是流变的，一会儿一个样，你怎么听它的话呢？这话音还没落，世界就不一样了。"听自然的话"，应该是指遵从自然法则。自然法则在这里指对立的和谐。而逻各斯呢，按照赫拉克利特的说法，逻各斯是命运，"命运就是必然性"[4]。命运的本质就是贯穿宇宙的逻各斯，逻各斯是世界的最高法则，由于它的存在，万物才是可能的。

第二，对立的东西产生和谐。"自然也追求对立的东西，它是从对立的东西产生和谐，而不是从相同的东西产生和谐。例如自然便是将雌和雄配合起来，而不是将雌配雌，将雄配雄。自然是由联合对立物造成最初的和谐，而不是由联合同类的东西。"[5] 艺术也是如此，高音、低音、长音和短音混合，构成和谐的曲调。

第三，世界不是任何神创造的，也不是任何人创造的，是火生成的。它过去、现在和未来，永远是一团永恒的活火。在一定分寸上燃烧，在一定分寸上熄灭。分寸在这里指的是火形成万物的运作规则，这个规则在赫拉克利特看来就是逻各斯。虽然火是永恒运动的，但是支配火运作的规则是不变的。在某种意义上可以说，在火背后运作的逻各斯，事实上是一种

---

[1] 北京大学哲学系外国哲学史教研室编译：《古希腊罗马哲学》，第29页。
[2] 同上书，第19页。
[3] 同上书，第29页。
[4] 同上书，第17页。
[5] 同上书，第19页。

自然法则。它决定火的运动方式，是导致必然性的力量。这个力量不是神力，而是自然力。也可以说，赫拉克利特的尝试，是希腊哲学迈向世俗化的一步。

从米利都学派开始，到德谟克里特、赫拉克利特，希腊自然之旅的成就在于，他们寻求用自然的要素和法则解释自然。与神话思维相比，这是一个进步，他们迈出了脱离荷马的第一步。虽然很难说赫拉克利特的思想包含多少我们现在理解的自然法的内涵，但是，他们在运用自然要素、自然法则解释自然（人是自然的一部分）这个方面，迈出了第一步。"逻各斯"是自然的普遍规律和法则，是万物普遍共有的尺度。既然人类是自然界的一部分，那么自然界的秩序，也应是人类最高的法则或者范本。最后合乎逻辑的结论是，自然法也是人的和城邦的准则。可以说米利都学派、德谟克里特、赫拉克利特等人迈出的这一步，是弥足珍贵的一步。如果没有这一步，很难想象苏格拉底时代的希腊哲学之转向。

第四，协调、均衡、公道，从自然界延伸到国家社会。赫拉克利特曾经说过："太阳不越出它的限度；否则那些爱林尼神——正义之神的女使——就会把它找出来。"[1] 赛班认为，赫拉克利特这一说法表明："协调或均衡，或者也不妨称之为'公道'，最早想要创立物质世界理论的一切想法的一个基本原则。"[2] 从米利都学派到赫拉克利特等，对于协调、均衡、公道的追寻，主要在于物质的自然界。而形成物质的自然世界的要素是水、火，或者其他粒子等自然元素。

不过，我们从赫拉克利特的说法中也能够清楚地看到，协调或均衡也是一个国家和社会的准则，它可用于神的行为。太阳如果越界，也会受到正义女神的惩罚。于是，协调与均衡与正义相关。在古希腊神话里，主持正义和秩序的是规律女神忒弥斯（Themis）。按照《神谱》，她是大神乌拉诺斯（天）和盖亚（地）的女儿，后来成为奥林匹斯主神宙斯的第二位妻子。她的名字的原意为"大地"，转义为"创造""稳定""坚定"。在

---

[1] 北京大学哲学系外国哲学史教研室编译：《古希腊罗马哲学》，第28页。
[2] 赛班：《政治学说史》，第48页。

早期神话里,忒弥斯还负责维持奥林匹斯山的秩序,监管仪式的执行。她的工作职责与法律相关。正义女神管辖天地万物,也管辖人间正义。

赫拉克利特的协调和均衡既然涉及正义女神,那么至少有如下几种意思:第一,这些观念涉及正义问题;第二,既涉及自然界,也涉及人间事物;第三,涉及法;第四,正义在希腊主要是一个道德概念。"由此可见,协调或均衡这个基本观念,一开始是不加区分地作为自然界的一个原则,以作为伦理道德的一个原则来运用的,而且不加区分地认为它是自然界的一种特性,或人的一种合乎情理的特性。然而这个原则发轫于自然哲学,而这一发展又转过来对这一原则后来在道德和政治思想方面的运用产生了影响。"[1]

公元前5世纪,希腊发生了一个重要变化,即哲学的苏格拉底转向。随着这一转向的出现,人们的兴趣发生了变化,人们的目光从自然转向人,转向修辞、音乐、戏剧、演说,最终扩展到伦理学和政治学。这就是所说的古希腊悲剧时代。哲学从自然哲学中剥离出来,哲人们把目光投向逻辑学、伦理学、政治学、宗教和法学。

随着这一转向,我们所关注的自然法问题与伦理学、政治学、宗教以及法学建立了密切联系。尽管希腊人并没系统阐释自然法,他们的法学也通常具有伦理学色彩。但不能否认的是,后来被称为自然法和法的基础的,正是由希腊人所奠定。相比之下,亚里士多德对于法学(含自然法)的探讨,在希腊是最惹人瞩目的,即使如此,亚里士多德亦未能对法学做出系统阐释。然而理解自然法,无论如何不可以越过亚里士多德。

系统阐释自然法和法的思想者,无疑是罗马人,而自然法和法的基础,则是希腊人的贡献。罗马人,特别是西塞罗,他们对于法学的贡献实践色彩重于理论探索。当然法学的实践层面对于国家、社会和个人至关重要。

3. 柏拉图

苏格拉底完成的哲学转向,使人把目光转向人自身。这是哲学史的常

---

[1] 赛班:《政治学说史》,第49页。

识，笔者不想就此多言。需要提醒读者的是，苏格拉底的转向，对于自然法的影响是不可忽略的。由于有苏格拉底的转向，哲学家们把和谐、公平、正义之类的概念用于国家、社会与个人，成为国家、社会赖以存在的基础。特别是正义概念，搅动了西方世界几千年，至今依然是政治哲学的核心论题。

苏格拉底以降，形成了一个很重要的理念：人类的理智活动"驱使人类自身朝向一个永恒且不变的正义观念。人类的权力机构表达或应当表达这个正义观念——而非制造这个正义观念"。[1] 倘若人类的权力机构没有表达正义的观念，它就必须为此受到惩罚，它有可能为此丧失权力；政府因没有体现正义的理念而付出代价——失去权力，这是现代理念。这个理念起源于希腊人对于正义的理解，即认为"在自然和人的自然中，存在着一种理性的秩序，这个秩序可以提供独立于人类意志，且可被理解的价值陈述，它们是普遍适用的，它们的基本内容是不变的，它们对人类具有道德约束力。这些陈述被表达为法或道德义务，它们为我们评价法律和政治结构奠定了基础"。[2] 政府和国家是为正义而存在的，"正义被看作是更高的或终极的法，它来自宇宙的本性——来自上帝的存在和人类的理性。因此，法——作为最后可以诉诸的法——在某种意义上高于立法者。因此，立法在某种意义上高于立法者"。[3] 毫无疑问，这是在今天被奉行的政治理念，它们在古希腊时期就出现了。虽然柏拉图、亚里士多德没有明确的自然法的理论，他们虽然都著有法篇，但是，用今天的观念看，很难把它们视为法律，充其量是道德理论，最多算得上是自然法。不过，就是这些勉强算作自然法和法的思想，却成为后世自然法和法之基础。

柏拉图的《普罗泰戈拉篇》包含了希腊版的创世记。大致的意思是说，世间万物，都是诸神用土和水以及两类元素不同的比例混合而成。生物造好之后，诸神指派普罗米修斯和厄庇墨透斯装备他们。于是，不太聪

---

[1] 弗朗西斯·奥克利：《自然法、自然法则、自然权利：观念史中的连续与中断》，王涛译，商务印书馆，2015年，第13页。
[2] 同上书，第11页。
[3] 同上书，第13页。

明的厄庇墨透斯负责装备包括人在内的生物，又赋予它们不同的能力，不同的身体形式，不同的食性等。遗憾的是，厄庇墨透斯把人给忘记了。普罗米修斯只得从雅典娜和赫菲斯托斯那里盗来了种种生活技能，再加上火，人的生活技能便齐备了。人的生命、人的生活技能、人赖以存在的基础都来自神，这意味着人的自然本性是神性。

如柏拉图所言，人必须虔敬，人成为崇拜说老实话的唯一动物，因为只有人与诸神有亲戚关系，只有人建立神坛塑造神像，虔敬是人的神性，是人之为人的基础，也是人的自然本性，即与生俱来的天性。按照《普罗泰戈拉篇》的说法，人有了生活技能之后，最初只是成群地散居各处，那时还没有城市。结果是人被野兽吞食，因为人的技能虽然足以取得生活资料，却不足以与野兽作战。他们并不拥有政治技艺。在柏拉图看来，战争技艺是政治技艺的一部分。为寻求自保，他们聚集到城堡里，但是由于缺乏政治技艺，他们住在一起后，又彼此伤害，重陷分散和被吞食的状态。宙斯担心整个人类会因此而毁灭，于是派赫耳墨斯来到人间，把虔诚与正义带给人类，并以此建立城邦。虔敬不仅表现在建立神坛，而且要听神的话，要敬神。正义则是作为政治技艺赐予人类的。赫耳墨斯问宙斯，他以什么方式在人们中间馈赠这些礼物时，宙斯回答说："分给所有人。让他们每人都有一份。如果只有少数人分享道德，就像分享技艺那样，那么城市就决不能存在。此外，你必须替我立下一条法律，如果有人不能获得这两种美德，那么应当把他处死，因为这种人是国家的祸害。"[1]一个人，一个城邦，只有坚持正义才能生存。城邦是人有效保存自己的政治共同体，它是神赐的。人是城邦动物，这由人的自然本性所决定，这个自然本性源于诸神，自然本性就是人的神性。

既然正义是政治技艺，事关城邦和每个人的生死存亡；如果作为道德，它是一种政治道德，为神所赐，是城邦生死攸关的事情，那么什么是正义？希腊人有著名的四德：智慧、勇敢、节制、正义。柏拉图在《理想国》中用了很大篇幅说明四德，不过，我们应当注意柏拉图的结论：智

---

[1] 柏拉图：《柏拉图全集》第一卷，王晓朝译，人民出版社，2002年，第443页。

慧、勇气及节制是人的美德，是个人具有的，但不是人人皆具有的。所以前两种美德只是某些人具有，并不要求人人具有。例如，勇敢，有的人具备，有的人不具备；智慧，有的人有，有的人没有。而节制和正义则需要每个人都具有，不同的是，虽然要求人人有节制，但是，也不是每个人都能做到的，因而柏拉图并没有对无节制提出更严厉的措施。正义则不然，它是政治美德，必须人人拥有，而且必须做到，不正义者死。

　　正义分为城邦的正义和人的正义。人的正义涉及灵魂的结构，柏拉图认为，人的灵魂由理智、激情和欲望三部分构成，这三者分别存在于人的大脑、胸腔和胃中，是一种由上而下的关系。个人的正义是用理智控制激情，用理智压制欲望，实现三者的和谐。笔者在《人性的曙光：希腊人道主义探源》中对于灵魂问题以及个人的正义有过详细的阐释，在这里从简。城邦正义建立在等级制的基础上，按照柏拉图的看法，一个城邦由统治者、武士和劳动者三部分构成，他们分别代表着理智、激情和欲望。在《普罗泰戈拉篇》中柏拉图说，厄庇墨透斯与普罗米修斯一起用泥土和水创造了人类。人为什么会有差别呢？在《理想国》中柏拉图解释道，尽管人都是神用泥土和水这两种基本物质创造的，但是，在造人的时候，有的人被神掺入了金子，有的人被神掺入了银子，有的人被掺入铜和铁。掺入金子的人最宝贵，成为统治者；掺入银子的人是辅助者，即军人或城邦卫士；被掺入铜铁者成为劳动者，主要是农夫和手艺人。[1] 学界通常把这一段话简述为人的等级：金、银、铜铁族。这也是柏拉图饱受诟病的地方，认为他倡导等级制，而且等级是先天的，有的人天生就是统治者，有的人天生就是被统治者，只能从事体力劳动。

　　如果这三个层次明显的阶层相互混淆、相互转换，对国家都是极大的损害，在柏拉图眼里，这就是罪恶。由于城邦是由三个不同的阶层组合而成，而且这三个阶层的划分不是人为的，而是先天的，是神在土和水的混合体中加入金银铜铁所致。因此，三种阶层的结构是先天的和谐，不可以随意改变，如果改变，便是不虔敬，便是违背神意，也就是违背自然。当

---

[1] 参见柏拉图：《理想国》，郭斌和、张竹明译，商务印书馆，1986年，第128页。

然就是不正义。由此我们得到了柏拉图对于城邦正义的结论，所谓城邦正义是，不同等级各安其位，各司其职："当城邦里的这三种自然的人各做各的事时，城邦被认为是正义的，并且，城邦也由于这三种人的其他某些情感和性格而被认为是有节制的、勇敢的和智慧的。"[1] 简单地说，三类人各守其分、尽职尽责，就可以表现出王者的智慧、卫士的勇敢以及匠人的技艺，这样，城邦便是有节制的，因而是正义的。

柏拉图学说中是否肯定人有自然本性，笔者认为答案是肯定的。人的自然本性，不是指他的物理属性，而是指人的神性。因为人是神用水和土混合一定比例的金银铜铁创造而成。因此人的物理属性和人的社会等级均为神赐。与动物相比，人没有任何技能，这是神的一个美丽的错误，然而人能够在没有任何能力的情况下生存，得益于神的二次创造。二次创造赋予人生活技能——火，也赋予人一个独特的生活方式——城邦动物。

柏拉图哲学是否包含自然法思想，对此西方学界有太多的争论，笔者无意涉及这些争论。笔者认为，柏拉图哲学中有自然法要素。维系城邦运作的力量，得益于神赐的虔诚与正义，因而虔诚与正义是神赐予人类的自然法，依据它们，人类的生存才是可能的。从柏拉图的阐释可以看出，自然法（如果可以这样说的话）是神法，这是毫无疑问的。自然法在柏拉图哲学中也是道德法，从柏拉图著作的阐释中可以看出，虔诚与正义是人的美德，因而自然法是道德的法则。

柏拉图以降，西方政治哲学涉及自然法的学说，几乎无一例外地把正义作为自然法的核心。就此而言，我们可以说，柏拉图虽然没有明确系统地阐释自然法，然而他对于正义的诸多论述，却为后来的自然法学说奠定了基础。我们可以把柏拉图的正义论视为准自然法，因为柏拉图确定了自然法的基本性质和基调。而柏拉图的正义论说，可以总结为三点。

第一，正义的原则是神赐，也就是说，正义源自城邦与人之外的绝对力量，正义的准则也是神赐的。

第二，人的活动达到正义的资质是神赐的，正是神赋予人不同的资

---

[1] 柏拉图：《理想国》，第157页。

质,才使人有了社会分工。这种分工源自等级,而等级是与生俱来的,是自然形成的。由于等级的不同而拥有不同的天赋,天赋也是与生俱来。因此,人人安分守己是神的指令,也符合自然法。事实上,自然法在柏拉图哲学中,不是物理学法则,而是神法。正义是神赐的自然法。

第三,神创形成的等级,是出于目的论的需要——善的理念。[1]

4. 亚里士多德

也许是受老师柏拉图影响吧,亚里士多德的政治学和伦理学理论,关注如何建立理想的国家,也同样关注公民的幸福生活问题。与柏拉图一样,阐释这些问题,同样建立在人的自然本性及自然法等理论基础之上。尽管学界通常认为,亚里士多德凡涉及早期国家理论的地方,着重批评了柏拉图理论,所谓"吾爱吾师,吾更爱真理"。不过,与我们的主题相关的理论,在亚里士多德学说中处处是柏拉图的影子。

亚里士多德也认为,人是城邦动物。这一定位,是亚里士多德自然法的基础。亚里士多德没有像柏拉图那样通过神话故事证明人是城邦动物,而是用目的论证明这一命题。在《政治学》开篇,亚里士多德就指出,一切社会团体的建立,总是为了完成某些善意;人类的每一种行为,其目的也是在追求某种善果。作为社会团体中最高且包含最广的一种,其所求的善业也一定是最高且最广的。"这种至高而广涵的社会团体就是所谓'城邦'。"[2] 对于人是井井有条动物,亚里士多德从两个方面加以说明。第一,从生物学角度探讨人是城邦动物;第二,从目的论来说明城邦与人的本质关系。

(1)人是城邦动物的生物学说明。

依据自然法则,最初相互依存的两个生物必须结合,既是为了生存,也是为了繁衍。罗斯指出,亚里士多德对于城邦所做的自然主义分析,依据人类的两种本能。"有两种主要的本能,使人彼此结合起来;繁

---

[1] 参见杜丽燕:《人性的曙光:希腊人道主义探源》,华夏出版社,2005年;第七章对此有详细的论述和探讨,这里因行文需要只提一笔。
[2] 亚里士多德:《政治学》,吴寿彭译,商务印书馆,1983年,第3页。

衍的本能使男人和女人结合在一起；自我保存的本能使主人和奴隶为了彼此的目的联系在一起——精明的心灵和强壮的肉体。因此，我们得到了一个三人的迷你型社会——家庭。"[1]因为对于非雌雄同体的生命来说，"雌雄（男女）不能单独延续其种类，这就得先成为配偶，——人类和一般动物以及植物相同，都要使自己遗留形性相肖的后嗣，所以配偶出于生理的自然，并不由于意志（思虑）的结合"。[2] 男女相结合形成家庭，"家庭就成为人类满足日常生活需要而建立的社会的基本形式"。[3] 因此，家庭常常被称作食厨伴侣或仓槽伴侣。在此基础上，为了适应更广大的生活需要，由若干个家庭联合组成一个初级社会形式，这就是村坊。村坊最自然的形式是由一个家庭，经过世代繁殖而形成的自然部落。居住在这种村坊中的居民也被称作"同乳子女"，这样的村坊被称作"子孙村"。由血缘关系形成的村落或部落，通常由辈分最高的长老统率。古代民族的群王统治，如荷马史诗所描述的英雄们统治的王国，大多是以自然的血缘关系为纽带的，"君王正是家长和村长的发展"。[4] 若干个村坊相结合便组成城邦。这时，"社会就进化到高级而完备的境界，在这种社会团体以内，人类的生活可以获得完全的自给自足；我们也可以这样说：城邦的长成出于人类'生活'的发展，而其实际的存在却是为了'优良的生活'。早期各级社会团体都是自然地生长起来的，一切城邦既然都是这一生长过程的完成，也该是自然的产物"。[5] 这种层层结合的方式，不是出于某种深思熟虑的行为，而是出于人的自然本能。是人类为了生存和发展所必不可少的东西。由于城邦是在人类发展的自然过程中形成的，所以，人必须生活在城邦之中。因此，"人类自然是趋向于城邦生活的动物（人类在本性上，也正是一个政治动物）。凡人由于本性或由于偶然而不归属于任何城邦的，他如果不是一个鄙夫，那就是一位超人"。[6] 在荷马心目中，脱离

---

[1] David Ross, *Aristotle*, London: Routledge, 1995, p.250.
[2] 亚里士多德：《政治学》，第4—5页。
[3] 同上书，第6页。
[4] 同上。
[5] 同上书，第7页。
[6] 同上。

城邦而生活的人是自然的弃物。

亚里士多德认为，就自然本性而言，人的天性中存在着与自己的同类共同生活的习惯。在《动物志》中，亚里士多德谈到动物的居住习性，把习性分为两类，一类是单居动物，另一类是群居动物，人属于群居动物。在《尼各马可伦理学》第十卷，亚里士多德指出，人必须过一种社会生活，这不仅是人的生存、安全和物质生活完善的需要，更重要的是唯有在社会中，人通过接受良好的教育、依靠法律和正义，管理生活才是可能的。对于亚里士多德和当时的希腊人来说，社会就存在于城邦之内，过社会生活，就是过城邦内的生活。"城邦中共同的'社会生活'——婚姻关系、氏族祠坛、宗教仪式、社会文化活动等——是常常可以见到的现象。"[1] 城邦（社会生活）的最高职责不仅仅是让公民活着，而是让全体公民在一种完善的共同生活中过得幸福，幸福生活的最高标准是至善。就本性而言，城邦先于家庭和个人，也就是说，人的秉性必须根据城邦来定义。但是就自然过程而言，城邦是最后出现的。

> 简单说来，即在集合完了以后又像未集合以前一样人人各自进行原来的生活；那么，任何精审的思想家就不会说这种结合是一个城邦（政治体系）。所以，很明显，一个城邦不只是在同一地区的居留团体，也不只是便利交换并防止互相损害的群众［经济和军事］团体。这些确实是城邦所由存在的必要条件；然而所有这些条件还不足以构成一个城邦。城邦是若干生活良好的家庭或部族为了追求自足而且至善的生活，才行结合而构成的。可是，要不是人民共居一处并相互通婚，这样完善的结合就不可能达到。所以各城邦中共同的"社会生活"——婚姻关系、氏族祠坛、宗教仪式、社会文化活动等——是常常可以见到的现象。[2]

---

[1] 亚里士多德：《政治学》，第140页。
[2] 同上。

(2) 人是城邦动物的目论的证明。

从目的论的角度谈论问题，是亚里士多德思想一个最显著的特征。所谓目的论是指为了什么而做，即指变化发展的必然性原因。就人的定位而言，所谓目的论说明和生物学说明只是一个大致的划分，它们并不是泾渭分明的两种方式，而是密切相关的。因此，重要的问题在于在人的定位问题上，哪一种角度更根本。如果从整个亚里士多德哲学来看，应该是目的论更根本。亚里士多德自己也说："我们发现自然生成的原因不只一个，例如事物'为什么'而被生成和运动产生的本原。我们必须断定两种原因何为第一，何为第二。显然，第一位的是我们称作'为什么'的目的因。因为它是事物的逻各斯，而逻各斯乃是自然作品同样也是技艺作品的原则或本原。"[1] 关于人的定位，目的论是说明人为什么如此，他为什么具有这样的体格、形态、生活习惯和本质，即让人们知其所以然，而生物学对人的相关问题的说明使我们知其然。目的论不仅适用于人类，而且适用于整个世界。在亚里士多德看来，不仅人、家庭、城邦和社会是合乎目的而建立的，就是宇宙万物和自然也是合乎目的的。不仅在解释人，在解释自然世界，解释整个宇宙时我们都要问"它们为什么如此？"这个问题在亚里士多德看来，就是求助于目的因。目的因对于万物的解释，是致力于说明万物的必然性。亚里士多德在《动物的部分》中强调，他所说的必然性，与先前的以及自然哲学家所说的不同。亚里士多德认为，自然哲学家只是从质料因来说明必然性，因而，他们着重说明宇宙如何从物质中产生，其动因是什么，如爱恨情仇、努斯（灵魂）、自发性等。他们设定宇宙的载体——质料具有必然性本质。如火的本质为热，土的本质是冷，前者轻，后者重。他们用这种方式解释宇宙，也用这种方式解释植物与动物。这种解释说明了万物的质料因，他们所说的必然性，也是在这一意义上的必然性。亚里士多德是用他的四因说来说明必然，而其中最根本、最重要的是目的因。亚里士多德的目的因并不是解释万物存在的物质的必然

---

[1] 参见苗力田主编：《亚里士多德全集》第五卷，中国人民大学出版社，1997年，第4页。也可参见吴寿彭先生译亚里士多德的《动物四篇》，商务印书馆，1985年，第13页。

性，不是作为一种结果出现的东西，而是逻辑在先的东西。

例如，鸭子之所以长两脚又长蹼，是为了游泳。那么作为长两脚又长蹼的鸭子，它的游泳的生活习性，以及与这种生活习性相关的鸭子的一切形体结构、生长结构、生殖结构和生存方式，都是合乎目的的。这个特征不能靠质料因来解释，而必须用目的因来解释。这个目的就是"good"，而长蹼对于鸭子来说就是"good"，因为它适合鸭子游泳的生活方式。而游泳是鸭子本质的重要组成部分，只要人们想说鸭子是什么，就必然会涉及游泳。长蹼、游泳是鸭子的生活方式，是鸭子有别于其他动物的显著特征。"Good"是好的意思，到了后来，特别是基督教时代，它的衍生意义就是善，我们现在习惯上也把这一词的希腊意义译成"善"。"好"意味着自然存在的一切，都是自然按照理想的方式建立的，这是一个前提，在这个前提下才能谈及质料、运动等因素导致的必然性。善则突出强调了它的道德价值取向。

根据目的论的原因，亚里士多德指出："自然不造无用的事物；而在各种动物中，独有人类具备言语的机能。声音可以表白悲欢，一般动物都具有发声的机能：它们凭这种机能可将各自的哀乐互相传达。至于一事物的是否有利或有害，以及事物的是否合乎正义或不合正义，这就得凭借言语来为之说明。人类所不同于其它动物的特征就在他对善恶和是否合乎正义以及其它类似观念的辨认［这些都由言语为之互相传达］，而家庭和城邦的结合正是这类义理的结合。"[1] 如果说，人与动物在其他方面的相似说明了人是动物，那么，使人成为人的东西则说明人是某种特殊动物。这就是以言语为前提的对于利与害、正义与不正义的辨认和说明。以言语辨认和说明利与害、正义与不正义，是人结合成家庭和城邦的义理。换句话说，自然为人类配备语言机能，以语言表达城邦的正义，反对城邦内的不正义，这样就是好的，如同鸭子有蹼一样，因此，有语言的人、生活在家庭进而生活在城邦内的人、靠正义维系的城邦，都是目的论的必然结果。麦金太尔指出，在人的问题上，"亚里士多德的目的论以他的形而上的生

---

[1] 亚里士多德：《政治学》，第8页。

物学为先决条件……"[1] 因而,麦金太尔形象地把亚里士多德的生物学称作"形而上的生物学",即人的生物本质是目的论的。

亚里士多德根据生物学和目的论证明了人是城邦动物,同样依据生物学和目的论进一步表明,生活在城邦内的人,身份有天壤之别。有人贵为国王,有为身为贵族、主人,有人则为奴隶。城邦人的显著特征之一是等级制。亚里士多德认为,奴隶制度是合理的,因为它符合自然,也是目的论的必然结果。"世上有统治和被统治的区分,这不仅事属必需,实际上也是有利益的;有些人在诞生时就注定将是被统治者,另外一些人则注定将是统治者。"[2]

(3)"有些人在诞生时就注定将是被统治者":生物学视角

亚里士多德认为:"一切事物如果由若干部分组合而成一个集体,无论它是延续体(例如人身)或是非延续体(例如主奴组合),各个部分常常明显地有统治和被统治的分别。这种情况见于自然界有生命的事物,也见于无生命的事物。"[3] 统治与被统治关系符合自然法则,它不是人为的。从生物界最高级的组合——灵魂与身体来看,"前者自然地为人们的统治部分而后者自然地为被统治(从属)部分"。[4] 人最健全的自然状态,就应该是这样的。这一观点也是苏格拉底、柏拉图思想的延续。身体统治灵魂的情况也是有的,那不过是堕落或者半堕落的人的状况。在亚里士多德眼中,这样的人不是最健全的自然状态,一旦身体统治灵魂,那就是人的自然本性的丧失。与身体相比,灵魂是强大的,因为灵魂的主要部分是理智,正常的自然状况是理智支配着身体的欲望。灵魂与肉体的关系为,灵魂为强者、在上者,肉体为弱者、在下者。统治者和被统治者在能力和作用方面都有明显的差别,它们的差异相当于灵魂和肉体的关系,不仅人的身体是这样,男与女的关系,人与兽的关系都是这样,同理,主人与奴隶

---

[1] 阿拉斯戴尔·麦金太尔:《追寻美德:道德理论研究》,宋继杰译,译林出版社,2011年,第205页。
[2] 亚里士多德:《政治学》,第13页。
[3] 同上书,第14页。
[4] 同上。

的关系也受这样的自然法则支配,主人与奴隶是天生的主人和天生的奴隶,就是自然主人和自然奴隶。这些符合自然法则,也符合目的论。

综上所述,在亚里士多德演说中,自然法涉及如下方面:

第一,依据目的论而形成的城邦,作为最大的社会团体,本质上是寻求最高的善,社会团体的产生同样是为了寻求至善。而个人,作为社会团体的成员,无一例外亦寻求至善。因此,寻求至善是人的天性所致,是社会团体和城邦的本质所致。于是寻求至善是城邦第一要义,是城邦、社会团体、个人的自然法,是他们的自然本质。每一个自然物的发展必然达到至善,这是自然物生长的目的。城邦的出现基于两个原因:自然演化和至善,换句话说,自然法和目的论。

第二,城邦与社会是等级制的,等级制符合自然法。一个人究竟是统治者,还是被统治者/奴隶,是由先天因素所决定的,即天生就是某种社会角色。"凡是赋有理智而遇事能操持远见的,往往成为统治的主人;凡是具有体力而能担任由他人凭远见所安排的劳务的,也就自然地成为被统治者,而处于奴隶从属的地位。"[1]

第三,人天生就是城邦动物,即人作为城邦动物是自然法——自然天性所致。在逻辑上城邦先于个人,也就是说,城邦是人之为人的基础,因而城邦因自然法而生成。之所以如此,是因为"每一个隔离的个人都不足以自给其生活,必须共同集合于城邦这个整体"。[2]

亚里士多德辞世,标志着城邦时代的结束,欧洲文明新时代的开始,赛班概括说:

> 正如卡莱尔教授所指出的,如果说政治哲学的延续在某一点上中断了,那就是在亚里士多德去世。……人作为政治动物,作为城邦或自治城邦国家的一部分,已经同亚里士多德一道完结了;而作为一个个人,则是与亚历山大一道开始的。这种个人需要考虑他自己的生活

---

[1] 亚里士多德:《政治学》,第5页。
[2] 同上书,第9页。

规则，还要考虑同他人的联系，他和其他人共同组成"人居住的世界"。[1]

不仅考虑自己的生活规则，同时审视各种指导行为的哲学，以共同组成人居住的世界，所需要的是世界主义视野，用一句话说就是"四海之内皆兄弟"。

这种世界主义的代表是斯多亚学派。他们最重要的功绩之一，在于为罗马法观念的形成奠定了一定的基础。他们不再把一个人视为一个群体的有机部分，而是视为普遍法规和政府体制之下的个体。原则上每个人在任何时候、任何地方都享有法律之下的平等。这里出现了最初的完整形态的自然法概念。

二、斯多亚派

1. 世界主义

世界主义是斯多亚学派最突出的贡献之一。在犹太人、希腊人以及其他古代民族中，在世界大帝国建立起来以前，由于民族孤立的状况所致，各民族都具有排他性和局限于本民族的特点。犹太人认为，只有亚伯拉罕的后裔才是上帝的百姓；希腊人认为，只有希腊人才是真正的人，或者说才有被称为人的完备资格；至于野蛮人……就连像柏拉图和亚里士多德那样的哲学家，也还不能完全摆脱对他们的民族偏见。

斯多亚学派开创了一种传统：从人类理性官能的共同性，推论出人类都基本相似并且是互相联系的。斯多亚学派首先把所有的人，都看作是一个伟大共和国的公民，这个共和国的每一个地区与全国的关系，就像一个城镇的各所房屋与全城镇的关系一样，好像一个生活于共同的理性法令之

---

[1] 赛班：《西方政治思想史》，第157页。

下的家庭一样。世界主义思想，作为亚历山大南征北战的最美好的成果之一，是从柱廊（希腊语的 στοα，原意为"带柱的廊"，斯多亚学派创始人芝诺曾经在雅典柱廊下讲学，斯多亚学派由此得名）产生的；不仅如此，"首先说出'四海之内皆兄弟'这句话的，也是斯多噶学派，因为他们认为大家都有一个共同的父亲即上帝"。[1] 这一评论，是施特劳斯对斯多亚学派的整体评价，也是最中肯的评价。斯多亚学派的世界主义对于基督教的影响是十分深远的，客观地说，对于整个西方世界的影响也是无法估量的。因为它不仅为基督教成为世界范围的宗教奠定了理论基础，也为自然法思想的阐释开辟了道路。

2. 对人的定位的改变

希腊哲学对人的定位，一直受到公民与城邦关系的影响。希腊人有一个共同的政治理想，就是使城邦的公民在和谐中共同生活。这一理想始终是希腊政治理论的指导思想。不过，希腊城邦是小国寡民，就规模而言，当时最繁华的雅典，最多不过 30 万人，其中绝大多数是奴隶。而享有和谐地共同生活的成员，并不是这 30 万人，而是指生活于其中的公民，即不包括妇女、儿童和奴隶，如此说来，也就是几万人（有人说 5 万左右）。在和谐中共同生活只是公民的特权。尽管在梭伦时代，希腊就有著名的《梭伦法典》，而且雅典是以民主制著称，不过，按照赛班的看法，希腊城邦与现代国家最大的差别在于，它首先不是一部法律机器，而是具有基本的伦理意义，是唯一实现更高文明形式的健全的道德基础。它基于一个公设，人性就是神性，人的自然本性就是分有了神性，也可以说人的自然本性就是神性。柏拉图和亚里士多德关于国家的全部论述，以一个道德假定为前提：完美的生活意味着参与国家的生活，因为人是城邦动物。这一点，我们在前面已经讨论过。

就文化而言，马其顿的兴起，特别是亚历山大的征服和整个希腊化时期，给希腊文明带来的冲击是巨大的。策勒尔指出：

---

[1] 大卫·弗里德里希·施特劳斯：《耶稣传》第一卷，吴永泉译，商务印书馆，1996 年，第 254 页。

> 这一时期希腊的外部事物也令人堪忧,理性力量有明显衰退的趋势。……马其顿的崛起给希腊人的独立性以致命一击,也冲破了迄今为止,把希腊人与外邦人隔离开的樊篱。一个新世界展现在他们面前,巨大的版图为他们提供了广泛的探索活力。希腊被带入与东方民族的多重接触之中。……特殊的环境把东方文化与西方文化结合起来,融合为一个同质的整体,形成不同种族的理智的力量。[1]

希腊文化在希腊化过程中发挥作用这一事实本身,就表明希腊文化运作的环境不可能再是原来的小国寡民了,它必须把自己转向于亚历山大的大帝国中,在这个帝国的版图内运作的文化,必须是世界主义的,而不是小国寡民的。

在政治上,希腊人彻底认识到一个事实,"城邦国家太小且太爱争斗,这使得他们甚至连希腊社会也统治不了"。[2] 城邦生活的共同性太强了,致使个人几乎完全没有私人的生活,最有天才的政治家,也不能指望在那样的场所有多大作为。结果"导致一种幻灭情绪,一种引退,并创造一种私人生活的意愿,而这种私人生活与国家利益很少有关系,甚至完全没有关系,国家的成败可能会变得无关紧要"。[3] 使私人生活与国家分开,使个人能够享有真正的私生活,是人们对于希腊城邦理想幻灭的结果。但是,对于人的发展来说,却是关键的一步。

人的定位也开始发生变化。亚里士多德曾断言,"人是政治动物",当然,这里所说的人,主要指公民,而这里所说的政治,依然是希腊意义上的,即参与城邦的共同生活。随着城邦国家的失败,作为政治动物的人,作为城邦一部分的人,已经同亚里士多德一道完结了。古希腊对人的定位,随着亚里士多德一道退出历史舞台。可以不夸张地说,城邦人的概

---

[1] Eduard Zeller, *A History of Greek Philosophy: Stoics, Epicureans and Sceptics,* Oswald J. Reichel(trans.), London: Longmans, Green,and co., 1892, p.13-14.
[2] 赛班:《西方政治思想史》,第 144—145 页。上述引文均出于此书。
[3] 同上书,第 145 页。

念，是希腊哲学的基础。但是，随着亚历山大的征服，整个地中海沿岸几乎都成为希腊世界。在世界范围内，城邦失去了原有的存在基础。亚历山大之后的罗马人，接管了庞大的大希腊帝国，由征服而来的战俘与日俱增，罗马帝国版图内几乎处处是奴隶。罗马人像通常的暴发户一样，随着境遇的变化，物质享受像无底洞一样，迅速恶性膨胀。他们建立起世界上最堂皇的宫殿，"在他们的豪华的宫廷里，这些帝王们把雅典人的高雅和东方人的奢侈结合起来，宫廷做出了榜样，他们治下的高级官员们自然都起而效尤"。[1]一时间，宫廷、纪念碑林立，宽阔的官道直通帝都，所谓"条条道路通罗马"，到处是纸醉金迷。王公贵族奢靡生活的孪生现象，就是数目惊人的奴隶和穷人。吉本描述说："有人发现曾有过如此悲惨的情况：在罗马的一间大厅里共生活着四百个奴隶。这四百个奴隶原属于非洲的一个极为普通的寡妇。"[2]《罗马法》明确规定，奴隶"是不具人格之人"。罗马时期的奴隶与希腊最大的差别是，在罗马时期，奴隶受到非人的待遇；而在希腊，奴隶是从事体力劳动的人，没有参与城邦政治生活的权利，但是，他们有相当的行动自由，且不是会说话的牲畜。罗马帝国是物欲横流的世界，物质利益把人们分为不同的集团和阶层。这里没有希腊城邦那种充满理想主义的浪漫，亦没有求知和追寻德性的欲望。因而，在罗马帝国，除了皇帝、宫廷贵族、达官显贵以外，没有人会把自己的命运与国家利益联系在一起。虽然罗马人接管了大希腊帝国的版图，同时吸收了希腊文明，使昔日进入希腊的罗马野蛮人，变成了走出希腊的文明人，但是，他们没有继承希腊人的城邦文明，也没有接受与城邦文明相关的城邦人。这主要因为，我们前面所讲的客观条件本身，已经没有城邦人立足的余地。城邦人造就了辉煌的希腊文明之后，成为不合时宜的人。城邦造就了辉煌的希腊文明以后，已经成为罗马帝国内不合时宜的政治体制，可以说，随着亚历山大的谢世，城邦及其城邦政治和文化，也寿终正寝了。

---

[1] 爱德华·吉本：《罗马帝国衰亡史：D.M.洛节编本》上册，黄宜思、黄雨石译，商务印书馆，1997年，第37页。
[2] 同上书，第41页。

在罗马帝国内，人们不能再像希腊人那般闲适，罗马皇帝也不会事事都让公民来讨论。他的公民太多了，罗马皇帝可不像伯里克利，他们没有耐心去听那些喋喋不休的争吵。在罗马帝国最重要的是务实。因此，要生存就不能是游手好闲、多嘴多舌、事事都在寻找逻各斯的城邦人。他必须知道，他是罗马帝国公民，或者说是属民。处于罗马属民的地位，他个人的命运与罗马帝国并不相干，他必须务实，像他们曾经不屑一顾的奴隶那样，努力工作，寻求自己的生存空间。也许这些工作是体面的，但是，他必须工作，至少必须穿梭于上流社会之间。而对于他的各种权利的保护手段，不是德性，而是法。法的力量是罗马帝国最重要的力量，也是罗马人为世界做出的最大贡献。

此时的希腊人，像一个饱经沧桑的老人，在残酷的现实生活面前，靠回忆往昔的辉煌度日。他们清楚地意识到，希腊不再是令希腊人骄傲的海上强国，而是一个穿着破鞋，备受折磨的丑老的"妓女"，是罗马人的附属品。希腊人特有的城邦与公民的关系，已经随着城邦的衰落丧失殆尽。除了往日的辉煌还依稀残留在人们的记忆中，罗马帝国时期的希腊，无论从任何地方讲，都是一个极普通的地区。亚里士多德所表达的那种希腊人特有的人种优越感，在这种氛围中荡然无存，希腊的城邦人失去了生存的基本条件。"结果，上了年纪的雅典人，开始学习着从地方性的角度去思考问题；而富于冒险精神的年青人，则到东方的希腊主义国家中去猎取自己的幸运。这样，就导致希腊人和所谓野蛮人之间的界限的消失，承认彼此间有一种共同的人性。"[1] 在这种情况下，必须重新为人与人的关系，人与国家的关系定位，定位的依据是法。而斯多亚学派提出的世界主义，正是罗马法律体系的理论前提之一。

斯多亚学派的世界主义与其自然主义学说密切相关。他们认为：

---

[1] 范明生：《晚期希腊哲学和基督教神学：东西方文化的汇合》，上海人民出版社，1993年，第19页。

> 人凭借自己的理性认识到自己是宇宙的一部分，因而决心为这一整体工作。他知道，事实上自己是与所有的理性生物相关的；他明白他们同属一类，赋有平等的权力，他们和自己一样，处于同一自然规律和理性支配之下；他把彼此为对方而生活看作是他们的自然注定的目的。因此，合群和本能是人的天性所固有的，这种本能要求正义和对同类的爱，这些是一个社会的根本条件。[1]

虽然斯多亚学派没有公开提出"社会人"的概念，不过，他们对于人、人与人的关系、人与自然的关系、人与社会的关系的看法，已经清楚表明，他们认为人既然是自然的一部分，人便具有同样的平等权利。在具有平等权利的人形成的共同体中，每个人都有义务为他人而生活，因此人要合群，要有爱同类的本能。这样，人之间的关系，就远不仅限于城邦事物那点小天地，人要为自己的同类而活着。同类之间要有爱，人之间的友爱和人的正义，是一个社会存在的基本条件。"一个人与全人类的联系远比他与他的民族的联系更为重要。"[2]

人作为城邦内的政治动物，随着亚里士多德的离世而一道完结了。但作为个人，却与亚历山大一道重新开始了。"这种人要考虑他自己的生活规则，还要考虑同他人的联系，他和他人共同组成'人居住的世界'。为了满足前一个需要，就出现了种种指导行为的哲学；为了满足后一个需要，则出现了四海之内皆兄弟的新思想。"[3] 城邦生活虽然一切皆由公民讨论决定，但是，公民对于城邦的依赖恐怕比任何地区都强。城邦寿终正寝之际，希腊社会被并入一个广阔的世界，一个陌生的世界。这个世界不像城邦那样事事都与城邦有密切的关联，习惯于城邦生活的希腊人必须学会独立生活，用一种毫无优越感的方式，与他人在共同体中和睦相处。个人的事情仅仅是个人的，并非所有的事情都是公事，很可能所谓的公事，即国家事务，与个人的生活根本没有什么关系，人需要孤独地面对世

---

[1] E·策勒尔：《古希腊哲学史纲》，翁绍军译，山东人民出版社，1996年，第240—241页。
[2] 同上书，第241页。
[3] 赛班：《西方政治思想史》，第157页。

界。然而，人最怕的是孤独，为解除孤独感，人需要灵魂的安抚，需要有一种属于个人的灵魂的安抚，这便为人的宗教需求留下了充分的空间。为了保证孤独的个人的权利，人同样需要一个完备的法律体系。如果说德性对于城邦的希腊人是生死存亡的大事，那么法对于作为个人的罗马人来说，同样是立世之本。

  独立的个人虽然是孤独的，但是，孤独的个人同时又是共同体的一员。同作为自然的一部分，每个人都有独特性的一面，同时又具有普遍性的一面。于是产生两个观念：关于个人的观念和关于普遍性的观念。所谓普遍性观念，"也就是在世界范围的人类中，一切所具有的共同人性。假定像这样的个人具有其他个人理应予以尊重的价值，那么第一个观念就可以直接赋予其道德上的意义"。[1] 小国寡民的雅典，认为一个城邦人有某种天职似乎是天经地义的事。然而，在一个庞大的国家里，特别是在罗马帝国这样的专制大国里，绝大多数的个人除了享有贫穷的权利以外，几乎什么都没有。"几乎不能说，一个人会有什么职责。"除非他有宗教上的职责。于是宗教在几乎没有职责的个人身上，仅仅是一个个人行为。信仰是个人的，特别是没有权利、没有职责的个人的，它与国家无关。如果把职责归之于宗教，那么，便在人的"类别的相似之上，再加上'精神上的相似'，也就是同心同德，使人类形成一种共同的家庭或兄弟关系"。[2] 亚里士多德时代特别强调公民就是地位相等者之间的相互关系，而斯多亚学派则认为，人是宇宙的一部分，每个人都有平等权利，即每个人都是地位相等者，因此，世界是由自主个人组成的世界性社会。平等针对一切人，甚至包括奴隶、外邦人和蛮族。在这种情况下，人的平等不能以身份、财产、地位、出身等为依托，而必须以宽泛得足以容纳一切人的内容为前提。赛班指出，那便只剩下上帝面前一切灵魂平等，或者法律面前人人平等。

  在这个庞大的国家里，个人几乎不算什么，所以个人几乎没有什么职

---

[1] 赛班：《西方政治思想史》，第159页。
[2] 同上。

责可负，个人的生活完全与国家分离。但是，人又生活在共同体中，人靠什么守望自己这一广阔而无法支配的家园呢？人如何才能形成一种兄弟关系呢？它必须去掉限制人平等进入共同家园的种种束缚，希腊城邦那些限制人平等交往的条件应当被抛弃。抛开一切身份、地位、财产等差别，在人之间寻找一些共同点，最后发现，共同点就是在上帝面前一切灵魂平等，在法律面前人人平等。前者正是基督教思想的前提，而后者则成为近代资产阶级革命的口号。正因为如此，西方哲学界不少学者认为，罗马时代与近代最为相似的地方莫过于他们强调个人与法。

法的思想的形而上学的基础是斯多亚派所生活的（也即亚历山大之后的）世界是一个世界主义国家，他们认为，神和人都是这个国家的公民。这种思想显然与柏拉图、亚里士多德迥然相异。在斯多亚派看来，国家需要通过宪法来维持，宪法就是正当的理性，人和上帝都有理性，因而理性是自然的法则，即自然法。自然法普遍适用，是正确的标准。法律在斯多亚派思想中，占有绝对至尊的地位。"法律是神和人的一切行为的支配者。就什么事情是高尚和卑下的问题而言，它肯定是指导者、统治者和引路者。因此它是正义与和非正义的标准。"[1] 对每个人而言，都有两部法律，即自己城市的法律和世界城市的法律，习惯法和理性的法则。这两种法律之间，世界城市法和理性法具有更大的权威。

斯多亚派还提出希腊人和野蛮人、高贵者和普通人、奴隶和自由人、穷人和富人都是平等的，他们之间的唯一差异是明智者和愚笨者之间的差异，即"上帝可以引导的人和上帝必须硬拖着走的人之间的差别。毫无疑问，斯多亚派运用这一平等理论，从一开始就是作为改良道德的基础"[2]。

总之，斯多亚派的世界主义、自然正义下的自然法、由世界主义导致的普遍公民权思想等，把希腊世界的成就传承到罗马，其涉及的自然法思想亦可归结为两点。

第一，正义是神赐予的，理性是人与神共有的。因此，依照自己的

---

[1] 赛班：《西方政治思想史》，第165页。
[2] 同上。

理性遵守正义的准则是虔敬，也是正义。这样做不是出于怕受到惩罚而产生的恐惧，而是本性使然，因为这样做本身是正当的，理应受到尊重。于是理性与正义是人的自然本性，人的自然本性决定人类会遵守神赐的自然法则，所以自然法是道德法则。这一点通过斯多亚派被罗马人所接受。

第二，人是城邦动物这一命题，在某种程度上可以扩展理解为人是社会动物。在罗马帝国时代，随着世界主义的出现，这一命题获得了存在的空间，即罗马帝国有谓之社会的意涵。赛班先生将其解读为，"人是社会动物"意指"尊重上帝和人的法律，是人类所固有的天性"。[1]

这两个特征在后来的几个世纪中，向圣俗两个方向发展：一个是植入罗马法，另一个是与基督教相结合。而这两个方向，一个是通向近代的入口，另一个是进入中世纪的入口。就这一意义而言，斯多亚派在政治思想史上，应当占有一席当然的位置，尽管人们常常忽略这一点。

今天学界讨论的所谓希腊人的自然法，不是严格意义上的法规，而是习惯法。它们由神赐予人，是神定法，也是道德法则。它们不具有法律所拥有的强制性。它们有两个重要的基础：神赐和理性。它体现的是人的神性和人的理性。这两点被承袭下来，延续到近代。霍布斯在讨论自然法时，依然持有如下立场：自然法是神法，是道德法则。也可以说，自然法不是人定法，不是成文的法则或法典。西方学界通常认为，希腊人没有系统阐释过自然法，系统阐释是罗马人的贡献。事实上，从泰勒斯到赫拉克利特、柏拉图、亚里士多德，希腊哲学中所谓的自然法，充其量是自然法要素，与其说是自然法，不如说是前自然法更贴切。尽管如此，希腊哲学所包含的与自然法相关的内容，为后续者——圣俗两个方向系统阐释自然法思想奠定了基础。所谓系统阐释，即是指他们把希腊哲学的自然法要素加以系统阐释。

---

[1] 赛班：《西方政治思想史》，第178页。

三、西塞罗：理性、大自然、法

西塞罗时期的罗马，大致情况是在罗马辖区内，到处是享有不同程度自治的城市和地方当局，以及不同的王国。每个自治城市和王国，用法律管理辖区内的民众。于是，每个罗马公民都必须面对两种法律：城市法和万国法。而城市法和万国法的基础是自然法。按照赛班的看法，城市法和万国法是法学概念，代表了法律发展史上的法学倾向，自然法既是承袭柏拉图、亚里士多德思想，也开辟了法与未来的基督思想相结合的道路。学界勾勒的西塞罗法学思想的基本特征，通常有两个：理性和自然本性。西塞罗认为："真正的法律是与本性（nature）相合的正确的理性；它是普遍适用的、不变的和永恒的。"[1] 在西塞罗看来，法律出自人寻求正义的本性，它植根于人的本质。所谓植根于人的本质，就是植根于人的理性。"法律是植根于自然的、指挥应然行为并禁止相反行为的最高理性（reason）……正义的来源就应在法律中发现，因为法律是一种自然力；它是聪明人的理智和理性，是衡量正义和非正义的标准。"[2]

理性是人与神共有的，"没有比理性更好的东西，而且它在人心和神心之中都存在，人和神的第一个共有就是理性。但那些共同拥有理性的还必须共同拥有正确的理性。而且既然正确的理性就是法，我们就必须相信人也与神共同拥有法"。[3] 正确的理性就是法，这个法指自然法，也就是说，理性是神与人共同拥有的东西，是人的本性，也是人的神性。西塞罗指出，首先，理性是诸神的礼赠；其次，理性是人共同生活的原则；最后，人们因理性，即仁慈、亲善的自然感情联结在一起，也就是为正义的合作联系在一起。第三点稍有些复杂，但是它体现了西塞罗的几个重要概念之间的关联。理性是人之间仁慈、亲善的自然感情，是正义的纽带。换

---

[1] 西塞罗：《国家篇 法律篇》，沈叔平、苏力译，商务印书馆，2002年，第104页。
[2] 同上书，第158页。
[3] 同上书，第160页。

句话说,坚持正确的理性就是仁慈的、正义的,即道德的。法即是寻求善、寻求正义,而正义出于理性,理性出于大自然。自然法是人与神共有的本质,它的基础是理性,"大自然是正义的来源"。[1] 由此可知,正义出于大自然,即出于自然法。

由于人拥有自然法,拥有理性,因而人生来追求正义。"正义只有一个;它对所有的人类社会都有约束力,并且它是基于一个大写的法,这个法是运用于指令和禁令的正确理性。无论谁,不了解这个大写的法——无论这个法律是否以文字形式记录在什么地方——就是没有正义。"[2] 西塞罗特别强调,他所说的大自然中存在的正义,不是以功利为基础,它是一种自然的倾向。如果以功利作为正义标准,那么只要对某人有利,他们就会无视、违反法律。显而易见,西塞罗的正义理论,是典型的希腊传统中的正义,也可以称作古典正义论。如果不把大自然作为正义的基础,就意味着摧毁人类社会所依赖的美德。

西塞罗也明确指出,正义的原则出自大自然,它不是来源于君王的敕令或法官的决定,也不是来自大众的票决。因为君王的敕令和法官的决定以及大众的票决,都有可能使正义变为不正义,使善变为恶。唯有大自然、理性这些人类共有的智力,才能真正坚持正义,将光荣的行为归于美德,将耻辱的行为归于邪恶。"在生活行为中坚定、持续地运用理性,这就是美德,而前后不一致,这就是邪恶,这些都是由其自身的性质判断的。"[3] 正义不是出于功利,而是出于大自然,大自然的正义是为正义而正义。为正义的正义,是与自然保持一致的生活,是最高的善。遵循大自然并按照大自然的法律生活,是最高的善。这是人的生活目标。

人之所以要遵守大自然的法律,是因为自然法是"上天之法"。"法律并非人的思想的产物,也不是各民族的任何立法,而是一些永恒的东西,以其在指令和禁令中的智慧统治整个宇宙。因此,这些智慧者一直习惯说,法律是神的首要的和最终的心灵,其理性以强迫或制约而指导万

---

[1] 西塞罗:《国家篇 法律篇》,第166页。
[2] 同上书,第170页。
[3] 同上书,第172页。

物；为此，众神给予人类的法律一直受到正当的赞美。"[1] 所谓法是上天之法，更直接地说就是，自然法是神法。因为理性"是与神的心灵同时出现的。因此，运用于指令和禁令的真正且首要的法律就是至高无上的朱庇特的正确理性"。[2]

国家实行的法律是根据自然法制定的，旨在判定事物的正义与非正义，也就是说，自然法是罗马实施的公民法和万国法的基础。法的正义标准依自然法而定，即依神法而定。自然法是"永远不被废除的法律。"[3] 任何违背自然法的法律，都称不上法律，国家的法律，必须永远服从自然法。如果世界有真正的法，那么它只能是自然法，它是正确的理性，与神的意志一致。

自然法是神法，它是国家立法的基础。就此而言，国家立法的前提是神的意志，是理性，是正义，是道德。正如赛班所说："国家本身和它的法律始终服从于上帝之法，或是服从于道德法或自然法——关于正义的更高规则，超越人类的选择和人类的制度之上。"[4] 在西塞罗国家和法律思想体系中，自然法占据着突出的地位，它是国家与社会之正义与非正义的标准，是国家法律的正义性前提，是理性，是神法。它把国家法律置于道德的基础上，是国家立法的形而上学前提。由于他肯定了自然法是神法，所以他的思想能够为基督教所接受，经过奥古斯丁和阿奎那等人的传承进入基督教自然法体系中。同时，他把自然法与国家立法相关联，也使他的思想能够进入世俗立法体系中。就圣俗两界而言，西塞罗都是不可或缺的人物。

---

[1] 西塞罗:《国家篇 法律篇》，第187页。
[2] 同上书，第188页。
[3] 同上书，第190页。
[4] 赛班:《西方政治思想史》，第184页。

第五章 中世纪自然法问题

中世纪自然法理论，以奥古斯丁和阿奎那最为突出。他们的自然法理论，是西方哲学史上，至少是中世纪哲学方面最惹人瞩目的理论。在这漫长的历史时期，自然法理论不仅得到系统阐释，且与自然法相关的问题：自然法与神法，与公民法，与人的天赋权利等问题的关联，也被凸现出来。可以说，近代关于法、个人权利、人性等问题，都随着自然法被系统阐释而被提出来。

一、奥古斯丁：永恒的法和世俗的法

有学者把奥古斯丁永恒的法和世俗的法的学说，视为自然法学说。无论如何，这种说法确实有点勉强。奥古斯丁两种法学说——神法和世俗法，一个来自天城（上帝之城），一个来自世俗之城（罗马），它们并没有自然法的意思。尽管在西方古典传统中自然法是神法，如西塞罗等人所述，但是，古典传统的神，是基督教诞生前的神，即希腊罗马的诸神，是自然神，不是天启宗教，如基督教的上帝。上帝至高无上，但上帝的法就是自然法？按照西塞罗的看法，自然法的支点是灵魂中的理性，理性是人与神的内在关联，也是人与神亲缘关系的唯一纽带。但是在奥古斯丁这里，人与上帝的关系不是理性的关系，而是信仰，是爱。如果永恒的法是自然法，人最终会把原因和罪恶归咎于上帝，这是奥古斯丁所不能容忍的。

不过，人们在讨论自然法时，总会或多或少地涉及奥古斯丁学说，主要是出于如下原因：第一，法的本质是维护正义；第二，正义的最高标准来自上帝。

正如施特劳斯所说："正义是公民社会的基石，是人类社会的统一和尊严赖以存在的基础。"[1] 国家不可能在没有正义的情况下得到发展，没有正义便没有公道，所以，奥古斯丁"以'正义'而非'法律'解释'公道'"。[2] 古典哲学家们将正义视为城邦健全的条件，但是，他们无力保证正义在城邦中实施。"正义之所在不外是城邦，但正义很少或许从未在城邦中存在过。哲学家们自己也承认，现实的城邦与其说以正义不如说以不正义为特征。"[3]

按照施特劳斯的看法，奥古斯丁采纳了柏拉图式的方法，即采用等级秩序解决正义的最终实施。他"试图根据理论或超道德的原则来推论或演绎出人类行为的准则。他的道德秩序显然根置根于由思辨理性所建立的自然秩序。最高意义的正义根据理性规定所有事物的正当秩序。这一秩序要求低级者服从高级者……这一秩序存在的保证是灵魂统治肉体，理性统治低等欲望，而上帝统治理性"。[4] 原本这一秩序是完美的，但是，拜原罪所赐，这种和谐被破坏了。人摆脱罪恶的方式只有信仰上帝。靠信仰上帝摆脱原罪，靠信仰上帝获得永恒的正义，是奥古斯丁哲学的主线，这里面看不出自然的东西。尽管如此，我们还是需要对奥古斯丁两种法的思想做一简单的探讨，毕竟他的思想对于基督教世界，对于近代自然法思想有着深刻的影响。

---

[1] 施特劳斯、克罗波西主编：《政治哲学史》上，第200页。
[2] 同上。
[3] 同上书，第201页。
[4] 同上书，第202页。

1. 论恶

对于"人为什么会作恶"的问题,奥古斯丁持基督徒式的解释。从奥古斯丁的《忏悔录》我们可以看到,在奥古斯丁心目中,无信仰的世俗生活全部都是恶的。

奥古斯丁认为,婴幼儿时期,人虽然肢体弱小,智力几乎是一张白纸,但是却不能说没有罪恶。尽管自己也记不得婴幼儿时期的事情,从其他婴幼儿身上,他依然看到了自己的影子。他断定,尽管自己不知道自己是否在作恶,但那实际上就是作恶,它主要表现在"我指手划脚,我叫喊,我尽我所能作出一些模仿我意愿的表示。这些动作并不能达意。别人或不懂我的意思,或怕有害于我,没有照着做,我恼怒那些行动自由的大人们不顺从我,不服侍我,我便以啼哭作为报复"。[1] 奥古斯丁所描述的种种行为方式,确实是一切婴幼儿最正常的行为表现。因为婴幼儿不会用语言表达自己的情感,所以,就用肢体动作和明显的情绪变化表达自己的需求。然而,在奥古斯丁心目中,这是"幼时的罪恶"。

贪玩、厌学、撒谎、骗人种种儿时的劣迹,成年人都把它们称作不懂事,往往用宽容的目光原谅了孩子,奥古斯丁却认为,这些依然是恶。这种行为之所以是恶的,因为在行为背后起作用的是自己自由意志的恣意妄为,是不受任何道德约束的无度行为,是欲望和肉体享乐的宣泄的满足。如果用普罗提诺(Plotinus,204—270年)的观点来分析奥古斯丁的看法,我们可以这样认为,少年无知首先是不知何为善,是在原初恶的驱动下引发了次生的恶,尽管人们往往会用年少无知来原谅稚子的过失,但是那种行为本身蕴含着原生的恶与次生的恶。

奥古斯丁认为,青年人偶尔的荒唐无疑也是罪恶。奥古斯丁几乎用了整整一卷的文字,忏悔自己 16 岁时的一次荒唐。他之所以认为青年时代的友谊是一种邪恶或者罪恶,是因为当时他还没有皈依基督教,即没有获得正确的信仰。一种不以真正的信仰为基础的友谊,就是没有圣爱为基础

---

[1] 奥古斯丁:《忏悔录》,周士良译,商务印书馆,1981年,第8页。

的友谊。这种友谊的基础是人的欲望的冲动，欲望是一种无序的力量。以无序的力量为基础的友谊，首先使他们这些年青人为犯罪而犯罪，其次，又导致他们信仰旁门左道而不能自拔。因此，奥古斯丁深感人世间习俗的洪流之可怕。

奥古斯丁一度曾非常迷恋戏剧，特别是悲剧。当他皈依基督教以后，对自己的这种爱好进行了彻底反思。他认为，悲剧引起人们的悲哀，然而人们却愿意看它。倘若是自身受苦，一个人无论如何不会如此津津乐道。然而，看他人受苦，而且掬出自己的泪水和一片同情之心，人们便说这人有恻隐之心。如果把自己变成悲剧故事中的主角，没有任何一个人会自告奋勇，然而，让你去观看悲剧，在艺术形式中亲眼看见他人受苦，人们却乐此不疲。戏剧并不是鼓励观众帮助他人，解救苦难者于水火之中，而是为了引逗观众伤心，赚观众的眼泪，眼泪越多，便越能感到荡气回肠，津津有味。试问，既然谁都不愿意受苦，但是人们又喜欢看别人受苦，这究竟表明人们有恻隐之心还是人们喜欢眼泪和悲伤。如果人们真的有恻隐之心而不是以献出自己的同情心为乐趣，如果一个人真是善的而不是要作善，那么一个人最正常且最合乎逻辑的表现，"必然是宁愿没有怜悯别人不幸的机会。假如有不怀好意的慈悲心肠……便能有这样一个人：具有真正的同情心，而希望别人遭遇不幸，借以显示对这人的同情"。[1] 这种做法似乎给人一种情感上"作秀"的印象。如果不是作秀，而是自己内心深处有一种贪恋哀情的渴望，那么，这种渴望就不是一种善，而是个人情感在特定场合的一种宣泄。支撑这种悲剧嗜好的真正原因不是恻隐之心，不是善，而是自身无序的情感。这种同情心的背后是用他人的血泪，抚慰自己渴望的灵魂，这种恻隐之心归根结底还是一种恶。

除此之外，恶也包括我们通常所说的犯罪。在这里就不一一阐释了。

如果用奥古斯丁皈依基督教以后的思想来概括"人为什么作恶"的问题，可以用一句最简单的话来陈述：无基督教信仰的世俗生活就是恶。奥古斯丁对这一问题的回答，基本前提是基督教著名的"原罪说"，我们可

---

[1] 奥古斯丁：《忏悔录》，第38页。

以把原罪看作是人的本质的恶，这里所说的本质的恶，是指它是与生俱来的，但是，这并不意味着恶来自上帝，是上帝创世时为人注入了恶的本质。对于一个虔诚的基督徒来说，这种看法荒诞不经。毋庸多言，在基督教世界里，恶来自原罪。而出生后在没有皈依基督教信仰之前，人的意志没有圣爱的引导，因而，它的基本取向也是恶的，原生的恶会引起次生的恶。这与普罗提诺对于恶的解释有着异曲同工的效果。简单地说，恶从何而来？是"贪欲驱使每一件恶事"。[1] 有贪欲就有恶，就没有正义。凭借信仰走出原罪，而避免世俗社会犯罪则凭借法律。

2. 永恒的法律和属世的法律

按照奥古斯丁的学说，世界上存在两个城：上帝的天城与世俗之城。因而，人具有双重生活，即属灵的生活与俗世的生活。相应的，法也有两种，即永恒的法与属世的法（世俗的法）。在世俗之城内实施的法律，"即本来公正但可以在时间流转中公正地修改的法律称作'属世的'"。[2] 它是世俗的，人类制定的法律，可以随着时间地点而变化。永恒的法律是"称作最高理性的法律，必须一直遵守的法律，因之恶人得苦难，善人得幸福的法律，因之'属世的'法律正当地制定又正当地更改的法律"。[3] 不言而喻，永恒的法律来自上帝，这种法律使"邪恶得苦、良善得福，使世风正直、秩序井然"[4]，它不会有时正义，有时不正义，它是永恒不变的。奥古斯丁指出，永恒的法律是这样一部法律，"根据它万物得以完美地安排乃是公义"。[5] 如施特劳斯所说：

> 这样的法等同于上帝的意志和智慧正是上帝的意志和智慧引导一切事物达于它们各自的目的。永恒的法构成了正义和公道的普遍而神

---

[1] 奥古斯丁：《论自由意志：奥古斯丁对话录二篇》，成官泯译，上海人民出版社，2010年，第77页。
[2] 同上书，第81页。
[3] 同上。
[4] 同上。
[5] 同上。

圣的源泉,正义和善从中流溢出来而进入其它的法。上帝业已将这个法印在人类精神中。所有的人都能认识它,而且在任何时候都能服从它。惩恶扬善根据的也是这个永恒的法。最后,永恒的法普遍同一、永远同一而没有任何例外。[1]

上帝之城是今世和来世赎过罪的人共有的,因而,永恒的法律——上帝的法——也是人必须遵守的,否则就没有正义,人也不可能真正得到救赎。由于两座城只有到了末日审判时才能分开,因而在俗世生活,必须遵守永恒的法则,同时也要遵守属世的法则。从微观而论,或者说对于个人而言,理性是上帝赐予的力量,它应当是生命的主宰。理性、心灵、精神控制灵魂中非理性的冲动,就是用永恒的法律掌管自身。理性存在于心灵之中,心灵运用理性,便可控制贪欲,也就可以抑制恶。

属世的法律是人制定的法律,它之所以有正义可言,是因为属世的法律起源于永恒的法律。"在属世的法律中,除了那从这永恒法律中引申出来的,没有什么是公正合法的。"[2] 世俗的法此一时,彼一时,不断随着时间和环境变化,它在变化中还具有正义性,只是因为它源于永恒的法律,或者说,人们总是依据永恒的法律提供的正义准则,调整俗世的法律。无论怎样变化,法律必须符合永恒的正义,否则就是不义。

属世的法律是人法,虽然可以视为正义之法,但是,它们仍然是不完善的。原因很简单,既然人本身是不完美的,又怎么可能制定出完善的法律?属世的法律主要是针对那些无法用理性支配贪欲者,而信徒、善者都只服从永恒的法律。属世的法律"允许小的邪恶只是为了防止更大、更肆无忌惮的邪恶"。[3] 允许有限度的欲望,防止更大的邪恶和贪欲。贪图财富、贪图享乐和贪图一切物质利益,是人对世俗财富的贪恋。法律的作用在于控制人们欲望的程度,将其控制在相对合理的范围内。例如,人们热爱财富,属世的法律允许人占有相应的财富,但是,禁止用不正当的手段

---

[1] 施特劳斯、克罗波西主编:《政治哲学史》上,第203—204页。
[2] 奥古斯丁:《论自由意志:奥古斯丁对话录二篇》,第81页。
[3] 施特劳斯、克罗波西主编:《政治哲学史》上,第204页。

获得过分的财富。法律本身意味着对越轨行为加以惩罚。在某种程度上可以说，法律是以恶制恶。"世俗法最大的优点就在于它巧妙地利用人的邪恶以实现和维持社会中有限程度的正义。单单由于这个缘故，它就依然是不可或缺的，但它所体现的正义只不过是完善的正义的影子或近似物。"[1] 影子仰仗本体，这个本体就是永恒的法律，即影子之所以有正义可言，是因为它分有永恒正义的准则。

永恒的法律之所以优于属世的法则，还有一个重要因素，永恒的法则是正义之德行，它强调内在的修为、灵魂的善。而属世的法则主要看行为及其后果，不太注意动机和内心。所以，遵守属世的法则，可以使人成为守法公民，却不一定能够使人成为一个有正当动机、美好心灵和善的灵魂的存在。属世的法使人拥有有限的善，仅仅拥有善的外表；而永恒的法则要约束人的一切行动，尤其是内在的活动。这一点不是守法的问题，而是信仰。

施特劳斯认为："西塞罗和奥古斯丁都区分了永恒法或自然法与世俗法或人类法；但西塞罗习惯于称前者为'自然法'，而奥古斯丁则更偏爱于'永恒法'这一表述。"[2] 这一类比多多少少让人有些意外，自然法和永恒法不仅仅是个表述问题，笔者认为，奥古斯丁的永恒法并不是自然法。它与西塞罗的自然法有一个重要的相同点，即他们都是人类法或属世法的来源，但是，西塞罗的诸神不是上帝，基督教之前的罗马，其宗教不是天启宗教。所以，不能作这样简单的类比。奥古斯丁对后世，特别是对阿奎那自然法的影响主要体现在两点：神法和理性。

二、阿奎那：四种法

阿奎那是中世纪最具影响力的亚里士多德主义者，探讨阿奎那的自然

---

[1] 施特劳斯、克罗波西主编：《政治哲学史》上，第205页。
[2] 同上书，第206页。

法思想，不得不重复学界的老生常谈：阿奎那的政治思想建立在亚里士多德目的论的基础上。亚里士多德因果关系链是理解阿奎那自然法思想的重要依托。

1. 什么是法律？

阿奎那哲学的初衷，是想建立一个全面、综合的知识体系。这个体系无所不包，既有上帝亦有自然界。它的结构是上帝、神学、哲学、科学。阿奎那的自然图景与他的知识结构是一致的，从上帝到最低生物形成一个完整的因果关系链。在这个链条中，高级生物统治低级生物，上帝统治一切。所有的生物不论是低级还是高级的，都从属于上帝的目的。

阿奎那的社会和政治生活图景，依然是按照目的论从高级到低级进行排序。统治者的任务，是维护和平与秩序，使人们过上幸福的生活，他通过行政和司法手段来实现此任务。在社会政治生活中，统治者的权力只能依照法律来行使。阿奎那所以注重法，是因为在他看来，法律体系来自上帝，或者更具体些说，法律体系来自上帝的理性。上帝的理性创建了法律体系，凭借法，上帝治理世界。

什么是法律？阿奎那说："法律是行为的规则和尺度，据以使人做什么或不做什么。因为名词'法律'（lex）是从动词'约束'（ligare）转来的，具有强制行动的能力。"[1] 人的行为规则和尺度是由理性决定的，因而，法律隶属于理性。这个理性，意味着人的社会性，否则，要法律干什么呢。

法律规定人能做什么和不能做什么，理性是人的行为的根本，所以，法律和行动有关。正因为如此，阿奎那依循亚里士多德的说法，将法律称作实践理性。"实践理性是关于行为的，而行为的第一根本是最后目的。……人生的最后目的是幸福；为此，法律所指向的主要是幸福。此外，既然部分都指向整体，就如不完美者指向完美者；一个人就是完整之

---

[1] 圣多玛斯·阿奎那：《神学大全：第六册（论法律与恩宠）》，高旭东、陈家华译，中华道明会/碧岳学社，2008年，第2页。

第五章　中世纪自然法问题　|　199

社会的一部分,故此法律必然是主要地指向公共的幸福。"[1] 赛班解释说,在阿奎那思想中,"由于他们[人]有理性而区别于任何其他生物,因此这个准则就由理性来确定;而由于人的理性意味着社会性,所以这个法律所确立的准则乃是出于普遍的利益,而不是为了个人或一个特殊阶级的利益"。[2] 阿奎那表示,他的见解主要参照系是亚里士多德的思想。他说,亚里士多德在给合法的(legalia)下的定义中,曾经提到幸福,也提到政治团体,并且他引用亚里士多德《政治学》说:"所谓正义的(合法的),是那能为政治团体促成和保存幸福。"[3] 法律主要指向公益,除非与公益有关,否则任何法不具有法律意义,由此得出的结论:"法律皆是指向公共利益。"[4] 由于阿奎那强调法律出自理性,而每个人都有理性,故个人能否制定法律,个人法可行否?

阿奎那指出,根据亚里士多德的说法——立法者的用意是使人修德,任何人都能促使他人修德,所以任何人的理性都能制定法律。他也列举了反对意见,反对者依据《教会法律类编》第二编的记载"法律是人民的一种决定,是年长者与平民一起订立的",据此断言不是每个人都能订立法律。阿奎那的答复是:"法律首先并主要是指向公共利益。使一个东西指向公共利益,乃是全体人民或代表全体人民者的任务。因此订立法律的事,或是属于全体人民,或是属于管理全体人民的公务人员。"[5] 私人无权制定法律,只能劝诫、引导、建言。其效果也不外乎姑妄言之、姑妄听之,不具有强制性。阿奎那同时也提请人们注意亚里士多德在其《伦理学》中所说的,为有效地促使人们修德,法律应该具有强制力。全体人民和公务人员有惩罚的权力,这一权力的最佳表现是制定法律,并强制执行。法律作为规则和尺度,必须公开颁布。"以颁布方式使这些人知道有这法律便是施用。为此,颁布是使法律生效的必要条件。"[6] 法律对制定

---

[1] 阿奎那:《神学大全》,第4页。
[2] 赛班:《政治学说史》,第271—272页。
[3] 阿奎那:《神学大全:第六册(论法律与恩宠)》,第4页。
[4] 同上。
[5] 同上书,第5页。
[6] 同上书,第7页。

规范者和被规范者都有效，用今天的话来说就是在法律面前人人平等。

阿奎那给法律的明确定义是："法律无非是由团体之负责人，为了公共利益所颁布的理性之命令。（按：拉丁文原有次序，即本题四节之次序：理性之命令，为了公共利益，由团体负责人所颁布的。）"[1] 赛班指出，阿奎那为法律所下的完整定义，"把古代的信仰变成了'真正的法律'，并从一开始就为之注入了基督教的传统，使用了亚里士多德的专门术语，同时又不使这些术语具体涉及城邦国家。这一传统在任何基本的方面都没有变化，但亚里士多德的学说却提供了一个比较系统性的表达方式"[2]。换句话说，阿奎那为法律所下的定义，是基督教传统加亚里士多德部分思想，没有了亚里士多德的系统性，却适用于阿奎那时代。

2. 四分法

在阿奎那哲学中，法有四种类型，它的次序同样从高到低。阿奎那四分法的名称分别是：永恒法、自然法、神法、人法。

（1）永恒法

是否有永恒法，阿奎那肯定地回答是有。在《神学大全》第一册第四题《论天主的完美》一节，阿奎那用亚里士多德的"四因说"，证明上帝的完美。他指出，因为上帝是宇宙的第一因，因而是 Being（台湾版译作"有"）或者是存在本身，就是一切，因为上帝是一切的原因。上帝"是本然或因自己而自立存在的（per se subsistens）存在本身。因此，祂必然在自己内具有存在的全部完美。……'天主不是以某种方式存在，而是在自己内绝对地、无限地、不变地统括完整的存在。……''上帝是所有自立存在者的存在'"[3]。上帝是完美的、至善的、无限的、不变的、永恒的和唯一的。

宇宙受上帝管理，也就是说，宇宙为上帝的理性所管理。"故此，掌管万物的天主之理，有如宇宙的首长之理，具有法律之意义。但因了天主

---

[1] 阿奎那：《神学大全：第六册（论法律与恩宠）》，第7页。
[2] 赛班：《政治学说史》，第272页。
[3] 阿奎那：《神学大全：第一册（论天主一体三位）》，第54页。

的理性不是在时间内思想什么,而按《箴言》第八章23节所说的,天主的思想是永恒的,所以该说这种法律是永恒的。"[1] 按照赛班的解读,阿奎那所说的永恒法,"实际上同上帝的理性是一回事。它是神圣智慧的永恒计划,万物就是根据它来安排的。这一法律本身超乎肉体本性之上,而且它的全部内容是人类所难以理解的"[2]。

人作为被造,只凭自己拥有的自然理性,不可能认知上帝。人的理性可以认知自然,认知可感世界。但是,通过可感世界,并不能看见上帝的本质或本体;因为被造物是果,而上帝是第一因,能力是不相等的。因此,被造物作为部分,作为有限,作为结果,不可能认知上帝。认知上帝,不是凭借理性,而是凭借恩宠,获恩宠者必须是善人。而自然理性是善人和恶人都具有的。尽管如此,"我们在今生还是不知道天主是什么"[3]。正因为如此,人同样不可能完全知道上帝的法则。上帝的法则是自立自持的存在,是无限、永恒、不变、唯一、善的。人能略知一二已经是恩宠。"我们大致知道上帝要我们过守法的生活,因为神律甚至在时间开始前就主宰一切。我们居住的宇宙是有时间性的,是暂时的;上帝之心能创造时间,但不可能为时间所限。因此可知,神律有些部分除非上帝直接传达,否则人永远不可能得知,而且上帝传达之信将十分特殊,一般人甚难了解。"[4] 尽管如此,永恒的法、上帝的法是宇宙秩序、人类道德以及社会正义的最终依托。法的核心是寻求正义,上帝之法——永恒的法,是正义的终极原因。

(2) 自然法

是否有自然法的问题,如同其他问题一样受到质疑。阿奎那归纳出三种质疑:第一,人受永恒之法管理已经足够。持这一反对意见者的依据是奥古斯丁《论自由意志》第一卷第六章所言:永恒的法是使事物有条不紊的法律。永恒的法已经无所不在,无所不能,所以不需要也没有自然

---

[1] 阿奎那:《神学大全:第六册(论法律与恩宠)》,第9页。
[2] 赛班:《政治学说史》,第270页。
[3] 阿奎那:《神学大全:第一册(论天主一体三位)》,第54页。
[4] 约翰·麦克里兰:《西方政治思想史》,彭淮栋译,海南出版社,2003年,第139页。

法。第二，法律使人的行动指向某种目的，这不是靠天性或自然，而是靠理性和意志，由此的结论是人没有自然法。第三，一个人越自由，就越不受法律管制。人有自由意志，是动物中最自由的。动物不受自然法管制，所以人也不受自然法管制。

对这些质疑的反对意见认为，《罗马书》第二章第14节有一句话：外邦人"虽然没有写出的法律，但是有自然法律"，依此断定，有自然法存在。

阿奎那的立场是，有自然法存在。"法律既然是规则和尺度，可以按两种方式存在于东西内：一是在规范者和度量者内，一是在被规范者和被度量者内。其所以被规范和被度量，是因为分有规则和尺度。"[1] 既然一切被造物都受永恒法律的管辖，那么，所有的被造物都多少分有永恒法。它表现在目的论上，用阿奎那的话说就是由于永恒法律的影响，每个东西都有属于它的行动和目的。而万物之中，人作为理性的被造，分有照管能力，照管自己的其他的东西。人的行动和目的具有自然倾向，因而分有永恒的法律，被人分有的永恒法律，被称作自然法。自然法律就是上帝赐予的自然理性之光，使人分辨善与恶。"因为自然理性之光明，无非就是天主之光明在我们内的印记。由此可见，自然法律无非就是有理性之受造物所分有之永恒法律。"[2] 简单地说，自然法不是永恒法以外的东西，而是对永恒法的分有。所有的受造物，都以自己的方式分有永恒法，人因为有智慧和理性，所以，人是以理性分有永恒法，这一被分有的法在人身上，被称作自然法。赛班对阿奎那这一思想做了一个简单地概括："自然之法，大概可以描述为神圣理性在受造物中的一种体现。它在自然界为一切生物所牢固确立的这样一种倾向是显而易见的，即寻善避恶、保护自己，并尽可能完善地过一种适合其天资的生活。"[3] 自然法是上帝赐予人的理性的产物。人的理性使人希望过一种良善的、正义的、美好的生活。人的理性就是人的天性，或者说自然本性。他的自然本性分有上帝永恒的

---

[1] 阿奎那：《神学大全：第六册（论法律与恩宠）》，第10页。
[2] 同上，第11页。
[3] 赛班：《政治学说史》，第270页。

法律,因而人服从永恒的法律,也服从自然法。

从阿奎那的阐释可以看出,自然法有如下内涵:信仰、理性、自然本性、分辨善恶。自然法最终是寻求善的生活。自然法不外乎道德与正义。"道德若非就是自然法,也是自然法的主源,而两者背后是上帝的律法。"[1] 奥克利指出:

> 阿奎那的立场基本上可以表述为:存在一种永恒法,存在一种内在秩序,将所有的被造物指向它们被指定的目的。这些目的源自上帝据以创造这些事物的神圣理念、形式、原型或模式。就以下这样的人类而言——他们在其本质上被创造为一种理性的、道德的存在,依其与上帝类似的理性,成为有关善的神圣理念的参与者,与上帝一起成为(用莱布尼茨的话来说)"共同的正义共同体"的共同成员——永恒法被称为自然法。[2]

人所分有的永恒法就是自然法。

(3) 人法和神法

按照奥古斯丁的观点,永恒法使事事皆有条不紊,自然法不过是被分有的永恒法,既然如此,还需要有人法的存在吗?阿奎那的回答是,这是必须有的。

> 法律是实践理性的一种指示。实践理性与鉴赏理性之程序相似,……二者皆是从一些原理达到一些结论。在鉴赏理性方面,是由自然就知道的不可证明之原理,产生出各种知识之结论;人不是自然就知道这些结论,而是由理性找到的。同样,自然法律之命令,有似共同的和不可证明的原理,也要人的理性由它们出发,进而确定比较个别的事情。由人之理性找出的这些个别的配合,若合于前面第九十

---

[1] 弗朗西斯·麦克里兰:《西方政治思想史》,第144—145页。
[2] 奥克利:《自然法、自然法则、自然权利:观念史中的连线与中断》,第77页。

题第二至第四节所讲之法律的性质,就称为人为的法律。[1]

这一大段话,旨在于表明,人定法是必须的。

阿奎那提出三点解释:第一,人分有永恒法,只是自然地知道永恒法的一些原理,并不知道永恒法所含有的关于个别事件的指示。而且自然法像鉴赏法一样,是从理论到结论,并不涵盖如何与个体对等的法律。而法律属于实践理性(不是康德意义上的实践理性,仅指应用而言),是要用的,因而,自然法必须细化、具体化,这样才能够应用。"故此,人的理性须进一步订立个别的法律。"[2] 第二,"人的理性本身不是万物之尺度,但是理性自然具备的原理,却是其一切行为的普遍规则和尺度。"[3] 第三,实践理性是关于行为的,而行为是个别的、偶然的。因此,人的法律不可能像逻辑那样万无一失。

人法,也被西方法学界称作人类实定法。人法,在当时通常被分为万国法和市民法。"在一种意义上,他把这种法律视为特殊的法律,因为它只调节单一种类受造物的生活,因此它必须特别适用于这一种类的特有属性。在另一种意义上,可以说人类之法并未提出任何新的原则。它只不过是把通行于整个世界的较高等级的原则应用于人类而已。"[4] 原则是永恒法和分有永恒法的自然法提出的,人的法律只不过是将这些原则具体化、细化而已,它并没有提出,也不可能提出任何新的原则。"因此,总体来说,可以把人类之法称为自然之法的必然结果,对于自然之法,只需要使之明确和有效,以便应付人类生活中的紧急事件或是人类生活的特殊情况就行了。"[5]

神法(也有译作天主的法律),即神圣实定法。阿奎那指出:"为指导人的生活,除了自然法律和人为法律以外,还需要有天主的法律。"[6] 他

---

[1] 阿奎那:《神学大全:第六册(论法律与恩宠)》,第12页。
[2] 同上书,第13页。
[3] 同上。
[4] 赛班:《政治学说史》,第271页。
[5] 同上书,第272页。
[6] 阿奎那:《神学大全:第六册(论法律与恩宠)》,第14页。

提出四点理由：第一，人是以永恒的幸福为目的，这个目的超出人的自然能力范围，因而在自然法和人定法之上需要有上帝赐予的法律，指导人奔向自己的目的。第二，人的判断能力有限，并不十分准确，尤其是在个别和偶然事件上更是如此。人们经常遇到各持己见、意见不一的情况，有时甚至产生不同的法律。为了使人知道什么应当做，什么不应当做，需要上帝的法律指导他们的行为。上帝的法律是不会出错的。第三，人定法只限于人能判断的事情，只能判断外表的明显行为，不能判断内心的行动，所以需要上帝之法扶助。第四，人定法不足以禁止和惩罚一切恶事。按照奥古斯丁的说法，如果净除一切罪恶，势必同时破坏许多善。为禁止惩罚一切罪恶，需要有禁止一切罪恶的上帝予以协助。这里所说的神法是指《圣经》的诫命，阿奎那称作上帝的新法和旧法，即新约和旧约。神法有三个特性：一、法律以公共利益为目的。利益分两种，一种是感官的和现世的，旧法（旧约）谋求的就是这种利益；另一种是精神和天上的利益，这是新法（新约）所谋求的。二、法律按正义指导人的行为。旧法约束人的手，新法约束人的心。因而新法优于旧法。三、法律应该促使人遵守诫命。旧法是靠人对惩罚的畏惧而使人守法，新法是靠爱。

人定法和神法是"上帝之物当归上帝，恺撒之物当归恺撒"的衍生物。生活在世俗世界的人，一方面，遵守人定法律意味着在世俗社会遵守世俗法律；另一方面，作为基督徒，虽然生活在世俗社会，但同时也必须遵守《圣经》的诫命。

第六章　中世纪晚期和近代早期的自然法

中世纪晚期和近代早期的自然法思想，以格劳秀斯和普芬道夫最为精彩，其自然法理论既有对中世纪自然法的传承，亦预示近代自然法的到来。

一、格劳秀斯：自然法与自然权利

1. 自然法思想

格劳秀斯（Hugo Grotius, 1583—1645 年）被西方学者誉为"国际法之父"（the father of international law）。"他的著作一直影响着国际政治学的发展，他的设想被当代许多学者所采纳，被冠之为国际政治学的'格劳秀斯传统'。"[1] 他在国际政治领域的价值，取决于他对国际法（the law of nation）的总体说明。自 1625 年始，格劳秀斯就致力于寻找抑制战争的方法。他认为，战争的目的是和平，但是，和平法不能有效地抑制人的暴力，唯有以自然法为支撑的国际法，才是控制战争、确保未来和平的有效方法。

---

[1] Amanda Russell Beattie, *Justice and Morality: Human Suffering, Natural Law and International Politics*, Farnham: Ashgate, 2010, pp.32-33.

于是，在格劳秀斯思想中，战争法、国际法、主权、主权国家间的关系等问题的第一前提，就是自然法。这也决定了格劳秀斯的自然法，势必与如下问题相关联：第一，战争的正义性；第二，正义战争的标准；第三，国际法条约的竞争力、解释，国际法的主体；第四，战争的合法性，以及如何通过军事条约和其他方法确保和平的实现。

解决这些问题，需要一个国际性的权威机构。不过，在格劳秀斯时代，神圣罗马帝国和教会都不再是一个权威性的国际机构。时代面临着重新建立权利共同体的问题，而这些需要对国际法的共识。这意味着真正的国际法，必须建立在坚实的基础上。这个坚实的基础，在格劳秀斯那里就是自然法。

从战争问题出发探讨自然法，实际上是从人性恶的前提出发寻求善。自奥古斯丁以来，基督教世界认为战争是人出于自己的意志，出于自己的欲望和利益而采取的行动，这是属地之争的恶。战争既是罪恶的结果，又是对罪恶结果的一种补救，真正邪恶的不是战争本身，而是战争中的暴力倾向、残忍的复仇、顽固的敌意、野蛮的抵抗和权力的欲望。所以，如果战争是不可避免的，也要抱着仁慈的目的进行战争，不能过分残忍，这是在恶中寻求善。由此派生出一个战争准则，即使用暴力的分寸或尺度。

学者们通常把奥古斯丁关于战争的看法做如下归纳：第一，上帝是基督徒参与战争的权威。基督教依照上帝的意图，为保卫地上之城，保卫家园，保卫公益、秩序而战，这是正义的战争。换句话说，基督徒只能参与正义的战争。第二，依照上帝意图参与战争不违反戒律。第三，战争的目的是和平，而不是杀戮。基督徒应为和平而战。第四，正因为如此，战争的目的是仁慈的，因此，战争中不可过分地使用暴力。现代战争理论通常把它称作比例相称规则（The proportionality rule）。比例相称是正义战争理论的基本要求，"比例相称原则要求，对平民的伤害，相对于预期的军事收益，绝对不能过多"。[1] 这些战争原则的来源，除了上帝的意图之外，就是凭借人的理性，而理性在奥古斯丁学说中，就是指人的自然本

---

[1] John Mark Mattox, *Saint Augustine and the Theory of Just War,* London: Continuum, 2006, p.48.

性。依据理性的原则参与战争，就是依据上帝的准则参与战争。这些看上去与自然法无关。

格劳秀斯指出：

> 在拉丁语中，代表"战争"一词 Bellum 来源于一个古老的单词 Duellum，即"决斗"（Duel）。……在古希腊语中，通常被用来指战争的 πολεμο 一词，其原意是指多数人的意见（an idea of multitude）。古希腊人也把战争称作 λυη，其意思是指众人意见"不和"（Disunion）。这正好与 δυη 一词所表达的意思相同，两者都是指组成一个整体的各个部分的"分裂与解体"（Dissolution）。[1]

按照格劳秀斯的看法，这一种对战争的定义，并不包含正义的因素，只说明了什么是战争。他想做的是"把战争本身与战争的正义性区分开来"。[2] 格劳秀斯表示，他探讨的问题是，是否所有的战争都是正义的？什么造就了正义战争的正义性？

在格劳秀斯看来，正义（right）首先是一种社会关系状态，发生在社会关系中，可以发生在平等者之间，也可以发生在不平等者之间（不同等级间）。其次，正义（right）指个人所具有的一种道德品质。如果这种道德品性没有缺陷，就被称作天赋（faculty）；如果有缺陷，就被称作能力（aptitude）。正义（right）包括个人的权力，谓之自由；包括对他人的权力，如父亲对孩子，主人对奴隶；再次，正义又指债权人在债务被偿还之前所保有的抵押权。最后，正义（right）还有另一个意义——法。

如果把正义（right）称作权利时，"这个权利包括那种我们对我们自己所拥有的权力，它被称作'自由'；权利还包括我们对他人所拥有的权力。如父亲对孩子，主人对奴隶；债权人在债务被偿还之前所保有的抵押权"。[3]

---

[1] 胡果·格劳秀斯：《战争与和平法》，A. C. 坎贝尔英译，何勤华等译，上海人民出版社，2005 年，第 28 页。
[2] 同上书，第 29 页。
[3] 同上书，第 30—31 页。

对正义一词的广义理解，正是由"恰当"一词而来。格劳秀斯对于正义的讨论，与他的自然法思想直接相关。在他看来，正义就是不违背自然法，或者受自然法支配。自然法是不可改变的，即便是上帝也不能改变自然法。

既然自然法如此重要，那么它何以可能，或者说它是否存在。格劳秀斯指出，有两种方法可以证明自然法的存在：先验的方法和经验的方法。"前者是相对抽象的证明方法，后者是更为通俗的证明方法。当我们显示某事物符合或者不符合理性和社会性时，我们可以说是在进行先验推理。"[1] 经验的方法不是建立在绝对可靠的证据上，而是建立在或然性基础上，它诉诸普遍同意。使用经验的方法，"任何事物都被推断为与自然法相一致，因为自然法是被所有的国家，或者至少是被相对文明的国家所接受"。[2] 格劳秀斯援引赫西俄德、西塞罗、昆体良等人的观点表明，经验的方法证明，自然法取决于所有国家的同意。西塞罗所说的"所有国家的同意无论如何都应当被认为是与自然法相一致"[3]，被格劳秀斯当作这一论点的重要佐证。

作为阿奎那传统的延续，格劳秀斯也认定，自然法是出自人类本性，出自理性，它提出了人与生俱来的权利。自然法是不变的，因而人与生俱来的权利也是不变的，这是天赋权利的委婉表述。自然法所持的人的权利是个人权利。人定法以自然法为基础，但人定法是可以变化的。自然法和人定法的关系，是道德（关于正义）和法的关系，也是个人权利和公权力之间的关系。

格劳秀斯关于自然法的讨论，力求寻找战争及其正义性的准则。某种意义上可以说，格劳秀斯是在不得不为恶——战争——的问题上，寻找可能的正义，正义即善。因此，西方学者通常认为，就字面意义而言，格劳秀斯是在讨论战争问题，然而，由于他的着眼点不在于战争，而在于战争的正义性和如何寻求和平，如何通过国际法确立战争不可逾越的度。在这一意义上，可以说，格劳秀斯的自然法真正关注的是人性问题。

---

[1] 格劳秀斯:《战争与和平法》，第36页。
[2] 同上。
[3] 同上。

综上所述，格劳秀斯的自然法蕴含着如下几个要点：第一，自然法是人的理性的正当的命令。第二，自然法是正义的基础。第三，自然法是寻求善的法则，因此，自然法亦是道德法。第四，自然法来自个人权利，亦有学者认为，格劳秀斯试图"用更为现代的自然权利学说，代替更为古老的自然法观念"[1]。第五，自然法是人的自由。第六，自然法是永恒的、不变的，任何力量，包括上帝，都改变不了自然法。"自然法是如此不可改变，甚至连上帝自己也不能对它加以改变。尽管上帝的权力是无限广泛，然而有些事物也是其权力延伸不到的。因为这些事物所表达的意思是如此的明白，以至于不可能有任何其他的理解，否则就会发生矛盾。"[2]

最后这段引文，在当时的西方学界引起轩然大波。塞缪尔·普芬道夫（Samuel von Pufendorf，1632—1694）斥责格劳秀斯的学说是"一个亵渎上帝的愚蠢学"，因此，他果断地加以弃绝。巴贝拉克（Barbeyrac）为格劳秀斯辩解说："他所引发的'亵渎上帝的假设'，在他作为道德现代性与法理现代性之开创者的标准形象上，找到一席之地……人们将他看作是在漫长而黑暗的中世纪冬季后，打破坚冰并驱散'长久以来一直笼罩在这个世界上的厚重阴云'的一位英雄人物。实际上，正是他造就了一种新的、体系化的'道德科学'。"[3]

2. 对格劳秀斯的几种评价

无论人们怎样评价格劳秀斯，他的历史地位是没有什么争议的。正如特伦斯·埃尔文（Terence Irwin）所说："普芬道夫、巴贝拉克及其后的一些作者，把格劳秀斯视为与众不同的自然法近代理论的奠基者，尽管对于他的地位有什么独特之处，看法并不一致。他们不仅把他的理论看作是一种创新，而且视为一种发展。"[4] 格劳秀斯自然法学说引发诸多质疑和争

---

[1] 弗朗西斯·奥克利：《自然法、自然法则、自然权利：观念史中的连续与中断》，第68页。
[2] 格劳秀斯：《战争与和平法》，第33页。
[3] 奥克利：《自然法、自然法则、自然权利：观念史中的连续与中断》，第67页。
[4] Terence Irwin, The Development of Ethics: A Historical and Critical Study, Vol.II (From Suarrez to Rousseau), Oxford: Oxford University Press, 2008. p.88.

论，其中最重要的问题是：格劳秀斯的自然法，是否与古典自然法和中世纪自然法决裂，或者断裂。

埃尔文指出："巴贝拉克[1]虽然赞扬格劳秀斯是一个开拓者，不过他承认，格劳秀斯并没有完全摆脱亚里士多德和经院哲学的错误。"[2] 巴贝拉克的这一见解，对于当时评价格劳秀斯与亚里士多德和经院哲学关系的学者颇有些影响力。他们认为，格劳秀斯并没有从总体上否定经院哲学，他也没有指出这些经院哲学家的权威们在自然法问题上有着根本的错误。在巴贝拉克看来，经院哲学有严重的错误，不值得从他们的学说中萃取真理。而格劳秀斯则持相反的态度，他认为经院哲学所持的真理多于错误，值得我们努力从中萃取有价值的东西。巴贝拉克认为，格劳秀斯关注那些基督教作者，他们对古典哲学资源采取兼收并蓄的态度，汲取散落在不同作者中的真理的内涵。其实就是说，格劳秀斯对经院哲学家的思想持温和态度，持兼收并蓄的立场。

埃尔文认为，这类评论并没说格劳秀斯从总体上否定前辈的观点，毋宁说，他主张接受经院哲学家们普遍认同的观点。埃尔文对格劳秀斯与先驱者的关系持肯定态度，他将格劳秀斯与苏亚雷斯[3]加以对比，以证明自己的观点。

埃尔文敏锐地看到，格劳秀斯从自然法出发，进而肯定自然权利存在

---

[1] 1674年，巴贝拉克生于法国贝济耶的一个离散的胡格诺派教徒（Huguenot Diaspora）家庭，幼年时随家人从天主教的法国逃到了加尔文主义的瑞士，接着又跟随其他法国新教逃亡者移居德国。他在奥得河畔的法兰克福接受教育后开始从事教书职业，1706年和1707年他分别翻译出版了普芬道夫的法文版《论自然法和国际公法》（*Le Droit de la Nature et des Nations*）和《人和公民的自然法义务》（*Les devoirs de l'homme et du citoyen, tels qu'ils lui sont prescrits par la loi naturelle*）。这不仅使他获得了巨大的学术声誉，而且也为他赢得了洛桑学院的"自然法与历史"的教授席位（1710—1717年）。1717年，巴贝拉克开始在荷兰的格罗宁根大学任教，直至1744年去世。在去世之前，他还翻译并评注了格劳秀斯和坎伯兰（Richard Cumberland）的主要著作。参见杨天江的文章：《巴贝拉克：改造普芬道夫》，《中国社会科学报》，2016年08月24日。
[2] Terence Irwin, *The Development of Ethics: A Historical and Critical Study*, Vol.II, p.88.
[3] 弗朗西斯科·苏亚雷斯（Francisco Sudrez，1548—1617年）是西班牙耶稣教神学哲学家。他主要在西班牙和意大利的萨拉曼卡（Salmanca）、罗马和科英布拉（Coimbra）教书。他著有《论法律》（1612年）、《三位一体》（1606年）、《灵魂》（1612年）。他最著名的作品是他的54篇辩论，或称论文，汇总成著作《形而上学的争论》（1597年）。人们认为这本书影响了17世纪的笛卡尔、莱布尼茨和格劳秀斯，以及19世纪的叔本华。继亚里士多德之后，苏亚雷斯按照欧洲传统哲学体系，对形而上学进行了扩展，但不是对亚里士多德学说的直接评述。

的结论，认定这种权利来自人内在的法则。"这些法则之所以是内在的，不仅因为我们生来就知道它们，而且因为它们适合做与我们本性相关的理性代理人。若要证明某些东西属于自然权利，我们需要表明，它与理性和社会性必然相对应或者不相对应。"[1]

当格劳秀斯表明上帝也无法改变自然法时，他意识到自己有可能受到渎神的指控。格劳秀斯辩白说："事物在其性质和存在形态上的内容，只取决于它自己，所以某些特性是与其存在和本质密不可分。其中的一类就是某些行为的邪恶性，这正好与理性存在物本性相对立，因而上帝自己也得让其行为受该规则裁判。"[2] 埃尔文对这一立场进行了分析，他强调，格劳秀斯说这番话只是在讨论自然权利问题，他说："当他问是否有自然权利时，他实际上是在问，（抛开立法）某物是否天生是正义的；肯定有某种东西天生是正义的，他反对卡尼阿德斯（Carneades）的怀疑主义立场。如果他关于自然权利的主张只意味着某种东西天生是正义的，而不是神的立法，那么他与苏亚雷斯一致。"[3] 格劳秀斯在这一意义上思考"权利（ius）"时，这个权利等同于"法（lex）"。格劳秀斯认为"自然权利——被理解为法——包括两个要素：某种行为在道德上的错误和必然性，依据它是否与理性的本质相对应，以及神是否禁止或者命令而定。因此，当他把自然权利当作法时，他就需要神的指令"。[4] 埃尔文认为，这一点也与苏亚雷斯一致。

埃尔文也为格劳秀斯被指控渎神进行了辩解，他指出："尽管格劳秀斯相信，没有法，没有上帝的立法意志，依然有自然权利，但是，他并不相信上帝的存在与道德要求不相干。因为我们知道，上帝存在，并且提供奖惩。如今格劳秀斯提供了一些不同的方式，把上帝的意志和权利问题联系起来。"[5] 在埃尔文的看来，不能指控格劳秀斯渎神，因为，虽然格劳秀斯把自然法以上帝分离，给予自然法以独立性，但是，他转身在探讨意

---

[1] Terence Irwin, *The Development of Ethics: A Historical and Critical Study*, Vol.II, p.89.
[2] 格劳秀斯：《战争与和平法》，第 34 页。
[3] Terence Irwin, *The Development of Ethics: A Historical and Critical Study*, Vol. II, p.90.
[4] Ibid, p.91.
[5] Ibid.

志法时,重申上帝独一无二的作用和地位。

格劳秀斯认为,意志法是由意志而生的,要么是人类的意志,要么是神的意志。由人的意志而生的法,就是当时所说的公民法、万国法等。神意法意指"该法来自于神灵的意志,这使他与自然法区分开来。不过,自然法也是'神意法'"。[1] 上帝晓谕给人类法律,分为三个阶段:上帝造人后即刻发生;大洪水后的人类;耶稣壮观的复兴开始时。这三个阶段的法律约束所有的人。因此,凡是法律所允许的,既是上帝的神意,也是与自然法不相违背的。至少在基督教是这样。

由自然法引起的自然权利,与上帝相关联。埃尔文认为,在格劳秀斯著作中,有三方面可以证明这一点:"(1)权利有另外的起源,除了自然以外,还有我们必须服从的上帝的自由意志。(2)甚至来自人本身的法则,也应当归于上帝,因为上帝愿意让这些原则存在于我们之中。(3)正是凭借上帝赋予人类的法律,去指引没什么推理能力的人们,从而使这些原则在我们中显现出来。"[2] 总而言之,埃尔文认为,格劳秀斯是一个温和的学者,他对中世纪学者的成就持包容态度,他不认为中世纪思想是完全的恶,一无是处,正因为如此,他从前辈学者那里汲取了许多有益的思想。他找出格劳秀斯与苏亚雷斯的若干相似点,以期证明格劳秀斯的自然法思想是中世纪思想的延续。这种延续说是颇有些拥戴者的。

赛班认为,格劳秀斯所处的时代,基督教式微,教会权威、《圣经》权威,以及任何形式的宗教启示,都不可能建立起法律基础,以约束并指导新教、天主教,基督教和非基督教国家间的关系。"格劳秀斯基于他的人文主义素养的背景,又回到他在古典作家那里找到更古老的前基督教的自然法传统,乃是很自然的事情。"[3] 这个更古老的传统指古希腊罗马传统。可以说,这是一种委婉的断裂说,即格劳秀斯的自然法理论,继承了文艺复兴的传统,回到希腊寻找破解当下问题的钥匙。赛班认为,格劳秀斯自然法理论的重要性,不在于他所赋予的内容,因为他在这方面不过步

---

[1] 格劳秀斯:《战争与和平法》,第38页。
[2] Terence Irwin, *The Development of Ethics: A Historical and Critical Study*, Vol. II, pp. 91-92.
[3] 赛班:《政治学说史》,第439页。

古代法学家的后尘；他的重要性在于治学方法。他提供的几何学方法，在17世纪被视为科学方法。虽然他的理论同古代学说一样，将自然法学说诉诸理性，但是，他所赋予理性精确的含义是古代自然法根本无法企及的。"这正是格劳秀斯受到人们赞誉的特质。他像数学家一样，特别申明他不想再考虑每一个个别的事实。……他打算像数学上的成功论证，或者像伽利略对待物理学那样对待法律问题。"由于这种方法论观念普遍流行，"十七世纪成了法律和政治学的'论证体系'的时代，目的在于使一切科学——自然科学和社会科学——尽可能地同化为一种据说能够证明几何学确实性的形态"。[1] 自此，自然法理论把规范性要素，如公正、真诚、公平等超验价值，引入了法学和政治学，通过这些价值标准判定成文法的好与坏。这是迈向法律道德化的关键一步。

赛班的结论是：总体而言，格劳秀斯的自然法观点是柏拉图式的。"自然法是一种'理念'、一种理型或模式，就像完美的几何图形一样，现实存在物则与之近似，但它的有效性并不取决于与事实的一致。"[2] 这一结论等于说，格劳秀斯的自然法观点回到希腊，这是文艺复兴传统的延续。赛班提出了问题，认为格劳秀斯混淆了逻辑的必然和道德的必然。自然法体系认为，他们那些不证自明的命题，至少在某些场合具有规范性，树立了"是什么"和"应当是什么"的理想标准。然而，"是什么"是事实的描述，而"应当是什么"是价值判断。"几何学原理的必然性和法律应具有的必然性，是非常清楚的两种不同的必然性。"[3]

列奥·施特劳斯认为，格劳秀斯著作的核心思想是：人生来是理性的、社会性的动物。格劳秀斯正是从这一角度出发，来理解和认识人的权利和政治社会的。施特劳斯尤其看重格劳秀斯关于自然法与人的权利的关系，以较大的篇幅讨论格劳秀斯关于人的权利问题。权利的第一个含义是公正。他认为，格劳秀斯是以西塞罗及塞涅卡的观点为其理论依据，因而认为"当人的行为符合社会的愿望，并与社会所喜闻乐见的行为相合拍的

---

[1] 赛班：《政治学说史》，第442页。
[2] 同上书，第444页。
[3] 同上。

第六章　中世纪晚期和近代早期的自然法

时候，这种行为才是公正合情理的"。[1] 权利的第二个含义是人的禀赋，或者说是人之所属，通常指拥有或做什么事的正当权力。施特劳斯认为，有些学者把格劳秀斯所说的自主权、主奴权、父子权及财产权中的自主权，视为一种主观权利的思想是真正现代思想的前身；认为它抛开人的某种客观属性，如统治者、父亲或土地所有者不言，人仅仅作为一个纯粹的人就拥有天生的"权利"。不过，施特劳斯认为，这只能算作是向主观权利完整思想道路前进了一小步。他认为："主观权利思想的哲学意义上的阐述，进而对我们现代所说的个人主义的哲学意义上的阐述，始于托马斯·霍布斯。"[2] 权利的第三个含义是法律，也就是行动的准则。在这一基础上，格劳秀斯从法律的角度将权利分成两种：自然的和意志的。前者是自然法，后者分为两类，人法和神法。对此，施特劳斯只是简单地加以说明。施特劳斯对于格劳秀斯与西塞罗关系的主张，与赛班有异曲同工之效，他们都认为格劳秀斯思想不是中世纪思想的延续，而是回到希腊罗马。赛班强调，格劳秀斯用更为现代的自然权利学说代替了自然法的观念，这个观念对英语国家颇有影响力。奥克利这样概括格劳秀斯的影响："这个总体形象在17世纪就已经流行开来。虽然格劳秀斯的一些同代人对此提出质疑，但经过长时间的起起伏伏，直到今日，在有关这个形象的这种或那种说法中，这一形象证明了其自身非凡的生命力。"[3] 赛班主张，格劳秀斯使自然法摆脱了宗教权威，从而摆脱了加尔文主义中有关神的最高权力的体系。格劳秀斯的自然法与经院哲学思想模式决裂的说法，使格劳秀斯的形象更具现代性。

霍赫斯特拉瑟（Hochstrasser）认为："当把自然法重新描述为一种主观的自然权利时，这为它带来了一种焦点的转变，从对世界的形而上学理解转向对个体的人类学理解，同时一举取消了要把对'自然状态'的思考作为人性基础的任何要求，而且也降低了道德知识的源头在上帝还是在人

---

[1] 施特劳斯、克罗波西主编：《政治哲学史》上，第457页。
[2] 同上。
[3] 奥克利：《自然法、自然法则、自然权利》，第68页。

的认识论讨论的思想意义。"[1]

奥克利对决裂说的概括，或许值得关注。他认为，关于格劳秀斯的现代性或者与经院哲学的决裂，究竟是什么性质的，评注者们似乎并无一致的看法。"对有些人来说，这与格劳秀斯自然法教诲的内容有关；对另一些人来说，这与其独特法理学方法中的演绎理性主义有关。无论如何，无论你采取哪个立场，即使最激进的怀疑论者，也不会愿意主张，格劳秀斯的思想中根本就不存在任何新颖的地方。"[2] 但是，奥克利在这一番宏论后，笔锋一转道："格劳秀斯确认自然法终极基础的方法，不存在任何真正的新颖之处，实际上，正是他对那个亵渎上帝假设的使用，非常清楚地说明了，他缺乏新颖性。"[3]

二、普芬道夫：社会性是自然法的基石

1. 普芬道夫是一个不可规避的人物

詹姆斯·图利（James Tully）是普芬道夫《人和公民的自然法义务》一书的英译者，他为《人和公民的自然法义务》一书撰写的"英文版编者导言"，是一篇非常不错的论文。他用简洁的文字，清楚勾勒出普芬道夫作品的要旨、特色、影响和问题，很值得一读。译者认为，普芬道夫的政治哲学和道德哲学著作，力图以普遍原则或自然法为基础，全面分析和阐述近代欧洲的政治和道德。译者指出，普芬道夫的思想无论在其生前，还是其后的启蒙运动高光时期，始终为欧洲思想界和学术界所关注。洛克、莱布尼茨、维柯、卡尔迈克、沃尔夫、哈奇森、休谟、亚当·斯密等思想家，都劳神费力地给予批评和辩论。这些赫赫有名的挑战者在批评他的同

---

[1] 霍赫斯特拉瑟：《早期启蒙的自然法理论》，杨天江译，知识产权出版社，2016年，第7页。
[2] 奥克利：《自然法、自然法则、自然权利》，第68页。
[3] 同上书，第69页。

时，也接受了他的一些思想线索，并把这些线索编织进现代政治思想中。[1]

1706年，《论自然法和国际公法》和《人和公民的自然法义务》法文译者巴贝拉克，在译者序中也将洛克列入普芬道夫的批判者名单。

1798年，加尔维（Christian Garve）在其《道德哲学体系》的概述中，甚至没有提及休谟，却用一章专门讨论普芬道夫的学说。但是，也有德国学者将普芬道夫视为格劳秀斯的小跟班，将其一带而过。

当代西方颇具影响力的伦理学家施尼温德（J. B. Schneewind）[2]这样描述说，普芬道夫的伟大著作，无论是完整版的《论自然法和国际公法》，还是简版的《人和公民的自然法义务》，一经问世，便引起欧洲大陆的广泛关注，它们被译成多种欧洲国家的语言，再版无数次，并被作为欧洲大陆和美洲殖民地新教大学的教科书。

笔者之所以叙述施尼温德这段话，是因为这种现象一直延续至今。在诸多关于普芬道夫的研究著作中，可以看到一些现象：第一，德国道德哲学家注重普芬道夫的自然法思想与霍布斯、洛克、莱布尼茨等人的关联，特别关注后者对普芬道夫自然法思想的质疑和探讨。他们认为，随着18世纪90年代康德的"自律的发明"，自然法理论逐渐从人们的视野中消失了。第二，注重普芬道夫与格劳秀斯自然法的承袭关系。第三，德国道德哲学家对于普芬道夫的重视，主要出于他对德国启蒙的影响，他们格外关注自然法思想在德国如何止于康德。第四，英语国家对于普芬道夫自然法的看法，往往与格劳秀斯的自然法联系在一起。认为他的思想是格劳秀斯自然法思想进一步发展的德国版本。

总之，认为普芬道夫是格劳秀斯小跟班的学者，将其划作自然法从中世纪向近代转折的人物，认为他的自然法思想既有古典自然法思想的特点，又具近代自然法思想的要素。看重其影响力的学者则认为，他的自然法思想属于近代自然法学派。

---

[1] 塞缪尔·普芬道夫：《人和公民的自然法义务》，鞠成伟译，商务印书馆，2010年，第4页。
[2] J. B. 施尼温德：《自律的发明：近代道德哲学史》上册，张志平译，上海三联书店，2012年，第144页。

批判普芬道夫而形成的学者群体，被晚近的一些学者称作"现代自然法学派"。他们认为，这一自然法学派提出的问题及其解决方案，为卢梭、休谟、亚当·斯密、康德以及之前的德国哲学家提供了基本的理论背景。还有一些人认为，罗尔斯、哈贝马斯的契约论或正义论，依然属于这一学派的传统。

无论如何，在欧洲哲学史上，普芬道夫以自然法为基础的政治哲学和道德哲学，曾经风靡一时。可以说，探讨欧洲近代自然法思想，普芬道夫是一个不可规避的人物。

2. 为自然法划界

普芬道夫对自然法的讨论，始于对义务的探讨。在《人和公民的自然法义务》的"前言"中，普芬道夫开篇便提出，他要用简短清晰的语言，向初学者介绍自然法的基本问题。不过，他并没有即刻谈论自然法问题，第一个问题却从义务问题开始。

普芬道夫指出，义务是指一个人可以做什么和不可以做什么。义务的知识有三个来源：理性、市民法、神的特别启示。理性产生了人类最普通的义务，特别是使人适合过社会生活的社会义务。市民法产生了特定国家的公民义务。神的启示产生了基督徒义务。与三种义务相应，存在着三种不同的法令：自然法、市民法、神学道德。三者间的简单表述为：理性—社会义务—自然法；市民法—公民义务—市民法；神的特别启示—基督徒义务—神学道德，事实上，这就是通常所说的神法。

自然法、市民法、神学道德各自的依据是，自然法的住所是理性，即自然法设定人应当做什么和不应当做什么，依据正确的理性来推定；市民法由立法者所制定；神学道德的最终依据是《圣经》中记载的上帝的命令。熟悉古典自然法和格劳秀斯自然法的读者肯定会发现，普芬道夫的三类法则，都是自西塞罗以来的古典自然法、基督教自然法和格劳秀斯自然法共同拥有的内容，然而这里独独缺少了上帝法。尽管格劳秀斯被指责为渎神，但是，在他的学说中，依然有上帝法的位置。

普芬道夫自己表述说，将各种律令彼此区分开来，是因为它们各自所持的教条不同。例如，若《圣经》命令我们做某事或不做某事，而理性又看不到它的必要性，那么《圣经》的要求就超出了自然法的范围。而且神学律法被认为是神的承诺，以及神与人之间特定的契约关系，仅有理性是无法揭示其内涵的。更重要的是自然法仅适用于现世，以个人与其他人在社会中的共存为前提来塑造人；而神学道德既修现世，更修来世，以成为天国子民为目标，就此而言，人不仅仅是现世的匆匆过客。

普芬道夫为三种律令划定了界限，并且明确了它们之间的关系。市民法以更为普遍的自然法为前提；市民法的内容如果超出自然法，并不能以此指责它违背了自然法；如果神学道德戒律超出人的理性的范围，从而不为自然法所知，也不能认为它们相互冲突。詹姆斯·图利认为，普芬道夫划定的自然法界限，"一方面使自然法研究和实践与市民法学和市民法制度划清了界限，另一方面使自然法研究和实践与道德神学和神法划清了界限"。[1] 按照图利的看法，普芬道夫如此划定自然法与市民法和道德神学的界限，旨在于维护其理论免受律师和神学家的批评。而在理论上，划界的结果是"构建了一门特殊的法学，或者说一门以法律为中心的道德和政治哲学学科"。[2] 普芬道夫的批评者们都意识到，格劳秀斯、霍布斯等人都没有如此清晰地划定界限。

霍赫斯特拉瑟认为，这是一种折中主义的方法论，"用作一种解开和重建德国新教与亚里士多德主义之间曲折复杂关系的方法。……这种新方法的主要成果就是17世纪晚期和18世纪早期在德国新教大学中出现的关于神法和人类自然法各自领域的清晰的学科分离，分离的结果是后者不再被视为前者的低级子集"。[3] 虽然在当时，各教派的大多数作家仍然承认，自然法源于神意的创造，但是争论更多的是集中在这些问题上：自然法义务是否仅仅来自这个严格的唯意志论者的源头？或者是既来自上帝，也来自人类共同的道德价值（理性）？这些问题的提出是一个信号，即标示着伦理学与道德神学分离。普芬道夫之所以受到关注，是因为

---

[1] 普芬道夫：《人和公民的自然法义务》，第12页。
[2] 同上。
[3] 霍赫斯特拉瑟：《早期启蒙的自然法理论》，第3页。

在此之前，上帝被视为一切法律的源头。在格劳秀斯以后，自然法的核心被视为人的理性，上帝也无法改变。由此引发的问题是，如果自然法的中心被毫不含糊地视为人的理性，同时坚持人类的实在法都源于自然法，"那么似乎就难以逃避霍布斯用以描述自然状态的那种主观主义。再也没有可资利用的客观标准了"。[1]

分界线的划定除了告诉人们，自然法的研究领域独立于法学研究和神学研究，还明确了一个问题：自然法是一个独立的体系，它的核心概念是普芬道夫独创的概念——社会性。对于社会性的探讨，也是西方学界普遍关注的内容之一，且对于自然法十分重要。

3. 人是激情动物，这便导致人性恶

普芬道夫问道：自然法的特征是什么？它存在的必要条件是什么？尔后，他指出，若想找到答案，需仔细考察人性和人的特征。

普芬道夫对于人性的看法，在西方哲学史上并不是独创。我们之所以谈及他，旨在于为说明普芬道夫的自然法思想做一个简单的铺垫。基督教世界基本的价值取向建立在原罪基础上，这便决定了他们对人性的基本看法——人性恶（原生的恶）。笔者无意再回溯这一漫长的历史，只想提及一点，即最伟大的新柏拉图主义者、对基督教世界曾产生深远影响，且本身又不是基督教思想家的普罗提诺值得我们重视。基督教哲学所说的原生的恶深受普罗提诺影响。

按照普罗提诺的看法，非存在的质料是现象世界的本原。如果把它与超感觉世界联系起来看，太一是本原，质料是结果。这样说似乎也令人费解，太一不是至善吗？它的结果为什么是绝对的恶呢？太一确实自然而然地向下流溢，随着它的流溢，善与光明也被洒向超感觉世界。但是，这种流溢不是无限的。从低级灵魂进入现象世界时起，流溢过程便宣告结束。现象世界由于低级灵魂的进入而享有一定程度的光明与善。然而，作为有形世界本原的质料，却是灵魂不能及的地方。也就是说，质料是灵魂向下

---

[1] 霍赫斯特拉瑟：《早期启蒙的自然法理论》，第5页。

流溢的极限，它的流溢终止于现象世界，而不会继续进入质料世界。因此，质料是光所不能穿透的地方，是绝对的黑暗。因此，物质的欲望是无度的。[1] 在奥古斯丁以前，尽管许多哲学家都谈论恶，但是，唯有普罗提诺把恶当作本体论问题来讨论，而且他对于原初的恶与次生的恶的讨论，证明了人的灵魂为什么必须在太一的光照下才能返回善。不过，普罗提诺哲学体系不是以恶作为切入点的，他的思路依然依循传统的南意大利学派的足迹，以探讨他们心目中最美好的东西——善的足迹为主。探讨恶主要着眼于人如何避开恶，走向善。跟普罗提诺相比，奥古斯丁体系最显著的特征是，他首先关注人为什么作恶的问题。对于恶的问题的研究，是奥古斯丁思想的起点，原生的恶就是绝对的无意义，摆脱无意义，暂住证只有凭借基督教信仰。这些问题我们在前面已经有过论述。

普芬道夫承袭了基督教由原罪出发，认定人性恶的传统。所不同的是，他不像奥古斯丁那样，从基督徒的立场出发阐释问题，而是像格劳秀斯等人那样，从人的自然本性出发探讨问题。他认为："和所有具有感觉的生物一样，人最为珍视自己，并想尽一切办法保存自己，努力获取对自己有用的东西，躲避对自己有害的东西。这一激情是如此强烈，以至于其他所有激情都得让位给它。"[2] 趋利避害是人与生俱来的能力，它是人的一种激情。处于这种状态的人，也被普芬道夫视为物理存在，或者我们所说的肉体存在、自然存在。人是自然界的一部分，人首先是自然存在。

然而，作为自然存在，人的状况比动物更糟糕。"因为很少有其他动物像人这样生下来就如此脆弱。如果没有其他人的帮助，一个人类个体能够长大成熟的话，那将是一个奇迹。……当前人类生活中的一切好处都来自于人们的相互帮助。使人类生活更美好的东西不是来自于外界——伟大而仁慈的上帝除外——而是来自于人本身。"[3] 不过，普芬道夫进一步指出，虽然人具有互助性，但是，这并没有使人变得更好。"具有互助性的

---

[1] 笔者（杜丽燕）在《爱的福音：中世纪基督教人道主义》第5章用较大的篇幅探讨过普罗提诺思想。这里从简。
[2] 普芬道夫：《人和公民的自然法义务》，第80页。
[3] 同上书，第80—81页。

人类却有很多恶习，并且具有强大的伤害能力。他的恶习使得和他相处成为危险的事情，其他人应尽可能地保持谨慎以避免受到他的伤害。"[1] 人类恶习的基础是欲望的冲动。这种欲望的冲动也被称作激情，普芬道夫在行文中，也将二者并列，将其称为激情和欲望。

人受欲望驱动，具有比其他动物更强烈的伤害他人的倾向。引起动物纷争的东西，首先是对食物和性的欲求。但是，这些欲求很容易得到满足，欲望一旦满足便风平浪静。而人就不同了，人想吃得饱，还要吃得好。不论是必需品，还是非必需品，甚至奢侈品，永远没有满足的时候，人的欲望是无止境的。不仅如此，人身上还有许多动物没有的欲望和激情，如沽名钓誉、争权夺利等，这些欲望和激情常常引起人之间的争斗，甚至引起战争，其惨烈程度让动物们望尘莫及。普芬道夫指出，更恶劣的是，许多人身上还有一种特别的欲望：以侵犯他人为乐。他们不惜利用智力、创造力、欺诈、诡计以及种种无所不用其极的恶劣方法发动攻击，使"致人死亡变得非常容易，而这是人最大的自然邪恶"。[2] 人与动物都是欲望体，但是，二者之间最大的差异在于，动物是简单的欲望体，而人是复杂的、多样化的欲望体。人只能在互助中生存，却因自己的激情和欲望所致，充满了攻击性、挑衅性和易怒性，一有机会便去伤害他人。鉴于人的这些特质，为了自己和他人的安全，人必须社会化。由人性恶出发，普芬道夫使人的社会性成为呼之欲出的东西，随之而来的是自然法。

4. 最基本的自然法是尽其所能地保存社会性

所谓社会性是说"和他的同类联合起来，向他们聚拢，这样他们便不会寻找莫须有的罪名加害他，进而变得愿意保护和促进他的利益"。[3] 在社会中，用来保护和促进他的利益的力量，就是社会性法律。"这种社会性法律——教导一个人如何使自己成为人类社会一个有用成员的法律——就是自然法。所以很明显，最基本的自然法是：每一个人都应尽其所能地

---

[1] 普芬道夫：《人和公民的自然法义务》，第81页。
[2] 同上书，第82页。
[3] 同上书，第83页。

培养和保存社会性。"[1]一些西方学者认为,普芬道夫对于人性与社会性的阐释,是试图建立一种道德科学,"它与道德神学完全不同,而与新的演绎科学相类似。强调自然法的科学禀性,受笛卡尔主义和霍布斯影响,是对格劳秀斯志向的一种更新,格劳秀斯试图把数学作为自然法的指导模式"。[2]不是依据神意,而是依据诸如数学之类的科学作为自然法的指导模式,这种立场,通常被西方学者视为近代思想的基本特征。海基·哈拉（Heikki Haara）认为,为了确立人类普遍需要的社会性法则,人必须从所有的人共有的自然特性出发。他认为,普芬道夫阐释了人性的两个特征:第一,人只爱自己（自爱）;第二,除自爱和自我保护外,人十分脆弱,天资贫乏,因而没有什么能力帮助他人。"人需要社会性的法律,指导他们的行动。因为人性的特征是,与其他动物相比,人具有更强烈的社会性和反社会性。"[3]抑制人的反社会性的力量是自然法,自然法教导一个人如何成为人类社会的有用成员。"所有必然和通常会有助于社会性的事项都是自然法所允许的,所有破坏和违反社会性的事项都是自然法所禁止的。其余的律令都可以归入这一基本法则。它们是不证自明的。"[4]不过,普芬道夫依然像当时的哲学家一样,不忘记说一句这些律令只有满足了以下先决条件时,才具有法律效力。这个先决条件是:"上帝是存在的并用他的律令统治万物;并且他已命令人类将理性的命令……视为法律。"[5]因为法律的存在,必然意味着一个权威者的存在,这个权威者在事实上统治他人。在普芬道夫这里这个权威者就是上帝,他是自然法和立法的形而上学前提。人的理性是上帝赐予的,被普芬道夫称作"天赋理性",上帝借助天赋理性创造了自然法。这一观念是自奥古斯丁以降的西方传统观念。在这一点上,普芬道夫因袭了传统。随后的观念是普芬道夫独有的:上帝赐予人优于其他动物的能力,这一能力被称作社会性。上

---

[1] 普芬道夫:《人和公民的自然法义务》,第83页。
[2] Knud Haakonssen, *Natural Law and Moral Philosophy: From Grotius to the Scottish Enlightenment,* Cambridge: Cambridge University Press, 1996, p.37.
[3] Heikki Haara, *Pufendorf's Theory of Sociability: Passions, Habits and Social Order,* Springer, 2018, p.20.
[4] 普芬道夫:《人和公民的自然法义务》,第83页。
[5] 同上。

帝希望人利用他独有的能力保护自己。"神的权威已将社会生活施加给了人类。"[1] 人们违反了自然法，人自己就觉得犯了罪、侵犯了神。所谓人自然地知晓法律，一方面是指，人可以靠理性能力认识法律；另一方面是指，自然法的戒律，一般戒律和重要戒律简明清晰，很容易被认同。它们深入人心，永远不可能被抹掉，正如《圣经》所说，它们铭刻于人心。

我们上文所阐释的普芬道夫有关思想，被英译者图利概括成普芬道夫自然法的六个构成性特征。虽然有刻意切割的痕迹，但也不失为一种简练的概括。图利认为，普芬道夫所述自然法的六个特征，完成了自然法与市民法和神法的划界。第一，自然法涉及对任何人都适用的普遍义务，履行这些义务，人就可以很好地过社会生活；市民法适用于特定国家的法律义务；神学适用于特定的宗教义务。第二，自然法的正当性，取决于理性的证明；理性证明自然法对于人与人之间的社会性极其重要；图利认为普芬道夫所说的社会性是自然法的基石，是普芬道夫的独创。第三，是独立的理性发现了自然法，神法的发现则是靠启示。第四，自然法的目标是，引导人们成为一个有益于社会的人，其目的是使人能够与他人共同生活在社会中，在社会生活中和睦相处。第五，自然法所辖，仅限于人的外在行为，即社会中的行为。第六，自然法的前提是人性恶：败坏、自私、恶欲横生。按照图利的看法，普芬道夫把自然法从信仰的束缚中解放出来，为信仰分裂的欧洲寻找一种新道德，或者说是一种社会性。[2] 为了制约人性恶，普芬道夫引入了社会性概念，使自然法与社会性成为一种共生关系，于是普芬道夫将自然法道德，转换成为一种社会理论，这种理论只关注如何调整人类外在的行为。这样做的目的很明确：人类欲求安全，必先社会化，只有社会化，才是抑制激情最有效的途径。

尽管普芬道夫在阐释自然法时，提到上帝与人的理性的关系，并且强调自然法与上帝的关系。不过，普芬道夫在具体探讨问题时，确实是从利益出发，探讨自然法与社会性的关系。在格劳秀斯之前，自然法始终与道

---

[1] 普芬道夫:《人和公民的自然法义务》，第84页。
[2] 同上书，第13页。

德，或者只与道德问题如影随形，这是西方自希腊到中世纪的传统。然而自普芬道夫，甚至可以说自格劳秀斯开始，自然法不仅是道德的法则，更是具有明显的功利性，事实上这一点在普芬道夫的体系中更重要。阐释自然法，不是出于为道德而道德的目的，如图利所说："履行社会义务'有明显的功利性'，因为培养和保存社会性是建立个人安全和福利的前提条件。但是，社会性所要求的义务常常优于受个人眼前利益和方便所驱动的行为；这甚至包括准备为社会性而贡献个人的生命。（因此，一个人的首要义务是要成为一个有益于社会的人。）"[1] 普芬道夫认为，如果现世的世俗利益不足以让人履行自己的三种义务，那么遥远的上帝惩罚和柔弱的良心刺激，也不会使情形有任何改变。于是，普芬道夫的社会学说便出现一个明显的漏洞：缺乏有效的执行措施。普芬道夫遇到了霍布斯式的问题。这一问题的解决方案，出现在《人和公民的自然法义务》的第二卷。

5. 人的自然状态

普芬道夫指出，人的生活状态不外乎两种，或者是自然状态，或者是文明状态。从理性出发，我们可以从三个方面认识人的自然状态：人与上帝的关系，人与自己的关系，人与他人的关系。在自然状态下，人被上帝放在比其他动物更为优越的位置上。正因为如此，人才应该信奉上帝，敬畏上帝，过完全不同于动物的生活。所以，人的"自然状态与动物的生活状态是完全不同的"。[2] 或者可以说，由于上帝把人置于优越的位置，人信仰上帝、敬畏上帝，人是有信仰的动物，所以自然状态下人的生活，与动物的生活状态是完全不同的。因为人是有信仰的动物，人服从上帝。

从人与自己的关系来看，我们可以这样想象人的自然状态：试想，如果人孤立无援，得不到来自他人的任何帮助，那么处于自然状态中，人的境遇会比任何动物都悲惨。因为仅就身体能力而言，人与其他动物相比是最弱的。自柏拉图以来，西方人对人自身的能力，始终持这种态度。人之

---

[1] 普芬道夫：《人和公民的自然法义务》，第18页。
[2] 同上书，第169页。

所以能够走出困境，之所以享有财物，之所以能够修身养性，促进自己和他的人利益，都是由于他人的帮助。"在这一意义上讲，自然状态和经人力所改造的生活状态是不同的。"[1] 自然状态下人是孤独软弱的。

从人与他人的关系来看，自然状态是这样的：以种族亲缘关系为基础。从人与人之间的关系来看人的生活的自然状态主要特征是："他们之间没有共同的主人，互不隶属，互相之间也不存在利害关系。在这种意义上讲，自然状态和政治国家是不同的。"[2] 自然状态下的人是自己的主人，是无政府状态。图利概括道："普芬道夫通过三组对比来阐明自然状态：以服从上帝的状态对比其他动物的生活；以孤独软弱对比国家中的合作生活；以无政府状态对比国家统治。在这些条件之下，人类能够形成女人自然服从于男人的父系家庭小型联合体，这样就产生了夫妇义务、亲子义务和主仆义务。"[3] 这段文字是不是很熟悉，与亚里士多德的学说十分相似。

"人是动物"是亚里士多德人的定义的基础，在这一基础上，亚里士多德从人的自然本性出发，进一步探讨人的本性。因此，人的本性首先是自然本性。亚里士多德认为，就自然本性而言，人的天性中存在着与自己的同类共同生活的习惯。在《动物志》中，亚里士多德谈到动物的居住习性，把习性分为两类，一类是单居动物，一类是群居动物。人属于群居动物。在《尼各马可伦理学》第十卷，亚里士多德指出，人必须过一种社会生活，这不仅是人种生存、安全和物质生活完善的需要，更重要的是唯有在社会中，人接受良好的教育、依靠法律和正义管理，生活才是可能的。对于亚里士多德和当时的希腊人来说，社会就存在于城邦之内，过社会生活，就是过城邦内的生活。

亚里士多德讨论人是城邦动物，有两个基本点，一是从自然过程探讨城邦的形成，二是从目的论来说明城邦与人的本质的关系。麦金太尔在《追寻美德》中把亚里士多德的生物学称作"形而上的生物学"。亚里士

---

[1] 普芬道夫：《人和公民的自然法义务》，第170页。
[2] 同上。
[3] 同上书，第21页。

多德对于城邦所做的自然主义分析,依据人类的两种本能。"有两种主要的本能,使人彼此结合起来;繁衍的本能使男人和女人结合在一起;自我保存的本能使主人和奴隶为了彼此的目的联系在一起——精明的心灵和强壮的肉体。因此,我们得到了一个三人的迷你型社会——家庭。"[1] 因为对于非雌雄同体的生命来说,"雌雄(男女)不能单独延续其种类,这就得先成为配偶,——人类和一般动物以及植物相同,都要使自己遗留形性相肖的后嗣,所以配偶出于生理的自然,并不由于意志(思虑)的结合"。[2] 男女结合形成家庭,"家庭就成为人类满足日常生活需要而建立的社会的基本形式"。[3] 因此,家庭常常被称作食厨伴侣,或曰槽伴侣。在此基础上,为了适应更广大的生活需要,由若干个家庭联合组成一个初级社会形式,这就是村坊。村坊最自然的形式是由一个家庭,经过世代繁殖而形成的自然部落。居住在这种村坊中的居民也被称作"同乳子女",这样的村坊被称作"子孙村"。由血缘关系形成的村落或部落,通常由辈分最高的长老统率。

不过,普芬道夫与亚里士多德还是有差别的。普芬道夫认为,整个人类从来不曾同时处在自然状态之中,尽管始祖后人都处于同一父系权威之下,但是,后来人类离开祖居之地,在世界各地分散开来。"特殊的血缘纽带以及与之相伴的感情也就逐渐消失了,只剩下相似的自然本性作为维系。于是人类就极大地繁衍开来,并认识到了分散生活的弊端。于是,慢慢地,住处相近的人便开始聚合起来,先是组成小的城邦,然后又在小的城邦的基础上通过自愿或战争结成了较大的城邦。这些城邦仍处在自然状态之中,唯一的联系纽带是共同的人性。"[4]

按照图利的解释,这些城邦只是一种联合体。"只能支撑一种初级水平的社会化,其首要原因在于缺乏安全感。由于缺乏一个共同的政治权威,不同家庭的男性家长们就处在一种'自治'状态之中。他们只能在一

---

[1] Ross, *Aristotle,* London: Routledge, 1995, p.247.
[2] 亚里士多德:《政治学》,吴寿彭译,商务印书馆,1983年,第4—5页。
[3] 同上书,第6页。
[4] 普芬道夫:《人和公民的自然法义务》,第171页。

种临时的自愿基础之上施加义务、解决纠纷。"[1] 这种城邦，仍然处于自然状态，唯一的纽带是共同的人性。

临时的、自愿基础上的义务的基础是自然法和基督教信仰。但是，这些力量，都不是强制性的。生活在自然状态中的人们，需要对自己负责，他们唯一要服从的就是上帝，除此之外，没有任何权威者可以让人服从。普芬道夫把这种状态称作自然自由，"自然自由意指，任何人都只处在自己的权利和权力之下，不服从其他任何人的权威。这也是人人平等，不存在臣服关系的原因"。[2] 此外，人还拥有上帝赐予的理性，因而可以凭借理性控制自己的行为。因此，生活在自然自由中的人，根据理性判断和自己的意愿做任何事情。理性是神赐予的，因而服从理性，也是服从上帝。于是，在自然自由或者自然状态下，人要服从的唯一的法律就是上帝。

遵循自然法和正确理性的指导，对于个人的自我管理是必不可少的。自然自由使人们陶醉，不过，自然状态也使人面临许多不便，不论是处于自然状态的一般个体，还是各家庭的家长，都无法避免这些不便。例如，孤独无助状态、饥寒交迫状态、对野兽袭击的恐惧。虽然家庭联合体的善会好一些，毕竟是个小社会，尚可形成互助的小气候，人们的生活状态可能会好一些。然而，无论是缓解贫穷，还是确保安全，自然状态都与文明生活无法相匹敌。

6. 国家的作用

所谓文明生活，只有在国家内才是可能的。普芬道夫用了一连串的排比句，说明国家与自然状态的优劣：

> 自然状态和国家的不同是：在前者，个人靠自己的力量保护自己，在后者，则是依靠全体的力量；在前者，个人的劳动成果无法得

---

[1] 普芬道夫：《人和公民的自然法义务》，第21页。
[2] 同上书，第171页。

到有效的保护,在后者,所有人的劳动成果都可以得到保护;前者受激情的统治,充满了战争、恐惧、贫穷、粗俗、孤独、残暴、无知、野蛮,后者受理性的统治,充满了和平、安全、富裕、高尚、合作、温和、开化、仁慈。[1]

普芬道夫把理性的作用置于国家之内,与前面谈论自然法和自然状态时说的有一定差异。按照他的说法,在自然状态中,人服从自然法和上帝,而自然法是凭借上帝赐予的理性力量。在这里普芬道夫却说,自然状态受激情统治,在国家内在受理性统治。二者有明显的差异。

普芬道夫亦指出,人有三种义务,我们在前面已经介绍过。但是,在自然状态中,如果有人不履行义务,或者侵害他人,或者以其他方式引起纠纷,没有什么权威能够强迫他履行义务、履行契约、赔偿损失。尽管处于自然状态下的人类,也形成了小型社会联合体,但那不足以保护每个人的生命和财产安全。只有大型社会联合,才能保护人的生命和财产安全。这个大型的社会联合,被普芬道夫称为国家。国家不是自然社会,而是政治社会。只谈没有政治社会人类就不能生存是不够的,也就是说,单纯从自然出发说明人何以进入国家是不够的。普芬道夫最终用人性恶来解释国家的产生。

按照普芬道夫的看法,人是把自身及其自身利益放在第一位的动物。他不会为了人类的生存而自愿地组成国家。人当然有自然欲求,然而,这些欲求通过最原始的社会组织形式和基于人性及协议而生的义务就可以得到满足。我们无法从人的社会性直接推出如下结论:他的本性倾向于组成政治社会,即政治社会不是自然倾向导致的结果。普芬道夫是从人性恶出发阐释这一问题:人"必然是因期待得到某些好处才自愿组成政治社会的"。[2] 我们在普芬道夫的学说中,依稀看到了苏格拉底、柏拉图好人和好公民的说法,只是已经改头换面了。

---

[1] 普芬道夫:《人和公民的自然法义务》,第172页。
[2] 同上书,第187页。

普芬道夫认为，依理性和上帝意愿生活在自然状态下的人是社会人。在小的自然社会中遵守自然法，依理性与他人和睦相处，谓之自然状态的好人。然而，进入国家，人成为政治动物。一个"真正的政治动物，即好公民，是指下述人士：自愿服从掌权者的命令；竭尽全力为公共利益服务，甘愿把自己的利益放在次要位置；将公共利益作为衡量自己利益的标准；能和其他公民和睦相处"。[1] 好熟悉的形象，这位好公民俨然就是一个德国雷锋，字里行间透着毫不利己，专门利人。然而，可能吗？

普芬道夫也意识到，"天性如此的人只是极少数。大多数人只是迫于惩罚的威胁才如此行为。仍有很多人终生都成不了政治动物，只是个坏公民"。[2] 只有好公民，才配称作政治动物。普芬道夫认为，坏公民受欲望和激情驱动，破坏社会和平。用今天话来说就是，坏公民把人类拉回丛林状态，使人处于霍布斯所说的每个人反对每个人的战争状态。人们建立国家的代价是，放弃自己的自然自由，"最主要的原因应该是他们想要建立屏障，对抗人给人带来的灾祸。……随着国家的建立，秩序开始确立起来，相互侵害从而得以避免。自然而然的后果是人类开始从其同伴那里获得更多的利益好处"。[3] 如果其他手段都不足控制人的恶，建立国家就是唯一的选项。这就是国家何以建立的原因。国家的建立是为了抑制人的恶，保护人类的生命财产安全。唯有这样，人们才会放弃自己的自然自由，成为国家公民。

自然法诉诸人的自律，它教导人们，弃绝所有的伤害行为。倘若我有很好的品质，尊重自然法，但这并不能保证我一定会安全。同样也有许多品质不好的人，视法为虚无，胡作非为，自然法对这类人和事，并没有强制的执行力。尽管自然法也警告人们，侵犯他人的人最终会受到惩罚，但是，上帝的惩罚不知何时才能到来，邪恶之人只顾及眼前利益，受眼前利益驱动，不关心未来，所以不知何时才来的上帝的惩罚，根本不会使他们有太多的畏惧。在靠作恶过上富足美满的生活和避免在未来受到天谴之

---

[1] 普芬道夫：《人和公民的自然法义务》，第188页。
[2] 同上。
[3] 同上书，第188—189页。

间,他们会选择作恶,据此获得幸福。对上帝可能的惩罚尚且持此等态度,那么良心谴责就毫无威慑力可言。所以,"控制邪恶欲望的真正有效的、适合人性的措施,存在于国家之内"。[1] 国家的存在,就是为了抑制人的恶,保护人的安全。

小 结

关于普芬道夫,与其同时代的学者对其评价极高,我们前面已经做过简单阐释。然而,自康德以降,普芬道夫的影响力已经大不如前。笔者之所以讨论普芬道夫的哲学思想,是因为本章所及内容是自然法,而普芬道夫的自然法思想,在西方哲学史上无疑占有一席位置。

前面,笔者用较大篇幅介绍了格劳秀斯和普芬道夫的自然法思想。关于他们的自然法思想的贡献,可以概括如下:

从对希腊到普芬道夫自然法思想的梳理不难看出,在自然法问题上,无论哲学家们的观点有何等差异,都会涉及自然法与神(上帝)、自然法与理性、自然法与人性、自然法与社会、自然法与国家(城邦)、自然法与人定性的关系。由于哲学家们所处的时代不同、面对的问题不同、关注的主题不同,因而在探讨这些问题时,差异是很明显的。但是,无论差异有多大,上述问题是他们绕不开的。自基督教诞生经过中世纪到近代早期,哲学家们探讨自然法问题,都把上帝与自然法的关系,置于无人可以撼动的位置。

格劳秀斯和普芬道夫之所以被视为自然法从中世纪走向近代的转折点,其中一个主要参数是,尽管他们像其他中世纪哲学家一样,认为自然法是上帝赐予人类的,但是,在他们看来,上帝一旦把自然法赐予人类,自然法就是不可改变的,即使上帝也不行。这样的论点在中世纪是不可想象的。由于有这样一个设定,自然法与人、自然法与人定法、自然法

---

[1] 普芬道夫:《人和公民的自然法义务》,第190页。

与国家的关系，随之而有所不同。

西方哲学史上的自然法，并不仅指物理法则，或者主要不是指物理法则，而是涉及人性问题，涉及天、地、人、神、家、国、天下问题。于是，上帝赐予人理性，便把自然法从纯粹的物理法则变成人性的法则、道德的法则、最终人定法、国家和社会不可忽略的法则。

单单从自然法出发，我们势必认为，人性是善的。上帝赐予人自然法，即赐予人理性，人依理性而行事，人性应该是善的。但是，对于基督教世界的考量，在任何情况下，都不可以忽略原罪说。人在被造之时，并无任何罪过，因此在伊甸园中没有律法。只因人类始祖违背主的意志而获罪，被贬尘世。所谓违背主的意志，就是不相信上帝，这是精神上的罪过。人的原罪的酿成，是因为人受肉体欲望的驱动，因此，原罪也是肉体和欲望——激情的罪过。然而，人之所受肉体欲望的驱动，是因为人不相信上帝所说的话，盲目听信蛇的诱惑，蛇在这里是魔鬼的象征。这表明种种诱惑往往使人忘记上帝的嘱咐。人受蛇的诱惑是一个历史的污点，说明人在欲望和信仰面前做出错误的选择，人错误地选择了欲望而背弃上帝。错误的选择是意志力的罪过，人相信自己的意志，从而背离上帝的意志。因此，原罪说明，人在上帝面前，无论与肉体相关的一切，还是与信仰、思想、意志相关的一切，都是有罪的。原罪说意指人性恶。无论是自然法还是人定法，无论是社会还是国家，一切与人相关的设施的运作存在理由，都与如何抑制由于人的欲望引起的问题相关。

从古希腊到普芬道夫，各类自然法学说基本上都承认一点，即自然法是理性法则、道德法则，但它是建立在"应当如何"的基础上，并不具有强制执行力，因而对于抑制人的恶，力量是非常有限的。因此，仅凭自然法，无法使人走出丛林状态，无法避免每个人反对每个人的战争状态，无法保障人的生命和财产安全。换句话说，仅有道德是不够的，保障人的生命财产安全，需要人定法和国家。

普芬道夫自然法思想给人印象最深刻地方在于他对"义务"问题的探讨。义务问题是《人和公民的自然法义务》的核心问题，占据主要篇幅。义务即人的义务和公民的义务，这一思想是希腊哲学，特别是柏拉图哲学关于好人和好公民论述的翻版，而他对于社会问题的关注和探讨，几乎是亚里士多德主义的翻版。在这个意义上，普芬道夫思想依然是欧洲文艺复兴气质的延续。遵守自然法赋予的义务，是好人的必要条件，而好公民，则必须遵守政治社会和国家所制定的法律。前者是有道德的人，后者是守法公民。做好人又做好公民，既贯彻自然法，也遵守人定法。尽人的义务，亦尽公民义务。

第三编
近代经验主义人性论的嬗变

第七章 霍布斯的人与人造人

狭义的宗教改革运动，其时间范围通常限定在 1517 年马丁·路德提出《九十五条论纲》到 1648 年《威斯特伐利亚和约》的出台为止。霍布斯（1588—1679）所处的时代，恰值宗教改革时期。1640—1688 年，英国在其资产阶级革命期间，发生了两次国内战争。1642—1647 年为第一次内战时期。1642 年 10 月 23 日，王军同国会军在埃吉山进行了首次大规模交战，拉开了第一次内战的序幕。国会军最重要的首领是赫赫有名的克伦威尔，王军则是国王查理一世——那位后来上了断头台的国王——的军队。在 1645 年 6 月的纳斯比战役中，克伦威尔领导的国会军战胜了国王的军队，取得决定性的胜利。1646 年 6 月国会军又攻克国王的大本营牛津，第一次内战以议会的胜利而结束，国王也成了议会的阶下囚。

1648 年春，南威尔士、肯特、埃赛克斯等地王党暴动，并与苏格兰军队同盟，发动了第二次内战。克伦威尔在 8 月的普雷斯顿战役中击溃苏格兰军队，并将苏格兰并入英国，第二次内战结束。1658 年 9 月克伦威尔去世。1660 年 5 月查理回伦敦继位，即查理二世，斯图亚特王朝复辟。1679 年，霍布斯逝世。1688 年，辉格党和托利党发动光荣革命，废黜詹姆斯二世，迎接其女儿玛丽和女婿荷兰执政威廉到英国来，尊之为英国女王及国王，即玛丽二世和威廉三世，并确立了君主立宪制。霍布斯在惊恐中度过了晚年，而他的一生正处于英国社会动荡不安的时期。

再来看看霍布斯的主要著作：

1629，翻译《伯罗奔尼撒战争史》

1640，《法的要素，自然的和政治的》（*The Elements of Law, Natural and Political*，写于1640年，1650年出版）

1642，《论公民》拉丁文（*De Cive*）

1651，《利维坦》（*Leviathan*）

1655，《论物体》拉丁文（*De Corpore*，1656英文翻译出版）

1658，《论人》拉丁文（*De Homine*）

1675，翻译荷马的《奥德赛》

这张简单的著作表告诉我们：第一，霍布斯的思想、政治主张及其著作，与宗教改革有着密切的关系。因此，与基督教思想，特别是与宗教改革的关联，是我们研究霍布斯人性论必须注意的要素。第二，文艺复兴到近代的学者，有良好的希腊哲学基础，对于希腊思想的批判反思，同样是研究霍布斯思想不可不注意的内容。第三，霍布斯所处的时代，恰好是英国资产阶级革命时期，其间经历了两次内战和王朝复辟，是社会动荡、国家变革时期。无论是霍布斯发自内心的恐惧，还是他克服恐惧的途径，都与现实政治变革不无关系。因此，亦有西方学者认为，一直处在惊吓中的霍布斯，之所以谈论对死亡的恐惧和"每个人反对每个人的战争状态"，是他个人境遇及英国时局的真实写照。不论这种看法是否合理，至少我们应当注意，霍布斯对于自然状态、自然法、恐惧以及克服恐惧的方法的探讨和描述，不仅仅是理论探讨，也是具有强烈的现实感。当我们探讨霍布斯的人性论时，不可以不考虑上述三个方面。

一、人性的基础

国内学者在谈论霍布斯思想时，通常很自然地就说他是"性恶论"的倡导者。但是，如果对性恶之"恶"做道德理解，意即作恶、干坏事、邪恶、罪孽，那么，说霍布斯是性恶论者就是一种误读。事实上，霍布斯认为，在人类社会和国家产生之前，人类所处的状态是自然状态，无所谓善恶。

1. 人是大自然最精美的艺术品

霍布斯认为，人是一个生命体，"生命只是肢体的一种运动……'心脏'无非就是'发条'，'神经'只是一些'游丝'，而'关节'不过是一些齿轮"。[1] 这一说法就是较霍布斯晚100多年的法国哲学家拉美特利所说的"人是机器"。人是一部生于自然，长于自然的机器。人所生活的国家谓之"利维坦"，意指国民的整体，是一个人造的"人"，是用艺术造成的"人"。在利维坦中，主权是人造的灵魂，官员和行政司法人员是人造关节，赏罚是神经，每个成员的资产和财富是实力，人民的安全是它的事业，向它提供知识的顾问们是它的记忆，公平和法律是人造的理智和意志，和睦是它的健康，动乱是它的疾病，内战是它的死亡。

鉴于霍布斯的目的是研究国家——人造人的结构和运作，因而霍布斯在谈到人的时候，不是指具体的某个人，而是指抽象的人，作为类概念存在的人。按照卡西尔的看法，霍布斯的国家学说之所以能够成为哲学，是因为他使用了因果关系法对国家进行分析。他认为，国家是一个物体（corpus）：

> 只有通过分析它的终极组成部分，并用这些组成部分把它重建起来，国家才能被理解。要掌握真正的国家学说，所需做的只是把伽利略在物理学中应用的综合和分析的方法应用于政治领域。在这一领域里，要理解整体，也只有通过追溯到它的组成部分，追溯到那些从一开始就把这些组成部分连结在一起，且继续把它们连结在一起的力量。[2]

依据这种分析综合的方法，国家的"制造材料和它的创造者，这二者都是人"。[3] 于是，在卡西尔看来，对人的分析便构成霍布斯国家学说的基础。

---

[1] 霍布斯：《利维坦》，黎思复、黎廷弼译，商务印书馆，1985年，第1页。
[2] 卡西尔：《启蒙哲学》，第248页。
[3] 霍布斯：《利维坦》，第2页。

而且,"这种分析在任何情况下都不能任意地中断,我们必须把这种分析一直深入下去,直至追溯到真正的元素,追溯到绝对不可分割的单元"。[1] 从《利维坦》的结构可以看到,卡西尔的这一说法是十分贴切的。

《利维坦》分为四个部分:论人类、论国家、论基督教体系的国家、论黑暗的王国。第三和第四部分是宗教改革的余响,也是英国当时的状况引发的思考。而从探讨人类开启探讨国家之旅,恰恰是伽利略以降,近代特有的分析方法的直接体现。因此,人作为国家的基础,被霍布斯作为第一探讨对象,而对人的分析同样追溯到不可分割的元素。它的起点是感觉,其次序是感觉、想象、语言、推理、激情、智慧、知识主题、权势、身价、地位、尊重及资格、品行、宗教、幸福与苦难的自然状况、自然法、契约法等。这些要素是人的自然天赋,可以被"归结为四类:体力、经验、理性和激情"[2]。

霍布斯的政治哲学的起点是人,但是,他并没有从我们熟悉的政治学说要素出发,例如君主、法、社会概念以及其他当代政治哲学家感兴趣的问题,而是从人的感觉、知觉、记忆、想象、激情、理性等出发。这令现代读者十分惊讶。

自新康德主义崛起以来,人们一直习惯于把这些概念作为知识论的内容,政治哲学通常不太涉及这些问题。从《利维坦》的第一和第二章的文字可以清晰地感受到,霍布斯对亚里士多德以及经院哲学(亚里士多德主义)进行了激烈地抨击。也就是说,霍布斯从一开始,就把自己的政治哲学置于与亚里士多德主义,也就是与古典政治学分离的立场。如果霍布斯能够被看作近代政治哲学的起点,那么霍布斯政治哲学的起点,则是对人、人性进行新的界定,抨击亚里士多德及亚里士多德主义的感觉知觉学说,恰恰是这一分离的开始。

2. 人性:人是自然人

在霍布斯学说中,人就是自然的人。作为自然的人之人性有四要素:

---

[1] 卡西尔:《启蒙哲学》,第248页。
[2] 霍布斯:《论公民》,应星、冯克利译,贵州人民出版社,2004年,第3页。

体力、经验、理性和激情。关于体力,即是说人是一部结构精美、复杂的机器,它遵循自然法则运动着。身体在运动中与外部世界建立联系,由此产生了人的思想。思想的起点是感觉,感觉是外部物体作用于我们感官而产生的结果。这种身外物体被称作对象,对象作用于身体器官产生的结果,形成我们的感觉。这是一个自然过程。人心中的概念产生于感官作用,同样发生于自然过程。我们把这样一种立场称作唯物主义的经验主义。这是哲学的基础知识,在这里无须多讲。

不过,需要特别加以说明的是,霍布斯谈论的感觉、知觉、想象、记忆等问题,并不是霍布斯独有的,哲学常识告诉我们,这类问题产生于希腊,智者、苏格拉底、柏拉图、亚里士多德都对这类问题有过探讨。离霍布斯时代并不久远的中世纪,其盛行的亚里士多德主义和经院哲学也同样探讨这类问题。霍布斯在自己最重要的政治哲学著作的开篇,便探讨感觉,至少有几个重要因素是不可以忽略的。

第一,运用因果关系法则和分析的方法,对国家、社会和人倒追下去,直至最简因素,于是便找到了感觉,从感觉出发探讨政治哲学问题,是近代哲学新方法论的必然结果。第二,霍布斯对亚里士多德主义和经院哲学关于感觉、知觉、想象、记忆的看法,持鲜明的反对态度。

霍布斯对于感觉、知觉等的看法,持机械主义的立场,即我们通常所说的刺激-反映论,其依据是人体是机器。而亚里士多德主义关于感觉知觉等的看法是非机械主义的。在亚里士多德主义那里,感觉、知觉"以非机械论的语言被描述为实现灵魂内在潜能的过程"[1]。"绝大多数作者都追随亚里士多德,根据潜能-行为-差异(potentiality-act-distinction)来解释这一过程。"[2] 霍布斯以视觉为例,说明亚里士多德的感觉论。他说,亚里士多德主义认为,"视觉的原因是所见的物体散发出一种可见素,用英文说便是散发出可见的形状、幻象、相或被视见的存在。眼睛接

---

[1] Cees Leijenhorst, "Sense and Nonsense about Sense: Hobbes and Aristotlians on Sense Perception and Imagination", in *The Cambridge Companion to Hobbes's Leviathan*, Patricia Springborg (ed.), Cambridge: Cambridge University Press, 2007, p.84.

[2] Ibid.

受这一切就是视见"。[1] 物体的形状、幻象、相就在那里等着人去接收。感觉、知觉来自物体，物体是形式与质料的组合，等着非特质的灵魂接收它们，当接收到它们时，感觉便产生了。卡西尔指出，在霍布斯看来，经院哲学"虽然它自认为能理解存在，但实际上它仅仅把存在理解为具有静止的属性和特性的消极的东西"。[2] 因此，"经院哲学便没有能够掌握物质的结构和思想的结构，因为物质和思想只有在运动中才是可以理解的"。[3] 所谓在运动中理解，即是在自然和生命运动中理解，遵循自然法则，机械论法则。

霍布斯力求摒弃目的论，以期用机械论来解释感觉、知觉的产生。"感觉、知觉是开启霍布斯科学之旅的论题，也是他关注的核心问题之一。在霍布斯那里，光与视觉只是解释自然现象的特别模式而已。"[4] 人是自然的人、运动中的人，环境是自然的环境、运动中的环境，人的感觉知觉，是人与自然的相互运动产生的结果。这一思想在今天看来不过是常识而已，然而，在霍布斯时代，亚里士多德主义仍然占据统治地位，提出这样的思想无疑是具有革命性的。有学者认为，霍布斯哲学从感觉出发，意味着他的世界有两个，一个是物理世界，涉及自然现象，一个是政治世界，涉及正义与非正义等问题。"同样，在涉及自然现象的物理学中，明显的方法是分析的，即从已知结果探知原因。对于现象世界的认识是凭借感觉，而不是从第一原则出发。人们的任务是推定自然现象如何产生，或者可能是如何产生的。起点是感觉，是探讨感觉、知觉如何产生。"[5] 霍布斯政治哲学的历程是从物理学到政治学哲学，这不是闲来之笔，从物理学或者说从自然现象出发，进而探讨政治哲学，意味着作为政治学起点的人是自然的人，人性的基础是人的自然本性。

---

[1] 霍布斯:《利维坦》,第5页。
[2] 卡西尔:《启蒙哲学》,第247页。
[3] 同上书,第248页。
[4] Cees Leijenhorst, "Sense and Nonsense about Sense: Hobbes and Aristotlians on Sense Perception and Imagination", p.86.
[5] W. von Leyden, *Hobbes and Locke: The Politics of Freedom and Obligation*, London: Palgrave Macmillan, 1981, p.25.

霍布斯认为人、社会与国家性质之间，不存在任何不可逾越的鸿沟，因为，国家也是物体，是人造的"人"。从国家、社会向最简元素追溯，霍布斯找到不可分割的单元，这就是感觉、知觉。因此，对霍布斯的感觉、知觉、记忆、想象等学说的探讨，仅仅从知识论来进行考量，无疑忽略了其最重要的创造。

在霍布斯学说中，感觉等问题是政治哲学的起点。感觉也是人性的起点，以感觉为起点的人是自然的人。对人性进行探讨，不可以忽略的要素，恰恰是这一自然主义的起点。霍布斯与亚里士多德和经院哲学的分野，也是从这一最简单的因素开始的。切不可小看这一简单因素，正是因为他把自己的哲学置于自然哲学的基础上，才"确保了将自己的公民科学，建立在坚实的科学基础之上"。[1]

3. 人性：激情与理性

从物理世界（自然现象界）走向政治的世界，是在运动中进行的，这一过渡的初始运动是驱动力（endeavour[2]）。霍布斯认为动物的运动可以分为两类：一种被称作生命运动，如血液流动于脉搏等；另一种运动被称作动物运动，这需要想象力的帮助，是自觉的运动。自觉的运动一个显著特征是，首先在心中有一个构想好的运动方式，如路怎么走，话怎么说，动作怎么做等，这些构想是随后产生的自觉运动的内在开端。行动、说话等运动取决于事先形成的构想，在形成构想时，主体也许看不见自己说话的对象，要走的道路等，但是，却并不妨碍运动的实际存在。当说话、走路等运动没有实施时，人体内这种微小的运动就被称作驱动力（endeavour）。当驱动力指向引起它的某种事物时，就是欲望或愿望。当驱动力力图避开某物时，被称作嫌恶。欲望和嫌恶所指向的都是运动，一个是接近，一个是退避。欲求的东西也称作人们所

---

[1] Cees Leijenhorst, "Sense and Nonsense about Sense: Hobbes and Aristotlians on Sense Perception and Imagination", p.99.
[2] "endeavor"，中译《利维坦》中译作"意向"，原意应是"尽最大努力"，笔者以为译成"驱动力"更好，意指以心理的力量导致物理的结果。

爱，而嫌恶的东西则称作人们所憎。"因此，爱与欲望便是一回事，只是欲望指的始终是对象不存在时的情形，而爱则最常见的说法是指对象存在时的情形。同样的道理，嫌恶所指的是对象不存在，而憎所指的则是对象存在时的情形。"[1] 欲望与嫌恶有些是与生俱来的，如一些生理欲望。有些对于具体事物的欲望则是来自经验。莱顿（Wolfgang von Leyden）先生指出，在霍布斯思想中"驱动力概念有着特殊的重要性。正是根据这一概念，霍布斯开拓了从物理学，经由道德哲学进入政治哲学的通道"[2]。这一转折是如何发生的，即从物理学经由道德哲学进入政治学是如何发生的？到此为止，欲望和嫌恶无论是先天的，还是经验的，我们还看不出有任何道德哲学的痕迹。然而，随之而来的神来之笔，让我们看到了转折的希望。

霍布斯指出："任何人的欲望的对象就他本人说来，他都称为善，而憎恶或嫌恶的对象则称为恶；轻视的对象则称为无价值和无足轻重。"[3] 简单地说就是，自己喜欢的就是好的、善的，不喜欢的就是不好的、恶的。于是，欲望对象便从好过渡到善，霍布斯思想的物理世界的一条腿已经进入了道德世界。从物理世界向道德世界的转变，"涉及从外部运动向内部运动转变，从驱动力向意志的转变"[4]。在没有国家时，衡量好与不好、善与恶的标准完全是个人的，标准并非来自对象的本质，也就是说，在国家没有产生之前，道德标准完全由个人好恶而定。按照霍布斯的看法，拉丁文有两个词接近善与恶，那便是美与丑（pulchrum and turpe）。美与丑这两个词指预示外表为善与恶的事物，也指预示外表为美与丑的事物。由这种原始的含义派生出来的善恶有三个方面的意思："一种是预期希望方面的善，谓之美；一种是效果方面的善，就象所欲求的目的那样，谓之令人高兴；还有一种是手段方面的善，谓之有效、有利。恶也有三种：一种是预期希望方面的恶，谓之丑；一种是效果和目的方面的恶，谓之麻烦令人

---

[1] 霍布斯：《利维坦》，第36页。
[2] W.von Leyden, *Hobbes and Locke: The Politics of Freedom and Obligation*, p.26.
[3] 霍布斯：《利维坦》，第37页。
[4] W.von Leyden, *Hobbes and Locke: The Politics of Freedom and Obligation*, p.26.

不快或讨厌；一种是手段方面的恶，谓之无益、无利或有害。"[1] 所谓善与恶无非是使自己高兴或不高兴的东西，因为每个人的构造不同，因而每个人心中的善恶标准和特征也是不同的。

更为重要的是，霍布斯认为，人的感觉是外部对象作用于我们器官引起的，这一原则同样适用于善恶感。某物引起感觉后，其他器官将会把这些感觉继续内传到内心，"其所产生的实际效果只是运动或意向，此外再也没有其他东西可言。这种运动或意向，就是朝向或避离发生运动的对象的欲望或嫌恶。而这种运动的表象或感觉，就是我们所谓的愉快或不愉快心理"。[2] 也即是说感觉内传所产生的是运动或驱动力，运动或驱动力表现为走近喜欢的东西，远离不喜欢的东西，所谓趋利避害。引起这些内在运动的东西就是通常所说的愉快或不愉快的心理。因此，"善与恶并不是自然中具体的现实存在，而是个人用于描述自己和他人行为的名称"。[3] 善与恶永远是相对于人而言，即便是永恒的上帝之善，也是相对我们而言的。欲望、嫌恶、愉快、痛苦、悲伤等，被霍布斯视为单纯的激情。

欲望、嫌恶、希望、畏惧总会交替出现或混合在一起出现。每逢遇到这些情绪交替出现的场合，人便会有所斟酌。当我们面临欲望或嫌恶时，决定是否采取行动时，就是所谓的斟酌。这"便是我们所谓的意志。它是意愿的行为，而不是意愿的能力"。[4] 意志究竟是什么？霍布斯不赞同经院哲学所说的——意志是理性的欲望。如果这样定义意志，便不会有任何违背理性的自愿行为了。因为自愿行为不是别的，正是从意志中产生的行为。考虑到意志是从前一个斟酌中产生的欲望，所以霍布斯断定："意志便是斟酌中的最后一个欲望。"[5]

---

[1] 霍布斯：《利维坦》，第38页。
[2] 同上。
[3] Helen Thornton, *State of Nature or Eden? Thomas Hobbes and His Contemporaries on the Natural Condition of Human Being,* Rochester: University of Rochester Press, 2005, p.18.
[4] 霍布斯：《利维坦》，第43页。
[5] 同上书，第44页。

意志所涉及的问题有如下方面，第一，斟酌决定是否采取行动。它意味着人是自由的，或者人有行动的自由，可以根据自己的好恶，自由决定自己是否采取行动。我们可以把它视为自由的另一种含义，即自由指不受任何外部力量束缚，自由地做自己想做的事情的能力。第二，斟酌是意志行为。如果把我们所说的第一个意思与之结合，我们可以看到，霍布斯这里所说的斟酌（deliberation），就是人的自由意志。"欲望与意志的差异只在于欲望在意志之先，并且欲望要进入斟酌，而意志则是随斟酌而来，是欲望的最后阶段。"[1] 这是因为按照霍布斯的看法，"每个欲望都是由对象和运动引起的，运动既指对象的运动，也指人的欲望运动，而意志又是被一系列的欲望引起，因此意志是斟酌的最后阶段"。[2] 先前的运动欲望是意志行为的前提，作为内在活动的欲望则是意志的开端，厌恶等也如此。于是，"霍布斯必然会反对把意志定义为理性的渴望。因为意志可以被嫉妒，也可以被快乐决定，它是自愿的行为，不是理性的行为"。[3]

关于欲望，我们已经谈论了不少，那么，霍布斯如何看待欲望、意志等要素呢？霍布斯认为：

> 欲望、爱好、爱情、嫌恶、憎恨、快乐和悲伤等等单纯的激情，在不同的考虑下，名词也不同。第一，当它们一个接着另一个出现时，便会随着人们对于达到其欲望的可能性的看法而有不同的名称；第二，它们也会由于被爱好或被憎恨的对象而有不同的名称；第三是由于许多激情总在一起考虑，第四则是由于变动或连续状态本身。[4]

欲望、爱好、爱情、嫌恶、憎恨、快乐和悲伤等名称意指同一个东西，这就是人的激情。激情在不同的情况下有不同的名称，例如，欲望有可能实

---

[1] W.von Leyden, *Hobbes and Locke: The Politics of Freedom and Obligation*, p.28.
[2] Ibid.
[3] Ibid.
[4] 霍布斯：《利维坦》，第39页。

现时，便被称作希望，反之则称作失望；对事物常常抱有希望，便称作自信，反之则是不自信；希望他人好的欲望，称作仁慈、善意或慈爱；希望人类好，则被称作善良的天性；诸如此类的名称，实际上有一个共同的名字，它们叫作激情。激情是人性善与恶的支点，不仅如此，就是宗教本身，也是激情的产物。"头脑中假想出的，或根据公开认可的传说构想出的对于不可见的力量的畏惧谓之宗教。"[1] 总之，人的日常生活、社会生活、政治生活中的一切，首先是由激情产生的，激情包含欲望的正面与反面。欲望的世界是真实的、活生生的人的世界，与古希腊人心目中真实的世界——相的世界完全不可同日而语。激情与意志同时也是人的自由的另一种说法，自希腊经过中世纪，西方哲学从来没有赋予激情如此高的地位。

霍布斯之所以如此看重激情，乃出自一个前提，即人是自然物，人最真实的本性首先是自然本性。因为人体是大自然中最精美的一部机器，它在自然界中与其他物体产生互动，互动引发感觉、知觉、记忆、想象，从而引起人的欲望。欲望证明人的运动、人在自然界中的存在感，证明人的活力。无论是人的幸福感、道德感，还是人的宗教信仰，都出自激情和意志，激情和作为激情的最后环节——意志，是霍布斯关于人性学说不可以被忽略的要素。

4. 人性：理性

最后一个人性的要素是理性。希腊人崇尚理性，这毋庸置疑。霍布斯虽然被称作经验论者，但是他依然崇尚理性，因为近代的哲学气质是理性为主导，这也是人所共知的事实。这与文艺复兴以来亚里士多德主义的盛行密切相关。在亚里士多德哲学中，理性与灵魂问题总是相互关联的。在这里，我们需要简单地回顾亚里士多德的灵魂与理性的学说。

亚里士多德不是在静观的水平上看灵魂的本质，而是在机能运动的水平上看灵魂的本质。无论亚里士多德谈论灵魂问题时，涉及灵魂的何种部分，我们都不能在静观的层面上理解所谓结构或部分，而应该从它的运作机

---

[1] 霍布斯：《利维坦》，第41页。

能上来理解。正如罗斯所说:"灵魂实际上是同质的(homoeomerous),像有机组织(tissue),而不像器官。尽管他常常使用'灵魂各部分'这样传统的表达方式,但是,他选择这个词表达的是'机能(faculties)'。他的灵魂学说是机能心理学的。"[1]笔者以为,这一定位是比较贴切的。每当亚里士多德谈论灵魂的某一部分时,并不是讨论它的器官结构,而是讨论它的机能。巴尼斯也指出:

> 亚里士多德的灵魂不是一堆活物的碎片;也不是放入活物中的精神资料;而是一些力量、能力、机能。拥有一个灵魂,就像拥有一种技巧一样。一个技艺娴熟之人的技艺,不是他的某一部分,而是代表了他熟练的行为;同样,一个活生物的策动者或者生命力,不是它的某一部分,而是代表了他的生命活动。[2]

生命是一个活的有机整体,如果我们不能把生命分割成部分,那么我们就不能把构成生命核心的灵魂分割成部分。灵魂的本质在于它的运作,即它的活动,因此,灵魂的机能和灵魂的活动就是灵魂的本质。

亚里士多德指出,生命是有灵魂的东西和无灵魂的东西之区别所在。如果说一事物有生命,就是指它拥有理智、感觉、位置的运动和静止,那么生命包括植物、动物和人。若以生命作为度量有无灵魂的标志,那么可以说灵魂有三类:营养能力、感觉能力、思维能力。植物有营养能力,动物同时拥有营养功能和感觉功能。人除了是动物和植物以外,人还是人。人作为人,有什么属于自己的东西呢?这三种能力人都拥有,其中思维能力是人独有的。思维能力代表着理性的灵魂,它是人独有的。思想不同于感觉,它"由想象和判断构成"。所谓想象"是这样一种能力或状态,凭借着它我们进行判断,它们或者正确或者错误"。[3] 想象在霍布斯哲学中并不是理性,而是和感觉、知觉、记忆同类的感官的动作。在亚里士多德

---

[1] Ross, *Aristotle*, London: Routledge, 1995, p.139.
[2] Barnes, *Aristotle*, Oxford: Oxford University Press, 1982, p.66.
[3] 苗力田主编《亚里士多德全集》第三卷,中国人民大学出版社,1992年,第72页。

哲学中，想象是理性的一部分，它是一种思维的运动，正是想象建立起感觉世界和理性世界的关系。在柏拉图思想中感觉世界和理性世界是没有联系的，而且柏拉图哲学一个重要特征就是世界首先是相的世界，相的世界与感觉世界是相互分离的，而且是必须分离的。亚里士多德恰好相反，他努力使这两个世界有机地结合在一起，他的许多努力是寻找使二者有机结合的契机。使二者有机结合的力量正是作为运动的想象，按照目的论的思路，想象力的发生势必有某种目的，这就是欲望功能。运动受欲望驱使，在某种意义上就是受目的驱使。

欲望有两种，理性的（rational）和非理性的。前者是向善的，后者是一种嗜好，可能为恶的，与理性冲突的。后一种欲望确切地说，是一种口腹之欲，它"只顾眼前"，"欲念并不顾及将来"。理性的欲望希冀美好的东西，而非理性的欲望希冀表面美好的东西，它错把表面的眼前快乐和善当作绝对的、永恒的快乐和善。如果从运动来看这两种欲望，可以说它们分别代表了两种运动的原因。"其一是不动的，其一既运动又被运动。不运动者是实践的善，既运动又被运动者是欲望（因为从被动来说，欲望使得被运动的事物运动，从主动来说，欲望就是某种运动）。"[1] 在亚里士多德思想中，不动的运动原因只存在于终极形式中，即不动的推动者。任何运动都有两种原因，而不动者并不推动具体运动，如果把它也作为一个运动的原因，大约应该是指一切运动本质上都分有不动的推动者的运动。除了终极的动力因以外，在生活世界，所有的运动原因都是既运动又被推动，即是运动链中的一个环节。

与这两种运动原因相对，亚里士多德区分了主动的理性和被动的理性。亚里士多德很少使用主动的理性，纯粹的推动者并非处于自然之中，亚里士多德是把它作为形而上学的前提来使用，但很少涉及它。不言而喻，在亚里士多德的生活世界，主动的理性只要作为前提存在就已经够了。被动的理性是自然的，在亚里士多德灵魂学说中，它指人的心灵

---

[1] 苗力田主编：《亚里士多德全集》第三卷，第88页。

（νους）。"我所说的心灵是指灵魂用来进行思维和判断的部分。"[1] 如果从近代以来的立场看，亚里士多德所谓被动的理性，即我们今天所说的工具理性，它的主要功能是用来进行判断和推理。

霍布斯所说的理性，不具有主动理性的意味，而与亚里士多德被动的理性有相似之处。霍布斯所说的理性指推理能力。笔者认为，在霍布斯哲学中，对于理性问题的探讨是比较薄弱的部分。《利维坦》第一部分，霍布斯用绝大多数的篇幅探讨了感觉、知觉、记忆、想象、欲望、激情，关于理性的讨论只是一带而过。但仅从篇幅不多的论述中，我们还是能够看出他对于理性的基本主张。

在霍布斯哲学中，不存在亚里士多德所说的主动的理性，即不动的推动者；他对于理性的看法，在很大程度上，还是继承了亚里士多德被动理性的主张。霍布斯认为，理性是一种推理："当一个人进行推理时，他所做的不过是在心中将各部相加求得一个总和，或是在心中将一个数目减去另一个数目求得一个余数。这种过程如果是用语词进行的，他便是在心中把各部分的名词序列连成一个整体的名词或从整体及一个部分的名词求得另一个部分的名词。"[2] 也可以用来乘除，实际上则是一回事。几何学家的点、线、面，逻辑学家的三段论，政治哲学的契约论，法学家的法律等，"总而言之，不论在什么事物里，用得着加减的地方就用得着推理，用不着加减法的地方就与推论完全无缘"。[3] "推理就是一种计算。"[4] 推理的用处和目的，不是找出一个或少数几个和名词的原始定义相去甚远的结论与真理，而是从这些定义开始，从一个结论推出另一个结论。人的推理并不可能都是正确的，即便是最谨慎的人也难免出错，也就是说，理性的使用，并不能保证人获得普遍必然的认识。

卡夫卡（Gregory Kavka）认为，"霍布斯使用理性（reason）和正确的推理（right reason）有点模棱两可"，"霍布斯所说的理性既是一个过

---

[1] 苗力田主编：《亚里士多德全集》第三卷，第75页。
[2] 霍布斯：《利维坦》，第27页。
[3] 同上书，第28页。
[4] 同上。

程,也是一种官能。例如,霍布斯理性的定义,明确地把它描述为一个过程;'理性只是计算'。按照这一定义,理性不是官能,只是计算,但是,它也被视为计算过程本身"。[1] 人为什么要计算?霍布斯坦言:"推理就是步伐,学识的增长就是道路,而人类的利益则是目标。"[2] 推理不是为了追求真理,而是为了人类的利益,加加减减乃为利益算计。虽然不能说霍布斯是功利主义的先驱,但是,他的理论至少与功利主义并不相悖。

霍布斯与亚里士多德在理性问题上的相似之处,简单说来即是,他们都认为理性是一种推理能力或过程,理性为工具理性。但是,霍布斯的工具理性,并不是照搬亚里士多德理论,他们之间的差异还是十分明显的。第一,霍布斯所说的推理,并非建立在灵魂肉体二元论的基础上,事实上,霍布斯哲学并没有怎么提及灵魂问题,灵魂问题在霍布斯哲学中没有什么地位。而亚里士多德哲学所说的理性,特别是被动的理性,则建立在灵魂和肉体关系之上。第二,霍布斯哲学中想象属于感官知识,与感觉、知觉、记忆属于同一系列,同属于人性四要素之一。欲望,无论被称作什么,都被视为激情。而在亚里士多德哲学中,欲望也可以是理性的欲望。理性是推理,且只是推理,推理属于科学,与欲望无关。第三,霍布斯设定理性是推理,是运用科学思维的方法,是加减乘除。他未曾明确的是,公设是思维处于公理系统中,人们在公理系统中,无须从第一个概念开始讨论问题,而只需使用现在的含义对其实行加减乘除,以期得出明确的结论。这里不存在追求真理的问题,只涉及做出符合人的利益的正确决定。狄尔泰认为,霍布斯的政治思想源于古代,所以他到古典学说中去寻找打开霍布斯思想的钥匙。施特劳斯认为,狄尔泰没有充分重视霍布斯对整个传统持明确的反对态度,"假如他把霍布斯政治哲学的实体内容,跟传统政治哲学的实体内容加以比较的话,他就会认识到,在霍布斯的著作

---

[1] 见Stephen I. Finn, *Thomas Hobbes and the Politics of Natural Philosophy*, London: Continnum, 2006, p. 169。
[2] 霍布斯:《利维坦》,第34页。

中，传统的主题和概念，都被赋予了完全非传统的涵义"。[1] 施特劳斯认为，霍布斯思想介于古典和近代之间。当时，"古典传统和神学传统已经动摇，而近代科学的传统尚未形成和建立"[2]。

从《利维坦》之"论人类"所涉及的人性四要素，我们可以清楚地看到，霍布斯谈论的人性四要素，几乎每个要素都存在于古典哲学中，但是每个看似相同的概念，确实都被霍布斯赋予不同于古典的内涵。究其原因，在于霍布斯已经发生了范式变革，他看世界，看人，看社会与国家的范式发生了变革。这种范式的特征是用自然法则看待自然和人，具有机械论的特点。所以，感觉、知觉、记忆、想象是与外部世界相互作用的产物，它们是一个机械的过程。理性是推理过程，发生在现成的公理系统中，所以人们进行推理，无须从最原始的概念开始，而只需对现成的元素进行加减乘除即可。施特劳斯特别提请人们注意："要理解霍布斯令人惊讶的主张，意味着要关注他对传统持显著的反对态度，另一方面，他几乎是默默地与它保持一致。"[3]

二、人的自然状态

霍布斯认为，公民社会不是向来就有的，在公民社会产生前，人类曾经生活在自然状态之中。也就是说，人非生来就是社会动物，人的天性不是社会性。这与希腊哲学特别是柏拉图《普罗泰戈拉篇》版的希腊创世记，和亚里士多德关于人是社会动物的思想大相径庭。

1. 人的自然状态

人性四要素在每个人身上尽管有些许差异，但是大体上是相等的。

---

[1] 列奥·施特劳斯:《霍布斯的政治哲学》，申彤译，译林出版社，2001年，第4页。
[2] 同上书，第5页。
[3] Leo Strauss, "On the Spirit of Hobbes's Political Philosophy", in K. C. Brown (ed.), *Hobbes Studies,* Oxford: Basil Blackwell, 1965, p.1.

"自然使人在身心两方面的能力都十分相等,以致有时某人的体力虽则显然比另一人强,或是脑力比另一人敏捷;但这一切总加在一起,也不会使人与人之间的差别大到使这人能要求获得人家不能像他一样要求的任何利益,因为就体力而论,最弱的人运用密谋或者与其他处在同一种危险下的人联合起来,就能具有足够的力量来杀死最强的人。"[1] 智力方面情况大抵如此,除了以词语为基础的技艺,特别是拥有科学的、普遍必然的法则处理问题的技能以外,人在智力方面的能力也是平等的。之所以如此,是因为少部分人才具有这种特殊的技能,它既不是天生的能力,也不像审慎(prudence 中译本译作慎虑)那样在关注其他事物时获得。除了这些特殊能力以外,人的智力基本上差不多,而审慎作为一种经验,在同样的时间、同样的事物中,人们就会获得同样的分量。这是另一个意义上的平等,即后天获得性平等。

拥有这四类要素的人类,最初只是自然存在,人首先是自然生物。自苏格拉底以来的希腊传统认为,人是天生适合社会生活的动物。霍布斯并不认同希腊人的传统。他说,这条原理尽管为人们广泛接受,却不能成立。"其错误在于它立足于对人的自然状态的浅薄之见。只要深入地考察人为什么要寻求相互陪伴及为什么喜欢彼此交往的原因,就很容易得出一个结论:这种状况的出现不是因为人舍此别无其他的天性而是因为机运(chance)。"[2] 在霍布斯看来,希腊人的政治哲学传统是一场梦幻,而非科学,是一种政治理想主义。霍布斯拒斥希腊人的这一传统,他认为"人天生或者本来是非政治的、甚至是非社会的动物"。[3] 施特劳斯认定,霍布斯拒斥苏格拉底式的假设,即人天生是政治或社会动物,就等于接受了伊壁鸠鲁传统:人天生或者本来是非政治的,甚至是非社会的动物;还接受了他的前提,亦即善根本而言,等同于快乐。[4] 如果人不是天生的政治动物,不具有天生的社会性,那么合乎逻辑的结论必然是,人曾经有过非

---

[1] 霍布斯:《利维坦》,第 92 页。
[2] 霍布斯:《论公民》,第 3—4 页。
[3] 列奥·施特劳斯:《自然权利与历史》,彭刚译,生活·读书·新知三联书店,2003 年,第 172 页。
[4] 同上。

公民状态的自然存在状态。

自然状态是这样一种状态，由于人的先天因素和能力是平等的，因而，人自然而然会认为，每个人都有达到自己目的的权利。这里霍布斯虽然没有使用诸如欲望、意志等字眼，但是在前面对于人性四要素的探讨中，霍布斯已经明确告诉我们，当人与外部世界相遇时，便会被激起欲望，在欲望支配下，人会有所行动。如何行动取决于人的自由意志。也就是说，在人的欲望和意志的支配下，人想获得某种东西，并且认为自己有获得这些东西的权利和能力。如果是两个或者更多的人都想获得同样的东西，并且都认为自己有能力、有权利获得它们，但是他们又不能同时获得它们，你争我斗便是不可避免的。霍布斯断言，为争取同样的东西，行使同样的能力和权利，导致的结果是他们"彼此就会成为仇敌"。[1] 每个处于自然状态的人都要自我保全，这是人的本能。每个人也要获得自己的最大利益和快乐，这同样是人的本能。于是：

> 在达到这一目的的过程中，彼此都力图摧毁或征服对方。这样就出现一种情形，当侵犯者所引为畏惧的只是另一人单枪匹马的力量时，如果有一个人培植、建立或具有一个方便的地位，其他人就可能会准备好联合力量前来，不但要剥夺他的劳动成果，而且要剥夺他的生命或自由。而侵犯者本人也面临着来自别人的同样的危险。[2]

为了自我保全，最合理的方式是先发制人，用武力或谋略控制所能控制的人，直至他认为自己安全为止。并不是所有的人都能够适可而止，倘若有人的行为超出自我保全的限度，以征服他人为乐，那么想安分守己、不愿意扩张权势的人们，也不可能长期仅凭防御而生活。其结果是："这种统治权的扩张成了人们自我保全的必要条件。"[3] 这就是著名的"每个人反对每个人"的战争状态。这句话几乎成了自然状态的代名词。按照霍布斯的

---

[1] 霍布斯：《利维坦》，第93页。
[2] 同上。
[3] 同上。

看法，这一切都是在欲望和自由意志的支配下进行。因此，霍布斯断言："我们天性上不是在寻求朋友，而是在从中追求荣誉或益处。这才是我们主要追求的目标，朋友倒是在其次的。"[1] 在追求利益的过程中，神挡杀神，鬼阻屠鬼。这种利益的追求没有止境，因此，"每个人反对每个人"的战争状态，似乎是自然状态的必然结果。

导致每个人反对每个人的战争状态的原因蕴含于人的天性之中。霍布斯认为，在人类的天性中，我们发现：

> 有三种造成争斗的主要原因存在。第一是竞争，第二是猜疑，第三是荣誉。
> 第一种原因使人为了求利、第二种原因则使人为了求安全、第三种原因则使人为了求名誉而进行侵犯。在第一种情形下，人们使用暴力去奴役他人及其妻子儿女与牲畜。在第二种情形下则是为了保全这一切。在第三种情形下，则是由于一些鸡毛蒜皮的小事，如一言一笑、一点意见上的纷歧，以及任何其他直接对他们本人的藐视。或是间接对他们的亲友、民族、职业或名誉的藐视。[2]

这三种原因不外乎名、利、人身和财产安全。

不难看出，似乎一个微不足道的原因和事情，就可能引起人与人之间的对立乃至战争状态。即便战争实际没有爆发，人也处于每个人都相互为敌的状态。战争、死亡似乎是随时可能发生的事情。战争与敌对状态，几乎成了悬挂在每个人头上的达摩克利斯之剑。在这种状态中，人的心理常态是恐惧，人生活在恐惧之中。生活在恐惧中的人"孤独、贫困、卑污、残忍而短寿"。[3] 霍布斯不胜感慨地说："人性竟然会使人们如此彼此互相离异、易于互相侵犯摧毁。"[4]

---

[1] 霍布斯：《论公民》，第4页。
[2] 霍布斯：《利维坦》，第94页。
[3] 同上书，第95页。
[4] 同上。

施特劳斯从霍布斯的自然状态中看到了令人绝望的情景:"人类的自然状态是很悲惨的;幻想在上帝之城的废墟上建立起人之城,那是不能指望的。"[1] 施特劳斯也惊叹,霍布斯有一万个理由绝望,但是他却看到另一番景象,霍布斯没有绝望,而是满怀信心。他否决了古典的和上帝的遗产,采取迥然不同的思路建构自己的思想体系。在霍布斯看来,"一切意义的全部可理解性,其最终根源都在于人类的需要。目的,或者说人类欲望的最为迫切的目的就是最高的、统辖性的原则"。[2] 相(理念)、上帝,以及属于霍布斯之前哲学遗产的那些力量,不再是理解自然、人、社会、国家的源泉,人的需要、人的欲望目的是理解人性、社会、国家的不二法门。

这无异于在新的大陆上建立思想体系。施特劳斯认为,发现这块新大陆的人是马基雅维利。马基雅维利欣赏罗马共和国时期的政治实践,拒斥古典政治哲学,他认为,古典哲学关心人应当怎样生活,"而回答何为社会正当秩序的问题的正确方式,是要探讨人们实际上是怎样生活的"。[3] 马基雅维利丢弃了柏拉图以来,希腊人关于善的社会,或善的生活的本来含义。公民社会的现实基础不是这类东西,而在于具体的社会现实,即人是如何生活的。从现实出发,他断定,正义没有超人的基础,也没有什么自然的依据。"一切合法性的根据都在于不合法性;所有社会秩序或道德秩序都是借助于道德上颇成问题的手段而建立起来的;公民社会的根基不在于正义,而在于不义。……只有在社会秩序建立之后才谈得上任何意义上的正义。"[4]

2. 如何看待人的自然状态

霍布斯描述的人的自然状态,是一幅可怕的世界图景。霍布斯自己说,人类在自然状态下生活过。在《利维坦》第十三章,霍布斯描述了处

---

[1] 施特劳斯:《自然权利与历史》,第 178—179 页。
[2] 同上书,第 180 页。
[3] 同上书,第 182 页。
[4] 同上。

于自然状态的人们。他指出，人们也许认为，人的自然状态并不真的存在过，人们也许并没有真的处于战争状态。霍布斯表示，他自己也不愿意相信有过这样的状态。然而不幸的是，这种状态真的存在过或者正存在着。霍布斯列举了三种情形：第一种情况，霍布斯时代的美洲，没有政府，只有基于小家庭的野蛮民族，他们的协调原则是自然欲望。第二种情况，处于内战中的人们，由于没有使人畏惧的共同权力，因而人们的生活状况，就是霍布斯所描述的自然状态。第三种情形，国王和主权者之间的相互争斗也是一种自然状态；而霍布斯正好处于这一时代。"这种人人相互为战的战争状态，还会产生一种结果，那便是不可能有任何事情是不公道的。是和非以及公正与不公正的观念在这儿都不能存在。没有共同权力的地方就没有法律，而没有法律的地方就无所谓不公正。暴力和欺诈在战争中是两种主要的美德。"[1] 霍布斯关于自然状态的说法，受到学界的广泛关注，当然也受到激烈的质疑和抨击。

霍布斯的同代人，持正统观念和非正统观念的人，对于自然状态的理解与霍布斯有着显著的差异。大的分类不过是两种，一种是基督教正统观点，一种是启蒙时期的观点，即世俗哲学家的观点。

持正统观念者，思维方式通常还处于宗教改革或者基督教信仰的氛围中。他们之所以批评霍布斯的自然状态说，是因为在他们心目中，"自然状态是人被创造之后，处于那种原初的、完美的、和平的状态。霍布斯对于最初的战争状态的描述与《圣经》的描述相矛盾。什罗浦郡莫尔清教徒教区牧师乔治·罗森（George Lawson, the puritan rector More in Shropshire）就是出于这一理由批评霍布斯的自然状态。对罗森而言，自然状态应该是和平状态，而不是战争状态。"[2] 不过，17世纪的读者似乎也不否认，霍布斯所说的自然状态，可以指人堕落前的和平状态，也可以是堕落后的战争状态。

对于霍布斯自然状态的理解有许多种。它可以是人们联邦建立之初的

---

[1] 霍布斯：《利维坦》，第96页。
[2] Helen Thornton, *State of Nature or Eden? Thomas Hobbes and His Contemporaries on the Natural Condition of Human Being*, Rochester: University of Rochester Press, 2005, p.16.

情况，因为自然状态下每个人都面临危险，所以人们通过契约关系建立联邦。而对于另外一些学者而言，自然状态是人类被创造后的情形。自然状态也可以是人们想象的一种状态，霍布斯从这种状态出发，能够推测人的行为可能产生什么结果。"但是，至关重要的是，自然状态也是不断威胁着人们的一种可能性——一个软弱的联邦，有潜在的分解的可能性。换句话说，生活在公民社会的人，也有可能堕落，如果他们完全依赖自己的善与恶的判断，背叛他们合法的君主的话。"[1] 他们这样做，就像亚当和夏娃试图获得善恶知识，以至于违背上帝的命令，从而导致人的始祖堕落，结果从伊甸园坠落。"同样，如果霍布斯个人企图运用自己的判断，对抗公民君主的命令，将会导致联邦的解体，人便会坠入自然状态。"[2] 这种解释既是从霍布斯主张君主制的立场推论出来的，也是从当时处于战争的英国所面临的危机中演绎出来的。但是，无论怎么看，这个结论都像是《创世记》关于人类始祖堕落情景的直接复制。

霍布斯的同代人中持正统观点的真正关心的问题是，霍布斯并没有详细说明，他所说的自然状态，是堕落后的人类的生活状况，还是指人类在堕落前处于的一种完美的状态。尽管霍布斯暗示，他所说的人类是堕落后的人类，因为"他表示，他感兴趣的问题是，人是什么，而不是人应该是什么"。[3] "人是什么"与"人应该是什么"，是理想与现实之间的差异，如果人是他应该是的样子，就不需要强制性力量了。海伦·桑顿（Helen Thornton）指出，1866年出版的《利维坦》拉丁文版中，霍布斯最终以该隐和亚伯为例来说明人的自然状态，从而告诉人们，自然状态就是人堕落后的状态。《创世记》在某种程度上可以印证霍布斯所说的自然状态。人类始祖被逐出伊甸园，在地球上生存繁衍，但是，"人在地上罪恶很大、终日所思想的尽都是恶"。[4] 耶和华后悔创造了人类，于是用洪水毁灭地球。如果自然状态指人堕落之后的情形，海伦·桑顿认为，那

---

[1] Helen Thornton, *State of Nature or Eden? Thomas Hobbes and His Contemporaries on the Natural Condition of Human Being*, p.17.
[2] Ibid.
[3] Ibid.
[4]《圣经》和合本之《创世记》6.5。

么,霍布斯关于自然状态的描述,与多尔切斯特主教、温和的清教徒怀特(John White)的说法十分契合。怀特描述堕落之后的人的生活是痛苦和悲伤的生活。堕落后的人,只爱自己,不爱任何人,也不爱上帝。只管自己舒适,不管他人重负。自然状态的人运用撒旦的手段和策略,对抗一切约束和服从。[1]宗教改革时期,关于自由意志的讨论涉及人堕落后凭借自己的意志,是否可以回归上帝怀抱,答案是否定的。人的堕落首先是滥用自由意志的结果,因而人要想获救必须信仰上帝,因信称义是正道。关于人堕落后的状态,无论是否被称作自然状态,都是一种十分可悲的状态。走出这种痛苦、悲惨境地的渠道只有一个,即皈依耶稣基督,"皈依将把我们带回更纯净的自然状态。用经院哲学的话语说就是,人的自然状态是符合他的自然目的或目标的状态"。[2]

霍布斯的同代人中,17世纪的政治哲学家的著作里,往往会涉及霍布斯对于人的自然状态的描述,他们多从现实的视野出发看待霍布斯的自然状态说。尽管他们看法彼此有差异,但是,还是有一些共识的。他们通常认为,霍布斯所说的自然状态,是这样一种状态:"处于这种状态中的人,没有政府,没有政治机构,没有执法的武装力量,如警察和军队——换句话说,这是一种糟糕的无政府状态。"[3] 17世纪的哲学家,例如,格劳秀斯、普芬道夫、洛克等人,也描述过没有政治权力的生活。不过,他们笔下的没有政治权威的生活,并没有霍布斯所描述的自然状态那么混乱。尽管这些哲学家之间存在着差异,但是,他们提出自然状态理论的目的是相同的,即"是想表明,国家需要政治权力"。[4]他们对于自然状态的看法众说纷纭,莫衷一是。有些人认为它是真实的存在,有些人认为它是一种可能性。霍布斯的《利维坦》表明,自然状态是人类发展过程中真实的阶段,即它是一个历史阶段。不过,从霍布斯本人对于自然状态的说

---

[1] 相关内容参见 Helen Thornton, *State of Nature or Eden? Thomas Hobbes and His Contemporaries on the Natural Condition of Human Being*, pp.17–18。
[2] Patricia Springborg (ed.), *The Cambridge Companion to Hobbes's Leviathan*, Cambridge: Cambridge University press, 2007, p. 111.
[3] Glen Newey, *The Routledge Philosophy Guide Book to Hobbes and Leviathan*, London: Routledge, 2008, p.50.
[4] Ibid.

明，我们也可以把自然状态理解为一种潜在的状态，即它随时有可能发生。只要政治权威消失，人类处于无政府状态时，就会回到自然状态。在一些西方学者看来，这一观点不是理论假设，而是当时英格兰的实际状况。"在霍布斯看来，英国内战期间，因为处于无政府状态，或者，缺乏真正的政治权力以解决当时人类社会不可避免而产生的冲突，所以，人民的安全和福祉没有保障。就此而言，《利维坦》不仅仅是对英国内战产生的政治危机做出哲学的回答，也是司法的和道德的回答。"[1] 持这种立场的学者认为，霍布斯之所以提出强权（power）问题，是因为他认为，强权能够恢复秩序，阻止暴力。在当时的英国，这似乎是解决暴力和战争问题的有效方式。他们认为，霍布斯确实是以牺牲民主为代价，维护政府的力量，但是他不应该受到指责，"因为他发明了近代意义上的政治合法性观念……在霍布斯看来，国家的作用不是为人民创造一种有德性的生活，而是捍卫每个人的自然权力。在这一意义上，自然法与公民法彼此密切相关。因此，人定法（positive law）的主要功能不是宣布自然法无效，而是运用自然法"。[2] 人定法必须建立在人的自然本性-天性的基础上。人的天性始终是霍布斯考量人定法的基础。自然法对于平等、正义、感恩的诉求，是人寻求和平的基础。人定法只有在这一范围内才是有效的。

三、自然法

霍布斯描述的"每个人反对每个人的战争状态"，没有正义与非正义、没有是与非、无所谓公正与不公正。原因在于在自然状态下，没有公权力，没有法律，自然也就没有衡量正义与非正义等的准绳。在自然状态下，唯有暴力与欺诈，霍布斯认为，"暴力与欺诈在战争中是两种主要的

---

[1] Gabriela Ratulea, *From the Natural Man to the Political Machine: Sovereignty and Power in the Works of Thomas Hobbes.* Frankfurt: Peter Lang, 2015, pp. 7-8.
[2] Ibid., p. 8.

美德"。[1] 自然人没有正义之类的东西，正义只能存在于群居人群中。所谓群居人应该是指社会人。

霍布斯对于人的正义的描述，与柏拉图《普罗泰戈拉篇》的创世说有异曲同工之效。由普罗版的创世记，我们得到了柏拉图对人的界定：人是有德性的城邦动物。受柏拉图影响，亚里士多德也认为，人是城邦内生活的动物，人是理性动物等。不同的是，柏拉图、亚里士多德认为，人只能是城邦动物。霍布斯则认为，在社会与国家产生前，人存在着一个自然状态。而人之为人生来就不是社会动物-城邦动物，人最初只是自然存在。

自然状态下，人没有财产，没有统治权。没有"你的""我的"之分。每个人能到手的东西，保得住的就是你自己的，保不住的就不是你的。所以每个人都想保住自己的东西，为此敌对、发生暴力对抗，甚至战争。这不是人有意为恶，而是天性使然。因此，霍布斯的主张也被称作"性恶论"。人的天性使人陷入恶劣状态。这里所说的恶，不是道德意义上的，而是天然本性，欲望而已。

如何走出由于欲望而导致的战争状态？霍布斯回答说：靠自然法。自然法的基础，部分是理性，部分是激情，即霍布斯认为："人离开自然状态，部分是通过他们的激情，部分是通过他们的理性。"[2] 他之所以相信激情的力量，是因为他认为，激情使人恐惧死亡，倾向于和平。理性使人们能够形成共同的协议，以确保和平。这些协议就是自然法。趋利避害是本能或天性，而如何才能趋利避害则是理性的计算。理性和激情都是人性，在所有人身上都有。自然法是理性确立的准则和一般法则。

1. 第一自然法：力求和平、寻求自保

《利维坦》第十四章明确告诉人们，自然法是理性发现的戒条或一般法则。其第一节，专门探讨第一和第二自然法。霍布斯指出，基本自然法的第一法则是："每一个人只要有获得和平的希望时，就应当力求和平；在

---

[1] 霍布斯：《利维坦》，第96页，英文表述为 "Force, and fraud, are in war the two cardinal virtues"。如果译作"暴力与欺诈是战争中的两个基本道德"似乎更像事实陈述。当然 "virtue" 一词有美德的意思。
[2] Perez Zagorim, *Hobbes and the Law of Nature*. Princeton: Princeton University Press, 2009, p.42.

不能得到和平时，他就可以寻求并利用战争的一切有利条件和助力。"[1]
第一自然法的前提是：人的自由以及以自由为依托的自然权利。

霍布斯时代的哲学家认为，人生来是自由的，自由是人的自然权利。所谓自由，"就是每一个人按照自己所愿意的方式运用自己的力量保全自己的天性——也就是保全自己的生命——的自由。因此，这种自由就是用他自己的判断和理性认为最合适的手段去做任何事情的自由"。[2] 也就是说，自由首先是一种自然权利，是人运用自己的力量保全自己、保全生命的自然权力。其次是运用自己的理性，选择自己认为最合适的手段，做任何自己想做的事情的权利。

霍布斯指出，人们通常所理解的自由，确切的词义是没有外部障碍。这种障碍往往会使人们失去一部分力量，阻碍人做自己想做的事情，但是，却不能阻碍人运用剩余的力量。这种剩余的力量是人的内在力量，指人的判断和理性命令人做事的力量。在这一意义上，人是自由的，人的自由在于人可以自由地运用自己的判断和理性。即便有外部障碍存在，阻止人去做自己想做的事，但是，理性的力量会让人以正确的方式去做事情。在霍布斯的思想中，理性像感觉、知觉、想象、记忆、欲望一样，是与生俱来的，这一点我们前面已经讲过。

自然权利意味着每个人对每一事物（包括他人的身体）都具有权利，当人的这种权利继续存在时，任何人不论如何强悍或聪明，都不可能保全自己，因为自然权利会导致人人处于争夺的战争状态。当人处于每个人反对每个人的战争状态时，没有赢家。于是，理性的力量发现了一条诫命，霍布斯称之为自然律："禁止人们去做损毁自己的生命或剥夺保全自己生命的手段的事情，并禁止人们不去做自己认为最有利于生命保全的事情。"[3] 简单地说，当人们自由地行使自然权利，使人处于战争状态时，理性的力量告诫人们趋利避害。为了保全自己，不做任何损害自己生命的事情，努力去做有利于自我保全之事。于是，我们得到了第一自然

---

[1] 霍布斯：《利维坦》，第98页。
[2] 同上书，第97页。
[3] 同上。

法：只要有获得和平的希望时，就应当力求和平；在不能得到和平时，他就可以寻求并利用战争的一切有利条件和助力。

霍布斯对于第一自然法做如下解读：这条理性的法则或戒条是斟酌的自然法，包含着两个内容，第一，寻求和平、信守和平。用理性的力量，最大限度地避免战争状态，是人避免死亡和毁灭的通途。第二，利用一切可能的办法保全自己。对这两个内涵，霍布斯做了进一步的划分，第一自然法的第一部分，是基本的自然法，即寻求和平，信守和平。

霍布斯明确表示，理性的戒条所包含的两个方面，一个涉及权，一个涉及法。"权在于做或者不做的自由，而律则决定并约束人们采取其中之一。所以律与权的区别就象义务与自由的区别一样，两者在同一事物中是不相一致的。"[1]简单地说，权利意指允许我们做某些事，法律则是划定我们行为的限度。

也有学者认为，霍布斯意指："自然权利的意思是，我们能够做任何事情，只要我们合理地认定这样做是保护生命所必需的，而自然法的意思是，如果我们行为的目的确实是保全自己，那么这些行为才是合法的。"[2]对霍布斯的见解持批评态度的学者认为，"霍布斯并没有把权利等同于无条件的自由，而是等同于无过失的（blameless）自由。这意味着，霍布斯认为，人民应当证明他们运用自由是正当的。因此，自然权利实际上只是对他人承担义务的自由。"[3]这一指责似乎有些偏颇。他忽略了霍布斯的基本立场。当然，霍布斯所倡导的自由权利确实不是无条件的，但是，霍布斯明确指出，危险每天都威胁着人们，每个人都不应该因为自我保护而受责备。每个人都是趋利避害的，在自然存在的种种恶中，死亡是至恶。

> 因此，如果一个人尽全力去保护他的身体和生命免遭死亡，这既不是荒诞不经的，也不应受指责，也不是与正确的理性相悖的。可以

---

[1] 霍布斯：《利维坦》，第97页。对于霍布斯这一观点，西方哲学界存在着不少争论，主要是两个词的内涵与外延问题，因与本书主题没有太多关系，相关的讨论从略。
[2] David van Mill, *Liberty, Rationality, and Agency in Hobbes's Leviathan,* New York: State University of New York Press, 2001, p.64.
[3] Ibid., p.64.

说，不与正确的理性相悖，就是按照正义和权利去行事的。"权利"这个词确切的含义是每个人都有按照正确的理性去运用他的自然能力的自由。因此，自然权利的首要基础就是：每个人都尽其可能地保护他的生命。[1]

这里没有只对他人承担义务的自由。自然权利告诉人们，人首先是自保，这既符合自然法，也符合人的理性。

2. 第二自然法：为求和平和自保自愿出让权利，形成契约关系

第二自然法是从第一自然法中引申出来的。霍布斯指出，基本的自然法，即第一自然法规定人们尽最大可能寻求和平、安全、自保。由第一自然法引申出的第二自然法，事实上是人类如何获得和平的前提，即为了和平与自保，自己愿意，并且他人也愿意放弃对所有事物的权利。如果你想要获取对他人不利的、更多的权利，那么他人也会有这样的要求。只要每个人都坚持个人权利，随心所欲地做自己想做的事情，人类就会永远处于战争状态。如果其他人没有像规定的那样放弃自己的权利，那么任何人，没有任何理由迫使他放弃自己的权利。在这种情况下，放弃权利无异于自取灭亡，而不是寻求和平。这恰恰是福音书所云："你们愿意别人怎样待你们，你们也要怎样待人。"[2] 第二自然法的核心是放弃自己对事物的权利，前提是每个人愿意放弃自己的权利。如果没有共同放弃自己权利的共识，你自己便放弃了权利，那就是自取灭亡，直白地说，就是找死。

一个人放弃自己的权利，是否意味着他人获得比自己更多的权利呢？霍布斯明确表示，事实不是这样。一个人行使对任何事物的权利，是捐弃自己妨碍他人对同一事物享有权利的自由；即放弃自己对某些事物权利的自由，是为了不妨碍他人获得同一事物权利的自由。这是一种退让。我自愿放弃权利，并不意味着他人将获得额外的权利。也就是说，他人对任何

---

[1] 霍布斯：《论公民》，第7—8页。
[2] 霍布斯：《利维坦》，第98页。

事物享有的权利，仍然属于他应有的自然权利。一个人放弃他的权利，并没有让其他人获得更多的额外权利，而是减少了他们行使自己自然权利的障碍。直白地说就是，两人同时想要某种东西，也就是同时对某物享有权利，如果双方执意要获得此物，则必有一争，即有可能处于争斗甚至战争状态。此时，某人为了获得和平，避免战争状态，则会宣布将自己对此物的权利转让出来。那么，他人此时若想获得此物，他便不会再反对、抑制或抢夺。[1] 他人的权利并没有因为此人出让、转让权利而获得更多的权利，只是少了一个障碍或对手而已。他人在权利转让中所能获得的好处是，可以毫无障碍地、和平地享有原本属于他的自然权利。

让出自己的权利，或者说放弃自己的权利，有两种方式：单纯的放弃和转让给他人。单纯的放弃是指只是放弃权利，而不关心是谁获得了自己放弃的权利。转让则不同，转让权利是把自己的权利转让给某人或某些人。不过，无论是单纯的放弃权利，还是转让权利，你的行为便受到约束，即你不得妨碍接受权利的人享有该项权利，这是一种义务。你必须使自己自愿放弃的权利有效，这是你的责任。单纯放弃或转让权利的方式，是自愿表明放弃或转让权利。这种表示有时是言辞，有时是行动。通常既有言辞，也有行动。

我们可以带着疑惑的心情质问，说自愿放弃权利是为了自保、为了和平。可是，到目前为止，我们依然只看到我要放弃权利，以便不成为他人的障碍。可是他人若成为我的障碍，他会自动让步放弃自己的权利吗？我凭什么自愿放弃自己的权利，就是为了给他人让路？凭什么让路的是我，我为什么要这样做，到目前为止，我还没有看到和平和自保的希望呢。霍布斯自己也说："当一个人转让他的权利或放弃他的权利时，那总是由于考虑到对方将某种权利回让给他，要不然就是因为他希望由此得到某种别的好处。因为这是一种自愿行为，而任何人的自愿行为目的都是为了某种对自己的好处。"事实上，自己愿意放弃和转让权利，并不能使自己获得所期待的和平，也未能实现自保。放弃和转让权利应该是相互

---

[1] 霍布斯：《论公民》，第16页。

的，即我为了给他人例行自然权利让路，使自己不成为他人行使自然权利的障碍，而他人也需要自愿转让权利。"权利的互相转让就是人们所谓的契约。"[1]

契约建立在权利相互转让的基础上，但是，只有权利的相互转让，才能构成契约关系。单方转让权利，无论转让的目的是获得他人的友谊或服务，还是博得慈善或豪爽的美誉，抑或是其他，诸如天国回报等，都不构成契约关系，只能被称作赠予、无偿赠予、恩惠。权利的相互转让，不是道德关系，也不是信仰关系，而是利益关系。权利相互转让形成契约关系，履行契约者的双方，对于契约关系的收益，享有自己应得的一份。之所以是应得，是因为我转让的是权利，转让必须有预期的收益。得到预期的收益自然是应得。

相互转让权利的各方形成契约关系。契约关系首先面临的问题是践行契约。靠言辞吗？霍布斯认为，言辞的力量很弱，不足以让人履行契约。若想言辞有力量而让人履行契约，有两种力量协助。第一，对食言所产生的后果的恐惧。第二，为自己履行契约而自豪和骄傲。按照霍布斯的看法，这两种力量谓之激情。

同样，靠信任吗？信任是很脆弱的。只要出现合理的怀疑，信任便不复存在，契约也随之失效。但是，如果各方出让的权利交第三方执掌，即在各方之上形成一个共同的、具有强制履行契约的力量，契约便不会无效。契约关系如果只是言词上的，对人的约束力微乎其微，不过只是说说而已。违约者没有什么代价，经常出现的状况似乎是谁先践约谁受损。但是，如果建立一种公权力，以约束失信的人，强制人们履行契约，人们便不会担心有人失约。这种情况通常出现在世俗国家。

笔者用了较大的篇幅描述霍布斯第二自然法的基本内涵，是力求使读者对第二自然法有一个整体的、清晰的了解，因为毕竟契约关系是近代思想的一大特色，亦是霍布斯思想较为引人关注的一部分。关于第二自然法

---

[1] 霍布斯：《利维坦》第100页；前文对于第二自然法的描述，均出自霍布斯：《利维坦》，第98—101页。

更为详尽的内容，可进一步阅读霍布斯《利维坦》的第十四章。

在霍布斯《利维坦》第一部分"论人类"中，绝大多数篇幅是描述人的自然状态。行文给人一种印象，即生活在自然状态中，无疑是一件令人非常恐怖的事情。"这种状态完全可以让人认为，生活在政治权威的统治之下，也许是更好的选择。但是，这一认识并不足以激励人们走出自然状态。因为自然状态令人不快的方面是，它并没有提供人与人之间协作的稳定的基础。其结果是，任何人都不会相信，放下武器将会获得酬劳，而不是惩罚。"[1]

所谓酬劳是他人的报答，他人报答的前提是各方协作。这似乎陷入一个循环。如何走出这一循环，让人们没有后顾之忧地出让自己的权利？霍布斯认为，让人们走出这一循环的力量是权威。霍布斯讲述自然状态的故事，是想告诉人们，自然状态是可怕的，人们完全有理由离开它，能够使人离开自然状态的力量，是通过契约关系形成的权威。由此，霍布斯证明了政治权威的正当。因为，自然状态之所以是坏的、可怕的，在于自然状态下的人与人之间没有信任可言，不可能形成协作。使人走出不信任与需要协作怪圈的力量，是由于人们出让权利形成的权威。权威是第三方力量，是置身个人利益之外的力量。于是，创造政治权威的充足理由就这样产生了。政治权威的产生还有一个不可或缺的条件，即人们一致同意，它无疑包括一致同意、自愿放弃、出让自己的权利，将出让的权力交给权威来执掌，以确保人们的生命财产安全得到有力的保护。"这是一个标准的自由主义的主张。自由主义的主张是：如果政治权威被证明是正当的，必须有人们对他赞同。"[2]

3. 第三自然法和其他自然法：践行契约

人凭借自然法，才能走出自然状态，所谓走出自然状态，用今天的话来说，就是走出丛林，进入公民社会，即进入法的社会。在自然状态

---

[1] Glen Newey, *The Routledge Philosophy Guide Book to Hobbes and Leviathan*, p.78.
[2] Ibid.

下，人拥有自然权利。走出自然状态，在某种程度上，就是把人的自然权利转变为公民权利。而激情和理性则是促成这一转变的重要力量。"克服自然状态意味着激情和理性的力量。激情使人害怕死亡，渴望幸福，追寻感官愉悦，它鞭策人们走向和平。……而理性则提出被称之为自然法的和平条款，构成公民状态的基础。"[1] 人为了保护自己的生命财产安全，遵循自己的理性和判断力，自由使用自己的权力（power），谓之自然权利。而自然法，则是凭借理性发现的信条和一般规则。人们凭借自然法，停止采取自我毁灭的行为，并竭尽全力保存自己的生命。"每个人都被天然地赋予对一切事物，包括他人的身体在内的一切权利，意味着只要人们对每个事物的自然权利存在，这个世界上就没有安全可言。"[2]

第一、第二自然法的出现，使人看到希望，人有可能凭借理性走出自然状态，进入公民社会。然而，这只是一种可能性。因为契约关系不是写在纸上、贴在墙上的关系，只有践行契约的内容，人才能走出自然状态。"'所订信约必须履行'。没有这一条自然法，信约就会无用，徒具虚文，而所有的人对一切事物的权利也会仍然存在，我们也就会仍然处在战争状态中。"[3] 于是，第三自然法——践行契约，便合乎逻辑地出现了。

如果说霍布斯凭借第一、第二自然法，描述了人走出自然状态的起点和基础，那么，他提出第三自然法的主要目的，是证明国家的产生是自然法的必然结果。也有学者认为，"这一法则是正义的起源"[4]。这一说法也有一定的道理，霍布斯在谈论第三自然法时，确实是从是否践行契约出发，引出正义与不义问题。他认为，践行契约被视为正义，不践行契约，则被视为不正义。

但是，霍布斯也强调，在正义和不正义概念出现前，有一个要素必须先行存在，它就是国家。人们之所以老老实实践行契约，也是出于恐惧。

---

[1] Gabriela Ratulea, *From the Natural Man to the Political Machine: Soverignty and Power in the Works of Thomas Hobbes*, p.58.
[2] Ibid., p.59.
[3] 霍布斯：《利维坦》，第108页。
[4] Gabriela Ratulea, *From the Natural Man to the Political Machine: Soverignty and Power in the Works of Thomas Hobbes*, p.62.

按照霍布斯的说法，当人们放弃自己的权利而形成契约关系后，人对于他人是否践行契约是有疑虑的。只要这种疑虑存在，契约就不会生效。让人们信守契约的力量，应该是一种强制性力量。如果你不履行契约，你将会受到严厉的惩罚。惩罚产生的恐惧，足以让人们践行契约。能够实施惩罚，让人恐惧的力量是社会权力（a civil power）。从行文看，社会权力（a civil power）应该是指公权力。这种公权力是一种强制性权力（coercive power），这种强制性权力只能在国家内行使。"由此看来，正义的性质在于遵守有效的信约，而信约的有效性则要在足以强制人们守约的社会权力建立以后才会开始。"[1] 公权力、国家权力、强制性权力是具有行使惩罚的权力。人们由于害怕受到严厉惩罚，而不得不遵守契约。正因为如此，霍布斯宣称："这样说来，正义（即遵守信约）是一条理性通则，这种通则禁止我们做出任何摧毁自己生命的事情，因之便是一条自然法。"[2] 之所以被视为自然法，是因为遵守契约、坚持正义，同样是出于趋利避害的天性。

对于正义，霍布斯进行了区分。他认为正义与不义有两个层面的意思，其一，指人的正义与不正义；其二，指行为的正义与不正义。这是两个不同的东西。谈论人的正义，主要指一个人的品行是否合乎理性；而用于人的行为时，则是指某些具体的行为是否合乎理性。霍布斯在践行契约时谈及正义问题，显然是在行为层面上使用正义问题。

行为层面的正义也可分为两种：交换的正义和分配的正义。"正确地说，交换的正义是立约者的正义，也就是在买卖、雇佣、借贷、交换、物物交易以及其他契约行为中履行契约。分配的正义则是公断人的正义，也就是确定'什么合乎正义'的行为。"[3] 当一个人被推为公断人，这是人们对他的信托。那么他怎么做才算做到分配正义呢？让每个人得到自己应得的份额，谓之分配正义，霍布斯也将分配正义称作公道。应得的份额是指契约规定的份额，契约在先，履行契约规定的条款便是正义、是公道。

---

[1] 霍布斯：《利维坦》，第109页。
[2] 同上书，第112页。
[3] 同上书，第114—115页。

第三自然法的出现，似乎关于自然法的重要内容和使命已经基本上都阐释出来了。高瑟尔德（David Gauthierd）在《利维坦的逻辑》（*The Logic of Leviathan*）中表明："前三条自然法对于理解霍布斯学说就足够了，因为思考这三条自然法，便可以复原'利维坦的逻辑'：其他自然法对于他的道德学说没有实质性的贡献。"[1] 话虽然是不错的，但是，从第四自然法开始，霍布斯还是对如何践行契约做出了详细的道德说明。也就是告诉人们，如何维护和平和安全。所以，我们有必要简单地说明霍布斯其余的自然法。

第四自然法：接受他人单纯根据恩惠给予的利益时，应努力使施惠者不至于为自己的善意行为后悔。也可以把这条自然法视为感恩，忘恩负义便是违反了自然法。

第五自然法：每一个人都应当努力使自己适应其余的人。意思是不要执意获得对自己没有必要，而对他人又不可或缺的东西。不要为不必要的东西，使人与人处于战争状态。这种做法违背"寻求和平"这一基本的自然法，也被霍布斯称作不合群。遵守这条自然法，即为合群。

第六自然法：当一个人悔过了，保证不再重犯违背自然法的行为，并且请求宽恕，就应当宽恕他们的罪过。宽恕就是谋求和顺。

第七自然法：对过失者施以惩罚即是施以报复，即以怨报怨。然而惩戒不应该只看过去的罪恶，而应当为将来的益处作打算。惩罚只是为对触犯者昭示警诫。如果惩戒掺杂其他目的，就是没有理由的伤害。无理由的伤害违反自然法，同样会导致战争状态。没有理由的伤害被称为残忍。无论是惩罚还是宽恕本身不是目的，目的应当着眼于未来人们的最大利益。

第八自然法：任何人不得以行为、语言、表情、姿态表现仇恨或蔑视他人。违反这一自然法的一般被称为侮辱。原因很简单，在自然状态下，所有的人都是平等的，根本没有谁比较好的问题。因而，任何人没有资格蔑视他人。蔑视他人，意味着违反了人生而平等的自然法。承认人的

---

[1] David P. Gauthierd, *The Logic of Leviathan: The Moral and Political Theory of Thomas Hobbes*, Oxford: Oxford University Press, 1969, p.56. 参见 Gabriela Ratulea, *From the Natural Man to the Political Machine: Soverignty and Power in the Works of Thomas Hobbes*, p.63。

平等，是保持人与人之间和平状态的前提。违反这一自然法，同样会使人处于战争状态。所以为了避免战争状态，必须承认人与人之间的这种平等。

于是，霍布斯顺理成章地提出第九自然法：每一个人都应当承认他人与自己生而平等，违反这一准则就是自傲。人不得自傲，或者说应凡事谦卑，是基督教的准则，《圣经》中此思想俯首即拾。如《彼得前书》5 章 5 节说：神阻挡骄傲的人，赐恩给谦卑的人。霍布斯把谦卑或不得自傲变成了自然法，在基督教思想中，这应当是神法。

第十自然法：人不具有为所欲为的自由，但是为了保护自己的生命，人同样也拥有某些保留权利。

在《利维坦》中，霍布斯也提到第十一条至第二十条自然法。

第十一自然法：受人信托之人，须在人与人之间进行公正的裁断——秉公处理。如果没有秉公处理这一条，人之间的争端就只能靠战争解决。秉公处理谓之公道。公道是一条自然法。[1] 这些自然法"都是规定人们以和平为手段在社群中保全自己的自然法，它只是与文明社会有关的原理"。[2]

《论公民》第三章第 16 节至第 25 节中[3]，霍布斯更清晰地说明了第十一条之后的诸自然法。他指出第十一自然法：无法分割的东西应该在可能的前提下被共享；而（如果东西的数量足够的话）每个人应该按其所需地享用；如果数量不够的话，就应该根据享用者的人数，按固定的份额和比例来享用。否则，就无法维持由自然法所规定的平等。

第十二自然法：如果某物既无法被分割，也无法被共享，人们可以有两个选择，或者被轮流享用，或者按抽签的方式单独给一个人。至于采用哪一种享用办法，用抽签决定。

第十三自然法：抽签有两种方式：一种是凭人意裁决，即在各方都同

---

[1] 以上 11 条自然法出自霍布斯《利维坦》第 112—120 页。
[2] 霍布斯:《利维坦》，第 120 页。
[3] 霍布斯:《论公民》，第 34—37 页。文中对其他自然法的陈述，皆出自《利维坦》以及《论公民》的相关部分。

意的情况下进行。另一种是自然的方式,即长子身份或者长子优先权。无法被分割、无法被共享的东西,归属于排名第一位的人,条件是其父亲事先并没有将这些东西转让他人。

第十四自然法:和平的斡旋者应当有豁免权。和平不可能在没有斡旋的情况下实现,而没有豁免权就不可能有斡旋。众所周知,寻求和平是理性发出的指令,获得和平的手段也出自理性的指令。由此推论,给予和平的斡旋者以特权也是理性的指令。

第十五自然法:产生权利争议的各方,都应听从第三方的裁决。在践行自然法的过程中,人们会对所做的事情究竟是否违背自然法产生争执。这是产生冲突的根源。出于保护和平的需要,双方就得认可第三方仲裁。第三方被称作公断人。第十五条自然法即公断人(仲裁者)条款,设立公断人,听从公断人的裁决是自然法,因为它符合理性寻求和平的指令。公断人必须持中立的立场,不得卷入纷争的任何一方,否则就无法做出公正的裁决。

由此产生第十六自然法:人们不应该成为他自己的安全中的公断人或裁决者。即不能既当运动员,又当裁判员。置身于利益之外,才有资格当公断人。

第十七自然法:如果公断人想从胜出一方获得更大利益跟荣耀,那么他就不应当成为公断人。公断人必须是中立的。

第十八自然法:证人法则。公断人在裁决时,经常会遇到证据是否属实的问题,由此派生出第十八自然法,即寻找对争执双方都公正的证人进行裁定。

第十九自然法:公断人必须是独立的,或者说维护公断人的独立性。公断人与各方不存在协议或承诺,他不需要站在某一方立场上进行裁决。他的义务或责任只是做出公正的裁决,而不是保护某方的利益。

第二十自然法:醉酒是有悖于自然法的无理行为。这一条自然法是针对每个人的。理由是由于自然法是正确的理性的指令,人只有保持理性的能力,才能听到理性的指令。任何人如果愿意做削弱或毁灭理性能力的事情,就是蓄意违背自然法。醉酒或暴饮暴食就是破坏理性能力的典型例子，因此，人不得醉酒，不得暴饮暴食。

显然，这 20 条自然法环环相扣，清晰地勾勒出保护人的和平与安全的方式和路径。霍布斯这样表述："所有这些自然法法则都源自理性的一条指令，即迫使我们要追求我们自己的保存和安全。"[1] 尽管如此，依然不能保证人们都遵守自然法。也就是说，在激情和理性的博弈中，谁也无法保证理性一定获胜。无论人们对理性的指令认识得多么清楚，但是当面对利益的诱惑时，人们往往不愿意遵守理性的指令。在有人遵守丛林法则，有人遵守理性法则的情况下，守法者将成为违法者的牺牲品。

那么，我们是否还需要遵守自然法，即我们是否还要听从理性的指令？当然，这是必须的。

四、自然法的性质

《利维坦》第十四章和第十五章，《论公民》第一部分第二章和第三章描述的自然法，洋洋洒洒共 20 条。总结起来无非是三个方面的问题，第一，人拥有自然权利，因而人有自由获得自己想要的东西。但是，当每个人都享有这样的自由时，人会因为自然权利赋予的自由，处于每个人反对每个人的战争状态，这种状态使人面临着死亡的威胁。于是便产生了第二个方面的问题，人必须尽最大努力寻求和平，避免战争和死亡。第三，为达此目的，每个人需出让自己的权利形成契约关系；以及如何践行契约。因而自然法最重要的法则，当属第一和第二自然法。它们是基本的自然法，是《利维坦》第十四章、《论公民》第一部分第二章所阐释的内容。《利维坦》第十五章、《论公民》第一部分第三章契约关系及其践行，是第一和第二自然法的结果。第一自然法由人的激情而生，而第二自然法则是理性的指令，第三至第二十条自然法所探讨的问题是，如何践行理性的指令，即如何保护人的生命财产安全。

---

[1] 霍布斯：《论公民》，第 37 页。

霍布斯所阐释的自然法，究竟属于司法范畴，还是道德范畴？霍布斯认为，它属于道德范畴。

1. 自然法是道德法则

霍布斯的自然法，最重要的是前两条法则，其他自然法只是为了说明这两条法则而设。如果说第一自然法涉及人的自然权利和激情，那么从第二自然法开始，所涉及内容均为自然法产生的义务和如何践行义务。"自然法产生的义务位于无时不在、无处不在的内在的法庭或良心中；而在外在的法庭中，只有当遵守法则带来安全时，才会产生义务。"[1]

自然法诉诸人的良心——内在的法庭，因而自然法的内涵属于道德范畴。并且按照霍布斯的看法，自然法仅对内心范畴有约束力，或者说，"只对欲望和主观努力具有约束力，……自然法所要求于人的只是努力，努力履行这些自然律的人就是实现了它们，而实现了自然法的人就是正义"。[2] 霍布斯把自然法履行的范围设定在内心范畴，并表明自然法所要求的只是人们的主观努力。笔锋一转，政治学问题便进入了道德领域。"研究这些自然法的科学是唯一真正的道德哲学，因为道德哲学就是研究人类相互谈论与交往中的善与恶的科学。"[3]

汤姆·索雷尔（Tom Sorell）提醒人们注意，霍布斯关于自然法是善与恶的科学，因而是道德哲学这一说法，有一个关键的措辞，即霍布斯在这句话之后中，随即便说善与恶是表示我们欲望和嫌恶的名词，但是，欲望和嫌恶因人而异。也就是说，善与恶的判断标准因人而异。但是，每个人都是善恶之判断标准的状态是自然状态，而自然状态的结果是战争。转折点就出现在这里，个人对于善恶判断的公约数在这里出现：

> 每个人都同意……战争是恶的（evil），不过每个人也同意，(a) 没有战争，和平是善的（good）；(b) 无论什么手段，能够缔造或维护和平

---

[1] 霍布斯：《论公民》，第38页。
[2] 霍布斯：《利维坦》，第121页。
[3] 同上。

的都是善的；(c) 正义、恩赐等是善的，因为它们意味着和平。霍布斯从激情出发推论在自然状态下人们处于战争状态，以此为背景，由(a)至(c)构成道德科学。[1]

即对于和平的共同向往和对于战争的共同恐惧，使人们在善与恶的问题上达成共识，这便使善恶判断有了公约数，道德由此产生。如果用霍布斯激情和理性学说来考量，可以说，是在理性与激情的博弈中形成了善恶标准，于是道德产生了。

从自然法的讨论出发，最终进入道德哲学。可以说，霍布斯所说的道德，是自然主义的道德，因为霍布斯把道德哲学建立在人的自然本性、自然权利以及自然法的基础上。所谓道德，直白地说就是寻求和平，避免死亡，一句话：趋利避害谓之善。道德是人的自然本性所致。也可以说，在霍布斯哲学中，道德是理性与激情博弈的必然结果。因为人只有激情，只在激情的驱使下寻求自己喜欢的每一种东西，就会导致战争状态；把人拉出战争状态，使人寻求和平与安全是理性的力量。理性约束激情，才会有契约，才会有道德。

20条自然法就是阐释人如何凭借理性的力量避免战争，保持自身安全。这20条自然法"都源自理性的一条指令，即迫使我们要追求我们自己的保存和安全"，[2] 这是理性的指令，也是善的法则和标准。正是理性的力量，使人避免战争、寻求和平。因此可以说，理性的力量使人向善。

霍布斯在这里并没有对道德范畴做出更多阐释和说明，我们看到的是，他从探讨人的自然本性出发，进入人的自然状态的讨论。从说明自然状态可能导致每个人反对每个人的战争状态，从而导致死亡入手，引出自然法问题。在阐释完自然法之后，几乎只用三言五语，便直接进入道德理论。从霍布斯思想中，我们确实没有看到更多的关于道德问题的讨论，尤其是对道德范畴几乎没有太多的界定和探讨。在这里，我们需要明确提出

---

[1] Tom Sorell, "Hobbes's Moral Philosophy", in *The Cambridge Companion to Hobbes's Leviathan*, Patricia Springborg (ed.), Cambridge: Cambridge University Press, 2007, p. 134.
[2] 霍布斯：《论公民》，第37页。

一个问题，在霍布斯思想中，究竟有没有道德，人要不要道德？

自古希腊以来，特别是自文艺复兴以来，人们心目中的道德多半是亚里士多德意义上的。亚里士多德认为，道德与灵魂相关。灵魂中有三种东西与德性有关，这就是感受、潜能、品质。感受指欲望、愤怒、恐惧、自信、嫉妒、喜悦、友爱、憎恨、期望、骄傲、怜悯等，总之，它们与快乐和痛苦相伴随。从现在的观点看，亚里士多德视为感受的这些东西，有一些是感觉，而大多数是情感、情绪、心理活动等，或者称作激情。

潜能是指能够引起感受的东西，例如，由于它们，一个人被激怒、被感动等。它之所以被称作潜能，是因为它类似于感觉过程中的质料，包含着引起感觉的可能性。当它没有被感受，它是自在自为，而有可能进入感觉过程，因此它是一种潜能。品质就是对某种潜能的感受和我们对这些感受的态度，例如，当某件事情使我们愤怒，那件事情在没有和我们发生任何联系时是潜能，它和我们发生联系时则进入现实性过程，由它引起的愤怒是感受，而愤怒的程度则与品质相关。过于强烈的愤怒是无德的，而过于淡漠的反应则是软弱或者冷漠。

作为德性，在愤怒中的反应应该是适度愤怒。尽管品质与感受和潜能相关，潜能引起感受进入现实性过程，不过在这里我们不谈论潜能。因为与品质（德性）直接相关的是感受，感受的强烈与不足都与德性密切相关。然而，我们不能说感受是邪恶的，"德性和邪恶并不是感受，因为对感受我们并不说高尚和卑下，对于德性和邪恶才这样说。并且对于感受我们既不称赞，也不责备（一个受惊吓、被激怒的人并不受称赞，也不会仅仅由于激怒而受责备，关键是他怎样激怒）。只有德性和邪恶才受到称赞和责备"。[1] 潜能和感受是客观事实，它就是这样，无所谓善与恶，因此，感觉愤怒、痛苦、激动等，作为事实并没有善与恶，因此，既不应该受到赞赏也不应受到指控。德性与品质相关，并能因此说它们是德性。人的德性，作为一种内在的品质，其作用在于当我们愤怒时，指导我们如何选择适度，即既不过分，也不欠缺。这个时候，显现出德性来。德性就是

---

[1] 苗力田主编：《亚里士多德全集》第八卷，中国人民大学出版社，1992年，第33—34页。

适度，是黄金中道，适度的范围是法律允许的范围。德性"是一种具有选择能力的品质，它受到理性的规定，像一个明智人那样提出要求"。[1] 对自己的行为做出理性的选择，选择的标准是中道，即邪恶（不足）与过度之间的中道，选择的下限是合法行为。

霍布斯认为，这类道德哲学虽然也承认善行与恶行，但是认为德性的标准在于激情的适度。一个人是否勇敢，不在于动机，而在于程度，慷慨不在于馈赠的动机，而在于赠物的数量。所以德性在于节制，在于中道，因而中道亦被称作黄金中道，它是德性的标志。简单地说，德性是介于两极之间的中间值，邪恶则在于两极本身。但在霍布斯看来，这是一种错误的看法，因为"只要事情的起因是被褒扬的，那即使是最极端的冒险也会被褒扬并被看成是一种美德，被称之为勇敢"。[2] 如何评判一个人的行为是否慷慨，不在于送给他人的东西的数量，而在于馈赠的原因，即为什么这样做，也就是人们所说的动机。这就是人们通常所说的义务论。霍布斯之所以不太关注道德范畴的阐释，并且主张可以从自然法直接进入道德问题，最重要的因素在于他所持的理论是义务论。当代学界对于霍布斯道德理论的这一看法，在很大程度上是受了英国哲学家爱德华·泰勒（A. Edward Taylor）的影响。

高瑟尔德的说法也许值得我们注意。他认为，霍布斯讨论道德问题的主要目的是"证明人应该做什么，不应该做什么。为了追寻这一目的，他引入并解释了一些道德概念，其中最重要的是自然权利、自然法、义务和正义。但是，他的兴趣是把这些概念用于道德结论，而不是解释它们"。[3] 高瑟尔德表示，这一观点受泰勒影响。1938年，泰勒提出："霍布斯的伦理学不依赖自我中心的心理学，与自我中心的心理学没有逻辑上的必然联系。它是一种严格意义上的义务论（deontology）。虽然旨趣不同，但是却让人能够想到康德的一些命题。"[4] 布朗（K. C. Brown）在为泰勒的论

---

[1] 苗力田主编：《亚里士多德全集》第八卷，第36页。
[2] 霍布斯：《论公民》，第40页。
[3] David p. Gauthier, *The Logic of Leviathan: The Moral and Political Theory of Thomas Hobbes*, p.27.
[4] A. E. Taylor, "The Ethical Doctrine of Hobbes", in *Hobbes Studies*, K. C. Brown (ed.), Oxford: Basil Blackwell, 1965, p.37.

文所做的说明中指出，在泰勒论文发表后的二十多年里，绝大多数哲学史家和政治理论家始终无视泰勒的提醒，即关注康德与霍布斯之间的相似性。但是，几乎很少有人忽视泰勒的基本论点，"霍布斯的伦理学理论在某种意义上是义务论，而不是以审慎和个人兴趣为基础的道德及政治义务的解释"。[1] 布朗指出，自1938年之后，在解释霍布斯理论的学者中，绝大多数都围绕是否接受泰勒这一命题展开，即是否接受霍布斯的道德思想是义务论；又即从审视动机出发，来评判人的行为是否道德，而动机归根结底取决于人的激情与理性博弈的结果。现在回到我们的问题：在霍布斯思想中究竟有没有道德理论？

处于自然状态的人不存在道德问题，即无所谓善与恶，谈不上道德与不道德。自然状态的人，其所作所为是出于自然本性，自然本性的核心是上帝赐予的自由意志；凭借自由意志，他可以寻求自己喜欢的一切，这是上帝赐予的权利，每个人都有这样的权利。这也是人生而平等的另一种说法。但是，当每个人都按自己的自由意志行事，会因为自己的所爱而导致每个人反对每个人的战争状态，这种状态的结果是死亡。面临死亡的威胁，人的理性促使人寻求自我保全。自然法由此产生。自然法在人形成的社会中运行，遵守自然法谓之正义，违背自然法谓之不义。人的行为道德与否，视是否能够保全人自身的生命财产安全而定。霍布斯的道德在于践行，凡有利于人的生命财产安全的行为，便谓之正义；导致人的战争状态，使人面临死亡威胁的谓之不道德。

但是，新的问题却产生了。人有自由意志，人的行为受激情支配，而从人的自然本性出发形成的道德却要求人自律。自然法是道德法，是理性的法则，可人的行为却不一定受理性支配，在霍布斯思想中，理性负责建立自然法，提醒人们为自我保全须慎行。在激情与理性的博弈中，理性的作用只是让人审慎，却没有力量强制人们必须审慎，它不具有强制作用。因此，以审慎为基础的道德法则并不具有强制性，只是告诉人们应该做什

---

[1] Stuart M. Brown, "The Taylor Thesis: (1) Introductory Note", in *Hobbes Studies*, K. C. Brown(ed.), Oxford: Basil Blackwell, 1965, p.31.

么，不应该做什么。对于道德法则，人只有遵从的义务。西方众多学者在探讨霍布斯哲学时之所以必定会涉及他关于义务的概念，概出于这一原因。应该不应该只是出于义务，诉诸自律，然而，处于自然状态的人，受自由意志和激情驱动，基本上没有自律可言，虽然有自然法，但每个人都有权利不遵守。由此可见，每个人反对每个人的战争状态在任何情况下都是可能的。因此，霍布斯对于自然本性、自然状态、自然法的探讨等于告诉人们，尽管自然法——道德法是必不可少的，但是，仅仅有自然法是不够的，自然法对人没有什么约束力，每个人反对每个人的战争状态时刻都会出现。

用今天的话来解读霍布斯思想，可以这样说，他更多关注的是政治制度的建立和权力的运作，即"硬实力"的建设，利维坦即是"硬实力"；而人性、自然权力、自然法都是软实力，社会运作离不开软实力，但是，只有软实力，没有硬实力，社会的运作就缺乏坚固的保障，所谓保障就是必须有他律。如果不是这样，软实力就成为名副其实的"软"实力了。

按照霍布斯的思想，走出自然状态，避免每个人反对每个人的战争状态出现，保证每个人的生命财产安全，必须有一个强大的、能够进行他律的力量。自然法虽然有法（law）之名，但是它只是道德法则，而不是律法。霍布斯指出："严格意义的法律就是由一个人通过正当的命令要求别人做或不做什么。因此，确切地说，就自然法源自自然而言，它们并不是法律。"[1] 到此为止，与人相关的问题已经讨论得差不多了。我们看到的结论仿佛是人无法解决自己的问题，人没有能力保证自己的安全。自然法是道德法则，它不具有强制性，它只告诉人们应该做和不应该做什么，并没能力发出命令：必须和不许做什么。谁来约束人使其履行契约。在刚刚走出中世纪而迈向近代的西方，教会的力量依然十分强大，霍布斯的思想中好像少了点儿什么，上帝何在？

霍布斯并不敢冒天下之大不韪，在《利维坦》和《论公民》中，霍

---

[１] 霍布斯:《论公民》，第40页。

布斯明确告诉人们,自然法也是上帝的法则。

2. 自然法是神法

"道德法和自然法通常也被称作是神的律法。的确是如此,原因有二。一个是因为上帝已经直接将理性即自然法本身赋予每个人作为行动的准则。另一个是因为生命由之而来的法则与上帝自己的圣像所传播的原理是相同的,后者是通过我主基督耶稣和神圣的先知及使徒而被立为天国的律法的。"[1] 霍布斯在《论公民》中,用了整整一章的篇幅,探讨自然法的依据在《圣经》之中。对于基督教而言,《圣经》是上帝的话,当然是神的指令。霍布斯首先挑选出《圣经》中与人的理性相关的段落,以期证明,"神的律法就在理性之中"。如在《耶利米书》31:33 所说的"我要将我的律法放在他们里面,写在他们心上"等。霍布斯也在《圣经》中找到关于基本自然法的段落:"基本自然法,即对和平的寻求,也是神的律法的总则。"[2] 又如在《罗马书》3:17 中说:"义(那是律法的总则)被称作'平安的路'。"《创世记》13:8 说:"你我不可相争,你的牧人和我的牧人也不可相争。"《论公民》第四章《自然法是神的律法》通篇都是《圣经》中与 20 条自然法相关的段落,在这里就不一一陈述。霍布斯从《圣经》中挑选相关段落,旨在于举证"整个自然法都是神的律法,或者反过来说,基督的整个律法(充分展现在《马太福音》第 5—7 章)就是自然的教诲"。[3]

霍布斯在《利维坦》第十五章末尾指出,把理性的规定称作法是不恰当的,它只是一些定理,解决人应当如何做才能保全自己的问题。不过,我们从霍布斯的《利维坦》和《论公民》中看到,霍布斯确实认为,自然法是理性的法则,是道德的法则,自然法不是法律。因为"所谓法律是有权管辖他人的人所说的话。但我们如果认为这些法则是以有权支

---

[1] 霍布斯:《论公民》,第 42 页。
[2] 同上书,第 43 页。
[3] 同上书,第 50 页。

配万事万物的上帝的话宣布的，那么它们也就可以恰当地被称为法"。[1] 霍布斯同时也认为自然法是神法。作为理性法则的自然法是道德法则，不具有约束力和强制执行力，但自然法也是神法，而神法是法，是必须执行的，不是应该或不应该做，而是必须做。似乎霍布斯的结论是，自然法既是道德法则，也是法律；既是应当，也是必须；既没有强制性，又有强制性。谢尔顿在描述学界的相关争论时，称霍布斯《利维坦》的"这段话引起极大的争论"，并引录明茨（Mintz）的话表明：

"对于霍布斯来说，自然法根本不是真正的法律；毋宁说，它们只是一些定理，使人在国民整体中能够有序地生活。保证国民的和平。"确实如此，因为霍布斯在上述引用的这段话的第一句，也有同样的表述，但是随即，他又限定了这一说法，他补充说，如果他们被认为是上帝的命令，那么它们就完全可以被称作法律。显而易见，他的意思是说，它们究竟是定理，还是法律，取决于你如何看待它们。[2]

既然上帝的话究竟是定理还是命令取决于你如何看待它们，也就是说，上帝的话是否必须服从，是否为绝对命令，与信仰没有关系，定理和命令只是一个说法。不仅如此，这一解释似乎有混淆是非之嫌。

谢尔顿也提到沃伦德（Warrender）的看法。沃伦德认为，霍布斯是一个传统的自然法理论家，因为他把上帝的命令作为终极权威。这种观点受到更多的批评。但从霍布斯的思想中，可以找到很多支持这一论点的依据。谢尔顿指出，霍布斯恰恰不允许把法律上使用的"法"（law）一词，用于正当的权威的命令。如果人们想这样使用它，必须明示，这是可以命令一切事物的存在，他就是上帝。这一说法展示给我们的立场恰恰是：我们更愿意把他说成是定理或理性的命令。谢尔顿之所以持这一立

---

[1] 霍布斯：《利维坦》，第 122 页。
[2] George Shelton, *Morality and Sovereignty in the Philosophy of Hobbes,* New York: Palgrave Macmillan, 1992, p.42.

场，依据来自霍布斯《法的原理》(The Elements of Law) 的一段话："它们之所以被称作自然法，因为它们是自然理性的命令，也是道德律，因为它们涉及人的行为方式和人之间的交往方式；它们也是神法，因为全能的上帝是它们的创始人。"[1] 谢尔顿指出："按照这一段文字，只要一个人愿意，尽可以把这些'定理'称作道德的或神的。"[2]

关于自然法性质的讨论，涉及两个重要问题：第一，自然法是不是法；第二，自然法是否具有强制性。霍布斯自己对于自然法的性质，给出明确的界定，他说自然法是道德法，是神法。作为道德法则的自然法，是人的理性与激情博弈的结果，它们为人设定了走出自然状态、避免死亡、保持和平的基本准则。但是，作为理性法则、道德法则的自然法，只为人规定了保持和平的责任和义务，只告诉人们，为了保证人的安全与和平，人应当做什么，不应当做什么。就此而言，作为道德法则的自然法不是法，而是一些定理。霍布斯也用了一些篇幅说明，自然法是神法。从行文可以看出，霍布斯针对自然法的一些内容，在《圣经》中找了佐证，以证明自然法的内容来自《圣经》上帝的教诲。多数西方学者也注意到了这一点，于是质疑随之产生：如果自然法是神法，那么自然法意味着上帝的指令，它是绝对命令，遵守自然法就不是义务，而是必须遵守。不过，霍布斯并没有这个意思。在《利维坦》第十六章的"论人、授权人和由人代表的事物"一节用看似闲来之笔的短短百余字，证明了神也可以由人代表。上帝首先是由摩西代表，摩西以上帝的名义统治以色列人，同时，上帝由圣子耶稣来代表，耶稣并不是自己来的，而是圣父派来的。最后，上帝由推动使徒的圣灵来代表，圣灵是圣父和圣子派来的。

霍布斯没有明确指出的是，使徒之后，还有僧侣集团代表上帝，而僧侣就是凡人代表神。神的意志到了僧侣集团代言的时代，是否还是绝对命令，人是否必须遵守？如果在中世纪，这毫无疑问。但是，在宗教改革后的近代，在教会腐败为人深恶痛绝，以至于影响基督教信仰公信力的时

---

[1] Hobbes, *English Works of Thomas Hobbes*, Vol. IV, London, 1969, p.111.
[2] George Shelton, *Morality and Sovereignty in the Philosophy of Hobbes*, p.43. 上面提到的沃伦德的观点，也引自这里。

代，这个说法恐怕没人继续相信。因此，霍布斯用轻轻数语，便将神法的神圣性尽数夺去。这一段文字，否定了自然法是神法实质性的内涵，即神法是上帝对所有人的命令，人必须遵守而不是义务。也是因为诸如此类的说法，霍布斯被他同时代的人指控为无神论者，并且大体上是不道德的。

20世纪，人们在某些方面对霍布斯的思想宽容了很多，现在的学者一致认为，霍布斯是一个不太热情的一神论者。亦有哲学家认为，霍布斯是一个虔诚的、正统的基督徒。他们认为霍布斯不仅相信上帝存在、相信宗教是人类生活的重要内容，而且也相信上帝以某种神秘的方式给人们启示，相信耶稣既是上帝，也是弥赛亚，相信在末日审判时，有天堂和地狱；只不过这一切是以温和的方式表达出来的。[1] 不过，从霍布斯在讨论自然法是神法时的语调看，至少能够表现出几点：第一，他在《圣经》中寻找自然法的依据。第二，基督教信仰是由人代理的。他对上帝的代理人只提摩西、耶稣和使徒，而使徒之后却未置一词，至少可以认为，他对于教会、教皇、主教等并没有表现出任何信任，当然也没有指责。由于代理人的存在，上帝的指令只能通过代理人传递给我们，那么人传递的指令是否为上帝的指令，霍布斯对此并没有做任何评价。因此，人们有理由怀疑，他至少不相信教会。于是就出现了一种悖论，即神法本应是绝对命令，霍布斯却给出了相对模糊的说法，仔细分析他的作品，也可以说，他并不认为神法具有命令所有人的力量，因为人不能直接和上帝交往，只有通过代理人才能聆听上帝教诲。人并没有办法辨别其听到的究竟是上帝的指令还是代理人的指令。毕竟代理人不是神。

于是，从霍布斯的描述中，我们看到，自然法对于人类最终的意义，或者说最高意义，仅道德义务而已，它诉诸人的自律。但是，人有上帝赋予的自由意志，有激情，当然也有理性，其中，当人类运用自己的自由意志和激情去争取自己喜好的一切时，理性的作用仅在于告诉人们，什么可以做，什么不可以做，并且在理性指导下，出让权力，建立契约关

---

[1] A. p. Martinich, *The Two Gods of Leviathan: Thomas Hobbes on Religion and Politics*, "Introduction", Cambridge: Cambridge University Press, 1992, p.1. "导论"有相当的篇幅讨论这个问题。

系。理性指导下的自然法，出自一个目的，即保护人的生命财产安全，避免战争状态，从而避免死亡。但是，霍布斯这里所说的理性，只是工具理性，是人的审慎和计算的结果。审慎和计算围绕的核心是生死问题，导致人死亡的行为是恶的，而保护人的安全的行为是善的，因此道德哲学在霍布斯这里是一种行为理论。审慎和计算是功利性的。自然法的践行既然没有强制性，那么它或许可能实现和平，但只是一种十分脆弱的和平。倘若有人经过自己的计算认为契约关系有损于自己的利益，或者怀疑有人没有同样履行契约，这种契约关系很快就会破裂。霍布斯的学说处处表现出对这一状况的忧虑。

如果说自然法只落脚于道德，而人的自律并不总是能够被人们遵守，道德戒律并不能使人避免战争状态，这就等于说，个人无法解决自我保护问题。那么，出路何在？霍布斯回答说，通过人造人——利维坦，可以解决人自身的问题。霍布斯对于人的自然状态、自然本性以及自然法的讨论，只是一个铺垫，是为人造人的产生奠定理论基础。道德法则和神法不能解决的问题，通过人自己的创造——利维坦，可以解决。也就是说，利维坦能够保证人的平安与和平，它是霍布斯对于人的问题的探讨合乎逻辑的结论。

五、人造人——利维坦

《利维坦》之《论人类》的结论似乎告诉人们，人无法解决自身产生的问题，尤其无法解决人自身的生命安全问题。原因在于，人都是具有自然本性的人，并且拥有上帝赋予的、与生俱来的自由意志。这是每个人都拥有无法被剥夺的自然权利。正因为每个人都拥有自由意志和自然权利，每个人按照自己的自由意志，做自己想做的任何事情，天经地义，任何人无权干涉和禁止。

但是，由此有可能出现一种状况，即每个人反对每个人的战争状态。霍布斯提出，人的自由意志和自然权利遇到了自然法，自然法与人的自然本性和自然权利并不相悖，于是，人们似乎看到一丝希望：每个人都遵守自然法不就可以解决人的问题了吗？但是，希望似乎只在瞬间闪现，旋即霍布斯告诉人们，自然法是道德法，不具有强制性。用康德的话来说，它只是告诉人们应当如何，而不是必须如何。霍布斯的《论人类》留下了一个令人沮丧的尾巴，便结束了。

再重申一次，这一结尾似乎告诉人们，人没有能力独自解决自身的问题。人拥有自然本性、自由意志、自然法，成于斯、败于斯。按照霍布斯的看法，人只能另辟蹊径，模仿上帝，再造一个人造人——利维坦。霍布斯《利维坦》导论的第一句话，便直陈这一思路。霍布斯指出："'大自然'，也就是上帝用以创造和治理世界的艺术，也象在许多其他事物上一样，被人的艺术所模仿，从而能够制造出人造的动物。"[1] 人作为上帝艺术的代表作，也模仿上帝创世、治世的艺术，创造出自己的代表作——利维坦。利维坦的作用在于解决个人无法解决的人的生命安全问题。进入利维坦之前的人是个人（man），霍布斯《利维坦》的第一部分"论人类"，指的就是这个"man"。人造了利维坦之后，霍布斯重新提起人的问题，这时的人指"person"。

1. 利维坦中的人（person）

我们前面已经探讨过霍布斯关于人的问题的论述。可以说，在《利维坦》之"论人类"（Of Man）这一部分，人首先指自然人（man）。当人成为利维坦——国民整体——的一部分时，人指什么？应该不是指自然人，即不是指处于自然状态的人。

霍布斯在《利维坦》第 16 章，也就是第一部分末尾，即将进入第二部分《论国家》之前，重提人的问题。这个人，已经不是《论人类》之人（man），而是 person。Person 既可以指自然人，也可以指人造的人。"所谓人要不是言语或行为被认为发自其本身的个人，便是其言语和行为

---

[1] 霍布斯：《利维坦》，第 1 页。

被认为代表着别人。"[1] 前者指自然人，后者指虚拟的人（a feigned person）或者人造的人（artificial person）。按自己的自由意志说话做事者为自然人，言行代表他人的人谓之虚拟的人或者人造的人。所谓虚拟或者人造的人，应该是指他的身份，他的载体应该是自然的人，否则，他就没有肉身了。

霍布斯指出，person 是拉丁文，指在舞台上装扮或化装成某人的外表的样子。有时则具体地指装扮脸部的面具或面甲。希腊文不指人，而是指面貌。"后来这字从舞台用语转而变成指法庭和剧院中的任何行动与言论的代表。所以在舞台上和普通谈话中，人的意义便和演员的意义相同。代表就是扮演或代表他自己或其他人。代表某人就是承当他的人格或以他的名义行事。"[2] 对于霍布斯而言，"person 概念是赋予某人道德和法律责任的基础。当那些代表他人的人（这些人被认为应该对某些活动负责），完成了某些活动时，这种赋予就形成了。Person 既是潜在的代表，同时也可能是被代表"。[3] 代表在不同的场合有不同的名称。如诉讼人、代理人、检察官等。有些拟人（of person artificial）被所代表者承认，那么这个人（person）就是一个演员（actor），承认他的言行的人，是 author，直译就分别是演员和作者，中译本译作代理人和授权人。代理人如何行动，取决于授权者。

一群人中的每个人如果都同意由一个人代表，那么它就成为一个整体人格，承担这一整体人格，而且是唯一人格的是代表者，即 actor。这个代表者以这个群体的名义展示的言行，不能理解为一个授权人，而是所有的授权人的意志。如果代表不是一个人，而是多个人，那么必须将多数人的意志视为全体的意志，即所谓多数原则。

昆廷·斯金纳（Quentin Skinner）对霍布斯《利维坦》的第 16 章，给予高度重视，他指出："在《利维坦》第 16 章，霍布斯对授权和代表相关的概念做了最广阔的分析。……这关键的一章在他关于公民哲学的早期校

---

[1] 霍布斯：《利维坦》，第 122 页。
[2] 同上书，第 123 页。
[3] Glen Newey, *The Routledge Philosophy Guide Book to Hobbes and Leviathan*, London: Routledge, 2008, p.107.

订本中没有对应的文本。"[1] 斯金纳认为，这些概念为合法的国家理念奠定了坚实的基础。人（person）是霍布斯提出的基本概念，对于人（person）的界定基本上依据他们的能力，即他们是代表者还是被代表者。也就是说，一个人只以自己的名义说话做事，那么他就只代表自己，只扮演自己的角色，这样的人（person）谓之自然人（natural person）。若是代表其他人，以他们的名义说话做事，那么他就被视为人造人（artificial person），不是指这具肉体，而是指身份和能力。所谓人造人是说因为他肩负某种职责和功能，被人们赋予某种身份。这个身份是经人们认同而形成的。因此，"人造人只是代表（representative）的另一个名称；他是能够支配他人的人，是为发生的事件负责任的人"。[2]

格兰·纽韦（Glen Newey）认为，与《利维坦》的其他学说相比，霍布斯的政治代表理论在他的《论公民》《法的原理》等早期著作中没有多少涉及。[3] 尽管政治代表理论远没有他的其他学说有更大的影响，但是，这一理论的作用，是不可被忽视的。可以说，霍布斯需要政治代表理论。格兰·纽韦做了两个方面的解释。第一，他需要阐释一种观念，即君主是执掌权力的主体。由此引起更进一步的问题是：君主所做的决定，以某种方式采取的行动，如何能够代表组成政治组织的人？某些东西似乎十分模糊甚至是虚构的事物，如人民的集体意志等，如何代表他们？君主如何完成个人根本无法完成的行动，如宣战、解散议会等？无论政治代表理论如何让人满意，它都必须回答这些问题。第二，霍布斯为什么需要代表理论来赋予君主权力以合法性，以便使我们认同君主统治我们的权力，我们为何同意他或者让他支配我们的行为，从而决定我们应该做什么，不做什么？[4] 这需要理解霍布斯的"代表"一词。君主是人们的代表，代表行使自己的代表职责，并不意味着他的言行分别代表某些个

---

[1] Quentin Skinner, "Hobbes on Persons, Authors and Representatives", in *The Cambridge Companion to Hobbes's Leviathan,* Patricia Springborg (ed.), Cambridge: Cambridge University Press, 2007, p.157.
[2] Ibid., p.158.
[3] Glen Newey, *The Routledge Philosophy Guide Book to Hobbes and Leviathan,* London: Routledge, 2008, p.106.
[4] Ibid., p.106.

人。确切地说,"个体臣民把自己合并成一个共同的人（person），霍布斯把这个人称作国家。君主所代表的，正是这一共同的人"，[1] 即他代表国家（state），或共同体（common-wealth）。

君主何以能够代表臣民，他执政的合法性何在？按照霍布斯的看法，作为国家（state）或共同体（common-wealth）的代表，君主执政的合法性在于：由于契约关系出现，为履行契约，人们形成了国家（state）或共同体（common-wealth），这就意味人走出自然状态，生活在共同体中，这个共同体是凭借契约关系维系的。契约关系意指将自己的权利转让出来，授权某人或某些人代表自己的意志行事。执掌权力的人相当于代理人，转让权利的人相当于授权人。他们之间是被代表者与代表者的关系。这就是君主权力合法性的基础，他被授权执掌权力。也可以说，他代表臣民执政。这一系列的铺垫，既表明自然人（man）如何成为人（person），更是为了给予君主执掌政权做理论准备。

2. 人造的人

霍布斯明确指出，利维坦就是国家或共同体（common-wealth or state，拉丁语为 Civitas）。利维坦是一个庞然大物，是人类模仿上帝艺术的造就的，是一个人造人。如果说人是机器，那么，人造人同样是一部精美的机器。这部机器有灵魂，它即是君主或主权（the sovereignty），它的作用是赋予整体生命和运动；它有行政和执法官员，其功能是连接最高主权的职位；它有神经系统，即联结最高主权、推动每一关节履行职责的赏罚功能；一切个体成员的资产和财富是其实力；人民的安全是它的事业；向它提供必要知识的顾问们是它的记忆；公平和法律是人造的理智和意志；和睦是它的健康；动乱是它的疾病；内战是它的死亡；把这个政治团体各部分建立、联合和组织起来的公约和盟约，是上帝创世时宣布的命令，即我们要造人。[2] 这一段文字不长，却是霍布斯对利维坦性质凝练的概括。

---

[1] Glen Newey, *The Routledge Philosophy Guide Book to Hobbes and Leviathan*, p. 106.
[2] 霍布斯:《利维坦》, 第1页。

它透露出如下信息：第一，利维坦的制造材料和创造者都是人。在这一意义上，我们似乎可以把利维坦视为人的延伸。从这段文字可以清楚地看到，霍布斯依据"人是机器"来勾勒利维坦，人与利维坦都是拥有有机体的机器，这是人与人造人拥有自然本性的载体。第二，人造人的合法性是上帝赋予的，因为上帝创世时颁布一个命令：我们要造人。第三，人造人产生的基础是契约关系和自然法。第四，作为机器的人造人，其结构是君主立宪制：这部机器的灵魂便是君主或主权（the sovereignty），其下是连接最高主权的职位——君主拥有的行政官员和执法官员，即有行政权和执法权的"关节"。与现代英国女王的虚位国家元首地位不同，霍布斯强调君主需要有强权。

事实上，霍布斯所处的斯图亚特王朝时代，国王并非虚位元首，而是手握实权，号称君权神授。斯图亚特王朝共经历六代国王：詹姆士一世、查理一世、查理二世、詹姆士二世、威廉三世和玛丽二世以及安妮女王。斯图亚特王朝是第一个成功统治英伦三岛（苏格兰王国、英格兰王国和爱尔兰王国）的王室。斯图亚特王朝的统治不太稳定，经历内战和光荣革命，两位君主被革命所推翻，而且持天主教信仰的王室，经常受到持新教信仰的民众对其宗教倾向的质疑，宗教信仰的冲突也是英伦三岛不稳定因素之一。恰恰也是这些不稳定因素，促成了英国议会的强盛，从而使英国政体进入君主立宪制。

有西方学者认为，霍布斯被动荡给吓坏了，在很长一段时间内，他一直处于死亡的恐惧中。这一点深深地体现在霍布斯自然状态的学说中，也彰显出他对强势君主统治国家，以求和平与安宁的渴望。从《利维坦》来看，霍布斯对立宪制颇有微词。霍布斯主张主权神圣不可分割，而议会制恰恰将权力进行分割。这种分割会导致不必要的混乱。"一个大国的主权如果操在一个大的议会手中时，在有关和战以及立法等问题的谘议上也没有一个不是象政府操在幼主手中的情形一样。"[1] 幼主执政的特点在于权力必须假另外一个人之手或多人之手，这些人作为他的人格和权力的监护

---

[1] 霍布斯：《利维坦》，第147页。

人和管理者以他的名义执政，毫无疑问，这就是所谓大权旁落。霍布斯认为，这"比之混乱局面和内战都流弊更大"。[1] 这不符合人造人的初衷。

霍布斯认为，人之所以造利维坦这个庞然大物，是为了让它解决人类自身无法解决的问题。人最初处于自然状态，即享受消极自由的状态，也是有可能使人处于每个人反对每个人的战争状态。可以说这种状态是人的自然状态的必然结果。避免战争状态，需要让人走出自然状态。

> 为了走出自然状态，必须有一种力量，迫使人们服从相同的规则；为了共同的利益，没有其他的道路可走。如果没有决定人们服从自然法的权威（authority）的支持，自然法就无任何作用。因为没有剑（sword）的契约，只是一些话语根本没有力量保护任何人。因此，在没有公共权力的情况下，每个人都会依赖自己的力量，以保护自己不受侵害。即使人们为了反对共同的敌人形成一个团体，如果没有公权力，人们依然会为了自己的利益自行其事。其结果是他们既不能期待保护自己，反对共同的敌人，也不能避免在冲突中彼此造成的伤害。[2]

鸡一嘴鸭一嘴式的议会议政，除了造成混乱和对立以外，并不能有效地避免每个人反对每个人的战争状态。

利维坦的重要性在于它执有强大的权力，或者说，利维坦之所以能够保护人们的生命安全，使之免于战争和死亡的威胁，在于它拥有强大的权力。"要是没有建立一个权力或权力不足，以保障我们的安全的话，每一个人就会、而且也可以合法地依靠自己的力量和计策来戒备所有其他的人。"[3] 强大的权力只能由一人执掌，这个人就是全体臣民的总代理人：君主。说白了就是，家有千口，主事一人。

---

[1] 霍布斯:《利维坦》, 第146页。
[2] Gabriela Ratulea, *From the natural Man to the Political Machine: Sovereignty and Power in the Works of Thomas Hobbes*, p.70.
[3] 霍布斯:《利维坦》, 第128页。

3. 君主是什么人？

因为国家的存在，自然人（men）成为人（person），原因是为了生命安全，他与他人签订契约，把自己的权利让渡给他人。但是，作为普通的个人，尽管他是人（person），但并没有失去自然人的身份。也就是说，他可以被代表，也可以自己代表自己。不过，经此让渡，也形成了一个新的生存形态：国家或共同体（common-wealth or state）；其中代人（person）执掌国家或共同体者是君主。

君主原本应该是自然人，但是当他成为执掌国家权力的人之后，他是人的政治代表，那么他还可以是自然人吗？霍布斯似乎很难回答这个问题。"一方面，作为政治代表的人（person），不可能是一个自然人，这是毫无疑问的。主要原因是代表和被代表并不是一回事……君主和臣民也不是一回事，除非在有限的情况下——君主由合为一体的民众组成，即人民自己代表自己。因此，君主显然不能被视为代表自己的自然人。"[1] 君主只要他是还君主，就不可能是自然人；否则会出现执掌公权力，却为自己争取利益的最大化，既当运动员又当裁判员有悖于契约精神和人们让渡权利的初衷。

君主只能有一个身份，他不应该是自然人。只要允许他是自然人，就必须承认他有权利根据个人的意志和个人的利益处理国家事务，这是公器私用。霍布斯在谈论利维坦的产生时，曾经很动情地说：

> 全体真正统一于唯一人格之中：这一人格是大家人人相互订立信约而形成的，其方式就好象是人人都向每一个其他人说：我承认这个人或这个集体，并放弃我管理自己的权利，把它授与这人或这个集体，但条件是你也把自己的权利拿出来授与他，并以同样的方式承认他的一切行为。这一点办到之后，象这样统一在一个人格之中的一群

---

[1] Glen Newey, *The Routledge Philosophy Guide Book to Hobbes and Leviathan*, p.109.

人就称为国家,在拉丁文中称为城邦。这就是伟大的利维坦的诞生。[1]

当人们都把自己的权利授予君主,这时如果君主说自己是自然人,就等于赋予自己自用的公权力,按照自己的意志为自己争取一切的权力。如果是这样,等于君主或国家自己撕毁了契约,结果是人们重返自然状态。更何况在随后的行文中,霍布斯对利维坦不吝溢美之词,利维坦的诞生,"用更尊敬的方式来说,这就是活的上帝的诞生;我们在永生不朽的上帝之下所获得的和平和安全保障就是从它那里得来的"。[2] 承载这一人格的人就是君主,换句话说,君主是利维坦这个活的上帝的载体,他的言行只能代表这个活的上帝的意志,而不能仅代表自己,否则就是公权私用,这有悖于利维坦诞生的初衷。

君主作为全体臣民的总代表,他首先是自然人,即他有自己代表自己的一面,但作为君主,他同时又代表他人。一个自然人,作为政治代表,特别是君主,作为总政治代表,不能既代表自己,又代表他人。君主作为自然人的身份,在他一旦成为君主之时,便应该是不存在了。"言语和行为被认为发自其本身的个人就称为自然人,被认为代表他人的言语与行为时就是拟人或虚拟人。"[3] 君主或者政治代表如果不是自然人,那么,他应该是哪种人呢?我们似乎只有两种选择:人造人或虚拟人。

假设君主是人造人,那么被代表的人必须是自然人。"在人造人扮演的角色中,一个自然人代表的是另一个自然人。但是,我们已经看到,国家(state)不是自然人,是人造结构(artificial construction),是把权利让渡给君主的那些个人依据自己的意志创造的。因此,国家不可能是人造人(artificial person)。"[4] 按照霍布斯的说法,国家指公民全体,且让渡权利的不是个别人,而是每个人。当人们让渡出权利以后,他就是人

---

[1] 霍布斯:《利维坦》,第131—132页。
[2] 同上书,第132页。
[3] 同上书,第122页。
[4] Glen Newey, *The Routledge Philosophy Guide Book to Hobbes and Leviathan*, p.109.

(person)，因此，国民整体不是自然人。如果君主是人造人，那么他所代表的必是自然人；如果国民整体不是自然人，那么合乎逻辑的结论就是，君主不是人造的人。

于是，便只剩下一种可能性，"在霍布斯框架中，唯一可能的是国家是一个虚拟人（fictional person）。如果是这样，那么作为被代表者的国家，根本就不是一个人（person）。毋宁说，它只是虚拟物"。[1] 于是，虚拟人所代表的东西或者是真实的存在，但只能是物，而不是人（person），诸如桥梁；或者，他所代表的东西不是真实存在，但却是人，诸如阿伽门农。无论哪种可能性，都无法证明君主所代表的是一个真实存在的人。"这意味着虚拟人代表的东西，不能做真实的人所能做的任何事情。"[2]

但是，霍布斯对于授权的说明却要求：作为整体的人民（people），即国家（state）却是以某种方式采取行动的，而行动是由他的代表——君主授权的。国家是虚拟的人，君主也是虚拟的人，一个虚拟的人授权虚拟的人说话做事；然而，无论是国家，还是君主，他们都有承载者，国民整体的承载者是每一个人，而君主的承载者也是一个具体的人。如果说他不是自然人，但他不仅仅是一个概念，而是实实在在拥有自己的自由意志，并且作为一个活生生的人完成着饮食儿女、政治与社会生活；如果说他是虚拟人，但作为自然人所需要的一切，他也需要，自然人所恐惧的一切，他也恐惧。虽然在霍布斯学说中，伟大的利维坦被视为活的上帝，但为利维坦授权的君主却不是上帝。如果君主既代表自己又代表他人，那么，他如何切割自己的利益与他所代表的国民整体的利益呢？又有什么力量确保他在执掌权力时，不滥用公权力，不以公谋私？霍布斯似乎并没有讨论这样的问题。他在宣告了伟大的利维坦诞生后，便开始告知人们，君主有什么权力，你应该怎样对待君主。

《利维坦》第十八章用了整整一章的篇幅告诉人们，为什么必须心甘

---

[1] Glen Newey, *The Routledge Philosophy Guide Book to Hobbes and Leviathan*, p.109.
[2] Ibid.

情愿地承认主权者的一切行为。其基本的依据是，群聚的人按信约授权给一个人或一些人，国家按约建立。这意味着主权者承担所有人的人格的权利，是由人们彼此之间的信约授予的。因此，授权者必须承认主权者所做的一切，并承认是这一切的授权人。忠于主权者谓之义，否则就是不义。由于主权者是通过多数人的同意而产生的，需少数服从多数。由于按约建立国家是为了国民整体的安全与和平防卫，因此主权者有权审定和平与防卫的手段以及有碍和平与防卫的东西。对于有害于和平的言论、出版物等，有管控的权力，理由是"良好地管理人们的意见就是良好地管理人们的行为"。[1] 主权者还拥有行政权、立法权、司法权、宣战与媾和权、官员的甄选权、对臣民的奖惩权等。一句话，一切政治权力归君主。

为什么一切权力归主权者？凭什么要心甘情愿地服从主权者？霍布斯似乎也意识到这些问题，他说："人们在这一点上也许会提出反对说：臣民的景况太可怜了，他们只能听任具有无限权力的某一个人或某一群人的贪欲及其他不正常激情摆布。"[2] 但是，霍布斯却超然地说，哪一种统治方式都有流弊，只要能够完整到足以保障臣民生存就够了。在需要考虑拥有绝对权力的主权者统治下的惨境时，霍布斯又搬出了自然法和建立契约的初衷。一切政治体制和君主统治，不外乎保障臣民的生命安全，保障臣民活着就好。当初之所以要签订契约，每个人不就是为了保命吗？所以，只要能够保命，其他一切都可以忽略不计。

六、相关问题的几点思考

从《利维坦》第一部分"论人类"可以看出，霍布斯学说是以人为起点。人指的是每一个拥有自然本性、自然权利、自由意志的人，是一个个的个体。人最初处于自然状态。所谓自然状态，是指没有政府、没有政

---

[1] 霍布斯：《利维坦》，第137页。
[2] 同上书，第141页。

体、没有警察和军队之类的这些暴力工具，是一种无政府状态。在这种状态下，人是个体。关于这一点，相关问题我们在前面已经探讨过，这里不再赘述。

1. 个人及人的拯救

从希腊哲学到中世纪哲学，似乎没有个人的位置，希腊有城邦公民，个人只是群体中的一员；中世纪有上帝的信徒，其只是一种身份之下的存在。探讨人，关注人，最重要的意义在于关注人的命运和人的拯救。

希腊人关注的人，指的是城邦公民，不包括奴隶，甚至不包括非公民。从苏格拉底完成哲学的转向开始，希腊哲学开始探讨人性、人的道德、人的境遇、人在自然界中的位置。这一切不外乎关注人的命运，寻求拯救人的途径。基督教用信仰拯救人类，以期使人类脱离苦海进入上帝的天国。霍布斯则是凭借人造人利维坦拯救人类，或者我们可以说，霍布斯力图凭借政治体制拯救人。《利维坦》将人作为主题，开辟了一条近代式的人的拯救之路。而这条道路之所以有别于过往，在于在霍布斯哲学中，人的含义发生了变化，人作为自然人，作为个体存在堂而皇之地登上大雅之堂。

柏拉图认为人是城邦动物。柏拉图在《普罗泰戈拉篇》告诉人们，人是按照目的论被创造的，即使被造时不那么完善，神也会让其完善。由于神的粗心，人被造之初处于自然状态，无生活技能、无政治技能、无凝聚力、身体孱弱，随时会陷入灭顶之灾。可以说，人类初创期，是神的败笔；自然状态，是神失败的记录。神二次造人，把人拉出自然状态，神的举措等于明示人类，人要想生存，必须按照神的旨意形成城邦，以神赐的道德法则作为维系生存的根本。神法是道德法则，人是有道德的城邦动物。人的拯救一靠城邦，二靠德性。然而希腊哲学并没有太多谈及个人的自由、权利等问题。

霍布斯说，人最初处于自然状态。自然状态被许多西方学者视为人堕落后的状态。堕落后的人依旧拥有上帝赐予的自由意志、个人权利、理性，也有一般动物特有的感觉、知觉和欲望等。自然状态在霍布斯学说中是作为一个事实而存在的。但是，人的自然状态的结果是，人类可能陷入每个人反对每个人的战争状态。抛开希腊人特有的目的论，仅对自然状态的描述和自然状态的结果而言，霍布斯的《利维坦》与柏拉图《普罗泰戈拉篇》版的创世极为相似。从希腊人开始，西方文明似乎在堕落与拯救之间徘徊。柏拉图式的拯救是神赐道德律，以维持人赖以生存的城邦秩序；基督教式的拯救是要求人信仰上帝；而霍布斯则是倡导每个人都出让权利，形成契约关系，创造一个人造人（common-wealth or state）作为第三方，它的功能是保障契约的实施。在人造人中人转换了身份（成为person）。如果说在《利维坦》的开端，人是个体，那么在利维坦产生后，人成为被他人代表的存在（person），不再是指个人，而是一种身份。个人是霍布斯哲学的起点，然而，当人造人产生时，个人丢失在利维坦中。

正因为如此，也因为霍布斯崇尚君主独裁，西方哲学界有一种倾向，即不认为霍布斯是自由主义思想家。不过，颇具影响力的罗尔斯则认为，近代道德和政治哲学开始于霍布斯。霍布斯与古典思想最大的不同在什么地方呢？

希腊思想、基督教思想和霍布斯哲学共同的地方在于，他们都认为一个政治社会必须建立在道德的基础上。道德的源泉可以是宗教的，也可以是个人之间内部约定俗成的，旨在于阻止他们采取某些行动。霍布斯与古典思想不同的地方在于，他认为，个人道德并不足以保证当前社会的稳定和人的安全，"必须强加一种外部限制，迫使每个人遵守道德法则，这是政治权力从事的活动"。[1] 简单地说，柏拉图和亚里士多德的哲学是在目的论的基础上以德治国；基督教思想，特别是中世纪以来的基督教思想，是信仰立国；霍布斯与他们完全不同，他强调世俗君权和契约至上。特别是霍布斯建立在契约论基础上的政治学说，被视为近代思想的开端。尽管很少有哲学家认为霍布斯是自由主义哲学家，但是，自由主义思想无疑深深地打上了霍布斯思想的印记。

---

[1] Gabriela Ratulea, *From the Natural Man to the Political Machine: Sovereignty and Power in the Works of Thomas Hobbes*, p.7.

当自由民主传统已经成为当今世界的主流价值时，学界为这种体制的寻根之旅也在展开。其基本的共识是，它们起源于17世纪英国的政治理论和实践。英国历经长期的斗争——议会、内战、一系列共和政体的实验、君主政体复辟，以及最后的宪政革命，在这一过程中，一些理论成为自由民主制度的基础，尽管这理论在当时不都是那么成功。然而，它却产生了与中世纪完全不同的个人价值和权利的新信念。

> 不论是为17世纪个人主义削弱了中世纪自然法传统，还是为其开辟自由和发展的新愿景喝彩，它的重要性是无可争辩的。毫无疑问，个人主义是随之而来的自由主义传统中最杰出的禀性。个人主义，作为基本的理论态势至少可以追溯到霍布斯。虽然他的结论几乎不能被称作自由主义的，但是，他的假定是非常自由主义的。他丢弃了传统的社会、正义和自然法概念，从独立的利益和意志出发，推演出政治权利和义务学说。[1]

霍布斯政治权利和义务的基础源于两个假设：同等需要和同等不安全感。由于上帝赐予的自由意志和人拥有同样的自然权利和自然本性，每个人都有权拥自己的需要，同样，自然权利和自由意志会使人在自己争取利益时，彼此处于争斗之中——每个人反对每个人的战争，于是每个人都是不安全的，因此每个人都具有同等不安全感。除了自由本性、自由意志、自然权利的平等以外，同等的需要和同等的不安全感也是人的平等所在。而这一切的载体是个人。

2. 人的自由

需要指出，理解霍布斯的自由、权利、理性、契约、自然状态、国家、君主等概念，有一个要素是在任何情况下都不能忽略的，这就是个人

---

[1] C. B. Macpherson, *The Political Theory of Possessive Individualism: Hobbes to Locke*, Oxford: Oxford University Press, 1962, p.2.

生命的保全和安全，离开这个前提，这些概念的内涵就需重新定义。在利维坦——国家诞生之前，自由、权利、理性等的载体都是个人，这也是西方哲学界有学者认为霍布斯是自由主义思想家的重要依据。为了践行契约，人必须走出自然状态，形成国家。当人进入国家（common-wealth or state）成为其中的一员时，自然状态的自然人（man）成为人（person）。身份的变化是为了使人能够有效地保全自己的生命。在霍布斯哲学中，人为保命而放弃权利的代价是什么？首先人失去了自由。

对于人的自由的讨论，是文艺复兴和宗教改革以来备受关注的话题。霍布斯的时代并没有走出这一氛围，因此，自由问题毫无疑问是霍布斯关注的问题之一。霍布斯的《利维坦》这样定义自由，所谓自由"就是每一个人按照自己所愿意的方式运用自己的力量保全自己的天性——也就是保全自己的生命——的自由。因此，这种自由就是用他自己的判断和理性认为最合适的手段去做任何事情的自由"。[1] 从宗教改革到霍布斯的时代，再到整个近现代，无论人们怎样定义自由，对于自由的看法有何等差异，但有一点是人们的普遍共识：自由是人们普遍承认的、值得追求的好东西。在霍布斯的思想以及西方近代哲学传统中，自由通常是指人的行为或活动的自由。

当今谈及自由，人们总是很自然地运用伯林的方式表述：积极的自由和消极的自由，并且用这两个概念梳理哲学史上的自由概念以此为标准对其进行分类。简单地说，积极的自由就是"做……的自由"，即无障碍地做某事、做某类人的自由；消极的自由指在什么限度内，一个人可以做他想做的事。消极的自由之所以消极，是因为行动有障碍，受一定的限制，是在有限范围内和条件下的自由。米尔（David Van Mill）认为，当今，有三个杰出的哲学家对于自由的探讨格外引人注目：（1）查尔斯·泰勒（Charles Taylor），他是积极自由的倡导者和维护者。（2）理查德·福拉特曼（Richard Flathman），他是近期最强有力的消极自由的捍卫者。（3）乔尔·范伯格（Joel Feinberg），他突破消极自由与积极自由的二分法，把自由

---

[1] 霍布斯：《利维坦》，第97页。

分为部分自由（partial freedom）和完整自由（full freedom），内部自由（internal freedom）和外部自由（external freedom）。笔者无意对当今的自由理论讨论多着笔墨，只想涉及他们如何用这些范畴界定霍布斯的自由理论。笔者看到，学界在对霍布斯自由的界定上，基本上是一致的，即认为他说的自由是消极自由。[1] 学界之所以有此判断，依据霍布斯的话："自由这一语词，按照其确切的意义说来，就是外界障碍不存在的状态。这种障碍往往会使人们失去一部分做自己所要做的事情的力量，但却不妨碍按照自己的判断和理性所指出的方式运用剩下的力量。"[2] "自由一词就其本义说来，指的是没有阻碍的状况，我所谓的阻碍，指的是运动的外界障碍，对无理性与无生命的造物和对于有理性的造物同样可以适用。"[3] 自由天然的障碍是：只能在一定的空间中运动，这一空间的大小，由某种外在于物体的障碍所决定。因此，人的自由只限于特定的空间内。

这两段文字是霍布斯对自由概念的明确界定。有学者认为，霍布斯对于自由的看法是前后一致的。不过，亦有学者认为，情况并非如此。高瑟尔德在《利维坦的逻辑》一书中指出："这两段文字并不完全一致。第一段话表明，自由和力量（power）是同范围的，即一个人自由地做什么，就是他有力量做什么。但是，第二段话却阐明了它们之间的差异。"[4] 他提请读者注意霍布斯在另一处的说法，即其一是说，一个人有做某件事情的自由，其二是说，他有力量做他愿意做的事情。高瑟尔德指出，他之所以认为霍布斯前后有不一致的地方，就在于霍布斯曾经说过，自由与力量相关。如一个人被绑住手脚，你很难说他有力量做自己想做的事，如行走。

绝大多数研究者都把霍布斯的自由理论归入消极自由论。米尔对霍布斯的消极自由做了进一步的分解。他认为，霍布斯区分出两种消极自由。第一种消极自由是任何物体不受阻碍的运动。霍布斯对这种消极自由的阐

---

[1] 相关内容可见 David Van Mill, *Liberty, Rationality, and Agency in Hobbes's Leviathan*, New York: State University of New York Press, 2001, pp. 3-47。
[2] 霍布斯：《利维坦》，第97页。
[3] 同上书，第162页。
[4] David P. Gauthier, *The Logic of Leviathan: The Moral and Political Theory of Thomas Hobbes*, p.63.

释，并没有区分无生命的、有生命而无理性的、有生命且有理性的物体。例如，对水从高处往低处流的物理运动与人的运动，霍布斯没有做任何区分。霍布斯认为，只要它们的运动都没有障碍，它们就被描述为自由的。霍布斯也对以意志力为基础的自由和决定论加以区分。[1] 直白地说，就是对自发运动和自主运动加以区分。

笔者认为，可以说，霍布斯的自由理论有消极自由的色彩，至少在《利维坦》的第二部分"论国家"所涉及的自由，确实是较为典型的消极自由。霍布斯的研究者多数依据这些文字得出结论。不过，如果从《利维坦》的第一部分"论人类"来看，在霍布斯讨论人的自然状态、自然权利、自然法时，所涉及的自由就不是消极自由，它应该属于积极的自由。或者可以用米尔所陈述的概念，完全的（full）自由。一旦有了国家（common-wealth），自然人（man）成为人（person）时，人的行为就不是没有障碍的，至少受契约限制。霍布斯也详细说明了臣民状态下人的自由。身份下的自由本身就是一种有限的自由，它就是人们所说的消极自由、部分自由、有限自由。而在自然状态下，人所享有的自由是完全的自由，失去的自由是履行契约的结果，是为保全生命付出的代价。

不过，因霍布斯式的契约关系，代理人——君主获得了完全的自由。而且在霍布斯的国家（common-wealth）中，只有君主一人获得了完全的自由。如霍布斯所云："权利就是自由。"[2] 在契约关系中，君主获得了人的授权，拥有被授权人赋予的全部权利，因此，他也获得了全部自由。在君主国中，真正的自由人只有君主一人。

3. 个人权利

自然权利与自由不可分割。霍布斯说："权利就是自由。"拥有自然权利时，就是拥有自由，完全的自由。个人的权利在自然状态是指自然权

---

[1] 相关内容可见 David Van Mill, *Liberty, Rationality, and Agency in Hobbes's Leviathan*, p.49. 也可参见霍布斯《利维坦》第二十一章。
[2] 霍布斯：《利维坦》，第 225 页。

利，是"做或者不做的自由"。[1] 在自然状态，做与不做某事，首先指是否做有损于自己的生命还是保全自己生命的事情。自由就在于做保全自己生命的事情，拒绝对生命有害的事情。因此，在霍布斯思想中，自由是活动层面的东西，而宗教改革时期谈论自由，首先指意志自由，并且赋予意志自由以神赐的地位。但是宗教改革时期的思想家，如路德、加尔文同时强调，即使是堕落之后，被上帝逐出伊甸园，上帝依然为人保留了择业自由。可以说，这也是行为层面的自由。自由与个人的权利密切相关，而且都在保全自己生命问题上举足轻重。

从霍布斯的主要著作中，似乎看不到他对个人出让多少权利有明确的说明。在第十八章，我们倒是能够看到关于君主权力的说明，共11条。君主权力大于臣民，主权不可分割，意味着主权者享有全部权力。他认为，英格兰由于分权，所以战乱频繁发生。君主享有最高荣耀，荣耀源于主权。在法律层面，只有主权者能充当立法者，当然主权者也能够废除法律。国家的主权者无须服从国法，这意味着，他既不需要服从民约法，也不需要服从自然法。因为按照霍布斯的看法：

> 民约法和自然法并不是不同种类的法律，而是法律的不同部分，其中以文字载明的部分称为民约法，而没有载明的部分则称为自然法。但自然权利——人们的天赋自由则可以由民法加以剥夺和限制，甚至可以说，制订法律的目的就是要限制这种自由，否则就不可能有任何和平存在。世界之所以要有法律不是为了别的，就只是要以一种方式限制个人的天赋自由，使他们不互相伤害而互相协助，并联合起来防御共同敌人。[2]

霍布斯也意识到，臣民听任君主摆布，是不是境地太过可怜？因为他们不得不听任具有无限权力的某个人或某一群人的贪欲以及不正常的激情的摆

---

[1] 霍布斯：《利维坦》，第97页。
[2] 同上书，第208页。

布。霍布斯不这样看,他认为:"一切政府形式中的权力,只要完整到足以保障臣民,便全都是一样的。"[1] 对于臣民在国家中享有的权利,霍布斯认为,臣民享有法律赋予每个人的权利,但是,这些权利不是自然权利,当人进入国家,成为君主治下的臣民时,自然权利就被法律赋予的权利所取代。之所以这样,是因为作为臣民,只拥有有限的自由,"臣民的自由只有在主权者未对其行为加以规定的事物中才存在,如买卖或其他契约行为的自由,选择自己的住所、饮食、生业,以及按自己认为适宜的方式教育子女的自由等等都是"。[2]

公民自由的范围只限于生活领域,即使是买卖,做生意,也仅限于商业行为,为养家而已。至于选择住所、饮食、生业、教育子女等,均属于臣民生活范畴,在这些范围内,臣民享有自己的自由。自由中没有政治上的自由,在《利维坦》等著作中,凡涉及臣民与君主的关系时,我们能够看到的似乎只有臣民的义务,如对君主的绝对服从和忠诚等。在霍布斯看来,希腊罗马人所推崇的自由,不是指个人自由,而是国家的自由。当没有国家时,这些自由当然也是个人的自由,但是,当国家产生以后,它们就只是国家的自由。相应的,那些权利也只是国家的权利。至少这些文字显示,人出让了自己全部的政治权利,只剩下生活的自由和权利——活着的权利。

4. 理性

希腊人崇尚理性,自古希腊以来,西方哲学总是与理性有高度重叠,即使是基督教时代,虽然是信仰至上,但是依然为理性保留了一个重要的位置。哲学不谈论理性是不可能的。但是,同为理性,希腊时代的与霍布斯思想中的却差异很大,甚至可以说不可同日而语。

希腊哲学,特别是苏格拉底和柏拉图哲学,理性问题总和灵魂问题交织在一起。柏拉图的《斐德罗篇》描述了灵魂的结构,把灵魂比作一股合

---

[1] 霍布斯:《利维坦》,第 141 页。
[2] 同上书,第 165 页。

力,"就好像同拉一辆车的飞马和一位能飞的驭手"。[1] 灵魂这辆马车是双套马车,还有一个驭手。两匹马中一匹是好马,一匹是劣马。这是人的灵魂的状况,即驭手加一好一劣两匹马。泰勒解释说,柏拉图灵魂的三部分,"驾车者是识别力,两匹马是'荣誉'或'勇气'和'贪欲'"。[2] 柏拉图在《理想国》第四卷也说过灵魂分三部分:"一个是人们用以思考推理的,可以称之为灵魂的理性部分;另一个是人们用以感觉爱、饿、渴等等物欲之骚动的,可以称之为心灵的无理性部分或欲望部分,亦即种种满足和快乐的伙伴……再说激情,亦即我们藉以发怒的那个东西。它是上述两者之外的第三种东西。"[3] 在柏拉图看来,"人的激情是理智的盟友",在理性与欲望发生冲突时,它站在理性一边。当灵魂的这三部分友好和谐时,理智起主导作用,激情和欲望不反对它,这时的人就是有节制的人。理性是灵魂的运作的首要力量,因为理性是驭手,它支配着两匹马。理性是灵魂中纯净的力量,它的作用是追求真理、寻求善,从而使人过一种有德性的生活。

第一,柏拉图强调,人生在世,要过一种有德性的生活。柏拉图心目中高尚的、有德性的生活不是爱肉体,而是爱智慧。爱智慧是哲学,也是理性的力量所在。爱智的前提是把自己的目光由变动不居的大千世界转向精神层面,去追求真理。柏拉图与苏格拉底一样,主张"知识即德性"。第二,柏拉图强调,人的生活不能任欲望自由驰骋,人要有自制力,运用理性和知识抑制肉体欲望。第三,灵魂要认识的德性,不是某种具体的行为或事实,而是德性本身,即认识正义自身、美自身、善自身等。所有这些德性,都是感官感受不到的,是纯精神的东西。认识德性就是认识真理,它不是依赖感官,而是凭借灵魂。灵魂只有在不受肉体浸染的情况下,即没有肉体欲望的情况下,才可能获得真理,才有真正的德性。

依据柏拉图的这些思想,我们可以看出,希腊哲学倡导的理性不是工具理性,它的作用在于追求真理、寻求知识、追求善的理念。即使是中世

---

[1] 柏拉图:《柏拉图全集》第二卷,王晓朝译,人民出版社,2003年,第160页。
[2] A. E. 泰勒:《柏拉图:生平及其著作》,谢随知、苗力田译,山东人民出版社,1996年,第436页。
[3] 柏拉图:《理想国》,郭斌和、张竹明译,商务印书馆,1986年,第165—166页。

纪基督教思想也是如此，如奥古斯丁主张理性的作用在于认识被造世界，阿奎那主张理性可以使人认识世界，从而把人托升到得以见到世界本体的高度。认识未知、认识世界，从而把握真理，似乎是古典哲学赋予理性的重要使命。

霍布斯也赋予理性抑制人的激情的作用，也承认理性是人的天赋能力，与生俱来。然而他对于理性的理解，却与古希腊和中世纪大相径庭。在霍布斯哲学中，理性是一种精明的计算能力。《利维坦》第五章对于理性（reason）有明确的界定和阐释。霍布斯认为，当一个人运用理性时，他所做的不过是在心中将各部分相加，得一个总和，或者在心中将一个数目减去另一个数目，求得一个余额。用词语表述，便是在心中把各部分的名词合成一个整体名词。不外乎加减乘除、三段论政治学、法学等。总之，不论什么事物，用得着加减的地方，就用得着理性（reason）。总而言之："理性就是一种计算，是将我们大家一致赞同的标志和表明我们思想的一系列名称相加和相减。所谓标志，是我们自己进行计算时的说法，而所谓表明则是向别人说明或证明我们计算时的说法。"[1]一种进行加减的能力，这样定义的理性，是一种工具理性。霍布斯也明确告诫大家，理性的使用和目的，不是找出一个或少数几个与名称最初的定义相距甚远的概括，而是从这些定义和含义出发，从一个结果到另一个结果。因为霍布斯在第五章讨论的是理性与科学，因此，在最后进行概括时，霍布斯指出："理性就是步伐，学识的增长就是道路，而人类的利益则是目标。"[2]一言以蔽之，理性、科学都是为人类的利益服务。理性作为工具，科学作为手段，服务于人类的目标，而人类最大的目标，莫过于保全性命。因此，理性关系到人的生死存亡。在经过理性对激情的抑制，经过理性的精明和慎虑之后，人决定出让自己的权利，形成契约关系。不过霍布斯也并不认为，理性会让人永远得出正确的结论。可以理解，既然理性是一种计算能

---

[1] 参见霍布斯：《利维坦》，第28页，第五章。此句由笔者自译，与黎译本不同。黎译本将"Of reason and Science"译作"论推理与学术"，似乎不妥。就论题而言，霍布斯谈论的是理性与科学，行文内容主要讨论如何定义理性。参见 Hobbes, *Leviathan,* edited with an introduction and notes by J. C. A. Gaskin, Oxford: Oxford University Press, 1998, Chapter 5。

[2] 霍布斯：《利维坦》第34页。此处笔者将黎译本的"推理"改译为"理性"。

力，计算怎能不会出错呢。

霍布斯如此坦率地定义理性，致使西方学者普遍认定，"霍布斯是工具理性概念的奠基人，所谓工具理性在今天被称作'理性选择理论'（rational choice theory）。当代理性主义理论家们指出，霍布斯为当代哲学和社会科学中普遍存在的'经济理性人'（economically rational man），提供了第一个系统的说明"[1]。关于理性的经济人问题，笔者在这里不准备展开讨论。只是想提请读者注意，霍布斯为理性所下的定义，被当今绝大多数学者视为工具理性，且霍布斯被视为工具理性的创始人。

霍布斯既然把理性定义为计算能力，他也同时指出，不熟练的人甚至专家本身，在计算中也会常常出错。于是，人们便从霍布斯的描述中看到，"运用理性并不能够保证获得正确的结果；它不能保证人的理性是'正确的理性'。于是霍布斯指出，自然并没有赋予任何人理性永远正确的能力"[2]。斯蒂芬·J. 芬恩（Stephen J. Finn）认为，霍布斯对"理性"和"正确理性"的使用有点儿含糊其词。按照卡夫卡的看法，霍布斯既把理性描述为一个过程，也是一种能力。当霍布斯说理性不是别的，只是一种计算，按照这一定义，理性就不是计算能力，而是计算过程本身。然而，霍布斯也主张，当我们用心智计算时，这一定义涉及理性的能力。[3] 芬恩指出，在《利维坦》第五章，霍布斯更仔细地区分了推理过程与推理能力。当他使用推理（reasoning）或者推论（ratiocination）时，他涉及的是推理过程。当谈论正确理性时，涉及的是理性的能力，而不是过程。[4]

自霍布斯开始，近代哲学所说的理性，特别是英国自由传统中的理性，似乎基本上是工具理性。工具理性的特征在于把人的理性看作人的计算能力，其本质在于使人能够通过精明的计算，摆脱每个人反对每个人的战争状态。不过，在一些西方哲学家看来，工具理性具有诸多问题，例如，霍克海默就认为，启蒙产生了普遍科学，造就了人的测算能力。这种

---

[1] David Van Mill, *Liberty, Rationality, and Agency in Hobbes's Leviathan*, New York: State University of New York Press, 2001, p.75.
[2] Stephen I. Finn, *Thomas Hobbes and the Politics of Natural Philosophy*, London: Continnum, 2006, p. 168.
[3] Ibid., p. 169.
[4] Ibid., p. 170.

能力不仅仅被用于自然，而且也被用于人类社会。当把测算能力用于公民社会，用来解释社会正义，便会出现这种状况：用不等式的可加性解释问题。不等式的可加性即"如果 a>b，那么 a+c>b+c"。若是把这一不等式用于社会正义，其结论只能是正义意味着不平等。尽管给不等式两边都加上变量"c"，但是，由于"a>b"，所以，无论在不等式两边所加的"c"值是多少，不等式依然是不等式。这就是市民社会的法则，也是霍克海默认定的市民社会的理性的法则，是启蒙精神在社会生活中的显现。工具理性并没有使人们在处理社会问题上有更多的进展。

对于理性与工具理性问题，笔者在稍后的章节中还会讨论。这个问题不是霍布斯的主要问题，且在霍布斯哲学中它占据的篇幅很小。尽管这样，我们依旧不能忘记，正是霍布斯开启了理性的工具之旅。

第八章　洛克：人的自然状态与公民社会状态

阅读洛克的作品，特别是他的《政府论》《论宗教宽容》《教育片论》等著作，给人一种轻松、简洁、明快的印象，那是一种从常识出发说明重大问题的笔触。赛班这样评价洛克，说他认为"常识比逻辑更重要"[1]。正因为如此，洛克在人们认为既定事实的问题，并不做过多的纠缠和争论。这种风格，不同于中世纪的大哲学家们，特别是奥古斯丁、阿奎那等人那种精致、细腻，且略嫌烦琐、亦步亦趋引经据典的严谨；也不同于大学教授们那种丝丝入扣式的掉书袋。"他的天赋主要不在知识渊博，也不在逻辑严谨，而是以无与伦比的常识为标志，他借助于这些常识。他借助常识把哲学、政治学、伦理学以及教育学的主要思想集中起来，把以往的经验纳入当时更开明的思想中。"[2] 当然，这并不意味着，洛克思想只是信马由缰，而是说，洛克学说的特点是常识优于逻辑。"他依靠常识，牢牢把握了英国人解决问题的基本伦理理想，即个人权利。"[3] 施特劳斯认为，"人生而自由"这个主题，是理解洛克政治思想的主要线索，也是其

---

[1] 赛班：《政治学说史》，第532页。
[2] 同上书，第536页。
[3] 同上书，第582页。

政治思想的主要特征。[1] 洛克的《政府论》探讨政治自由，《论宗教宽容》探讨宗教信仰自由，《论降低利息和提高货币价值的后果》论及经济自由。可以说，自由是洛克思想的重要标签。洛克涉及自由和平等等问题，旨在于解决个人权利问题，即人们通常所说的平权理论。

事实上，从洛克的《政府论》来看，也可以说，权利理论是洛克政治思想的核心。洛克在总结《政府论》上卷时指出，《政府论》上卷阐明四个问题：第一，亚当所享有的父权是一种自然权利，这种权利并不享有对儿女的生杀予夺的权威，或对于世界的统辖权。第二，即使他享有这种权力，他的继承人也无权享有这种权力。第三，即使他的继承人享有这种权力，但是，由于没有自然法、上帝的明文法来确定谁是合法继承人，因而无从确定继承权，也就无人确定继承人。第四，即使这也被确定了，也无法确定谁是亚当长房后裔，因而无法确定继承权问题。[2]《政府论》要解决的问题是政治权力的起源问题。所谓政治权力"就是为了规定和保护财产而制定法律的权利，判处死刑和一切较轻处分的权利，以及使用共同体的力量来执行这些法律和保卫国家不受外来侵害的权利；而这一切都只是为了公众福利"。[3]

洛克指出，为了正确理解政治权力，并追溯它的起源，必然需要研究人类原来自然地处于什么状态，即探讨人的自然状态。

一、人的自然状态

正如劳特利奇出版的洛克《政府论》哲学导读所说："洛克关于合法

---

[1] 列奥·施特劳斯、约瑟夫·克罗波西主编：《政治哲学史》下，李天然译，河北人民出版社，1993年，第563页。
[2] 洛克：《政府论：论政府的真正起源、范围和目的》下篇，叶启芳、瞿菊农译，商务印书馆，1964年，第3页。
[3] 同上书，第4页。

性国家如何可能的论述,取决于他的自然法和自然权利构想。"[1] 与自然法和自然权利相关的重要概念,即是人的自然状态概念。"洛克认为,从政治组织的观点看,人只能处于两种稳定状态之一:或者自然状态,或者公民社会状态。对洛克而言,若想表明国家何以可能是合法的,就是要表明,如何以一种道德上完美无缺的方式,从自然状态变成公民社会状态。"[2]

1. 人的自然状态的意涵

洛克指出,所谓自然状态,"是一种完备无缺的自由状态,他们在自然法的范围内,按照他们认为合适的办法,决定他们的行动和处理他们的财产和人身,而毋需得到任何人的许可或听命于任何人的意志。这也是一种平等的状态,在这种状态中,一切权力和管辖权都是相互的,没有一个人享有多于别人的权力"。[3] 同种和同等的人,生来就毫无差别地享有同样有利的条件,能够运用相同的身心能力,人与人之间是平等的,不存在从属关系和受制关系。简单地说,所谓自然状态,就是所有的人都是自由、平等和独立的状态。顺便说一句,洛克所说的自由,不仅仅是指自由意志(在文艺复兴、宗教改革,甚至霍布斯那里自由首先或者主要是指自由意志),它包括政治自由、经济自由、宗教信仰自由,总而言之,人的自由。正如劳埃德·托马斯(Lloyd Thomas)所说,洛克所说的人的自由,"不是指他们可以随心所欲地做他们喜欢的任何事情。在道德上说,他们不可以随意做违反自然法的事情。在自然状态,人可以自由地做自然法允许的事情"。[4] 关于人的自由,笔者将在后面的小节中专门探讨。这里出于阐释相关内容的需要,仅简略做一个说明。

自然状态是人的自由状态,人拥有处理他的人身或财产的无限自由。

---

[1] D. A. Lloyd Thomas, *Routledge Philosophy Guidebook to Locke: On Government*, London: Routledge, 1995, p.15.
[2] D. A. Lloyd Thomas, *Routledge Philosophy Guidebook to Locke: On Government*, p.20.
[3] 洛克:《政府论》下篇,第5页。
[4] D. A. Lloyd Thomas, *Routledge Philosophy Guidebook to Locke: On Government*, p.20.

但是,"他并没有毁灭自身或他所占有的任何生物的自由,除非有一种比单纯地保存它来得更高贵的用处要求将它毁灭"。[1] 所以,自由状态并不等于放任状态,人不可以为所欲为。之所以这样,是因为人处于自然状态时,并不是处于无法无天的状态。"自然状态有一种为人人所应遵守的自然法对它起着支配作用;而理性,也就是自然法,教导着有意遵从理性的全人类:人们既然都是平等和独立的,任何人就不得侵害他人的生命、健康、自由或财产。"[2]

遵从自然法的意思是,每个人都是被造,他们的最高主宰是上帝,只有上帝能决定每个人存在多久,每个人都不具备上帝的这种权力。在自然状态下,"为了约束所有的人不侵犯他人的权利、不互相伤害,使大家都遵守旨在维护和平和保卫全人类的自然法,自然法便在那种状态下交给每一个人去执行,使每人都有权惩罚违反自然法的人,以制止违反自然法为度"。[3] 显然,自然法赋予每个人遵守并执行自然法的权利。因为自然法是理性,而理性是上帝赐予人类的。

这似乎产生了一个问题:在自然状态,如果没有人拥有执行自然法的权力,以保护无辜者、约束罪犯,那么自然法就毫无用处。如果人人都享有自然法赋予的权利,那么人人都是自然法的执行者。然而,当你对你认为侵害自己生命或财产之人实施惩罚时,特别是生杀予夺时,算不算拥有高于他人的权利?洛克认为,如果人人都拥有这种权力,那这就是权利平等。但是,这是否意味着,当你执行自然法惩罚罪犯时,你拥有了支配另一个人的权力?洛克对此的解释是,这样做确实意味着人得到了支配另一个人的权力。因为你侵犯了我,我有权维护自己的生命和财产安全。当罪犯在触犯自然法时,已经表明自己按照理性和公道之外的规则生活,而理性和公道的规则,是上帝赐予的人类的行为尺度,也是人类安全保障。"谁玩忽和破坏了保障人类不受损害和暴力的约束,谁就对于人类是危险的。这既是对全人类的侵犯,对自然法所规定的全人类和平和安全的侵

---

[1] 洛克:《政府论》下篇,第6页。
[2] 同上。
[3] 同上书,第7页。

犯。……在这种情况下并在这个根据上，人人都享有惩罚罪犯和充当自然法的执行人的权利。"[1] 人的犯罪是人的堕落，犯罪等于宣布自己抛弃人性的原则，而成为有害的人。犯罪行为有施害与受害。"在这种情况下，受到任何损害的人，除与别人共同享有的处罚权之外，还享有要犯罪人赔偿损失的特殊权利。"[2] 制裁罪犯、赔偿损失是在自然法之下，人所拥有的两种权利。人人都享有制止犯罪、惩罚犯罪行为的权利。洛克指出，这就是"谁使人流血，人亦必使他流血"，即以眼还眼，以牙还牙。

尽管如此，洛克还是告诫人们，当你行使自然法时，你依然没有绝对或任意的权力，依自己的感情冲动、放纵自己意志处置罪犯。必须依据理性和良心，依据罪犯所犯罪行，进行适当处置，目的是纠正和禁止犯罪。但是，执行自然法，依据理性和良心处置罪犯，是告诉一个人，你"应当"如何。这似乎是自然法传统观念，即自然法是道德的法则，由于理性来自上帝，因而自然法是上帝的法则。其潜台词是，它只是应当，不具有强制性，它诉诸人的自律。

麦克里兰这样解读洛克的自然状态："洛克的自然状态与霍布斯大不相同，因为其中具备霍布斯认为不可能的社会生活，洛克由此而坚定声明自然状态是一种自由状态，不是特权状态。洛克此语意思是，自然状态中，人受自然法约束，大体上有能力认知并尊重他人的自然权利。"[3] 人受自然法约束行使自己的自由权利，同时认同并尊重他人的自然权利。这种对权利的自我认同和相互认同，是洛克式自由的基本意涵。自由在洛克学说中，之所以有此等意涵，是因为洛克认为，人生来就生活在社会中，在没有国家、没有政权的时代，也有社会，人生来就是过社会生活的物种。自普芬道夫以降，社会性、社会生活是近代哲学家们人性研究的基本考量。由于社会性概念进入近代哲学，哲学家们对人性的解释发生了变化，人是什么？人是社会动物。洛克与霍布斯在自然状态上的差异，至少与洛克认为人是社会动物相关。同样需要说明的是，尽管洛克认为，人有

---

[1] 洛克：《政府论》下篇，第7—8页。
[2] 同上书，第8页。
[3] 约翰·麦克里兰：《西方政治思想史》，彭淮栋译，海南出版社，2003年，第265页。

两种生活状态:自然状态和政治状态,而自然状态下的人过着社会生活,但是,生活在社会中的人是独立的个人,他们只是生活在一起,他们彼此之间没有从属关系,每个人自由地生活。正因为如此,洛克亦被视为18世纪的哲学家,即自由主义传统中的哲学家。而自由主义传统强调和尊重个人。

麦克里兰进一步解读说,洛克所说的人的自然状态,是指人堕落后的状态:

> 人带着原罪,有时就会侵犯他人的自然权利。因此,人有另一项自然权利,即审判(与惩罚)权,用于他们认为自己的自然权利遭到他人侵犯之时。这权利不是一种本质权,对一种事物的权利,而是一种使其他自然权利有生命的权利。权利是无用的,除非权利被侵犯时你有审判之权。加入审判权,自然权利即告完整。[1]

权利首先是审判权,没有受到侵犯而一切正常时,看不出权利有什么用,然而一旦个人受到侵犯,便需要维护自己的权利,而维权的手段,主要是行使审判权。这种审判权,是凭借人与人之间的契约关系而运作。因此,自然状态虽然没有国家和统治者,却有社会。自然状态可以是一种社会状态,这种状态中,人们维权是一种社会行为,这一行为的依据是相互间的契约。因此,在自然状态也有契约关系,有约可循。

2. 自然状态与战争状态

由于霍布斯的影响,每每提及自然状态,人们总不免会想到"每个人反对每个人的战争状态",自然状态本身意味着战争状态。因此,在霍布斯学说中,自然状态绝对不是什么好词。洛克对霍布斯的说法持否定态度,在洛克看来,自然状态不是战争状态,洛克认为:"战争状态是一种敌对的和毁灭的状态。因此凡用语言或行动表示对另一个人的生命有沉着

---

[1] 麦克里兰:《西方政治思想史》,第266—267页。

的、确定的企图,而不是出自一时的意气用事,他就使自己与他对其宣告这种意图的人处于战争状态。"[1]如果某种力量以毁灭来威胁我,我就有毁灭它的权利,这个权利基于自然法。因此,洛克认为有三种情况,自然状态可以合法地成为战争状态。

第一,洛克认为,自然法的重要准则之一是,人应该尽量地保卫自己。如果不能保卫全体,至少应该保卫无辜的人的安全。当一个人违反自然法,用暴力威胁你的安全时,那个人就不是人,而是一头猛兽,是对人有害的动物。在这种情况下,杀死他,同样符合自然法。因为这是在自卫。

第二,从个人权利的角度看,用暴力威胁他人的生命,就是企图把他人置于自己的绝对权力之下。当一个人把你置于他的绝对权力之下时,你与他就处于战争状态。当自己生命财产受到威胁时,理性促使我奋起自卫。由此洛克进一步指出:"谁企图将另一个人置于自己的绝对权力之下,谁就同那人处于战争状态,这应被理解为对那人的生命有所企图的表示。因为,我有理由断定,凡是不经我同意将我置于其权力之下的人,在他已经得到了我以后,可以任意处置我,甚至也可以随意毁灭我。"[2]当有人未经他人同意,企图将他人置于绝对权力之下时,他人便与之处于战争状态。洛克定义战争状态,有一个完全不同的因素,我们需要给予足够的注意——这就是未经同意将人置于绝对权力之下。

第三,从自由的角度看,无论是在自然社会,还是政治社会中,"想夺去那个社会或国家的人们的自由的人,也一定被假设为企图夺去他们的其他一切,并被看作处于战争状态"。[3]因为我没有理由认为,"那个想要夺去我的自由的人,在把我置于他的掌握之下以后,不会夺去我的其他一切东西。所以我可以合法地把他当作与我处于战争状态的人来对待"。[4]用语言和行动威胁他人、侵犯他人的权利、侵犯他人的自由,就意味着自

---

[1] 洛克:《政府论》下篇,第12页。
[2] 同上书,第13页。
[3] 同上。
[4] 同上。

然法被破坏,这时,施害者与受害者便处于战争状态。这种战争状态既可以发生在自然社会,也可以发生在政治社会。

自然状态与战争状态有明显的区别。"它们之间的区别,正像和平、善意、互助和安全的状态和敌对、恶意、暴力和互相残杀的状态之间的区别那样迥不相同。"[1] 自然状态之所以不同于战争状态,是因为,在自然状态下,"人们受理性支配而生活在一起,不存在拥有对他们进行裁判的权力的人世间的共同尊长"[2]。当一个人对另一个人使用强力,或者企图使用强力,而又没有可供求救的共同尊长,即没有仲裁者,人与人之间便处于战争状态。绝对权力一旦停止使用,人们彼此间的战争状态便宣告结束。不过,在自然状态下,战争一旦开始,便很难结束。而在政治社会,由于双方都受人定法的束缚,战争状态会由于法律的介入而结束。但是,如果有公然的枉法行为和对法律的歪曲,战争状态就不会结束。"法律的目的是对受法律支配的一切人公正地运用法律,借以保护和救济无辜者;如果并未善意地真实做到这一点,就会有战争强加于受害者身上。"[3]

从洛克上述看法可以看出,人的自然状态,不是野蛮、蒙昧、每个人反对每个人的战争状态。自然状态是一个褒义词,它意味着,人享受与生俱来的自由、平等状态;可以自由行使天赋权利的状态;每个人都遵守自然法,依照自然法行事的状态。它可以是自然社会的状态,也可以发生在公民社会中。可以说,自然状态在洛克学说中是一种理想状态。是人遵守理性之约(神约)的状态,是人的自律状态,是人的理想状态。

3. 自然状态何以可能?

洛克描述的自然状态是美好的。但是他也看到,有人为了反对他的自然状态观点而提出疑问:哪里有或者是否曾经有过处在自然状态中的人?

《政府论》表明,人的自然状态是可能的。第一,公民社会统治者与他的人民,在正常情况下处于自然状态。这是一种政治社会的状态。"哪

---

[1] 洛克:《政府论》下篇,第14页。
[2] 同上。
[3] 同上书,第15页。

里有或曾经有过处在这种自然状态中的人呢？……独立政府的一切统治者和君主既然都是处在自然状态中，那就很明显，不论过去或将来，世界上都不会没有一些处在那种状态中的人。"[1] 施特劳斯认为，此话意思是："所有的君主和统治者——和其他人生活在一种公民关系中的文明人——都处在自然状态中。"[2]

第二，一个瑞士人和一个印第安人在美洲丛林相遇，他们相互订立交换协议和契约，这协议和契约对双方都有约束力，此时，他们便处于自然状态。之所以把这种状态视为自然状态，是因为"诚实和守信是属于作为人而不是作为社会成员的人们的品质"。[3] 或者可以说，无论是否处于政治社会，只要契约双方遵守契约，诚实守信，即遵守自然法，他们便处于自然状态。

第一种情况表明，政治社会中的统治者与人民如果都遵守契约，并且都遵守自然法，在政治中，人也处于自然状态。第二种情况表明，所谓自然状态就是"人们受理性支配而生活在一起，不存在拥有对他们进行裁判的权力的人世间的共同尊长"。[4] 这两种状况表明洛克对自然状态的基本看法：第一，在政治社会中，人与人，人与政府也可以处于自然状态，前提是双方都遵守自然法；第二，自然状态的必备条件是人人遵守自然法、遵守契约和协议。

施特劳斯为洛克的自然状态补充了第三种情况，他认为："关于洛克的自然状态我们便有如下的第一印象：在这种状态中，人们和睦地生活在一起，它处于人类最初的几个世纪，这时公民社会还没有来临，人们在自然法的慈善的统治下，在和平和善意的氛围中，享受着自然的自由和平等。"[5] 洛克的话有这个意思，但是，从行文中，我们看不出洛克关于自然状态的描述是历史性概念，他没有明确揭示所谓"人类最初的几个世纪"。更多的意味似乎是，每个人遵守自然法、理性行事、彼此和睦相

---

[1] 洛克：《政府论》下篇，第11页。
[2] 施特劳斯、克罗波西主编：《政治哲学史》下，第566页。
[3] 洛克：《政府论》下篇，第11页。
[4] 同上书，第14页。
[5] 施特劳斯、克罗波西主编：《政治哲学史》下，第565—566页。

处,人与人之间就处于自然状态。

二、人的自然权利

洛克的《政府论》或者说他的政治哲学所要解决的根本问题,就是权力(power)和权利(right)的来源及其合法性。而对于自然权利和自然法的探讨,包含着未来自由主义传统的一切可能性。

1. 原初的自然权利

人的自然权利(Natural right)源于拉丁文"jus nafural",即是我们通常所说的天赋人权,指与生俱来的权利。自然权利思想的基础是自然法。近代以来,提及自然权利学说,人们往往把它和格劳秀斯、霍布斯、洛克、斯宾诺莎、卢梭、伏尔泰等人联系在一起。事实上,洛克不是第一个,也不是最后一个探讨人的自然权利的哲学家。但是,洛克对于个人权利的来源及其合法性的探讨,却成为自由主义传统最重要的理论依据。洛克也因此被视为自由主义传统的奠基人。

洛克认为:"我们就自然理性来说,人类一出生即享有生存权利,因而可以享用肉食和饮料以及自然所供应的以维持他们的生存的其他物品。"[1] 如果从《圣经》来看,我们也能找到此类说法。在《创世记》中,"神说:看哪,我将遍地上一切结种子的菜蔬,和一切树上所结有核的果子,全赐给你们作食物"[2]。洛克认为,从上帝的启示来看,上帝把世界上的东西赐予亚当及其后裔。他援引的内容是大卫王的说法:"天是耶和华的天。地,他却给了世人。"[3] 就《圣经》而论,始祖赐予他一切,但有一条禁令——神吩咐他说:园中各样树上的果子,你可以随意

---

[1] 洛克:《政府论》下篇,第18页。
[2] 《圣经.旧约》之《创世记》,和合本,1:29。
[3] 《圣经.旧约》之《诗篇》,和合本,第156篇,第16节。

吃；只是分别善恶树上的果子，你不可吃，因为你吃的日子必定死。[1] 这条禁令告诉人们太多的东西，首先，人是自由的，但不可以随心所欲。上帝虽然只有一条禁令，但是遵守者生，违背者死。因为这条禁令是上帝的法，即我们所说的自然法。违背者死，不是上帝要杀了你，而是你从此有死。也就是说，人的自由是在遵守自然法的前提的自由。其次，生存权是人的自然权利，但是，必须遵守自然法。最后，人是上帝创造的，人的生存权、生命权是不可以随意剥夺的，是神圣不可侵犯的。

麦克里兰认为："洛克的自然权利，意指由自然法——上帝律法——而来的权利。上帝创造世界与人，并非没有用意。他当然希望人得到食物，也就是他希望他们活下去，只要他乐意，就随他们活着。在本来的自然状态，即伊甸园，亚当和夏娃不必受苦即有吃食。上帝要他们以吃地上的蔬菜为足。"[2] 但是，这是始祖堕落前的状况。使始祖堕落坠入凡尘的力量是人的欲望，由于欲望所致，始祖违背了上帝律法，被逐出伊甸园。上帝剥夺了原本属于始祖的一切，却没有剥夺他的生命和动手的能力。如《创世记》3：17所说："你必终身劳苦才能从地里得吃的。"《创世记》3：19："你必汗流满面才得糊口。"

与伊甸园相比是惨了点儿，不过，人们从中看到的希望是，在堕落之前，天属上帝，地属人。始祖被逐出伊甸园后，上帝并没有收回属于人的大地支配权，上帝并没有剥夺人类利用大自然资源的权利，也没有剥夺人从自然中获取生活资源的权利。毋宁说，上帝赐予人劳动权利，这权利表明，人必须行使自己的劳动权利，才能获得自己想要的生活资料。如果说人有什么与生俱来的东西，那就是人的生命、人的劳动权利、人凭借劳动从大自然中获取自然资源的权利。这三种权利，均为上帝所赐，因而它们是最原初的、基础的自然权利（天赋权利）。

麦克里兰把洛克对于自然权利的说法，解释为本质上的三种权利：生命权、自由权及财产权。"上帝要我随他之意生活，而不是看别人的高兴

---

[1]《圣经.旧约》之《创世记》，和合本，2：16—17。
[2] 麦克里兰：《西方政治思想史》，第265—266页。

而活命，因此没有人可以夺我性命；上帝命我劳动以得食度日，因此我有权利去自由劳动；依上帝之意，我取自自然之物，必定为我所有，因此，由劳动的诫命之中生出对财产的自然权利。"[1] 麦克里兰把劳动解释为自由权利，倒也妙得很。不过，财产权似乎不是原初的权利，而是由原初权利派生出来的权利，但却是最重要的权利。

2. 人的财产权和仲裁权

前面所说的三种自然权利：人的生命权利、人的劳动权利、人凭借劳动从大自然中获取自然资源的权利，是人原生的自然权利。这三种原生权利的运作，派生出另外两种自然权利：人的财产权和仲裁权。这两种权利尽管是派生的，但是，它们依然是自然权利。

《旧约·诗篇》说，上帝"把地给了世人"。洛克将其理解为世界为人类共有。洛克提出的问题是，人类共有东西的某些部分，如何成为他们的财产，并且还不必经过全体世人的明确协议。洛克解释说：

> 上帝既将世界给予人类共有，亦给予他们以理性，让他们为了生活和便利的最大好处而加以利用。土地和其中的一切，都是给人们用来维持他们的生存和舒适生活的。土地上所有自然生产的果实和它所养活的兽类，既是自然自发地生产的，就都归人类所共有，而没有人对于这种处在自然状态中的东西原来就具有排斥其余人类的私人所有权；但是，这些既是给人类使用的，那就必然要通过某种拨归私用的方式，然后才能对于某一个人有用处或者有好处。[2]

土地归人类，地上自然生产出来的东西归人类共有，但是，这种共有，并不排斥某些东西成为私人的财产。问题在于它们如何合理合法地成为私人财产，即公共财产成为私人财产的合法性依据何在？

---

[1] 麦克里兰：《西方政治思想史》，第266页。
[2] 洛克：《政府论》下篇，第18—19页。

洛克提出，人只有使用自己的自然权利，才能使共有之物成为私人财产，这个自然权利就是人对自己人身的权利和与人身相随的从事劳动的权利。"土地和一切低等动物为一切人所共有，但是每人对他自己的人身享有一种所有权，除他以外任何人都没有这种权利。他的身体所从事的劳动和他的双手所进行的工作，我们可以说，是正当地属于他的。"[1] 堕落后的人类，命是自己的，不是他人的，这就是所谓对自己的人身享有所有权。用属于自己的身体和双手从事劳动，同样是人自身的权利。用自己的人身和自己的劳动，使原来处于自然状态的自然物品，脱离了原有的状态，那么这个自然物品就是我用自己的劳动获得的东西，它就是我的财产。在不属于任何人的地上有一棵无主的苹果树，我为了果腹，把苹果从树上摘下来，摘苹果就是我的劳动，于是摘下来的苹果，便是我的私有财产，因为这手中的苹果含有我的劳动。

> 既然是由他来使这件东西脱离自然所安排给它的一般状态，那么在这上面就由他的劳动加上了一些东西，从而排斥了其他人的共同权利。因为，既然劳动是劳动者的无可争议的所有物，那么对于这一有所增益的东西，除他以外就没有人能够享有权利，至少在还留有足够的同样好的东西给其他人所共有的情况下，事情就是如此。[2]

公共物品如何成为某个人的呢？凭借劳动。正是劳动，使它们同公共的东西有所区别。"劳动在万物之母的自然所已完成的作业上面加上一些东西，这样它们就成为他的私有的权利了。"[3] 使公共物品成为私有财产的需要有：第一，我自身的劳动；第二，物品由于我的劳动，脱离了自然为它安置的状态，这个时候，物品是我的私有财产，也是从这时开始我对这个通过劳动得到的物品拥有所有权。从公共物品中取出这一部分或那一部分，并不需要所有人明确的同意。可以说，劳动是一种自然权利，也是一

---

[1] 洛克：《政府论》下篇，第19页。
[2] 同上。
[3] 同上。

种自然的自由，它符合自然法。

需要说明的是，公共享有财产的状态，是原初的共有状态，即普遍的无财产状态，也就是国家产生之前的状态。在这种状态下，为了生存，人凭借劳动，把共有的东西变成属于自己的东西，这符合自然法，无须经过任何人同意。例如，泉水是共有的，如果我用水壶汲水，谁能否认壶里的水不属于我？汲水——劳动，把水从自然手里取出来，水的存在状态由于劳动而发生变化，于是，原来共用的水成为汲水者的个人财产。自然物既然是上帝赐予人类使用的，因而为公共所有。公共物品划归个人所有，最初并不是靠某些权力的分配，而是靠人的劳动。劳动是公共物品成为私有财产的唯一手段。毫无疑问，这是理性的法则，是从共有的东西中产生财产权的原始的自然法。及至今天，若是我从公海里捕鱼或其他海产品，我的捕鱼活动，使鱼脱离了在海里生活的状态，那么，这鱼就是我的。前提是这鱼是公海里的生物，是人类共有的东西。《提摩太前书》中"上帝厚赐百物给我们享受"之说表明，我们以劳动的方式，从共有的资源中获得自己的生活资料，是凭据自然法的正当行为，也是人的正当权利。

所以，人的财产权神圣不可侵犯，私有财产神圣不可侵犯。人身为上帝所造，劳动是人身的延长，凭借劳动从公有资源中获得生活资料，是上帝允许的，因而是神圣的，任何人不得侵犯。施特劳斯解释说："每个人对于他自己的人身和他自己的劳动的所有权是原始的和自然的所有权；它是自然状态中所有其他所有权的基础。于是所有其他的所有权都来自于这个原始的、自然的和非导出的所有权。"[1] 财产权是由人的生命权和属于肉身的劳动权派生出来的。我的生命需要生活资源来维护，而上帝赐予我从自然中获取生活资料的权利，我通过自己的劳动从自然中获得生活资料，这生活资料便是我的财产。财产权是由原初的自然权利直接派生的，因此，财产权也是自然权利。既然财产权是自然权利，那么它与人的生命权和劳动权一样，也是神圣不可侵犯的。

赛班认为，洛克所谓财产共有的概念，是接受了遥远的历史观念：

---

[1] 施特劳斯、克罗波西主编：《政治哲学史》下，第577页。

"在中世纪，人们普遍认为，公有制比私有制更完美，因而也更'自然'。私有制的产生应归罪于人类堕落的罪孽。罗马法里还有另一种不同的学说，即私有制起源于公共使用的——非公共占有——东西转让给个人。"[1]赛班认为，洛克的财产权学说，正是依据这两种学说：

> 其主要论点认为，私有财产权的产生在于人透过劳动，将自己的人格扩展到产品中。人将自己内在能量花费在产品上，产品成为人的一部分。一般说来，产品的效用取决于耗费其上的劳动。因而可以说，洛克的理论蕴含着后来的古典经济学和社会主义经济学的劳动价值论。[2]

我们在马克思《资本论》第三篇第五章"劳动过程和价值增殖过程"也看到类似说法：劳动首先是人和自然之间的过程，是人以自身的活动来引起、调整和控制人和自然之间的物质变换的过程。劳动和自然界一起构成一切财富的源泉。自然界为劳动提供材料，劳动把材料变为财富。

财产权是人的天赋权利，那么它在自然状态就存在。如洛克所说，财产是所有者未经任何明示的契约。赛班这样看待洛克的财产权：洛克的财产权，是一个人凭借自身的体力和劳动提供给社会的权利，"因此，社会并不创造财产权，而且，也只能在某一限度内调整财产权，因为社会和政府之所以存在，至少在某种程度上，是为了保护已经存在的财产权"。[3]赛班甚至认为，洛克学说是以随笔的方式告诉人们，尽管他并不相信"除财产之外便无天赋权利可言"，但是，"他经常列举的天赋权利是'生命、自由和财产'"。而且，"他常常用'财产'一词表示一切权利，财产是他深入考察过的唯一天赋权利，所以必然将财产作为典型而重要的天赋权利"。[4]

施特劳斯持另一种观点。他认为，在洛克学说中，"每个人对于他自

---

[1] 赛班：《政治学说史》第539页。
[2] 同上。
[3] 同上。
[4] 同上。

己的人身和他自己的劳动的所有权是原始的和自然的所有权；它是自然状态中所有其他所有权的基础。于是所有其他的所有权都来自于这个原始的、自然的和非导出的所有权"。[1] 也就是说，财产权是从原始的自然权利派生而来的，或者如施特劳斯所说，私有物（身体和劳动）和公有物（自然物）相结合，产生私有财产。他认为，在洛克的私有财产学说中，劳动构成事情的全部，而作为公有财产的材料，几乎可以忽略不计。

凭借劳动，人把公共物品的一部分划归自己，但人可以无限度地从公共物品中获取自己的财产吗？洛克认为，不可以。理由是自然法以什么样的方式给予我们财产，就以什么样的方式对财产加以限制。上帝厚赐人百物固然不假，但上帝并没有同时允许我们无限度地从自然中攫取。上帝给予的限度是以够享用为度：在一件东西败坏之前，尽量用它来供生活所需。在这个限度内，他对自己的劳动所得就拥有财产权。越过这个限度的东西，归他人所有。[2] 上帝赐予人自然物，是供人生活和生存，不是供人挥霍的。

按照洛克的看法，这种将公共财产划归个人的方式，仅限于如下状况：在很长一段时期内，世界上天然物资丰富，消费者很少，一个人凭借劳动所能获得的物资数量很小。[3] 用今天的用语说就是：物资多，人口少，生产力水平低下。在这种情况下，凭借劳动将公共物品划归个人的方式有效。洛克认为，这种获得私有财产的方式，也适用于土地。

施特劳斯解释说，洛克这一学说的前提是，自然物原本没有价值，是劳动赋予了它们价值：第一，自然物，例如一个苹果，当人没有把它捡起来前，它不会给人带来任何好处，因此，它没有价值。其他自然物也一样。通过人的劳动，它进入了人的生活，对人而言，自然物成为生活的一部分，从此它有了价值。第二，施特劳斯认为，自在存在的自然物之所以没有价值，是基于人少，自然物充裕。自然物过剩，没人会疯抢。施特劳斯对洛克从东西会腐烂变质这一事实出发而引出限制积累的原则颇不以为

---

[1] 施特劳斯、克罗波西主编:《政治哲学史》下，第577页。
[2] 洛克:《政府论》下篇，第21页。
[3] 同上。

然。他认为，以腐烂为基础的公平分配并不完善。"实际上，你拿的东西的数量与我无关，只要你留给我足够多的东西；我也不关心你所拿的东西是否腐烂了或已不为你所有。"[1] 原始状态下财产的基础是自然物品极其丰富，在这种情况下，限制积累的规则还有什么必要？即使是在物品不那么充裕的情况下，积累的原则也不是建立在物品是否可腐烂的基础上。如果没有物质的极大丰富，即使是劳动也不是你占有一部分物质，并同时排斥他人占有的充足理由。如果物品匮乏，你占有了易腐烂且稀有的东西，而其他人也同样有权占有它，继之而来的是所有权的争斗，结果是谁强谁占有。施特劳斯进一步批评道："不管洛克如何为浪费和破坏而痛惜，他对腐烂的讨论并没有指向原始状态下与其他人公平交往的道德规则，它仅仅表明了自然统治下的大规模的浪费。"[2] 事实上，作为天赋权利（自然权利）的财产权告诉人们，人人都享有与他一样的自然权利，自己要享受自然权利，就必须尊重他人的自然权利。这是一种社会关系，也是一种互惠关系。由于这种互惠关系的存在，自然状态就不是每个个体的孤独隔绝状态，而是一种社会状态。也就是说，自然状态有其社会性。社会先于国家而存在，无政府的人类社会共同遵守的法是自然法。

人的自然状态，是人堕落后的生存状态。这种状态中的人有原罪。原罪的意思是，人受欲望驱使。因此，处于自然状态中的人，虽然有自然法可依，虽然有理性，人有可能互助互惠，但因为有原罪，所以人也有可能在其驱动下，侵害他人的自然权利。由此推论，人除了有派生的自然权利——财产权之外，还有另外一项自然权利，即审判和惩罚权，每个人都有这种权利。当一个人认为自己受到他人侵犯时，他可以使用自己的审判权。"这种权利不是一种本质权，对一种事物的权利，而是一种使其他自然权利有生命的权利。权利是无用的，除非权利被侵犯时你有审判之权。加入审判权，自然权利即告完整。"[3]

西方学者对于洛克天赋权利（自然权利）的看法无论有多大差异，他

---

[1] 施特劳斯、克罗波西主编：《政治哲学史》下，第582页。
[2] 同上书，第583页。
[3] 麦克里兰：《西方政治思想史》，第266—267页。

们形成的共识是：洛克认定，财产权是天赋权利中最重要的权利。这是可以理解的，因为《政府论》所要解决的核心问题是政府如何产生，如何具有合法性，政府的功能，政府的权力与个人权利的关系等。而保护个人的生命与财产，就是保护人的天赋权利，这无疑是政府的首要功能，也是政府合法性的基础。

3. 自然法

洛克关于自然法的说法，在《政府论》中俯首即拾，但若是想从中找到关于自然法严格的界定和系统阐释，似乎不太可能。洛克把自然法当作公理来使用，无意给自然法做出任何界定。但是，自然法在洛克探讨自然状态、自然权利等问题上，又无处不在。这便给人一种印象，即如果没有自然法，自然状态、自然权利都缺乏合法性基础。如前所述，洛克认为，人的自然状态是一种自由状态，这种自由状态不是恣意妄为的状态，不是特权状态。自由而不恣意妄为，是因为在自然状态下，人的行为受自然法约束。自然法是人应当做什么，不应当做什么的规定。而人的自然权利，是指由人的自然法——上帝的律法而来的权利。无处不在却又没有界定的自然法，在洛克学说中，有着举足轻重的作用。如赛班所说："显而易见，洛克完全按照自然法解释其全部理论，他所说的前政治时代的互助状态，正是以自然法为基础，政治社会的产生与自然法相吻合。至少，他认为应该义不容辞地指出，即使不存在行政机关和执法机关，这个法则也具有约束力。"[1] 但是，若要清晰而明确地阐释洛克的自然法理论，它似乎又构不成理论。这种两难，也许是因为洛克把自然法当作公理使用的结果。

或许，正是因为自然法在洛克学说中占有如此重要的位置，学者们才不遗余力地从他的学说中，寻找只鳞片爪，以形成合乎逻辑的认识。笔者将简略介绍一些重要学者的见解。

劳埃德·托马斯在劳特利奇出版的《洛克〈政府论〉哲学指南》中

---

[1] 赛班：《政治学说史》，第538页。

指出，洛克对于合法国家（legitimate state）如何可能的说明，依赖于他的自然法和自然权利构想。由于这些术语在近代哲学中的意涵与洛克的不尽相同，所以需要适当指出，洛克的自然法概念究竟是什么意思。该书作者认为，洛克没有统一的自然法概念，不过，从洛克早年在剑桥的演讲和《政府论》下篇，还是能够构建他的自然法理论的。"洛克的'自然法'并不是控制物理过程的科学法则，而是规范法（normative laws）。洛克的自然法，是与人'应当'发生的行为相一致的法则，不过，它并不总是与人的行为相一致的法则。"[1] 换言之，洛克的自然法，不是物理世界的科学法则，而是应当如何的道德法则。这一点，延续了自希腊以降的自然法传统，即自然法是道德的法则。在基督教世界，自然法也是神法，正因为是神法，所以是道德法则。

托马斯认为，洛克的自然法思想有两个层面的问题：第一，形式方面，包括自然法概念的特征，这些特征表明，什么是自然法所必需的；不过，它并没有表明，在特定情况下，自然法要求我们做什么。第二，在洛克学说中，自然法特定的结构和内容。在第二个方面，洛克的自然法与他同代人的自然法概念是不同的。

关于第一个方面，托马斯认为，洛克的自然法思想符合当时的自然法传统。它表现在以下四个方面：[2]

> 1. 自然法是规定行为的法，不依赖人的惯例，即不依赖国家的、已经被确立的社会惯例或习俗的成文法。所谓不依赖，有两个含义：第一，自然法的基础不依赖人的成文的约定。它的正当性来自'上面'（上帝），是人类的约定。第二，成文法和社会约定也许与自然法的要求相对应，也许不对应。如果你是自然法理论家，你会认为它应该对应。
>
> 2. 自然法是理性的法则。事实上，按照自然法，人的行为必须符

---

[1] Lloyd Thomas, *Routledge Philosophy Guidebook to Locke On Government*, p. 15.
[2] Ibid., pp.15-16.

合理性。反理性的行为不符合自然法。自然法是理性的法则的理念自希腊始。

3. 自然法是上帝要求我们遵循的法则。自然法要求我们遵循通过《圣经》展示出来的上帝意志。

4. 自然法是普遍的法则。它适用于所有时间,所有空间内的人类。应当按照自然法对待所有的人。所有国家的法律、社会惯例、社会习俗,都应该符合自然法。尽管如此,自然法允许不同国家的成文法有可能的变种。

最后一点在洛克的自然法学说中,似乎不太明显。

托马斯指出:"上述给出的自然法特征,并没有告诉我们,自然法要求什么:它没有告诉我们,自然法实际上想要我们做什么。也没有告诉我们,如何凭借理性证明它是正当的。于是我们看到,洛克所想的是,在使用理性时,发现自然法是什么。"[1] 在《政府论》中可以看到,洛克每逢讨论一个主题,如父权、自然状态、自然权利、私有财产等问题时,总会说,"依据自然法……"不界定自然法,不阐释它的内涵,却在论证主要问题时,以自然法为依托。自然给人一种印象,自然法是公理。谈及理性就是谈及自然法。理性是上帝赐予人的,是人与生俱来的东西,因而与人相关的每一个问题,都是人使用理性的过程,由此可见,自然法无所不在。用托马斯的话说,这是洛克学说中基本的自然法(fundamental law of nature)。托马斯认为,除了基本的自然法之外,还有特殊的自然法。这是从基本的自然法派生出来的自然法,它出现在人的日常生活环境中。他认为,洛克在《政府论》讨论财产权的一节中,证明了特殊的自然法的存在。"自然法赋予所有人使用大地、果实及食物。"[2] 一般意义上的人的理性与具体情况下的理性的使用,似乎就是托马斯所谓基本的自然法与特殊的自然法。

---

[1] Lloyd Thomas, *Routledge Philosophy Guidebook to Locke On Government*, p. 16.
[2] Ibid., p. 17.

施特劳斯对洛克的自然法思想也给予关注，似乎沿着洛克的思路展开。与洛克一样，他也没有探讨自然法的内涵，仅依据洛克《政府论》的文本，讨论自然法的义务。他认为："自然法的义务可以以两种方式加以陈述：每一个人都有义务保存自己，每一个人都有义务保存全人类。"[1] 施特劳斯说的自然法，所涉及的内容是托马斯所说的特殊的自然法，即自然法的使用。他看重的是洛克所说的自然法义务与自我保存之间的关系。因为自我保存是上帝植入人类使之成为人的本性的原理，是人第一个和最强烈的欲望。人展示这一欲望时，或者说，人在追求自我保存时，就是履行他们对上帝和自然法的义务。

> 我们可以在人们的最强烈的欲望中发现自然法的源泉。自然法以和平和保存为自己的目的，人们会遵守它的，因为人们都有自我保存的欲望；它的实施也不依赖于对于其他人的义务。尽管我们可以在洛克的这个学说中看到它与以前的学说的某种关系，但与古典的和中世纪的自然法的概念相比较，它确是"一个非常奇特的学说"。[2]

因为洛克的自然法与人的优点无关，与上帝的爱无关，亦与爱你的邻人无关。所以，在施特劳斯笔下，欲望真的是异彩纷呈。

按照施特劳斯的看法，洛克自然法的独特之处，在于它基本上没有自希腊和中世纪以来人们所熟悉的诸范畴，例如善、灵魂、美德、高贵等。因为这些概念，并不能解释公民社会的基础。公民社会的真正基础，就是自我保存的欲望。"自然法的基础是那植根于每一个人心中的最强烈的欲望。自我保存的欲望决定了人们的行为方式。"[3] 必须承认，每个人有权做他们不得不做的事情。政府如果禁止人们做他们不能不做的事情，那么，这个政府就没有建立在自然法的基础上。理解自然法，是研究政治权力本质的基础。政府的运作，不可以违反自然法。

---

[1] 施特劳斯、克罗波西主编：《政治哲学史》下，第 571 页。
[2] 同上书，第 574 页。
[3] 同上。

赛班认为:"不管洛克是否具有霍布斯那种利己主义心理学,按照个人利益建立社会理论,乃是洛克时代的必然结局。自然法理论的整个趋势,都朝这一方向发展,洛克对此做出不小的贡献。他把自然法解释为每个人对天赋权利的要求。私人财产权便是典型一例。"[1] 笔者在前面已经探讨过,人的财产在洛克的天赋权利中属于派生的自然权利。如果就政治哲学而言,这一派生的权利是最重要的权利,因为社会、国家、法律存在的前提,首先是保护人的财产安全。

三、人的自由

自由和平等是西方价值观的基本理念,从洛克时代到现在,这种价值观从理论阐释到制度运作,深入西方人的骨髓,似乎已经成为西方人的一种生活常识。以至于他们的学者在讨论洛克政治哲学时,已经不太探讨这类概念。甚至有学者认为,洛克是他的时代是重要的思想家,在现代依然重要,并且始终重要。杰里米·沃尔德伦(Jeremy Waldron)认为,17世纪有两个最重要的哲学家——霍布斯和洛克:"霍布斯最伟大的著作是他的政治哲学著作,但洛克不是。洛克享誉世界的伟大著作是他的认识论著作《人类理解论》。"[2] 洛克的《政府论》于1689年问世,同年《论宽容》出版。《政府论》问世时并未具名,直至他辞世。但是,西方政治体制的基本理念,却是建立在洛克学说的基础上。尽管在人们眼中,他最重要的著作是《人类理解论》,但是,他的政治思想在西方已经制度化,成为可见可触的存在。还有什么比这种现实的影响更大呢。如果我们探讨洛克的人性论,洛克关于平等自由的学说自然是不可或缺的重要内容。

---

[1] 赛班:《政治学说史》,第537页。
[2] Jeremy Waldron, *God, Locke, and Equality: Christian Foundations of John Locke's Political Thought*, Cambridge: Cambridge University Press, 2002, p.163.

1. 人的行动自由

洛克的自由思想，包括行动自由和思想自由。行动自由又可分为自然的自由和社会的自由。自然状态下的自由，谓之自然的自由，而公民状态下的自由，谓之社会（政治、公民）自由。这两种自由存在的基础是法。自然的自由受自然法约束，而社会的自由受成文法约束。因此，简单地说，所谓自由是除了法以外，不受任何绝对的、强制性权力的约束。

洛克说："人的自然自由，就是不受人间任何上级权力的约束，不处在人们的意志或立法权之下，只以自然法作为他的准绳。处在社会中的人的自由，就是除经人们同意在国家内所建立的立法权以外，不受其他任何立法权的支配；除了立法机关根据对它的委托所制定的法律外，不受任何意志的统辖或任何法律的约束。"[1] 自由不是个人想怎么做就怎么做，想怎么生活就怎么生活，不受任何法律束缚（罗伯特·麦尔斯语）。

毫无疑问，人的自然自由，是在自然状态下享有的自由，受自然法约束。这种自由，除了意志自由之外，更多的是行为层面的自由。就是我们通常所说的一般意义上的自由。赛班认为，洛克所说的自由，是人的天赋权利之一。"他经常列举的天赋权利是'生命、自由和财产'。……社会就是为了保护它们而存在。对权利加以调节也仅仅是为了更有效地保护它们。换句话说，一个人的'生命、自由和财产'，只有在保护他人同等权利的有效要求范围内才能加以限制。"[2] 笔者不准备探讨这方面的内容，只想说，从赛班的立场看，依然可以证明洛克是在行为层面使用天赋权利、生命、自由和财产权这些概念，旨在于用这些概念解答当时存在的现实问题，而不是如书斋学者和大学教授那样，对问题进行逻辑和概念的分析推演。

自由是天赋的权利，谓之自由权。麦克里兰认为，作为自然权利的天赋自由，是一种道德权利。在他看来：

---

[1] 洛克：《政府论》下篇，第16页。
[2] 赛班：《政治学说史》，第539—540页。

洛克明显认为人天生精于讨价还价。他并且认为，人对外在世界的自动反应不是试图支配外在世界，而是保护自己不受其害。自然权利为拥有这些权利的个人创造某种道德空间，这道德空间不容入侵，除非获得明确同意。以此意义而言，自然权利在人与人之间创造了适度的道德距离，使个人拥有一定的道德自主。人的天赋自由是他们主要的道德资源……[1]

伊尔文（Irwin）认为：

洛克对合理欲望的看法，影响了他对自由的看法。……他使用霍布斯式的论点表明，我们不能明白地将自由或不自由归结为自由即为意志，只要我们依据我们的意愿行动，而不是在外部压力下被迫行动，我们就是在自由的行动。他与霍布斯和哈奇森一样认为，行动最终取决于某种非理性的冲动，洛克将其称作"不安"（uneasiness）。显然，他应该说，行动是最强欲望的结果，因此，更大的不安永远决定着我们的行动。[2]

其所指即自由或者不自由，不仅仅指意志自由或不自由，而是指我们的行动是自愿的，还是被迫的。自愿的行动不是由于理性，而是基于非理性的冲动，即不安。如果就是这样理解洛克的自由，似乎人与动物无异。那自由就是动物水平的力量，似乎是一种条件反射。伊尔文也认为，洛克凭借欲望的力量解读自由，似乎有些太过简单，他指出："我们能够推迟欲望的实施；我们要考虑满足这些欲望究竟是好还是坏，以便决定，满足这些欲望，总体上说是不是更好些，这不是缺点，而是我们本性的完善。我们在这里发现的自由，其真实性并不亚于蕴含着自由意志论的那种自由。"[3] 推迟说意味着对于欲望支配下的行动究竟是好是坏做出选择，这种选择本

---

[1] 麦克里兰:《西方政治思想史》, 第273页。
[2] Irwin, *The Development of Ethics, A Historical and Critical Study,* Volume II, p.267.
[3] Ibid.

身是一种理性的沉思。

伊尔文认为,在这一点上,洛克与霍布斯是相冲突的。霍布斯认为,所有由欲望引起的行动,都是自由的;对于某些人来说,无须洛克所描述的理性的沉思,仅依激情而行动,与依理性的沉思而行动,同样是自由的。而洛克则认为,由理性决定的自由,比霍布斯式的自由更自由。事实上,洛克将理性作为人的自由的基础,与自然法相关。洛克学说中的自由、平等、天赋权利等,均以自然法为基础,而自然法在某种意义上就是指人的理性。当人的欲望冲动发生时,审视由此冲动引起的行动对人究竟是好是坏,是一种理性的考量。这种考量过程,使行动发生了延迟。这是人的欲望发生与动物欲望发生时采取行动的本质差异,是人与动物的本质差异。在洛克学说中,我们依稀看到了自希腊以来,西方传统对人的看法:人是理性动物。

施特劳斯也辟专门章节探讨洛克的自由,他认为,洛克的主题是自由。"他的主要论证是:没有法律就没有自由。在自然状态下没有法律,或者至少没有已知的和不变的法律。因而,为了自由人们必须成为立法者。"[1] 施特劳斯认为由于人们对于人性的无知,对于究竟什么是适合于人类的社会无知,因而人们制定法律的努力常常事与愿违,往往是恶化了他们的环境,而不是改进了环境。因此,为了使人类获得自由,首先要了解人的本性。

施特劳斯认为,人性中最强大的力量是自我保存的欲望。欲望是人类和平的最大障碍,也是人类和平的最大助力。欲望的正当运用,会为人们提供充分的安全保障,忽视欲望或诋毁欲望都是不正当的使用,会引发暴行。"理性的任务便是理解、平定和建设性地引导这种激情。保存的欲望可被转移,可被理解,或被哄骗,但它的强大的力量是无法消失或消灭的。因为此,人们并不是完全可统治的,在法律许可的范围内使人类获得自由的任务绝不会最终完成。"[2] 这是因为人的本性是无法改变的,你不

---

[1] 施特劳斯、克罗波西主编:《政治哲学史》下,第607页。
[2] 同上书,第608页。

能教导人们产生与自己的愿望相背离的情感。朱熹所谓"存天理,灭人欲"的伦理观点,在洛克的时代,根本就难以成立。施特劳斯指出:"政府无力改变人类的本性,它必须使自己适应不能改变的东西。不去适应每个人中的这种激情的政府必须准备着用武力或恐怖手段与它进行无尽的战斗。但明智的统治者不只是去使自己适应它,他将疏通和指导,鼓励和保护人们的自我保存的欲望,而且将它变成他的人民的法律、自由、安全和富足的基础。"[1] 欲望、自由、权利,都是与生俱来的东西,是人的天赋权利。它的利弊是共生的。重要的是,它是人的生命的内涵。我们喜欢看到它的利,也想方设法祛除它的弊。施特劳斯指出,古典哲学家通常认为,激情是任意的、专横的,必须用理智克制激情,人才是自由的。但是洛克不同:

> 视激情为人性中的至上权力并争辩道,理性所能做的只是:服务于最有力的和最普遍的欲望并引导它达到自己的目的。只有当事情的这种秩序被理解为并被接受为真正而自然的秩序时,人类的争取自由、和平和富足的斗争才可望获得胜利。是这点而不是其他的什么东西才是洛克政治哲学说的要旨。[2]

激情和理性是人的自然天性,在激情和理性的博弈中,理性的作用不是消灭激情而是引导激情,服务于激情。之所以这样,是因为只有这样,才能维护人的自然本性。法律也好,政府也罢,其作用都是为了保护人而存在,不是为了使人异化(尽管洛克没有这样的说法)。人的存在的理想状态,正是保持人的自然天性,这是上帝赐予的。洛克并不认为,社会、政府、法律的存在,是为了消灭人的自然状态和人的自然天性。法律和政府所要保护的,正是人的自然状态、自然天性、自然秩序,而不是为了消灭它们。

---

[1] 施特劳斯、克罗波西主编:《政治哲学史》下,第608页。
[2] 同上。

2. 信仰自由

前面，我们谈到了洛克自由理论之"人的行动自由"，行动自由是洛克自由理论的核心内容，却不是其全部内容。除了行动自由以外，洛克的自由理论还涉及宗教信仰自由。笔者以为，宗教信仰自由是公民社会中人的自由问题，且与人的思想相关，因而属于思想自由的序列。

洛克认为，真正的宗教"不是为了制定浮华的仪式，也不是为了攫取教会的管辖权或行使强制力，而是为了依据德性和虔诚的准则，规范人们的生活"。[1] 换句话说，宗教的作用在于依据德行的准则规范人的生活方式，使人过虔诚的、洁净的生活。而过虔诚、洁净的生活，首要的是向自己的邪恶和私欲开战，过圣洁的生活，有纯洁无瑕的行为，有仁爱精神和忍让精神。这种生活方式是拯救灵魂之路。一个人只有关心自己灵魂的拯救，才有可能关心他人灵魂的拯救。洛克指责那些假宗教之名，迫害、折磨、屠杀、毁灭他人的狂热者。他一口气用了三个"当我能够看到"表明，如果那些狂热者能够这样做，他才会相信他们是真心救赎他人：

> 当我能够看到，这些狂热者以同样的方式来匡正其熟人和朋友所犯下的显然违背福音书训谕的罪恶；当我能够看到，他们用火与剑来惩罚那些以大罪玷污他们自己教会、而且若不悔改，便有永遭沉沦危险的同宗教友们；当我能够看到，他们当真用苦刑和一切残酷手段来表示其爱心和救人灵魂的愿望时候。[2]

也就是说，当那些狂热者以救赎之名，肯把对他人所施的种种迫害，用于自己的亲朋好友、同党同派时，他便相信他们的爱心和诚意。他看到的情况是，一方面，他们容忍自己信徒的奸淫、邪荡、欺诈、伤风败俗的丑恶行径，另一方面，残酷地迫害那些过着无邪生活、对教会决议持真挚的异

---

[1] 洛克：《论宗教宽容：致友人的一封信》，吴云贵译，商务印书馆，1996 年，第 1 页。
[2] 同上书，第 2 页。

见的信徒。"不论是谁，假使他果真是关心上帝的王国，并以努力在人们中间扩大这个王国为己任，他至少应当更加关心并努力根除这些不道德的行为，而不是党同伐异。如果有谁反其道而行之，把同他持有不同见解的人视若仇敌，残酷虐待，那就是怂恿这种与基督徒的名字不相称的不义和不道德的行为。"[1] 这种人无论怎样喋喋不休侈谈教会，其行为足以证明，他所求的是欲望之国，而不是上帝的天国。把别人折磨至死，却口口声声说是为了拯救他们，没人会相信这种行为是出于仁爱、爱心和友善。用剑与火强制人们信奉某种教义，遵从某种外部仪式，而无须考虑他们的道德；信奉他们不信的东西，容许他们做福音书所禁之事，拉帮结派、党同伐异，无法让人相信他们是为了建立纯正的基督教会。

与此相反，"对于那些在宗教问题上持有异见的人实行宽容，这与耶稣基督的福音和人类的理智本来完全一致"。[2] 洛克表明，为了避免以种种借口掩饰其反基督教、迫害他人的行为，需进行制度设计："必须严格区分公民政府的事务与宗教事务，并正确规定二者之间的界限。"[3] 这一说法，即是我们通常所说的政教分离。事实上，这不是洛克的独创，自奥古斯丁以来，基督教世界就秉持一个基本规则：上帝之物当归上帝，恺撒之物当归恺撒。洛克的说法只是这一古老规则的延续。洛克倒也没有在此问题上过多盘旋，只是强调一点：这是高于一切的原则。他告诫道，如果不能坚守这一原则，政教之间的争端便永远不可能结束。

随即，洛克进一步提出这一原则的理论基础，我们在《政府论》里看到的耳熟能详的国家理论：

> 国家是由人们组成的一个社会，人们组成这个社会仅仅是为了谋求、维护和增进公民们自己的利益。
>
> 所谓公民利益，我指的是生命、自由、健康和疾病以及对诸如金钱、土地、房屋、家俱等外在物的占有权。

---

[1] 洛克：《论宗教宽容》，第3页。
[2] 同上书，第4页。
[3] 同上书，第5页。

> 官长的职责是：公正无私地行使平等的法律，总体上保护所有的人并具体地保护每一个公民属于今生的对这些东西的所有权。[1]

政府和官员的职责是保护每个公民的生命、财产、自由、健康，公民的利益，指外在的、有形资产的占有权。政府需保护公民利益和所有权神圣不可侵犯。这是政府存在的前提。这个权力不可以无限扩大，不可以扩大到人的灵魂的拯救。

原因有三。第一，上帝并没有授予官长掌管灵魂之事。因为上帝从未把一个人高于另一个人的权威赐予任何人，致使他有权强迫任何人笃信他的宗教。官长的权力本是人民在契约之下出让给官长的，他们出让的是管理世俗事务，管理身外之物的权力。他们并没有把掌管灵魂的权力也交付给世俗官长。"因为谁都不会对自己的灵魂拯救弃之不问，而把它盲目地交由他人来决定取舍，无论他是国王，抑或是臣民，都不能由他来决定应该遵从何种信仰和礼拜。"[2] 宗教信仰不是行政事务，不属于世俗事务，信仰是不会屈从行政命令的。因为"真正的宗教的全部生命和动力，只在于内在的心灵里的确信，没有这种确信，信仰就不成其为信仰"。[3] 信仰源自内心的确信，没有这种确信，无论采取什么宗教仪式，都不能被视为信仰，因而不能使人得救。

第二，掌管灵魂之事不可能属于民事官长，因为他的权力仅限于外部力量，而纯真的和救世的宗教，则存在于心灵内部的信仰，舍此，没有任何东西能够为上帝所接受。"悟性的本质就在于，它不可能因外力的原因而被迫去信仰任何东西。"[4] 行政官长可以用辩论的方式，引导异端去领悟真理，也应当通过理性来指导、教诲和纠正谬误，引导善良的人们做应当做的事。但是，他不能要求人们放弃自己的信仰和基督教理。劝说是一回事，命令是另一回事；晓之以理是一回事，强之以刑罚是另一回事。行

---

[1] 洛克：《论宗教宽容》，第5页。
[2] 同上书，第6页。
[3] 同上。
[4] 同上。

政长官的权力,仅限于世俗事务,而信仰之事、信条、礼拜仪式等,是不能通过法律来确定的。法律是靠武力行使,但信仰则是靠源自内心的深信。刑罚可以产生痛苦和恐惧,却不能使人产生信仰。

第三,掌管灵魂之事不可能属于法律和刑罚,因为法律和刑罚全然无助于拯救灵魂。真理只有一个,天国之路只有一条。如果人们只遵循法庭规定的宗教,不得不放弃自己理性的启示,违背自己的良心,盲目迎合统治者的旨意,屈从出生国或因野心和愚昧建立起来的教会,那他就找不到进入天国的道路。由此的结论是:"公民政府的全部权力仅与人们的公民利益有关,并且仅限于掌管今生的事情,而与来世毫不相干。"[1]

那么,教会拥有什么权力?按照洛克的看法:

> 教会的宗旨是共同礼拜上帝,并以此为手段求得永生。因之,它的一切规定应当有助于这个目的,教会的全部法规也应以此为限。教会不应、也不能受理任何有关公民的或世俗财产的事务,任何情况下都不得行使强力。因为强制权完全属于官长,对一切外在物的所有权都属于官长的管辖权。[2]

加入某个教会,是个人的自由。

这种自由表现在三个方面:第一,我有权质疑教会颁布的敕令,这是我的自由,也是我的权利。第二,神职和教职人员每每存在巨大的分歧,令人无所适从。面对这种局面,我可以自由地选择那些令我比较满意的说法。第三,我可以自由地加入某个教会,当我认为,教会所做之事是为拯救人的灵魂时,便同意他们的做法,人们可以自由地选择教会的立法者。虽然《福音书》说,基督徒一定要忍受迫害者,但《新约》并没有说过,基督教的教会可以去迫害别人,更不用说用火与剑来强迫人们接受它的信仰和教义。

---

[1] 洛克:《论宗教宽容》,第8页。
[2] 同上书,第11页。

信仰是心甘情愿、自觉自愿的事。选择某种信仰，选择某个教会，完全是个人的自由和权利。教会不得强制人们的信仰，不应当受理任何与公民或世俗相关的事务，这些事务的管辖权属于行政长官。教会所能行使的最大权力，也是最后一项权威，是把没有希望获得拯救的无罪者逐出教会，表明教会与他断绝关系，除此之外，不能再进行其他的惩罚。"革除教籍权力只包括：宣布教会关于革除教籍的决定，从而断绝教会与被开除者之间的关系；关系一经断绝，被开除者便不能参加教会对其成员开放的某些活动，因为这些活动任何人不得以公民权利参加。"[1] 革除教籍，只影响被革除者参加宗教活动的权利，并不影响其公民权。作为一个人享有的权利，作为一个公民享有的权利，是神圣不可侵犯的，不会因为他被革除教籍而被终止。因为这些事务不是宗教事务，"无论他是基督徒，还是异教徒，都不得对他使用暴力或予以伤害"[2] 不仅如此，教会与教会之间，不存在受管辖和管辖的关系。即使某个教会有长官加入，它也并不因此获得更多有权力和自由，因为教会"是一个自由的、自愿的团体"。[3] 基督教信仰引导人们走向永生之路，然而，这条路纷繁芜杂，究竟哪条路是正路？政府、法律、长官都没有能力找到通往天国之路。

君王确实生来优于他人，但是自然本性与他人并无太大差异。统治权和统治术并不代表他们比普通人拥有更多的知识，更不要说通往天国之路了。君王无法向人们发往通往天国的保证书。对于那条通往天国的道路，君王并不比其他人更熟悉，他们无法作人们的向导。"不管友善、仁爱和对拯救人的灵魂的关心等一类借口是何等的高尚，但是人们是不能在不顾其愿意与否的情况下，因强迫得救的。归根结底，一切的事情都还得留归人们自己的良心去决定。"[4] 教会是由人的自由组合而成。人们之所以自由组合形成教会，是为了想得到启发和开导，是为了向上帝表达他们的敬意，以上帝可以接受的方式做礼拜。礼拜是为了吸引人们进入基督教

---

[1] 洛克：《论宗教宽容》，第12页。
[2] 同上。
[3] 同上书，第13页。
[4] 同上书，第23页。

的博爱,完成独立个体无法完成的宗教事宜。

教会事宜有两件事需要特别考虑:教会的外部形式和崇拜仪式;教义和信条。宗教仪式一旦用来礼拜上帝,就不是无足轻重的小事。教会可以自行选择最合乎尊严和礼教的有关规定。行政长官无权强行颁布或禁止任何已经为教会接受、确认和遵循的礼拜仪式。因为"一旦容许以法律和惩罚手段把任何东西引入宗教,那就不存在任何限制了;在这种方式之下,根据官长自己虚构的真理标准,改变一切也就同样是合法的了"。[1]行政权力一旦干预宗教事务,如同大堤开了一个口子,江河日下在所难免。权力可以为所欲为,再也说不上有任何宗教信仰自由。

宗教信条有些是实践性的,有些是思辨的。前者止于悟性,后者影响人的意志和行为,思辨性的见解和人们所说的信条,只要求人们相信,不得以国家法律强加于任何教会。"法律的责任并不在于保障见解的正确性,而在于保障国家和每个具体人的人身与财产的安全。"[2]洛克也对宗教战争以及异端问题进行了探讨,这里从略。

上述内容,是笔者概述的洛克关于宗教信仰自由的相关论述。

洛克关于宗教信仰的理论,多出于《论宗教宽容》。该书是1690年、1692年、1704年以书信形式写成的三篇论文,以《论宗教宽容》为题,收入《洛克全集》中。笔者阐释《论宗教宽容》一书的观点,不是为了探讨宗教宽容问题,而是探讨洛克信仰自由的思想。在洛克时代,宗教宽容的大气候已经形成,西方哲学家们在讨论宗教宽容史时,通常以洛克之前为限。尽管洛克的《论宗教宽容》一书影响极大,但是,后人在讨论宗教宽容的历程时,通常不把洛克算在内。因为,到洛克时代,人们已经享受到宗教宽容。那些在中世纪盛行的对异端的残酷手段已经绝迹,宗教宽容是大气候,人们在这个问题上,已经形成共识。

不过,《论宗教宽容》对于宽容的阐释方式,宽容说涉及的理论问题,却值得一提。

---

[1] 洛克:《论宗教宽容》,第29页。
[2] 同上书,第34页。

第一，真正的宗教，不是为了制定浮华的仪式，也不是为了攫取教会的管辖权或行使强制力，而是为了依据德行和虔诚的准则，规范人们的生活。它属于精神层面的事情，其宗旨是为了人们的生活制定道德的准则，规范人们的生活。虽然像洛克的政治哲学一样，也着眼于实践层面，但是，它实实在在的是以自希腊以来的灵魂问题为依托。宗教事关灵魂的净化问题，事关人们纯净的生活问题，事关天国之路问题。这条路不是坦途，它需要虔诚地寻求。寻求灵魂的拯救，谁都不比谁优越，个人有权为自己确定寻求灵魂拯救的道德。

第二，一个人只有关心自己灵魂的拯救，才有可能关心他人灵魂的拯救。洛克指责那些假宗教之名，迫害、折磨、屠杀、毁灭他人的狂热者。假宗教之名迫害他人，与真正的宗教信仰没有一点关系。

第三，对于那些在宗教问题上持有异见的人实行宽容，这与耶稣基督的福音和人类的理智本来完全一致。为实现宗教宽容，需进行制度设计：必须严格区分公民政府的事务与宗教事务，并正确规定二者之间的界限，即政教分离。因为国家的存在，是为了谋求、维护和增进公民自己的利益。所谓公民利益，指的是生命、自由、健康和疾病，以及对诸如金钱、土地、房屋、家具等外在物的占有权。上帝并没有授予官长掌管灵魂之事。上帝之物，当归上帝。行政长官无权干预宗教事务。

第四，宗教信仰是公民自己的事情，选择哪个教会，选择拯救之路，不是世俗事务，不是国家大事，而是公民自己的信仰和精神世界的问题。不能因为某行政长官出入某个教会，这个教会就拥有高于其他教会的权力。教会也需恪守本分，不得危害公共事务，不得反对本国政府，这是底线。恺撒之物，当归恺撒。

人有宗教信仰的自由，这个自由表现在：人可以自由地选择灵魂拯救之路；人可以自由地组成教会，可以自由地选择进入哪个教会，从事哪种宗教仪式。这一切的一切，目的不是别的，正是为了拯救灵魂。拯救灵魂是我追随上帝，是我的沐灵。可以说，洛克的宗教信仰自由，其理论基础是自由主义的，它的依托是个人，即个人灵魂的救赎。灵魂的救赎，不是批量生产的，不是像流水线上的作业，有着统一的拯救之路，有着相同的灵魂品相。被拯救的是个人的灵魂，每个人的灵魂不是相同的，因而拯救之路也只能是个人选择适合自己的道路。这是个人的权利，也是个人的自由。

四、人的平等

1. 人的自然平等：人生而平等

人生而平等，这是当今西方世界毋庸置疑的基本理念。近代以降，人的平等问题已经通过制度设计而得以实现，似乎也没什么可讨论的。真是李杜诗篇万口传，至今已觉不新鲜！尽管如此，出于洛克人性理论的完整，本章讨论问题的完整的考量，笔者还是想用一定的篇幅阐释这一问题。

洛克的平等理论，散见于《政府论》的一些章节，而集中讨论平等问题的，则是《政府论》下篇第六章"论父权"。从标题不难看出，洛克所说的平等，主要指政治权利的平等。事实上，《政府论》着重解决的问题是：政治权力的起源、政府的职能、政府的合法性等。而在探讨这些问题时，涉及人的自然状态、人的权利、人的自由、人的平等。这些范畴都与政治权力的起源、政府的职能、政府的合法性相关。

从《政府论》可以看出，洛克所说的人的平等，分为人的自然平等和人的政治权力的平等。

人的自然平等意味着，人之间的平等是与生俱来的。按照洛克的看法，自然的自由来自自然的平等。洛克在《政府论》下篇第二章，谈论过人生而平等。他认为，若想正确理解政治权力，需追溯它的起源。溯本穷源，需探讨人类原来自然处于什么状态，我们在讨论人的自然状态时，曾经对此做过较为详细的说明。洛克认为，人类最初处于完备无缺的自然状态，那是一种自由的状态，亦是一种平等的状态。在这种平等状态中，"一切权力和管辖权都是相互的，没有一个人享有多于别人的权力。极为明显,同种和同等的人们既毫无差别地生来就享有自然的一切同样的有利条件,能够运用相同的身心能力,就应该人人平等,不存在从属或受制关系。"[1] 人之所以是生来平等的,是因为人人都具有同样的自然优势,因为我们都是人,这些自然优势是上帝直接赐予我们支配自然的权力。我们拥有相同的身体器官和官能,同样拥有人所具有的理性。凡此种种都表明,人生而平等,人与人之间彼此没有隶属关系或屈从关系。

洛克对胡克关于平等的说法很是认同。胡克认为,人类基于自然的平等是显而易见、不容置疑的。自然的平等是人类互爱的基础。在互爱的基础上,建立起人们相互间的义务,由此引申出正义和仁爱的重要准则。支撑这一说法的逻辑是:如果要求本性相同的人爱我,我便有一种自然义务报之以相同的爱。这是处于平等关系中的人共同拥有的规则和教义。显然,处于自然状态中的人享有与生俱来的自由和平等,人与人之间的关系,不是每个人反对每个人的关系,而是相同的自然产生以相同的爱,人与人之间的平等是道德上的关系,这与霍布斯的自然状态有着根本的差异。从洛克的《政府论》可以看出,他倡导的平等至少是自然平等,建立在基督教基础之上。这一点在西方世界始终是有争议的。

1982年,杰里米·沃尔德伦在卡莱尔讲座上听麦金太尔演讲,麦金太尔认为,洛克的《政府论》"涉及基本的平等和个人权利,其论证深深浸透着宗教内涵,因此,实质上不适合在美国的公立学校教授"。[2] 这一番宏论,让沃尔德伦极受震撼。17年后,他虽然没有在卡莱尔讲座上以"洛克政治理论的基督教平等"为题进行演讲,但是,他认为,他还是应该提出如下问题:为什么我们不能排除洛克平等承诺的神学维度?为什么我们不能将其宗教前提完全屏蔽掉,即允许它成为任何人愿意接受的一种选项呢?现代的世俗自由主义竭力消除道德理论的宗教痕迹,甚至罗尔斯也认为,平等结构的前提本身便占据政治价值的高地,无须任何宗教的牵涉。从诸多哲学视角便可设想和捍卫平等,无须宗教的介入,因为并非所

---

[1] 洛克:《政府论》下篇,第5页。
[2] Jeremy Waldron, *God, Locke, and Equality: Christian Foundations of John Locke's Political Thought*, Cambridge: Cambridge University Press, 2002, p.44.

有宗教维度都有这种功能。沃尔德伦提出，他对此深表怀疑。他认为，洛克的平等理论，与基督教有密切的内在关联。[1] 人这一称谓，就存在于基本的人的平等原则中。人之为人，不在于与宗教分离，恰恰相反，宗教是基本不等的支撑。这个基本平等道德指自然平等。我们在《政府论》上下篇，特别是上篇中，可以找到充分的证据证明，基本的平等源自基督教，确实是洛克所主张的。

笔者之所以愿意引用沃尔德伦的论点，是因为他探讨洛克的平等理论有一个重要价值取向，那就是他从平等概念来探讨人的问题。他指出：

> 当我们说，所有的人基本上是相互平等的，即是说，我们正在谈论一个描述性的谓词"人"，并且把该词与特定的惯例或实用的方向联系起来。但是，我们的概念——人，在某种程度上是由我们对平等的承诺塑造的。……洛克的宗教前提，有助于赋予一系列人的禀性以某些意义，这些禀性被视为基本的平等（the basis of equality），离开了宗教，这些禀性似乎是任意的、无状的，甚至是无意义的。[2]

事实上，无论今天的美国学界如何想对平等的宗教意涵避而不谈，如何想过滤洛克平等思想的宗教基础，美国独立宣言却明明白白地写着：人因被造而平等（that all men are created equal），造物者赋予他们若干不可剥夺的权利，其中包括生命权、自由权和追求幸福的权利。"其中第一句常常被中译者译为"人生而平等"，但是，英文"are created"就是被造的意思，因此，第一句更贴切的意思应该是因被造而平等。生而平等，看不出宗教意味，但是，因被造而平等，则是把平等建立在基督教信仰的基础上。

在洛克学说中，平等包括人的生命权、自由权、财产权方面的平等。平等的基础是，人人享有上帝赐予的理性，因此，人人享有自然法赋予的

---

[1] Jeremy Waldron, *God, Locke, and Equality: Christian Foundations of John Locke's Political Thought*, p.45.
[2] Ibid., p. 48.

天赋权利。人人享有上帝赐予的劳动权利,享有从自然中获得生存资料的权利,这是财产的平等。人人享有自然法规定的仲裁权,这是契约关系的基础,亦是国家形成之后,个人政治权利的基础。在洛克的平等学说中,平等的核心是权利的平等。如洛克所说:"与本文有关的那种平等,即每一个人对其天然的自由所享有的平等权利,不受制于其他任何人的意志或权威。"[1] 这个平等权利指生命权、自由权、财产权、仲裁权。这种平等起源于人的自然状态,它靠自然法维系,是一种原初的契约关系。它是道德层面的平等。与自然平等的相关问题,平等的范围和前提,我们在前面章节已经做过充分的铺垫。这里不再赘述。

2. 政治权利的平等

洛克指出,虽然他在《政府论》中说过,人生而平等,却不能把这里所说的平等,理解为各种各样的平等,人的年龄、德性、才能、特长等本身是有差异的。不可能把这些人特有的禀赋,拉在同一水平线上。人在这些方面的差异是有目共睹的。尽管人生来就享有同样的平等,但是在这些方面,人是有差异的。洛克认为,亚当生来就是一个完整的人,他的身心具有充足的体力和智力水平。但是,他的后代出生时却是孱弱无能、无知无识的婴儿。为了弥补未成年人的这种身心不成熟,"亚当和夏娃以及他们之后的所有父母根据自然法具有保护、养育和教育他们所生的儿女的责任;并非把儿女看作他们自己的作品,而是看作他们自己的创造者、即他们为其儿女对之负责的全能之神的作品"。[2] 从父母与子女的关系入手讨论父权问题,是洛克探讨政治权利平等的显著特征,正如麦克里兰所说:

> 《政府一论》拆散了根据《圣经》而来的君权神授说。洛克十分合理地指出,《创世记》其实没有说上帝将世界交给亚当统治,也未曾以国王称呼亚当。……假设我们承认亚当真是由上帝指派为君

---

[1] 洛克:《政府论》下篇,第34页。
[2] 同上书,第35页。

(《圣经》中无此证据),那么,还是有个尴尬的事实:《创世记》不曾提到亚当的儿子有当君主的权利;全文并无片言只字说到世袭继承权。[1]

进一步类推,即使承认亚当及儿子有当君主的权利(《圣经》中也无此证据),也无法证明当前的君权神授!

从亚当的父权开始消解君权神授说,是洛克《政府论》的主要线索。从这条线索出发可以探讨任何问题。笔者在这里所要讨论的是,洛克如何从父权出发,解决人的政治平等问题。父权是什么?不是统治权。"父母所享有的对于他们的儿女的权力,是由他们应尽的义务产生的,他们有义务要在儿童没有长成的期间管教他们。儿女所需要的和父母应该做到的,是培养儿女的心智并管理他们还在无知的未成年期间的行动,直到理性取而代之并解除他们的辛苦为止。"[2] 父母与儿女的关系,首先是成年人和未成年人的关系。他们之间的血缘关系为这种成年人和未成年人的关系,增加一种保护、赡养、教育的义务。这种关系是亲人关系。父母亲对儿女的权力,是在这一亲人加社会关系的范围内行使。但是无论如何,父母亲对于儿子,不是统治者和被统治者的关系。父母亲之所以有这种义务和相应的权力,是因为每个人都享有意志自由和行动自由。但是未成年人缺乏悟性,他们尚不知道如何行使自己的自由,如何自由地采取合法的行动。"当他还处在缺乏悟性来指导他的意志的情况下,他就缺乏他自己的可以遵循的意志。谁替他运用智力,谁也就应当替他拿出主张;他必须规定他的意志并调节他的行动;但是当儿子达到那种使他父亲成为一个自由人的境界时,他也成为了一个自由人。"[3] 这一点适应于一切法律,无论是自然法还是成文法。

可以说,父母与儿子的关系不是统治者与被统治者的关系,而是一种平等关系,他们都享有上帝赐予的自由权、财产权、劳动权、生存权。他

---

[1] 麦克里兰:《西方政治思想史》,第264页。
[2] 洛克:《政府论》下篇,第36页。
[3] 同上书,第36—37页。

们每个人都是自由、独立的个体。父母对他们的权力（对于未成年儿女的权力），说得直白点儿，就是监护权、赡养权。这种权力之所以存在，只是因为父母与他们有血缘关系。父母对于儿女的权力，除此以外，没有更多。当儿女达到成熟的境界，知道遵循法律、自由使用自由意志、自由采取行动时，他就不需再被监护，于是他自由了，而父母也就自由了，父母与儿女都平等地享有主权。

父母亲对儿女的权力，只是由于他们是儿女的监护人，一旦不再管教儿女，这种权力也就失去了。"这一权力是随着对他们的抚养和教育而来的，是不可分割地互相关联的。"[1] 如果把父母对未成年儿女的监护权视为一种支配权的话，那么这种权力是暂时的，其与生命权和财产权没有关系，即不是生杀予夺的权力，也不是政治统治权力。这种权力只是对未成年人孱弱的一种补充和帮助。这种权力"不能推及于儿女的生命或他们靠自己的劳动或他人的赠与所得的财物，而当他们达到成年并享有公民权时，也不能及于他们的自由。父亲的主权到此为止，从此就不能再限制他的儿子的自由，正如他不能限制其他任何人的自由一样。而且可以肯定这决不是一种绝对的或永久的权限"。[2] 作为成年子女，他们所需要的是将功补过地遵守自然法和国家法。当然，在自然法和国家法的范围内，子女须永久尊敬父母，不得以任何形式伤害、冒犯、危害其父母的快乐和生命。对于自己的父母，子女也必须履行自然法和国家所规定的义务。需要明确的是，父母需要儿女尊敬、感恩、帮助是一回事，要求一种绝对服从和屈从是另一回事。父母和子女是平等的，他们同样享有上帝赐予的种种自然权利。

洛克的《政府论》用绝大部分篇幅否定君权神授说，而对父权的讨论，无非是想告诉人们，父权仅在于家庭，而且这种权力，与其说是权力，不如说是义务。对于父权的讨论始于反驳在当时颇有影响力的罗伯特·麦尔菲爵士作品中的父权外扩即为君权，以此证明君权神授说的合法

---

[1] 洛克：《政府论》下篇，第40页。
[2] 同上书，第41页。

性的主张。洛克从父权开始认证政府和政治社会的产生,很大程度上是由作品的驳论性质所致。在《政府论》上篇,洛克从讨论父权入手,进而讨论父权绝无可能外扩为君权;《政府论》下篇则着重讨论政府的产生,涉及的主要问题是,人的自然状态和社会状态如何向政治状态和国家过渡,即是我们所说的国家的产生。洛克并不认为,人从自然状态出发会走向君主制。他洋洋洒洒地表达了自己的想法,他认为,人的财产权问题在自然状态下无法得到很好的保护,而审判权和仲裁权既缺乏相关的法律,也缺乏裁判者,更没有任何权力来支持正确的判决。于是人们把自己的审判权和仲裁权借给第三方使用,这个第三方就是国家。国家的核心由三种权力组成:行政权、立法权和司法权。他们通过契约关系,接手从人们那里借来的审判权和仲裁权,以保护每个人的生命和财产安全,保护人们在自然状态下所拥有的全部权利。讨论父母与女子关系,首先是否定父权与君权的关系,其次证明父母亲与子女间的关系是平等的个人与个人的关系。父母亲并不比子女有更多的权力,更不可以生杀予夺。在国家和政治社会中生活的人都是生而平等的,因为他们每个人都把自己的某些权力借给国家,即使是政治权力的执掌者,除了行使人们借给他们的权力之外,并不比其他人有更多的权力。

法律面前人人平等,亦是政治社会和国家中生存的每个人都享有的权利。自然状态有许多缺陷:第一,缺少一种确定的、众所周知的法律。第二,缺少有权依据法律进行裁决的裁判者。第三,缺少权力来支持正确的判决,使其得到应有的执行。于是,在自然状态,尽管人人都享有自然权利,但是,却罕有保障这些权利的手段、机构和设施。正因如此,人们才愿意放弃单独使用惩罚的权力,交由他们信任的第三方来行使权力。按照麦克里兰的看法,自然权利中不可让渡的部分,人们只是有条件地将其转让于政府使用。"凡是理性之人,都不会放弃其生命、自由及财产权,交给政府。"[1] 理性的人出于自由意志,只把他的审判权委托给政府。这是基于人们的同意,基于人们的自由意志,它本质上是一种契约关系。这种

---

[1] 麦克里兰:《西方政治思想史》,第268—269页。

关系是每个人都把审判权借给政府所致,所以,在法律面前人人平等。这种平等也表现在一人一票的民主票决制。

时至今日,保皇派的言论已经进入历史,洛克的思想以及洛克以降的自由主义传统,也在制度上被实施,自由、平等、财产权等,已经成为社会常识。今天许多西方哲学家,甚至都不屑花费太多的笔墨讨论这些问题。但是,当我们讨论近代的人性论时,作为自由主义的先驱者,洛克开启的道路,洛克关于个人权利、自然状态、自然法、自由、平等、财产等方面的探讨,无论如何是不可一笔带过的。洛克及其思想,是一座让人无法忽视的历史丰碑。

第九章　曼德维尔：私人的欲望，公众的利益

有学者指出："在知识分子圈中，提起曼德维尔的名字，人们不禁会脱口说出'私人的欲望，公众的利益'（Private Vices, Public Benefits）。在学院派人士看来，它们之间的固定关系，犹如笛卡尔与'我思故我在'或爱因斯坦与相对论的关系一样。"[1] 不同的是，这种固定关系并不像笛卡尔与"我思故我在"、爱因斯坦与相对论的关系那样令人称道。同样作为划时代的格言，曼德维尔与"私人的欲望，公众的利益"的关系，在相当长的一段时间内，似乎有一种被钉在耻辱柱上的感觉，犹如"谎言重复一千遍就是真理"与戈培尔的关系一般。在人们心目中，曼德维尔的这句格言是为人的欲望唱赞歌。在西方传统中，这是一种不能令人容忍的堕落。

1966年3月23日，哈耶克在英国学术院"思想大师讲座"作演讲，所作题目是"曼德维尔大夫"。哈耶克在演讲一开始便指出："伯纳德·曼德维尔的大多数同代人如果听到，今天他被作为一位思想大师介绍给这个威严的机构，他们很可能会在墓穴中辗转难眠；不仅如此，即使现在，大概仍会有人对这种做法是否恰当表示怀疑——这两种情况都令我感

---

[1] Klever Wim, "Bernard Mandeville and his Spinozistic Appraisal of Vices", in *Folio Spinoziano* 20(2000), p. 1.

到不安。"[1] 因为在当时，已故去233年的曼德维尔仍是个颇有争议的人物，甚至可以说是一个声名狼藉的人物。这并非因为他作恶多端，而是他的学说公然表明，人的一切行为都是公开的或者伪装的私欲。

在曼德维尔逝世的两百多年之后，哈耶克以这位"问题"人物为主题作演讲时，依然感到惴惴不安。他强调："我并不想把他说成一位伟大的经济学家"，"甚至更不想强调曼德维尔对伦理学的贡献"，却"非常乐意把他作为一名真正伟大的心理学家加以称赞"[2]。哈耶克表示，在哲学上，他不想对曼德维尔作过高评价，"只想说，是他使休谟成为可能"[3]。而哈耶克对休谟的评价是："在近代所有研究精神与社会的人中间，他大概是最伟大的一位。"[4]

如此高的评价，却又使用如此谨慎的语境审慎表达自己的态度，皆因曼德维尔一直被人视为"道德怪物"。而"差不多整个伦敦、剑桥都知道，弗里德里希·冯·哈耶克是一位道德感极端强烈、持身极为严正的奥地利贵族，姓名中'冯'就是贵族家族的标记，尽管他们家只是最低等的贵族"[5]。贵族的身份、强烈的道德感也使哈耶克对曼德维尔不得不持审慎的态度。可是这种态度出现在曼德维尔逝世233年之后，不免让人惊讶，也不免让人泛起一种好奇，亦激起一种返回历史的冲动，想一探究竟曼德维尔到底是什么样的"道德怪物"。

在当时（18世纪早期），特别在苏格兰地区，有一个耐人寻味的现象，曼德维尔的个人形象近似于漫画中的怪物，当时的苏格兰，甚至整个西方世界对曼德维尔的态度，颇有些电影《鹅毛笔》中人们对大名鼎鼎的法国贵族萨德侯爵的态度。萨德侯爵因用鹅毛笔书写情欲的狂欢，被指控为伤风败俗，因而被关进疯人院。以浪漫著称的法国，至今仍禁止出版萨德侯爵的部分作品。人们指斥他满纸淫秽的同时，却又疯狂地阅读他的作

---

[1] 弗里德里希·冯·哈耶克：《哈耶克文选》，冯克利译，江苏人民出版社，2007年，第501页。
[2] 同上书，第501—502页。
[3] 同上书，第516页。
[4] 同上。
[5] 秋风：《哈耶克的爱与痛》，载于《经济观察报·书评》，2003年6月。

品,犹如吸食鸦片一般。曼德维尔的境遇也大致如此。曼德维尔的《蜜蜂的寓言》,被米德尔塞克斯法庭判定为"社会公害","然而,他的书几乎无人不读,且鲜有人能免受感染。……斥责之声越盛,年轻人就越是读它。既然哈金森博士不攻击《蜜蜂的寓言》连课都讲不下去,那么我们当可相信,他的学生亚当·斯密很快也会展卷捧读"。[1] 不仅如此,"它是每个年轻人书架上的必备书目"。如此矛盾的评价,不禁勾起了人们的好奇心,《蜜蜂的寓言》到底讲述了什么?

一、曼德维尔悖论

曼德维尔悖论主要体现在《蜜蜂的寓言》第二版,即包含长篇寓言和"附上详尽而极为严肃的散文体评论"。[2] 中译本也是译自第二版。

《蜜蜂的寓言》中描述的蜂巢,意指一个"庞大、富有而又好战的国家,"由权力有限的君主统治着。学界通常认为,这个国家指英国。所谓有限君主统治,即指君主立宪政体。英国谓之庞大的国家,是因为通过1688年"光荣革命"英国建立了君主立宪政体,又率先完成工业革命和开发海外市场等因素,使其国力迅速壮大。此后,大英帝国控制的疆域跨越全球,成为有史以来世界上最强大,也是最庞大的国家,人称继西班牙之后最大的日不落帝国。

《蜜蜂的寓言》详尽描述了蜂巢社会不同等级、不同职业的众生百态,指出生活在蜂巢里的众蜂,荒谬、愚蠢、贪婪,疯狂追求利益的最大化,同时又在低声抱怨他人的欲望。《蜜蜂的寓言》以寓言的形式形象地告诉人们,善良、道德、克制、勤俭等人类引以为豪的一切美德,都不是人的天性。人的天性不是善的,人生来充满欲望的冲动,或者可以说恶劣成性,人是由各种卑劣成分混合而成的生命体。奇特的是,人的"各种卑

---

[1] 哈耶克:《哈耶克文选》,第504页。
[2] 同上书,第503页。

劣的成分聚合起来，便会构成一个健康的混合体，即一个秩序井然的社会"。[1] 人及人类社会存在的基础不是善，而是欲望。

《蜜蜂的寓言》的长诗部分，篇幅不大，形象而简洁。鉴于一些读者对《蜜蜂的寓言》并不熟悉，笔者首先介绍一下《蜜蜂的寓言》的主要内容。

1. 欲望蜂巢

《蜜蜂的寓言》的第一部分是长诗《抱怨的蜂巢：或骗子变作老实人》（The Grumbling Hive: Or, Knaves Turn'd Honest）。这一部分最先问世，亦最早透露出曼德维尔思想。《蜜蜂的寓言》第二版中的"评论""社会本质之研究"以及"对话"部分，都是以不同的方式来解释《蜜蜂的寓言》的相关内容，以回应由寓言的发表引发的指责和争论。可以说，诗歌部分是曼德维尔思想价值体系的核心。因此，笔者将率先简略概述诗歌内容。[2]

诗歌部分描述的群蜂居住在一个大蜂巢里，过着奢华安逸的生活。蜂巢因有法律和军队而闻名于世；蜂巢是科学与工业的温床；蜂巢不是奴隶制，也不是民主制，而是"有限君主制"，即君主立宪制，因为这种政治体制有国王，而国王的权力受法律限制；蜂巢有类似于城堡、军队和技工的存在，也有工艺、科学和商店；他们需要钱，也需要戏剧；总之，人类社会拥有的一切，他们都有。

群蜂有明确的社会分工，其结构呈金字塔型。处在塔基的蜂为数最多，被称作工蜂，用曼德维尔的话来说，他们有"数以百万计"。工蜂指在农村失去土地、成为产业工人的群体。手工业劳动者也是蜂巢中数量最大的群体之一，他们也有"数以百万计"，他们努力工作，以满足他人奢

---

[1] 伯纳德·曼德维尔：《蜜蜂的寓言：私人的恶德 公众的利益》，肖聿译，中国社会科学出版社，2002年，第2页。英文参见 Bernard Mandeville, *The Fable of the Bees: Or, Private Vices, Publick Benefits*, 2 vols, F. B. Kaye (ed.), Oxford: Clarendon Press, 1924.
[2] 以下内容摘自《蜜蜂的寓言》。因考虑到有些中国读者对《蜜蜂的寓言》不太熟悉，故在解读前将寓言，即长诗的内容作一番概述，以便读者理解相关内容。

华无聊的生活。手工业者中的一些人，由于有"丰沛的股本"而得以进入商人和企业家圈内，他们感到较少的痛苦，在生意中能够获得丰厚的资产和利润；另外一些手工业者就没这么幸运了，他们没有资产，只好从事重体力劳动，日日挥汗如雨，直到筋疲力尽才勉强糊口。

一些人从事神秘技艺，在第二部分"评论"之"美德之起源"中，曼德维尔解释说，"这些行业，既指各种贸易和手艺，亦包括一切艺术及科学"[1]等有用的行业。家长通常愿意把孩子送到这样的行业里，即便学习费用昂贵也在所不辞。

一些人从事不体面的职业，他们是骗子、寄生虫、皮条客、戏子、小偷、造假币者、庸医、算命先生。他们之所以被视为不体面行业从事者，是因为"他们全都是心怀敌意，因此纷纷绞尽脑汁，将善良无心邻居的劳动统统转为自己所用"。[2]这些人被称为骗子，尽管他们自己不认同这个称谓。

蜂巢的常态是什么呢？欺骗！各行各业，乃至整个蜂巢都充满了欺骗，"没有一种行业里不包含谎言"[3]，每个人的诚实都不是发自内心的。

商业行为中的买卖双方在交易中，都不是诚实的君子。买卖双方都凭借诡计行事。买卖过程就是玩手段、心计的过程。商人深知自己货物的缺点，这些缺点无疑会使商品大打折扣。任何商人都不会坦率告诉买主货物的缺点。为了尽快使货物出手，并且卖个好价，他们不惜昧着良心，掩饰商品的缺陷，对商品大吹大擂。[4]曼德维尔对于商人的看法，就是我们所说的"无商不奸"。在有着浓郁的"重商主义"传统的英国，如此抨击商人、商业，曼德维尔可谓勇气可嘉。

律师也是骗子。这个行业骗术的诀窍是瓜分办案所得，聚敛资金。他们在遗产问题上颇下功夫，其行为与其说像律师，不如说像违法者。他们有意拖延开庭时间，掰着手指头算计佣金。为了给一项邪恶的理由辩

---

[1] 曼德维尔：《蜜蜂的寓言》，第43页。
[2] 同上书，第13页。
[3] 同上。
[4] 同上书，第46页。

护，他们不惜翻遍所有的法典，以寻找能够乘虚而入的机会。

医生也好不到哪儿去。他们把自己的财富、名声，看得比生命垂危者的性命更重要。他们虽然是医生，却不在提高医术上下功夫研究，而是热衷于修饰凝重忧郁的外表和呆板迟钝的举止。他们的行为很是世俗，他们向药剂师、接生婆和神父示好，以获得其赞美，并与那些永远饶舌的人周旋，对太太的姑姨唯命是从。带着定型的笑容，给家族所有的人问安。最受罪的是，他们不得不忍受护士们的蛮横无理。

神职人员声称代表上天为民祈福，他们之中罕见有才情者，多数人既无常识，也无口才，只是狂热无知。他们努力掩藏自己的怠惰、淫欲、贪婪、傲慢。事实上，他们酷爱这些恶习，就像水手爱白兰地一样。他们努力掩饰这些恶习的结果是，人们坚信他们就是这些不良嗜好的代名词。神父中的苦役每每为自己的面包祈祷，然而所获微薄，那些吸食普通神父血汗的宗教上层，却在享受着他们的劳动，脸上绽放出健康富庶的光泽。

马革裹尸历来是军人的宿命，身为军人不得不上战场。如果经历战争生存下来则获得荣誉，那是幸运儿。不幸身负重伤者，虽然躲过了死神，却不得不拖着残缺的身体回到家园。将军们也不大相同，骁勇善战者，带领士兵顽强作战；而接受贿赂、放走敌手者也大有人在。结果往往是勇敢者常常失去很多，无论是身体损伤，还是个人收益方面；而投机取巧者却丰衣足食，名利双收。更有甚者，一些从未参加战斗，留在家中毫发无损的人，却享受着双份薪酬。

宫廷的情况也并不令人鼓舞。国王受臣子们的侍奉，也受内阁大臣的欺骗。大臣们是福祉的奴隶，他们从国王那里骗取财富，虽然佣金微薄，却过着奢华的生活。他们炫耀自己的忠诚，却滥用权力。他们把骗术称作权宜之计，一旦骗局被识破，他们会用金钱封口。只要是有利可图的事情，他们从来不会简单素朴地做事，总是贪得无厌。每个人都想使自己的利益最大化，但对此他们讳莫如深。他们像赌徒一样，不停地注入赌资，赢家寥寥，输家众多。在他们成为赢家之前，从未有过赢家。

在这样的蜂巢里，我们能谈论正义吗？当正义女神被黄金收买，依据个人私利评判正确与错误时，还有公正可言吗？女神的剑锋所向，不是暴力犯罪，而是绝望者和穷人。受到女神庇佑的是富人。正义等于金钱的持有量，正义安在？蜂巢还能繁荣，还能安享太平吗？

出人意料地是，充斥着恶行的蜂巢，却是一个天堂。群蜂喜爱和平，惧怕战争。他们受到外邦的尊重，他们挥霍财富，享受生活。占有与其他蜂巢的贸易差额。这一切都是蜂巢的福祉。罪恶灌注出他们的强盛，出自政客之手的德行，浸透着诡诈的伎俩。陶醉于政客的影响之中，德行与劣行为友。从此以后，越是罪恶昭彰者，对社会公益的贡献越大。

一些完全对立的群体，却彼此伸出援手。禁酒令的结果是群蜂酩酊大醉，暴饮暴食。每一部分都在抱怨，但是，整体安之若素。如同音乐的和声，由各部分的不和谐组成谐音。多奇妙啊！这正是蜂巢的玄机。

在罪恶的蜂巢中，群蜂天生的欲望首选贪婪。贪婪由挥霍所致。挥霍虽然是贵族的罪孽，但是穷苦人亦追求奢侈。骄傲者何止成千上万。嫉妒与虚荣是工业的主宰。日常饮食、家具和着装，昭示着他们可爱的愚蠢和无常。欲望奇怪荒唐，却是贸易发展的动力。法律像衣服一样，可以随时更换。此时的正当行为，或许半年以后就成为犯罪行为。他们在寻找法律的瑕疵，并且对其进行修订时，依然是屡修屡错。这是再审慎也无法预见的错误。

欲望就是这样滋养了机智精明，融入了时代。工业给生活带来了便利，是真正的快乐、轻松和舒适。生活达到这样的高度：今朝的穷人，比昔日的阔佬活得还滋润，以至于人们已经别无他求。

当凡夫俗子知道，天赐福祉何等有限时，幸福便是一种虚幻。凡间的享乐比诸神能够给予的更多。抱怨的生灵对大臣和政府非常满意。在每个病态的成功到来时，他们像因不可救药而被遗弃的人一样，诅咒政客、军人和舰船。就在他们哭着喊着谴责骗子时，他们知道自己也是骗子。谴责骗子的人希望自己是骗子，却希望他人是诚实的。

有人靠欺骗主人、国王和穷人，得到了王侯般的财富，他们却理直气壮地大叫：这片土地必将因欺骗而毁灭。你认为，这些满嘴仁义道德的人应该谴责谁？是那些把孩子像羔羊一样卖掉的手套商，还是别的什么人？

最不应该做的事情已经做尽，最损害公众利益的事情已经做完，这些无赖却恬不知耻地高叫："天哪，假如我们都是诚实的该多好！"他们对厚颜无耻报以宽容的微笑，其他人则把这称为不明事理。其实，用我们中国人的话来说，这就是揣着明白装糊涂，或"难得糊涂"。

于是，神愤怒了，发誓祛除蜂巢的欺诈。很快，神的誓言便实现了。我们先看看群蜂怎样了。欺诈离去，诚实充满群蜂的心田。他们像吃了智慧树的果实一样，为自己曾经的过失汗颜，为自己的所作所为惊愕，为自己的罪行忏悔。再看蜂巢发生了什么？仅半小时，一磅变成了一分，伪善的面具被剥去，自己都不认识自己了。从那天起，酒吧寂静了。欠债者愿意还钱，包括被债主本人忘记的债务。债主则消除了他人所欠之款。做过错事的人静静而立，不再为自己的错误辩解。在诚实的蜂巢里，没有官司可打，因而律师也没有发财的机会了。只有那些整日辛劳的律师才能混口饭吃。

正义女神对一些罪犯施以绞刑，而使无罪之人获得自由。这一切完成之后，世界便无罪犯，当然也就不需要狱吏、铁链、监狱之类的东西。执法者，如警察、法官统统失业了。过去这些人的生活是靠他人的泪水来滋养的。医生还是需要的，因为群蜂会生病。但此时的医生悬壶济世，再无欺诈之行。群蜂深信，诸神既然能够带来疾病，也一定能带来解除病痛的药品，所以他们只用本土药物。

神职人员也改邪归正了，他们不再受到雇工的指控，而是戒除欲望，自食其力，像清教徒一样，清清白白生活，老老实实做事。被祈祷者和献祭供奉的神，知道自己不合时宜，是多余的神，于是他们纷纷退去，圣事大大减少。如果群蜂确有些需求，那么大主教执掌仪式，向蜂众献上神圣的关怀，但他绝不干预国家事务。他不会驱赶门前的饥饿者，也不会去掏穷人的腰包。

国王、重臣、国家官员同样发生了巨大的变化。他们一改以往的奢华，厉行节俭，靠薪俸生活。他们繁忙地奔波，得到微不足道的收入。神职人员分文不取，若谁有所得，会被斥为地道的骗子。而在过去，这被称作临时津贴。三巨头统领所有事务，他们监视着彼此的不轨行为。以前他们彼此心存芥蒂，相互窃取。尔今，他们愉快地相互协助，一派和谐社会景象。

当今的社会出现这样一幅喜人的态势,人们不追逐荣誉,只求平常的生活。为了还债,掮客卖掉制服。人们不再乘坐四轮马车,尽管价格便宜。卖掉所有华美的马匹。群蜂像躲避骗子一样,躲避无用的花费。他们不再向国外派驻军队。媚外、战功受到嘲笑。不过,当国家的权利和自由处于危难之中时,他们也会为国家而战。

我们再来看看这蜂巢,贸易意味着诚实,浮华迅速淡去,展示出完全不同的景象。市场的消费主体是蜂众,他们日复一日重复同样的工作,这是天赋所致。土地房屋价格下跌。像底比斯宫殿般富丽堂皇、宫墙配有精美浮雕的皇宫,现在也被出租。安坐在殿堂的诸神,曾经光彩照人,现在成为门上普通的碑铭,还不如付之一炬来得更好。建筑绘画凋敝,技师失业,画家不会因技艺而名声大噪。石匠、雕刻师默默无闻。众蜂节制欲望,努力学习,不想如何花钱,只想怎样活着。他们不再喝酒,致使蜂巢没有葡萄酒商人。无论什么美酒,都无利润可言。众朝臣隐退,与妻儿老小享受圣诞晚餐,平日里为自己看护马群。淳朴的村姑曾经为追求浮华,驱使自己的老公劫掠国家,而现今,她卖掉了家具,干活挣钱,养家糊口。穿着朴实耐磨的衣着,告别时尚。巧手的织娘消失了,服装都是朴素简单的款式。一切顺其自然,众蜂对珍奇之物失去热情,因为获得它们实在太过辛苦。

整个国家的风气是,骄傲与奢侈之风日益减少,他们无须到海上冒险。商号公司皆尽倒闭,工场作坊悉数关张。人们不说谎,不骄奢,不贪图更多的东西。于是国库减少,人口减少。虽然人数不能敌众,士兵却以少量人数顽强抵抗。最终,他们或战死沙场,或守卫国土。军队不是雇佣兵,他们英勇作战,以极高的代价凯旋。苦难磨砺,使他们更坚强,他们将贪图安逸视为罪恶。为了防止骄奢淫逸,他们住进空树洞,安享满足与诚实无欺的生活。

以上即是《蜜蜂的寓言》的基本内容。

2. 何为悖论

《寓言》的内涵被当时的人称为悖论：或者是富贵堕落的生活，或者是清贫洁净的生活，人不可能既富贵又洁净。用曼德维尔的表述方式，"'私人的欲望，公众的利益'，这是18世纪启蒙时代最为人唾弃的准则，可谓声名狼藉。也是曼德维尔倡导的准则，可谓史无前例。从他最初探讨人性开始，他始终坚持这一准则"。[1]

曼德维尔描述了一幅诡异的历史画面。一个富足的蜂巢，群蜂受欲望的驱动，野心勃勃地争取利益的最大化，不择手段地攫取个人的利益。然而，每个蜜蜂都在低声抱怨他人的恶行，却从不反思自己。其实，人人都想获取自己的最大利益，而且为达目的不择手段。但是，每个人都希望他人是有德行者，自己则敞开了作恶，于是社会繁荣而腐败。这种状况触怒了诸神，诸神发誓祛除蜂巢的欺诈。他们的目的也实现了。原来不尽如人意的东西都被祛除了，人性变善了，蜂巢变干净了。人们维持最低生活标准，清心寡欲。于是，另外一种情况出现了，即蜂巢失去往日的繁荣。群蜂还需要再抱怨吗？人们都是好好先生，还有什么可以抱怨的？人们不是一直在抱怨和指责社会和个人的不道德吗？现在由于神力，人们享有了善与道德，回到人性的理想状态，这不正是人们期待的状态吗？

《寓言》的结束语，曼德维尔用讥讽的口吻告诫群蜂：不必再抱怨什么了。只有傻瓜才会努力去营造这样一个伟大的、诚实的蜂巢：蜂国既享有高尚的道德，又享有世界上最多的便利，高尚且舒适快乐。你不可能既获得战争的荣誉，又不用上战场流血牺牲、活得轻松自在。同时兼得熊掌与鱼，不过是他们脑子里一个愚蠢的乌托邦。事实上，每当我们获得各种利益时，必定有欺诈、奢侈、骄傲掺杂其中。饥饿无疑是一种可怕的灾难，但是，人难道没有饱食终日，消化不良的时候吗？难道不是干枯、丑陋、弯弯曲曲的葡萄藤，造就了酒业的辉煌吗？当你享受这种辉煌时，你

---

[1] E. J. Hundert, "Bernard Mandeville and the Enlightenment's Maxims of Modernity", in *Journal of the History of Idea,* vol. 56, No. 4(Oct.), 1995, p.578.

可曾知道，茂盛的葡萄藤缠藤绕树，使其他物种窒息。那美妙的果实，并不是出自善，而是出自它的欲望。曼德维尔想告诫人们的是，生物具有欲望，这是不可避免的。欲望对于国家是必不可少的，它就像饥饿引起食欲一样。纯粹的德行不能使国家辉煌壮丽。

从寓言到结束语，曼德维尔的蜂巢经历了从腐败的繁荣到清教式的清贫状态。前者中个人和社会缺乏道德，充满了恶行，而社会却是繁荣的。后者里，人人注重自身的道德修为，社会冷清、寂静、没有活力，人们按最低生活标准活着。曼德维尔抱怨的蜂巢提出一个似乎是两难的问题：一边是腐败、堕落却又富足的生活，一边是高尚的道德和尊贵却贫穷的人生。蜂巢不能兼得二者。蜂巢展示的情景是：或者堕落、腐败、富足，或者道德高尚却过着清贫的生活。非此即彼。

在今天的世界，这一悖论似乎不再构成悖论，人们确实既富足又道德地生活着。但是在二百多年前，它被视为悖论。可以说，这是启蒙的悖论，或者是近代发端时期的悖论。这个悖论所反映的问题，并不是启蒙的荒诞，而是历史转折时期价值体系的冲突所致。

二、曼德维尔悖论所面临的价值体系

《蜜蜂的寓言》面世之际，苏格兰正处在启蒙时期。这也是苏格兰价值体系处于痛苦冲撞的时期。一方面，是柏拉图主义和以柏拉图主义、亚里士多德主义为基础的基督教价值体系；另一方面，是启蒙时代正在出现的价值体系，以笛卡尔、培根率先创立的理性主义为依托，以霍布斯、洛克、伏尔泰倡导的政治哲学为基础。人的问题、人的本质、人性问题、人的德性、人的权利等，作为价值体系的核心，在两个价值体系中迥然不同。

1. 柏拉图的正义

构建理想的城邦、享受幸福的人生，是柏拉图一生追求的目标。而理想的城邦和幸福的人生，与人的德性密切相关。亚里士多德用一个简练的公式，概括柏拉图思想的特征：德性即幸福。德性在柏拉图那里是正义、智慧、勇敢、节制。这就是所谓希腊四德，四德之首是正义。只有建立在正义的基础上，城邦才能稳固持久。伽达默尔指出："正义是真正的政治德性。它的意义比公平分配意义上的正义要丰富得多。……它有一种古老的、传统的意义，即是指作为任何社会及任何真正政府之基础的最完美的公民德性。灌输它必定是任何教育的目标。"[1] 不过，若要灌输正义的理念，首先必须界定什么是正义。《理想国》的核心论题，就是讨论正义问题。在这部作品中，凝聚着柏拉图政治理想和道德理想的全部要义。《理想国》开场有克法洛斯关于好生活的大段道白，它几乎"触及到了《理想国》中几乎所有的伦理学论题：一、肉体快乐和从中摆脱；二，生活在正义的城邦中对好的生活的重要性；三、对死后惩罚的恐惧；四、正义地生活的重要性。"[2]

《理想国》给出的关于正义的第一个定义是：说真话，欠债还钱。这个定义是说："正义在于坚持社会关系中的义务。"[3] 但是，我们并不能把正义等同于解除债务关系。如果说欠债还钱与正义有什么关联，那么它最多属于正义的行为，而不是正义的定义。《理想国》也谈到了智者心目中正义的定义，这就是修辞学家、智者色拉叙马霍斯所说的：

> 每一种统治者都制定对自己有利的法律，平民政府制定民主法律，独裁政府制定独裁法律，依此类推。他们制定了法律明告大家：凡是对政府有利的对百姓就是正义的；谁不遵守，他就有违法之罪，又有不正义之名。因此，我的意思是，在任何国家里，所谓正义就是当时政府的利益。政府当然有权，所以唯一合理的结论应该说：不管在什么地方，正义就是强者的利益。[4]

---

[1] H. G. 伽达默尔：《伽达默尔论柏拉图》，余纪元译，光明日报出版社，1992年，第85页。
[2] N. 帕帕斯：《柏拉图与〈理想国〉》，朱清华译，广西师范大学出版社，2007年，第34页。
[3] 同上书，第35页。
[4] 柏拉图：《理想国》，郭斌和、张竹明译，商务印书馆，1986年，第19页。

"正义就是强者的利益"无异于说，谁个头大、嗓门大、势力大、权力大，谁的利益就多。这与"强权即真理"好像没有多大差别。这是智者的看法。伽达默尔说："智者们的学说决不仅仅是一场逻辑的、辩证法的游戏。它们表现了希腊公共道德的堕落。"[1] 面对这种理念的混乱和道德的堕落，作为教育家的柏拉图，首先做的事情是重新从概念上界定什么是正义。

依上所述，智者所说的正义，就是强者的利益、统治者的利益。原因很简单，谁强谁统治。于是正义就是统治者的利益，服从统治者就是正义。统治者、强者的命令，是弱者，即统治者的人民不得不服从的东西，也是他们不得不做的事情。但是，问题在于，统治者也有可能犯错误。在统治者认识不到什么对他有利的情况下，他所谓的正义，就有可能成为损害统治者的东西。

于是柏拉图把对于正义的讨论引向另外一个方向。不能把正义想得太小了，即不能在事物或人的某种具体属性层面上探讨正义，而应该在权力运作层面上来考虑什么是正义。对话中所说的权力运作，是指权力运作的技艺。对于正义的讨论，沿着技艺的运用和对象展开。正义与医术、裁缝、航海等一样，需要技艺，并且首先是一种技艺。每一种技艺都有自己的利益。技艺的天然目的，就在于寻求和提供这种利益。技艺的利益，除了它自身尽善尽美以外，还有利他性。仅以医术为例，医术的出现是因为身体有欠缺，身体依自身之力不能改变这种欠缺。一个人生病了，不能单靠自身，还需要医生诊治，这是医术赖以存在的前提。就此而言，"技艺除了寻求对象的利益以外，不应该去寻求对其他任何事情的利益。严格意义上的技艺，是完全符合自己本质的，完全正确的"。[2] 帕帕斯解读这一段时提醒道，这并不是说，苏格拉底不是在阐释一种立场，即诸如医术之类的技艺，医生之类的人士都是利他主义者。而是说，医学作为一门知识科学，只有在治疗病患中才有意义。从纯技艺的角度看政治统治，"在任

---

[1] 伽达默尔:《伽达默尔论柏拉图》，第86页。
[2] 柏拉图:《理想国》，第24页。

何政府里，一个统治者，当他是统治者的时候，他不能只顾自己的利益而不顾属下老百姓的利益，他的一言一行都为了老百姓的利益"。[1] 目前为止，柏拉图的苏格拉底并不是从德性层面探讨政治统治的利他问题，而是顺着智者意图，把政治统治视为一种技艺。既然是一种技艺，当然有技艺的对象，技艺是服务于对象的。利他主要是在这一层面，即包括政治统治在内的一切社会技艺的目的性和对象性。

不过，从这一角度探讨政治统治的利他性，似乎不是太有说服力。于是，他不得不面临着现实的尴尬。也就是智者所说的，现实社会的状况是，不正义比正义更有利。例如，正义的人与不正义的人共同经商，在分红时，从来没见过正义的人多分到一点，反而是处处吃亏。纳税时，总是正义的人交得多，不正义的人交得少，他们甚至逃税。若是这两类人担任公职，正义的人忙于公务，就算没有别的损失，至少他无暇顾及个人的事情。而且如果他不肯利用公职损公肥私，不肯徇私情、干坏事，他会得罪所有人，甚至亲属，而不正义的人则恰恰相反。这些现象，谁都不会视而不见。人们之所以都谴责不正义，并不是怕做不正义的事情，而是怕自己吃不正义的亏。由此得出结论："不正义的事只要干得大，是比正义更有力，更如意，更气派。……不正义对一个人自己有好处、有利益。"[2] 智者对于正义的质疑，依然是从利益和行为层面出发的。如果再沿着智者的思路走下去，讨论会无果而终。于是，柏拉图的苏格拉底把话锋一转，将问题引向自己一方。即正义与不正义不是一件小事，"它牵涉到每个人一生的道路问题——究竟做哪种人最为有利"。

当柏拉图的苏格拉底提出这一问题时，他已经打算从技艺、利益走向他心目中的正义问题了。他强调，任何统治者，当他作为统治者时，不论照管的是公事还是私事，总是要为他照管的人着想。也就是说，作为统治者，当他很好地使用统治技艺时，他的行为必须是利他的，这是统治作为政治技艺所必需的。利他就是吃亏，没有人会喜欢做这等赔本买卖。人们

---

[1] 柏拉图：《理想国》，第25页。
[2] 同上书，第27页。

之所以抢着从事公职,不是因为利他,而是因为可以获得更大的利益。这是任何人都知道的事实。苏格拉底承认,从事任何事情都需要报酬。对于愿意担当统治者的人,应该给报酬,或者给名、给利。但是,这和仅仅为了利益去从事统治不是一回事。如果仅为了报酬去从事某种技艺,在希腊人心目中这种人就是奴隶,贪图名利是可耻的。苏格拉底再度引出话题:好人做统治者只为老百姓,而不是为利益或者贪图名利;不正义的人做统治者,就是为贪图名利或者物质利益。于是正义问题发生了转变,它由技艺变为某种行为方式,继而变为做人的方式。正义和不正义从技艺、行为方式,变成行为主体的为人之道。这一变化显示了柏拉图《理想国》的初衷,即他关心的问题,或者正义问题的根,不是要指出什么行为是正义的,而是要分析正义的人和正义的城邦。

在辩论中,柏拉图借格劳孔之口提出,他看到有三种善:1. 只要善本身,而不是善的结果。因为善使人快乐,为快乐而快乐。2. 爱善,也爱善的结果。3. 为了报酬和利益。正义属于这三种善的哪一种?苏格拉底认为,属于最好的一种。"一个人要想快乐,就得爱它——既因为它本身,又因为它的后果。"[1] 这一正义标准:既爱正义本身,也爱正义的结果,是衡量正义的社会标准。为快乐而快乐,不计后果,那只是个人的事情。而正义不仅仅是个人的事情,它是城邦存在的前提。

威廉·博伊德(William Boyd)指出,柏拉图对于正义高于不正义的论证,有三个重要前提:

> 第一,他表明,正义是真正的智慧。……第二,正义包含着力量。苏格拉底力主,如果社会成员只顾自己的利益,任何社会都是不可能的。……自私自利的结果是每个人反对每个人的战争,在为个人利益展开的斗争中,一切秩序都将荡然无存。因此,城邦的存在要求正义。只有当正义繁荣时,城邦才是强有力的。第三,正义

---

[1] 柏拉图:《理想国》,第45页。

是真正的幸福。[1]

第一个前提展示了希腊著名的命题:"德性即知识"。第二个前提是自希腊到近代西方世界普遍认同的观点,正义具有利他性。不过,威廉·博伊德在第二点中所陈述的观点,有点对柏拉图思想进行近代诠释的意味。在《普罗泰戈拉篇》中柏拉图是有这个观点,可以说它是柏拉图的思想,然而它更是近代思想,与霍布斯对于自然法的阐释十分相似。第三个前提是从伦理学的角度探讨正义问题,正义即德性和幸福即是最高的善是柏拉图和亚里士多德所持的立场。

不过,就总体而言,正义问题在柏拉图那里并不仅仅是个人的事情。正义不仅仅是个人的德行操守,更是事关城邦生死存亡的大事,即便是从伦理学的角度讨论正义,也是如此。在《普罗泰戈拉篇》——柏拉图版的创世明确表示,正义是城邦赖以存在的基础。柏拉图的意思很明白,城邦要想存在,要想正常运作,必须有正义。即只有正义的城邦,才有存在的理由。因此,正义首先涉及城邦政治。它是柏拉图最关注的问题。"没有任何一个希腊人,尤其是雅典人,会让自己与城邦政治生活的全部利益脱钩,他甚至不会有这样的念头。"[2] 作者在这段话的注释中说:"参与政治生活被希腊自由男子视为特权,正是这种特权,使他们有别于、高于粗汉(barbarians)。"[3] 按照科热(Alexander Koyre)的解释,无论是柏拉图所说的哲学教育(哲学王的理想),还是正义标准,或是教育方式的选择,本质上都是城邦政治问题,而不仅仅是精英个人的德性问题。即便是德性问题,那也是政治德性,关涉城邦问题。因此,正义是城邦公民和人的问题,同时更是城邦本身的政治问题。

---

[1] William Boyd, *An Introduction to the Republic of Plato,* London: Routledge, 2009, pp. 27-28.
[2] Alexander Koyre, *Discovering Plato,* Leonora Cohen Rosenfield(trans.), New York: Columbia University Press, 1946, p.53.
[3] Ibid., p.53,该页注释1中出现的"Barbarians",指不会说希腊语的人,是一个仿声词。指发音"吧吧"。在希腊人心中,这些发出'吧吧'声音的人是不会说希腊语的野蛮人,这是希腊人或者雅典人文化优越感的表现。笔者认为,直译作"野蛮人"似不妥,译成"粗汉"或许更好,至少国人知道什么是"粗汉"。

使人成为正义之人，公民持有正义的德行，城邦依正义而存在等，在理论上是没有什么问题的。但是，苏格拉底无法回避一个基本事实，即任何人都不是生性喜欢正义。著名的吕底亚魔戒传说证明了这一点：一个牧羊人在吕底亚国王手下当差，一天在暴风雨之后发生了地震，在他放羊的地方，地壳裂开了，正面出现一道深渊；他在震惊之余向深渊走去，他在深渊里面看到许多新鲜东西，尤其奇特的是一匹空心的铜马，马身上还有个窗子；他偷眼往窗子里看，只见里面有一具尸体，个头比一般人大，除了手上戴着一只金戒指以外，身上什么也没有，他便取下金戒指走出来。

吕底亚的牧羊人有个规矩，即每月开一次会议，向国王汇报羊群的情况。那个牧羊人戴着金戒指去开会。他和大家坐在一起，偶然一次把戒指上有宝石的一面转向自己的手心，发现人们都看不见他了，都以为他走了。无意间他又把宝石朝外一转，别人又看见他了。他反复试验，想证明戒指是否能够使自己有隐身的本领，果然屡试不爽，戒指的魔力使他的欲望陡然增长。他利用戒指魔力在国王身边谋得一个职位，当上了国王使臣。到了国王身边，他勾引王后，与她同谋，杀害了国王，夺取了王位。

我们来设想一下，他若以魔戒的隐身力量随意进入大臣或要员的宅邸，所有的人都失去自我空间，他完全可以把每个人控制得严丝合缝。如果正义之人和不正义之人各戴一个这样的戒指，他们能够为所欲为而不被人发现，不受任何制约，在这种情况下，有谁会坚持做正义的事。假设他们戴着魔戒在市场里隐身，随便拿什么都不被发现，那他们就可以肆无忌惮地偷窃抢劫。他们在市场里的行为可以和小偷、土匪、强盗毫无二致。倘若戴着戒能够随意穿门越户，鸡鸣狗盗之事也许就是他们最大的乐趣。

魔戒象征着一种绝对权力，当一个人拥有它时，世间所有的法律和道德都可以被他玩弄于股掌之中。在这种情况下，他践踏法律和道德就没什么奇怪的了。魔戒也象征着人的欲望，当一个人受这种力量驱使时，他便处于非理性力量的支配之下。

魔戒的传说表明，人们从不正义那里获得的利益，要远远大于通过正义获得的利益，谁都不会把做正义之事当作自己的爱好，如果要真地认为在没有利益，甚至吃亏的情况下，人会坚持正义，那只是自欺欺人。

一般人对于正义之追求只是叶公好龙。他们渴望正义，自己却不想做正义之人。因为"正义是一件苦事。他们拼着命去干，图的是它的名和利。至于正义本身，人们是害怕的，是想尽量回避的。"[1] 每个人都想享受正义的果实，但自己却不想做正义的人，因为正义的人吃亏。那些教育人的人也告诫人们，人必须正义，但是他们热爱的不是正义本身，而是正义带来的好名声。追逐好名声，依然是为了获取物质利益，如好名声可以使人身居高位，与世族通婚等。

苏格拉底辩解说，一般人是这样想的，但是，这并不能成为赞美不正义，贬低正义的理由。因为正义不仅仅是某个具体的行为，也不仅仅是获得有形的或无形的利益，因为这些都是暂时的、有限的东西。正义的意义远不止于此，它与一个人如何做人有关，也是城邦成为城邦的基础。

人如何做人不是一世的事情。因为肉体是有死的，而灵魂则是不朽的。南意大利学派对于西方哲学最重要的贡献之一是，他们倡导灵魂肉体二元论，而且把灵魂的重要性提升到肉体之上。按照柏拉图的苏格拉底的看法："死就是灵魂和肉体的分离；处于死的状态就是肉体离开了灵魂而独自存在，灵魂离开了肉体而独自存在。"[2] 死亡就是灵魂与肉体的分离。这种分离对于人来说，并不是一件不可接受的事情。如果一个人的灵魂可以离开肉体独自存在，那么他的生活态度会有巨大的变化。他不会一心挂念着吃吃喝喝这类享乐，他不会沉湎于性事，他不会在意华丽的服饰。"除了生活所必需的东西，他不但漫不在意，而且是瞧不起的。"[3] 因为哲学家的使命乃是追求真理，寻求真知识。柏拉图指出，人有肉体，因而人有视觉、听觉等感觉。不过，感觉通常是不正确、不可靠的，因此，它们对于认识真知识并没有什么积极作用。一个人如果凭借感觉去认识事物，就是凭借肉体去认识事物，这是最糟糕的情况。因为，首先，肉体仅仅为了需要荣养，就产生没完没了的烦恼。其次，肉体会生病。再次，肉

---

[1] 柏拉图：《理想国》，第45页。
[2] 柏拉图：《斐多：柏拉图对话录之一》，杨绛译，辽宁人民出版社，2000年，第13页。另可参见王晓朝：《柏拉图全集》第一卷，人民出版社，2002年，第61页。
[3] 柏拉图：《斐多》，第14页。

体使我们充满热情、欲望、恐惧、各种胡思乱想和愚昧,由此导致冲突、党争、战乱,凡是人世间的一切丑恶和争斗,都与人的肉体贪欲有关。为了满足肉体欲望,人与人不断发生冲突,人成为物欲的奴隶。当人们受欲望驱使追求实惠、追求肉体满足时,真理在人的生活中还有生存空间吗?最后,即便偶尔有闲暇,研究点哲学,肉体也会哭着喊着打扰我们的思维,阻碍我们发现真理。柏拉图由此断定:"我们追求的既是真理,那么我们有这个肉体的时候,灵魂和这一堆恶劣的东西搅和一起,我们的要求是永远得不到的。"[1] 人生在世的一个内容,就是仰仗肉体而生存,肉体既不可少,又不可敬。一个人要想追求真理,必须首先排除肉体欲望的干扰,用灵魂对事物进行沉思。在人必须仰仗肉体而活着的时候,人要想求得真正的知识,只有一个办法,这就是"我们除非万不得已,得尽量不和肉体交往,不沾染肉体的情欲,保持自身的纯洁"。[2] 无论何种情况,人的生活不能任欲望自由驰骋,人要有自制力,运用理性和知识抑制肉体欲望。

柏拉图倡导的灵魂肉体二元论与基督教最大的差别在于,柏拉图不主张禁欲主义。他提倡灵魂排除肉体的干扰,是靠知识,即知识即德性。获得知识不是靠肉体,而是靠灵魂。灵魂要认识的德性,不是某种具体的行为或事实,而是德性本身,即要求认识正义自身、美自身、善自身等。所有这些德性,都是感官所感受不到的,是纯精神的东西。认识德性就是认识真理,它不是依赖感官,而是凭借灵魂。灵魂只有在不受肉体浸染的情况下,即没有肉体欲望的情况下,才可能获得真理,才有真正的德性。当人受功名利禄所左右时,人是财富的奴隶,一个精神上的奴隶永远不可能获得真理,当然也与德性无缘。

柏拉图及其学派在学理上雄辩地证明,灵魂与肉体二元论何以可能,它对于人如何做人,对于美好的人生,对于理想的城邦如何重要。如果仅从物质利益来看正义与不正义哪个更可取,人们当然会鄙薄正义,而

---

[1] 柏拉图:《斐多》第16页。
[2] 同上书,第17页。

采取不正义。但是，假如正义与否同人的灵魂有关，而灵魂又是不朽的，那么究竟应不应该做正义的人和事，答案当然是做正义的人和事。

正义就是灵魂的正义：

> 灵魂的正义并不在于它所从事的某些外在行为，不在于钱财问题上的正直，也不在于洁身自好、不混迹于争权夺利之辈。不如说，跟在城邦中的情形一样，它在于"内在"的行为。……正义的内在性不是气质的内在性，不是"在世上一切事物中唯一可被称作善"（康德语）的善良意志。相反，柏拉图的内在性是人类活动中一切有效的外在表现的尺度和源泉。[1]

因为，正义必定是在灵魂中做什么，结果表明正义是值得人们所为的。因为有了正义，人才是人，公民才是公民，城邦才是城邦。正义不是与生俱来的，而是教化而成。柏拉图《理想国》不仅要证明正义对于人、公民、城邦的重要性，还要指出教化的方式，用今天的语言来说，就是可实施路径。这个路径说白了就是净化人的灵魂。

在柏拉图看来，人的灵魂是一股合力，"就好像同拉一辆车的飞马和一位能飞的驭手"。[2] 灵魂这辆马车是双套马车还有一个驭手。两匹马一匹是好马，一匹是劣马，这是人的灵魂的状况，驭手加一好一劣两匹马。而诸神的灵魂是两匹好马加好驭手，因而诸神的灵魂是完美的。人的灵魂由于有劣马参与运作，因而驭手驾驭起来有相当的困难。这是柏拉图灵魂结构的大致蓝本。完善的灵魂有完善的羽翼，因而能够在高天飞行，同时主宰着宇宙。当灵魂的羽翼折损时，就会向下坠落，直到遇到坚硬的东西，它就附着于一个躯体。"由于灵魂拥有动力，这个被灵魂附着的肉体看上去就像能自动似的。这种灵魂和肉体的组合结构就叫做'生灵'，它还可以进一步称作'可朽的'。"[3] 灵魂的本性是拖着沉重的东西向上

---

[1] 伽达默尔：《伽达默尔论柏拉图》，第94—95页。
[2] 柏拉图：《柏拉图全集》第二卷，王晓朝译，人民出版社，2003年，第160页。
[3] 同上。

飞，使之能够达到诸神居住的地方，那是真理所在地。灵魂能够达到这个地方，说明它具有更多的神性，这神性就是理性。

驾驭双套马车的好马是驯良的，它"身躯挺直，颈项高举，鼻子像鹰钩，白毛黑影；它爱好荣誉，但又有着谦逊和节制；由于它很懂事，要驾驭它并不需要鞭策，只消一声吆喝就行了"。[1] 再来看看那匹劣马："身躯庞大，颈项短而粗，狮子鼻，皮毛黝黑，灰眼睛，容易冲动，不守规矩而又骄横，耳朵长满了乱毛，听不到声音，鞭打脚踢都很难使他听使唤。"[2] 如果直观地看，这两匹马代表人的两种不同禀性，驯良的好马似乎代表德性，如节制、谦逊等，它是荷马传统中德性的化身。而那匹劣马则代表着欲望，它的特点是冲动和无序。不言而喻，驭手显然是代表理智或理性的力量，它驾驭着德性和欲望。泰勒解释说，柏拉图灵魂的三部分，"驾车者是识别力，两匹马是'荣誉'或'勇气'和'贪欲'"。[3] 柏拉图在《理想国》第四卷也说过灵魂分三部分，"一个是人们用以思考推理的，可以称之为灵魂的理性部分；另一个是人们用以感觉爱、饿、渴等等物欲之骚动的，可以称之为心灵的无理性部分或欲望部分，亦即种种满足和快乐的伙伴……再说激情，亦即我们藉以发怒的那个东西。它是上述两者之外的第三种东西"。[4] 在柏拉图看来，"人的激情是理智的盟友"，在理性与欲望的冲突中，它站在理性一边。当灵魂的这三部分友好和谐时，理智起主导作用，激情和欲望不反对它，这时的人就是有节制的人。

理性（智慧）、勇敢、节制是人的灵魂的三个部分，灵魂是三种力量的合力。与之相对应，城邦公民也分为三类，与灵魂的三部分相对应。王者，或者统治者"靠理智和正确信念帮助"，[5] 他们的德性是智慧（理智）；军人的德性是勇敢；普通人的德性是节制；这三种德性的基础是正义。当这三种人依各自应有的德性做自己应该做的事情时，城邦就是正义的城邦。而这三种德性是靠教化而成。城邦的教化，即用城邦的理想改变

---

[1] 柏拉图：《柏拉图全集》第二卷，王晓朝译，第168页。
[2] 同上书。
[3] 泰勒：《柏拉图：生平及其著作》，第436页。
[4] 柏拉图：《理想国》，第165—166页。
[5] 同上书，第151页。

人，使之成为好公民。

对于希腊人来说，最重要的力量莫过于城邦。吴飞教授曾经对如何理解希腊人做过如下阐述，笔者深以为然。他说："人要活着，就必须生活在一个共同体中；在共同体中，人不仅能活下来，还能活得好；而在所有共同体中，城邦最重要，因为城邦规定的不是一时的好处，而是人整个生活的好坏；人只有在城邦这个政治共同体中才有可能成全人的天性。在这个意义上，人是政治的动物。"[1] 不过，什么是活得好？当年皮浪和同伴们一起乘船出海，遇到风暴。同伴们都惊慌失措，而他却若无其事，指着船上一头正在吃食的小猪对他们说，这是哲人应当具有的不动心状态。其实这是两个不同的问题，哲人应当具有不动心状态，处乱不惊；不过，在暴风雨中埋头进食的小猪，却算不得不动心，它不知道不幸会降临。如果人在暴风雨中能像小猪一样安之若素，那是智慧所致，人的不动心状态前提是知或智。人活得好，首先是知道自己活得好。"人要活得好，不仅要过得好，还要看到这种好；人要知道他的生活是不是好的，为什么是好的，要讲出好的道理；于是，政治共同体对人的整个生活的规定，必然指向这种生活方式的根基和目的，要求理解包括人在内的整个自然秩序的本原。在这个意义上，人是讲理的动物。"[2] 从希腊到曼德维尔时代，人在人的好生活方式的根基和目的上的基本价值取向是，好生活的根基是城邦、个人、社会的正义与善。教化的目的是让人拥有正义与善。这是个人存在、社会存在以及好生活存在的基础。

2. 基督徒的爱

基督的"上帝之城"当然是一个正义国度。在这个国度中，上帝是绝对主人，上帝的教诲是绝对命令。上帝赐予信徒的最大诫命是爱，爱也是基督教伦理的核心。基督徒的生活是爱的生活，选择信仰上帝，就是选择了爱。选择爱的生活，首先"要尽心、尽性、尽意，爱主你的神。这是诫

---

[1] 奥古斯丁：《上帝之城：驳异教徒》上，吴飞译，上海三联书店，2007年，见"总序"，第1页。
[2] 同上。

命中的第一，且是最大的。其次也相仿，就是要爱人如己。这两条诫命是律法和先知一切道理的总纲。"[1] 耶稣在这里仅仅是重申《旧约》的思想，《申命记》第 6 章中也表达了同样的思想。约瑟夫·穆安先生指出，耶稣重申这两条诫命并不新鲜，"问题是别人问一条，耶稣却说出了两条，把两条相提并论，并且强调'这两条诫命是律法和先知一切道理的总纲'，这才是耶稣的创新"。[2] 据《约翰福音》记载，耶稣在受难前，曾经赐给他的信徒一条新命令，"我赐给你们一条新命令，乃是叫你们彼此相爱；我怎样爱你们，你们也要怎样相爱。你们若有彼此相爱的心，众人因此就认出你们是我的门徒了"。[3] 这就是明确告诉世人，基督徒的标志就是爱。虽然彼此相爱与爱上帝都不是耶稣的独创，但是，把爱提高到唯一的地位，成为一种信仰的显著标志，则是耶稣和基督教特有的。只要按照耶稣的新命令去做，人们便能分辨出基督徒，这表明爱已经成为耶稣唯一强调的东西。

爱上帝由两部分组成："遵从他的意旨和为他的国服务。"[4] 爱上帝就要服从上帝，这意味着我们不仅仅是选择了一种行为，拥有了一种感情，更重要的是选择了一种生活态度——生活在爱之中，它对人提出的基本要求是，抑制心灵的惯性和习惯运作，把心灵的方向引向爱，用上帝之爱为生活导航。生活在爱之中，也是用爱对抗世界的苦难，这是基督倡导的一种生活。这种生活的特征是注重情感、注重信仰、注重精神生活，以达观、宽厚、仁慈的眼光，一句话，以爱的眼光看待生活世界，为自己的生存提供一个有价值的基础。

爱不是与生俱来的，"上帝出于爱心，为了爱而创造。上帝只创造了爱本身和爱的手段而没有创造它物"。[5] 只有信仰上帝，人才会获得爱，才真正懂得什么是爱，才会拥有爱。"不管上帝一词意指什么，它的

---

[1]《圣经》和合本之《马太福音》，22：37—40；《马可福音》，12：30—31。
[2] 让·博泰罗、马克-阿兰·瓦克南、约瑟夫·穆安：《上帝是谁》，万祖秋译，中国文学出版社，1999 年，第 156 页。
[3]《圣经》和合本之《约翰福音》，13：34—35。
[4] 卡尔·白舍客：《基督宗教伦理学》第一卷，静也、常宏等译，上海三联书店，2002 年，第 36 页。
[5] S. 薇依：《在期待之中》，杜小真、顾嘉琛译，生活·读书·新知三联书店，1994 年，第 69 页。

本质只有一个，那就是爱。"[1] 人信仰上帝获得的最大收益是学会了爱。理解上帝之爱，不能从他是否在此时此刻给我们带来了现实的利益，他是否在明天将解除我们具体的痛苦，他是否在不久的将来会让我们万事如意，例如发财、升官、改善物质境遇等。鲜花、美酒、佳人、金钱、豪宅、地位之类，当然不是坏的东西，但对于人生而言，它们并不是最好的东西。上帝对于信徒的承诺不是这些物质的东西，而是一种善的承诺，即使一个人成为真正的人，有人格的人，过一种圣洁的生活。这种生活有爱、有高尚的道德、有希望、有未来，能够克服时间的诅咒。"基督意志的核心，正是他做出了这种善的承诺。"[2] 爱不是一剂止痛药，而是一种生活的动力；不是某个时候存在的精神状态，而是一种方向。爱的力量对于人生的意义在于，当某人遭受不幸时，上帝也许不在场，一时间无爱可言，但这并不可怕：

> 可怕的是若在这无爱可言的黑暗中，灵魂停止了爱，那么，上帝的不在场就成为终极的了。灵魂应当继续无目标地爱，至少应当愿意去爱，即使以自身极小的一部分去爱也罢。于是，有一天上帝会亲自出现在灵魂面前，向灵魂揭示世界之美，正如约伯那种情况。但是，如果灵魂不再去爱，那么它就从尘世间坠入几乎同地狱一样的地方。[3]

若想在不幸和苦难中依然能够用自己的灵魂去爱，就必须信仰上帝。

爱首先是对上帝的爱，然后是人与人之间的爱，也称博爱。博爱包括爱你的邻人，也包括爱你的敌人。这种爱不是狭义的肉欲之爱，而是仁爱、博爱，它的显著特征是宽容，宽容由爱而生。爱也并不仅仅限于某个种族，某个阶层，而是泽及所有的人。

邻人不是一个空间概念，不是一个种族概念，而是指具有一种信仰和

---

[1] 詹姆士·里德：《基督的人生观》，蒋庆译，生活·读书·新知三联书店，1998年，第21页。
[2] 里德：《基督的人生观》，第23页。
[3] 薇依：《在期待之中》，第67页。

品德的同道人，即真正具有慈悲心，肯将自己的仁慈和爱献给他人的人；这是信仰的同道人，人品的同道人。无论什么种族，什么身份，无论空间距离远近，只要有爱，只要有慈悲心，只要善待他人，就是同道人，就是一个真正的信徒。信徒之间的信物就是爱与仁慈，他们的爱与仁慈是由心灵自然流淌出来的，他们之所以这样做，是因为他们相信上帝。信仰使他们有爱与仁慈，他们对于他人的付出不是出于功利的目的。

爱你的仇敌应该是博爱的最高境界。爱上帝似乎是天经地义的，由爱上帝引发的爱人如己似乎也是合情合理的，尽管做起来不那么容易。然而，耶稣提倡的爱并没有到此为止，他还提倡爱贫者、爱罪者，甚至提倡爱你的敌人。爱在耶稣这里可谓博矣。由于犹太人在历史上一直是受压迫受奴役的民族，因而在他们的宗教和文化传统中，有一个鲜明的特点，这就是以眼还眼，以牙还牙。耶稣对此表示了极大的反感，他对信徒说："不要与恶人作对。有人打你的右脸，连左脸也转过来由他打；有人想要告你，要拿你的里衣，连外衣也由他拿去；有人强逼你走一里路，你就同他二里；有求你的，就给他；有向你借贷的，不可推辞。"[1] "要爱你的仇敌，为那逼迫你的祷告。"[2] "你的仇敌，要爱他；恨你们的，要待他们好。"[3]《约翰福音》记载，耶稣在十字架上为把他钉上十字架的罗马士兵祈祷。但共观福音书都没有这样的记载，因而《约翰福音》的这个说法颇受到质疑。不过，就算这是耶稣受难百年后，《约翰福音》的作者自己把这一情节加进去的，那么它也与耶稣的思想完全吻合，而且与基督规律性的精神天衣无缝地结合在一起。

按照耶稣的想法，上帝是公平的，他用太阳照好人，也照坏人。上帝给每个人同等的获救机会。如果仅爱爱自己的人，那么行为就与税吏无差别；如果仅爱兄弟，就与外邦人无异，爱自己的敌人，才能使自己的行为与上帝一般，才是自己心中圣洁之爱的体现。根据共观福音书对耶稣形象的描述，耶稣完全有可能有这样的思想和行为。即使这不是耶稣所为，至

---

[1]《圣经》和合本之《马太福音》，5：39—41；《路加福音》，6：29—30。
[2]《圣经》和合本《马太福音》，5：44。
[3]《圣经》和合本《路加福音》，6：27。

少也是耶稣所提倡的。爱上帝、爱敌人与爱邻人都是以爱为基础。正如爱德华兹所说:"爱并不只是感情之一；它是第一位的和首要的感情,是其它感情的力量。"[1] 但是,爱上帝体现的是圣洁,爱邻人体现的是仁慈,而爱敌人则体现的是宽容。这三种爱各有侧重,但是来源是一样的,这就是来自上帝之爱。上帝之爱是圣洁的爱,人有圣洁的爱便会有仁慈和宽容。

耶稣以信上帝、爱上帝为根本,以博爱为核心,以仁慈为基础的思想,构成了基督徒之爱最基本的价值取向,也可以说是基督教的核心价值体系。除了这些大原则以外,耶稣的登山训众,具体规范了基督徒的日常行为标准。这就是登山训众所说的"八福":

> 虚心的人有福了,因为天国是他们的。哀恸的人有福了,因为他们必得安慰。温柔的人有福了,因为他们必得饱足。怜恤的人有福了,因为他们必蒙怜恤。清心的人有福了,因为他们必得见神。使人和睦的人有福了,因为他们必被称为神的儿子。为义受逼迫的人有福了,因为天国是他们的。人若因我辱骂你们,逼迫你们,捏造各样坏话毁谤你们,你们就有福了。应当欢喜快乐,因为你们天上的赏赐是大的。在你们以前的先知,人也是这样逼迫他们的。[2]

施特劳斯评论说:

> 有福者不再是吃喝玩乐的富人,而是贫穷、哀伤、饥渴的人们；通向幸福和富裕的正确道路不再是暴力斗争、严格主张自己的权利,而是仁慈、和平与忍耐。同旧世界对比起来,这是一个天翻地覆的世界,在这个世界里我们不象在旧世界那样,从外表和以为外表与内心符合一致的假定出发,而是认为内心是绝对重要的,它处于一种

---

[1] 乔纳森·爱德华兹:《信仰的深情:上帝面前的基督徒裹性》,杜丽燕译,中国致公出版社,2001年,第19页。
[2] 《圣经》和合本《马太福音》,5:3—12。

超过对立的外表的地位，并且宁愿与内心发生最亲密的关系。[1]

博爱是什么性质的爱？如果这种爱不是性爱，不是情爱，不是出于血缘关系的爱，那么它就是非自然的爱，或者超自然的爱。在没有基督教信仰的情况下，人不会去爱邻人、爱不幸者、爱罪人。只有相信上帝，才会有这样的爱。这种爱与上帝的爱是同一个爱，你在相信上帝的同时，上帝也把爱赐予你。这种爱是人的神性，是上帝赐予人战胜世界一切邪恶与不幸的武器，唯有信徒才拥有这种武器。这种武器不是用来与人格斗的，而是用来感化人、拯救人的。它被看作一种武器，但是它没有血腥的内容，却有抵抗邪恶的作用。因为它抵抗邪恶，不是以恶制恶，而是以善制恶，以爱报怨，用爱唤起人内心的良知，即唤起人的神性——上帝为人注入的灵（spirit）。既然信徒皈依上帝，上帝就是人的榜样。上帝以无私的爱创世、救世，人当效法上帝以无私的爱立世、救世，这两种爱都来自上帝，也唯有来自上帝的力量才能使人战胜自己的常人状态。

从柏拉图的"理想国"，到基督徒的"上帝之城"，西方价值体系经历了一次由自然主义到契约关系的转变。以柏拉图哲学为基础的古典价值体系，是自然主义的价值体系。之所以这样说，是因为柏拉图的价值体系的基础，立足于对人的自然主义划分。柏拉图认为人生具有三个等级：金、银、铜铁族，分别对应于王者、城邦护卫者、平民。这种等级是天生的、自然的。金、银、铜铁各族处于自然序列的不同等级上，有各自的功能。王者拥有智慧，因为他是王者，他必须拥有智慧，其他种族也一样。这种自然等级制的思想，以目的论为依托。

所谓目的论是指，世界上的事物之所以发生并且秩序井然，是因为神为宇宙制定了理性目的和方案。例如，从目的论出发，柏拉图指出，任何一种技艺存在的基础在于技艺的尽善尽美。"牧羊的技术当然在于尽善尽美地使羊群得到利益，因为技艺本身的完美，就在于名副其实地提供本身最完善的利益。我想我们也有必要承认同样的道理，那就是任何统治者当

---

[1] 大卫·弗里德里希·施特劳斯：《耶稣传》第一卷，吴永泉译，商务印书馆，1996年，第281页。

他真是统治者的时候,不论他照管的是公事还是私事,他总是要为受他照管的人着想的。"[1] 技艺的尽善尽美是技艺存在的基础,这里面没有原因,是与生俱来的。王者的自然序列中的金族,他的天职就是治理国家,治理国家所需的德性中首选智慧,因而王者的德性是智慧。

"上帝之城"的关系纽带,不以自然主义为依托,而是人与上帝的一种契约关系。这种契约关系,是自然纽带的断裂,即人与上帝的关系,已不再由厨槽伴侣自然上溯到神,而是个人与其主人的关系。所谓"新约"之约,是人或者是每个人与上帝的契约。因为人的始祖违禁,使人类背负原罪,每个人生来具有原罪。但是,赎罪不以家族为单位,而纯粹是个人的事情。"新约"的意思是"原罪-赎罪",金律是信,信即爱,"因信而称义","义"的主旨即爱。

信-爱,是基督教价值体系的核心。信仰上帝,以爱立世的人,即具有善的品行。基督教核心价值体系,归根结底是教人以善,善的标志是爱。柏拉图也好,基督教也好,所倡导的价值体系,无非是劝人向善。向善的重要前提是用理智或者信仰抑制人的欲望。欲望使人堕落,抑制欲望,人才可能是善的,人类社会可能因善而存在。社会的基础,道德的基础均在于此。两千多年的思维定式、两千多年的价值体系、两千多年的传统惯性,使柏拉图主义及基督教信仰成为西方世界根深蒂固的力量。无论人们是否喜欢这一价值体系,都在自己的生活中践行着它。这种价值体系沉积在他们性格的深处,以至于他们自己都无法觉察它们的存在。然而,他们的日常生活、饮食起居、待人接物,林林总总,无不有这些价值体系的深刻印记。也正因如此,倘若谁触动了这一体系,哪怕是些微的触动,都会引起强烈的反弹。曼德维尔生前之所以境遇不佳,为苏格兰乃至不列颠甚至整个西方世界所唾弃,恰恰因为这一点。他动了西方人价值体系中钟爱的"奶酪"!这也是曼德维尔"悖论"成为悖论的根本原因。

---

[1] 柏拉图:《理想国》,第28页。

三、人实际上是什么

曼德维尔论证"私人的欲望,公众的利益"的依据,建立在解决"人实际上是什么"的问题之上。曼德维尔解决这一问题的目的是想告诉人们,人性的真实状况是什么。就西方哲学史而言,曼德维尔不是第一个思考这一问题的人。

1. 希腊哲学家提出:人是什么?

西方哲学的苏格拉底转向,把哲学关注的问题从自然世界转向人本身。因此,"人是什么"自然而然地成为希腊哲人首选问题。按照卡西尔的看法,在苏格拉底、柏拉图之前,希腊人已经开始关注人的问题了。例如,赫拉克利特被划为"古代自然哲学家":

> 然而他确信,不先研究人的秘密而想洞察自然的秘密那是根本不可能的。如果我们想把握实在并理解它的意义,我们就必须把自我反省的要求付诸实现。因此对赫拉克利特来说,可以用两个字概括他的全部哲学:"我已经寻找过我自己"。但是,这种新的思想倾向虽然在某种意义上说是内在于早期希腊哲学之中的,但直到苏格拉底时代才臻于成熟。[1]

从苏格拉底、柏拉图时代起,德尔斐神谕——认识你自己就"被看成是一个绝对命令,一个最高的道德和宗教法则"。[2]

苏格拉底是一个新起点,他并没有提出新的学说,只是提出了一系列新的问题,如什么是勇敢,什么是美,什么是好(good,善)等。若要回

---

[1] 恩斯特·卡西尔:《人论》,甘阳译,上海译文出版社,1985年,第6页。
[2] 同上。

答这些问题，都必须重新界定一个核心问题：人是什么。从苏格拉底、柏拉图开始，"人是什么"的问题成为哲学的核心问题。

> 以往的一切问题都用一种新的眼光来看待了，因为这些问题都指向一个新的理智中心。希腊自然哲学和希腊形而上学的各种问题突然被一个新问题所遮蔽。从此以后这个新问题似乎吸引了人的全部理论兴趣。在苏格拉底那里，不再有一个独立的自然理论或一个独立的逻辑理论，甚至没有象后来的伦理学体系那样的前后一贯和系统的伦理学说。唯一的问题只是：人是什么？[1]

这个问题在西方哲学史上，一次次被提出，又一次次地从完全不同的角度给予解答。这个看似简单的问题，搅动了西方世界近2500年之久。直到今天，哲学界似乎依然不能断言这个问题已经有了最完美的答案，不需要再讨论了。于是在今天，我们仍然需要从今人的角度探讨：人是什么？

回到希腊特有的哲学氛围，审视苏格拉底和柏拉图"人是什么"的问题，可以说，他们提出了一个自然主义问题，也就是说，这个问题预先假定了一个客观世界，一个固定不变的自然秩序和动物界秩序，人处于这一秩序之中。人是自然界的一员，当人在这一自然秩序中找到自己的确切位置时，人便为自己找到，或者说建立了一个家园——大自然。这个家园全体的成员，就是生物界的物种。作为自然物种，人与其他物种的本质差别是什么呢？人需要为自己寻找一个定义，以区别于其他动物。因此，对于"人是什么"这一问题的回答，实际上就是规范人的本质。"人是什么"的问题就是"人的本质是什么"的问题。

柏拉图对人的界定：人是有德性的城邦动物。受柏拉图影响，亚里士多德也认为，人是城邦内生活的动物，人是理性动物等。希腊二圣对"人是什么"问题的回答，主干是"人是……的动物"，不管这个句式的附加成分是什么，主谓宾结构当然是"人是动物"。正因为如此，我们说柏拉

---

[1] 卡西尔：《人论》，第7页。

图和亚里士多德对于"人是什么"的提问与回答是自然主义的。

按照马丁·布伯的看法,如果把人放在自然序列之中,等于赋予人一个家。人生活在自然序列中如同生活在一个房子里,一个家园里,人只有在这个家园中才能被理解。这个家园是一个自足的空间,所有家庭成员各安其位,人既然属于其中一员,当然也有自己的位置。巴雷特同样指出,"人是……动物"的说法,"预先假定了一个客观世界,一个固定不变的自然的和动物界的秩序,人也包括在其中。而且当人在这种秩序里的确切位置已经找到的时候,就给人添加上了特有的理性这一用以区别于他物的特征"。[1] 在达尔文的进化论尚未问世的古代,这一说法可能具有一定的准科学的含义,至少它告诉人们,人与动物之间在生物特性方面的相似和相异之处。

但是,当希腊人问"人是什么"时,所面临的问题,恐怕不是确定人是否具有无可否认的动物性,而是企图知道人性是什么。笔者赞同赫舍尔的说法,即人问"人是什么"时,"并不寻找自己的起源,而是寻找自己的命运"。[2] 人关心人是什么时,所关注的恰恰是人如何摆脱人的动物性,摆脱"单纯的存在",摆脱命运的安排,即此在的有限性。如果答案是"人是……的动物",那么结果依然是告诉人们一个事实:你还是动物。理性动物、城邦动物、获取知识的动物等说法,与哺乳动物、两栖动物等说法一样,只告诉人们人作为动物界一员的状况,或者告诉人们人与其他动物的相似和差别。但是,是动物就摆脱不了自然规律的束缚。自然界对于生物的束缚是多方面的,而最大的束缚莫过于死亡,即一切生命都是有限的。只要在自然序列中,就意味着在"有死的"序列中,这是人类永远无法改变的命运。对于人类来说,最可怕的事情莫过于时间的诅咒。而苏格拉底、柏拉图、亚里士多德等人提出"人是什么"的问题,恰恰表明了他们对自己自然命运的焦虑。

德尔斐神谕"认识你自己"常常被作为一个认识论命题加以阐释,这

---

[1] 威廉·巴雷特:《非理性的人:存在主义哲学研究》,第98页。
[2] A. J. 赫舍尔:《人是谁》,隗仁莲译,贵州人民出版社,1994年,第21页。

没有错。不过，如果回到希腊，回到柏拉图的文本，那就不难看出，这一命题绝不仅仅是一个认识论命题。它的内涵更深，外延更广。对于当时的希腊人来说，德尔斐神谕首先意味着：知道你自己不是神，因而你是有死的。人可以与神有任何相似之处，唯独在有死这一点上，人与神有不可逾越的鸿沟。"'自己认识自己'，并没有其他意义。就是人应该接受自身的局限性。"[1] 自荷马以来，人自身的这一局限性是希腊人最大的遗憾。就这一意义而言，把"人是什么"这一问题的答案归结为"人是……动物"，在克服人的有限性方面并没有前进多少。至少其间缺乏一个中间环节。

2. 基督教追问："我是谁？"

奥古斯丁在《忏悔录》里提问："我是谁？"这个问题可以视为"人是什么"问题的基督教形式，即在上帝面前，人是什么？希腊人问人是什么，"人"指城邦人，人是"城邦人"这一群体的代名词或者简称；与希腊人不同的是，奥古斯丁的"我是谁"之"我"，则不是一个类概念，而是指具体的个人，即指信徒个人。"我是谁"指在上帝面前我是谁，在上帝面前的每个我，都是活生生的、具体的个人。如果不是基督教用原罪说将人变为罪人，用赎罪说将罪人变为信徒，具体的个人就不会出现在近代西方文明的视野中。

奥古斯丁自问"我是谁"，意思是要问，在上帝面前我是谁？人被单独从自然秩序中提出来，放到上帝面前沐浴神恩。"我是谁"这一问题：

> 发自提问者本身内心一种完全不同的、更加含糊又更有生机的中心：发自个人强烈的遗弃感和失落感，而非发自一种超然的态度。……所以奥古斯丁的问题蕴含着这样一种观点，即人不能够靠把他放进自然秩序里来下定义，因为人作为那种自问"我是谁？"的存

---

[1] 让-皮埃尔·韦尔南：《古希腊的神话与宗教》，杜小真译，生活·读书·新知三联书店，2001年，第46页。

在，已经突破了动物世界的樊篱。这样奥古斯丁就打开了敞向一种全新的人的观念的大门，这种看法与古希腊思想中曾经流行的看法完全不同。[1]

托马斯·阿奎那利用亚里士多德的学说，将基督教的人性理论化。阿奎那认为，《圣经》所说的"道成肉身"表明，耶稣不仅是圣人或杰出的先知，而且更是上帝之子，以肉体之躯彰显了上帝所希望成就的人性。在阿奎那看来，道成肉身提升了肉体的地位。肉体不再像柏拉图主义认为的那样，完全是邪恶的源泉。阿奎那接受亚里士多德的形质说，将人看作灵魂与肉体的结合，灵魂是肉体的形式，灵魂赋予肉体以统一，肉体则使灵魂个体化。人的灵魂具有理性，因而具有纯洁的一面。动物仅有感觉灵魂，因而不免堕落。纯粹的理智生活犹如天使，天使就是纯洁的理智，没有肉身而直接把握真理。然而对人来说，没有肉体的灵魂状态只是暂时的，因为"灵魂一旦与肉体分离，就有某种程度的不完善：好像从整体分割下来的部分。灵魂自然是人性的一部分。因此，除非灵魂与肉体合一，否则，人不可能获得最终的幸福"。[2] 人的复活向阿奎那提出的挑战是：肉体是否死而复生？尽管阿奎那强调肉体的重要作用，却无法圆满地回答这个问题而引起种种争论。个人的价值、人生的目的、人的道德责任、人与动物的区别等问题，却都与人的不朽问题密切相关。

尽管基督徒对人性的看法不一致，但是，他们理解人性的基本架构是相同的，均以《圣经》的教义为依据，从上帝的维度去理解人。人是上帝的造物，人的地位介于野兽与天使之间，人若想从罪中解脱获得上帝的拯救，就必须选择上帝所设计的人性，遵从上帝的指令。人笼罩在上帝神圣的光环下，人的德性和尊严必须为神所支配，借助神的荣耀才占据一席之地。可以说，中世纪对于"人是什么"问题的回答是：人是信徒。

从柏拉图到柏拉图主义，再到基督教思想，对于人性的看法有很大差

---

[1] 巴雷特:《非理性的人》，第99页。
[2] Aquinas, *Summa Contra Gentiles*, 4.79., the English Dominican Fathers(trans.), London: Burns, Oates & Washbourne, 1924.

异。但是，作为硬币的另一面，我们可以看到其间有一脉相承的传统，即它们都认为，人并非天生是恶的，或者说，人性是善的。柏拉图主义主张灵魂与肉体的二元论，肉体是有死的，灵魂是不灭的。柏拉图倡导灵魂和肉体二元论，是要为他的城邦找到真正的善。这个善不是外在的表现，不是具体的事例，而是共相——普遍概念。这些普遍概念不是靠感官，而是靠理性来把握，理性在人的灵魂之中。因此，人能否最终获得真正的善，取决于人的灵魂。[1]

基督教原罪说，并不是说人生而是恶的、生来是有罪的。亚当夏娃被造之初，并不懂善恶，因而没有原罪。正如克尔凯郭尔所说，亚当有罪，这是《创世记》所明示的，然而亚当被造时并没有罪，即他不是生来（be）有罪的，而是**成为**（become）有罪的，整个人类，唯独亚当如此。由于亚当是被造之后**成为**有罪的，因而，他与人类族群的关系是传承原罪的关系。对于人类而言，正是通过亚当，罪便存在了。原罪意味着，人的禀性不是恶，上帝是至善的，上帝不造恶与罪；原罪的恶是人堕落的结果。

3. 启蒙关注的首要问题之一是人性

这种"神圣化的"人性与启蒙时代的精神格格不入，自然被启蒙思想家所摒弃，并为世俗的人性观所取代。启蒙时代是一个理性的时代，科学的时代。启蒙思想家对人性的理解深受两方面的影响：第一，科学与哲学的发展。人们相信，建立在理性基础上的观察与实验能够获取可靠的知识，而且，当时的科学成就斐然，对人们长期接受的传统观念提出严重的挑战。第二，伴随文化的世俗化过程，对神学的批判日益激烈，从而逐渐瓦解中世纪遗留下来的基督教人性论。18世纪英国诗人蒲柏（Alexander Pope）公开宣称："人类的正当研究是人"[2]，其口气多么自信，多么理直

---

[1] 杜丽燕所著《人性的曙光：希腊人道主义探源》第七章，用较大的篇幅探讨了柏拉图灵魂肉体二元论问题，柏拉图对于灵魂的结构、灵魂不灭、灵魂转世的诸多论述表明，人与生俱来的力量本身是善的，即我们所说的性善论。在这里就不再赘述。

[2] A. Pope, *An Essay on Man*, Indianapolis: The Bobbs-Merrill Company Inc., 1965, p. 17.

气壮！意思似乎是说：要解决人类的事务，别老盯着上帝，得靠人自己。过去的若干个世纪，人的研究之所以落后，之所以很少进步，就在于过分依赖上帝的神话。并非蒲柏胆大，此乃势也！

既然上帝的权威已经衰微，并且受到人们的质疑，那么用新的方法重新解释人性，便成为启蒙思想家的迫切任务。人性研究不仅是现实人性的描述，而且也是理想人性的塑造，寄寓时代的追求与希望；不仅是个体行为的展现，也是社会规范和制度安排的依据，凝结成新的文化形态和理念。于是，启蒙思想家纷纷将目光转向人性研究，其目标是将人性研究变成一门科学。

西方近代是启蒙的时代。福柯认为，所谓近代哲学（modern philosophy），就是试图回答"什么是启蒙"这一问题的哲学。[1] 福柯的意思是说，回溯哲学发展的进程，西方近代的各种哲学都对塑造"启蒙精神"做出了贡献，对其内涵都有不同程度的认同（有意或无意的）。因此可以说，"启蒙精神"规定了近代哲学的发展方向和理论格局。后来的哲学工作，或者在这种理论架构里展开，继续阐发和扩充人们已经认同的"启蒙精神"；或者重新审视和界定"启蒙"，试图打破既定的理论架构。无论前者还是后者，实际上都在回答"什么是启蒙"的问题。在福柯看来，甚至黑格尔、尼采、韦伯、霍克海默和哈贝马斯等人，也毫无例外地面临"什么是启蒙"的问题。因此，"什么是启蒙"成为近代哲学的一个不可回避的问题。可能因为这样那样的原因而无法提供令人满意的答案，但绝不可能逃避它。

西方近代发生的启蒙，并非一场简单的运动或一股短暂的思潮，而是整个西方文化的重新塑造。其重要特征之一是关注人性。几乎每一个学者都强调研究人性的重要，"因此，几乎每一种启蒙著作都充满有关人性方面的观念，这些观念举足轻重，且常常面目一新，令人激动"。[2] 当人性

---

[1] Foucault, "What is Enlightenment?", in *The Foucault Reader,* Paul Rabinow (ed.), New York: Pantheon Books, 1984. 中译参见福柯：《何为启蒙？》，载于杜小真编选：《福柯集》，上海远东出版社，第528—543页。

[2] Paul Hyland (ed.), *The Enlightenment: A Sourcebook and Reader,* London: Routledge, 2003, p. 3.

的研究具备一定规模，便逐渐形成一个专门研究人性的科学：人学（the science of man）。用休谟的话说，"关于人的科学是其他科学的唯一牢固的基础"，因为"很明显，一切科学或多或少都与人性相关。任何科学，不论看上去离人性多么遥远，都能通过这个或那个途径返回人性……因此，我们声称要解释人性原则，实际上是要将全部科学体系建立在一个近乎全新的基础上，而且那是它们可以稳固立足的唯一基础"。[1]

启蒙思想家注重人性，是为了改变传统人性论，尤其是中世纪残留的基督教人性论，从而塑造新人，建立新的文化制度，以适应新的时代。蒲柏提出人性的两个基本根源："自爱，冲动；理性，压抑"[2]。前者是动因，驱使灵魂欲求和运作；后者是指导，着眼全局，权衡利弊，保持平衡。假如把二者作为启蒙人性的基本特征，应该说，蒲柏的概括是正确的。自爱而非圣爱，自爱而非爱神，明显表现出蒲柏的离经叛道：不再优先崇拜神，不再通过神-人的纽带来理解人性，而是从自然力量本身理解人性。人的自然本性决定人向往幸福，追求幸福，获得幸福。用蒲柏自己的话说，幸福"是一切人的目的，可为一切人获得。上帝赐予的幸福是平等的，既然如此，幸福必定是社会的，因为特殊幸福依赖于普遍幸福。上帝的统治依据普遍法则，并非特殊法则。……个人的幸福与尘世的构造相一致；善良人在这里春风得意。将自然或命运的不幸归咎于美德是错误的"。[3]蒲柏在这里依然借用上帝，但那是为了抬高自然的地位，将自然与上帝等量齐观。这与其说是尊重上帝的崇高地位，倒不如说是将上帝从天上拉到地下，让人们关注现世的生活。至少让宗教徒相信，关心个人尘世间的福祉（自爱）与崇拜神明（敬神）同样重要，并无矛盾。自爱就是人的自我完善，这也是上帝救赎的目的。自然的进程体现上帝的意图，符合自然即符合善良原则，符合上帝的普遍法则。人们不必为神圣而牺牲自然，自然即包含神圣。

---

[1] Hume, *A Treaties of Human Nature*, L. A. Selby-Bigge (ed.), Oxford: Oxford University Press, 1978, p. xix. 中译本参见休谟：《人性论》上册，第8页。
[2] Pope, *An Essay on Man*, p. 19.
[3] Ibid., p. 41.

不难看出，蒲柏的"自爱"意味着从自然的眼光观察人，这正是启蒙的重大成就。由此产生两个结果：(1) 将人从天上拉回地面，强调人性应该从自然的进程中加以理解，不必顾及神的约束，因为自然的进程就是神的法则。(2) 既然尘世能给人以幸福，那么人们关心个人的利益是合理的，乃天经地义。基督教人性论开始为自然主义人性论所取代。

4. 曼德维尔的回答

曼德维尔的作品出现在洛克之后，休谟之前。即便在近代的苏格兰和英格兰，曼德维尔也不是第一个提出"人是什么"问题的人。对于这一问题，他的回答也不是划时代的。既然如此，《蜜蜂的寓言》为什么在英国以及欧洲遭遇到如此强烈地反对呢？这是因为他毫无造作地、公开地表明，人不是哲学家们所说的那种具有上乘资质的物种。人生来既不是圣徒，也不是善的，人就是一个充满欲望的动物和机器。在曼德维尔看来，这不是坏事，因为长期以来一直令人羞愧的欲望等资质，恰恰是社会繁荣的伟大支柱。

(1) 人是激情的复合体

曼德维尔认为，大多数作者都热衷于教人怎样做人，很少有人想到要告诉读者，人实际上是什么样的。曼德维尔告诉人们，人除了是一具躯体之外，还是各种激情的复合体。不论人是否愿意，这些激情都会被唤醒，力图支配人的思想和行为。我们所有的人似乎都不认为人的激情是令人自豪的力量，但是，它确实是人最强劲的力量。庄子云："夫大块载我以形，劳我以生，佚我以老，息我以死。故善吾生者，乃所以善吾死也。"(《庄子·大宗师》) 佛家所说的七情六欲，即喜、怒、忧、惧、爱、憎、欲和色欲、形貌欲、威仪姿态欲、言语音声欲、细滑欲以及人相欲，均与激情脱不了干系，一切皆因有这具肉身。让我们再回到曼德维尔。

曼德维尔所说的"激情"，英文是"passion"。如果该词第一个字母大写，即为"Passion"，那么指与耶稣相关的内容，包括最后的晚餐、客西马尼园所受勘验，以及耶稣受难等内容，后广泛用于圣徒圣事，其含义是苦难，然而却是神圣的。小写"passion"作名词使用，基本含义有如下几个：1. 激情、热情；与理性相对的感情。2. 爱好、热爱、热望占有的东西。3. 恋爱、情欲、热恋对象。4. 大怒、激怒。做动词使用时为及物动词，指发情或怀有激情，而为不及物动词则指发泄感情或受感情影响。

除了词义对激情的说明以外，对于激情的说明大致有三个层次：医学、神学、哲学（含心理学）。医学通常根据体液理论说明激情的特征，哪个是健康的，哪个是病态的。因而在医学领域，医生是激发或控制激情的教主。基督教神学认为，人有若干种激情，但是，哪个是宗教感情，标准是什么，如何辨别等问题，由神学家说了算。到了17世纪，罗马天主教神学家与新教神学家之间发生争执，前者将普通人的宗教责任与宗教徒的宗教责任加以区分；后者则主张，每个人都应该追求更高的标准，用虔敬者和圣职人员的高标准来要求。然而，谦卑和虔诚这类激情，在多大程度上决定人能够过好生活，这些情感以何种方式表达出来等问题，直接影响了各个宗教与政治社团，造成巨大分歧，甚至引发战争。哲学同样关注激情问题，从柏拉图时代到曼德维尔时代，哲学家在研究激情时每每需要回答的一个根本问题是：激情在追求美德和智慧过程中起什么作用？由于柏拉图主义的影响，一些西方人认定，无人有意作恶，人之所做出一些不好的事情，是因为无知，而无知产生于始终束缚着人们的激情和欲望。因此，必须超越激情，才能摆脱由激情导致的束缚。

总之，从人们谈论激情的方式可以看出，激情不是令人自豪的资质，最多可以说是好坏参半的力量。不过，曼德维尔不这么看，他认为，恰恰是不令人自豪的激情促成了社会的繁荣，这是《蜜蜂的寓言》的主题。曼德维尔肯定激情的负面作用，不是歌颂人的低劣，而是想告诉人们，人实际上是什么，或者说人是什么，而不是人应该是什么。

曼德维尔切身感受到大多数人乐于教人怎样做人，这种感受并非没有依据。从古希腊开始，大多数作者确实乐于教人怎样做人，这是不可否认的事实。从古代、近代到现代，绝大多数哲学家都好为人师，不仅司教师之职，甚至俨然一个地处高位的主教。他们以居高临下的态度对待自己的读者，著作中说教之处比比皆是。正是教师（包括传教士）的职业，使哲学家把教诲人作为自己的天职。阅读他们的哲学著作,首先使人产生一种距离感,仿佛在仰视神圣不可侵犯的殿堂。

从另一个角度看,教诲人的责任感来自对人的关怀。一部哲学史,无论探讨天地人神还是别的什么内容,最终核心都是人。因此,关于人如何做人的教诲如汗牛充栋也在情理之中。我们甚至可以说,这类教诲构成西方哲学史的主旋律之一,或者核心价值体系。不过,要说"很少有人知道人实际上是什么样",却未必公允。从某种意义上说,教导人如何做人的第一前提是知道"人是什么"。没有这一前提,根本谈不上教人如何做人。对哲学而言,"人是什么"的深层问题是:人性是什么?人的本质是什么?是善的,还是恶的?是好的,还是坏的?在哲学上,对于"人是什么"的回答,不仅仅是纯粹的事实判断,更是价值判断。

(2)人的天性不是利他

曼德维尔直白地告诫人们:"离开艺术和教育来考察人性,就会看到,人之所以是社会动物,并不在于人追求合作、人有善良的天性、虔敬、友善以及其他恩宠;而在于最污秽、最令人厌恶的品行,这些品行是他必备的能力,使人适合形成规模最大,并且按照世俗标准是最幸福,最繁荣的社会。"[1] 国内学界通常把诸如此类的理念称作"性恶论"。如果恶等于欲望,是可以解释的。然而中文"恶"的原始含义:恶劣、凶狠、犯罪的事,是一种道德层面的描述。如果从这一层面看曼德维尔的思想,就不能把他对于人性的描述称作性恶论。

事实上,曼德维尔在这里所说的离开艺术和教育来考察人,是力求考察自然状态的人。他所描述的"最污秽、最令人厌恶的品行"不是道德层面的恶,而主要指人的自然本性。自然本性只是一个事实,它没有善与恶。或许可以这样说,曼德维尔的意思是说,人并不是生来高尚的动物,道德、艺术、美等罩在人头上的光环,并不是人与生俱来的禀性,人的自然本性就是种种欲望的冲动。人是动物也好,人是机器也罢,都与我们习惯上称道的那些德性没有什么关系。

---

[1] Bernard Mandeville, *The Fable of the Bees: Or, Private Vices, Publick Benefits*, Vol.1, p.62.

曼德维尔指出，作为机器，人体有坚硬的骨骼、强壮的肌肉、精致的神经系统以及穿行在骨骼、肌肉之间的薄膜与导管，覆盖其上的皮肤。这些软组织、硬组织构成一部精美绝伦的机器，规则地运作（这说法像不像霍布斯）。人体这部机器运作过程中产生的需求，便是人的自然本性的发源地。这些自然本性概括地说就是欲望。到了18世纪，人是机器的理念已经为欧洲普遍认同。这一理念，否定了人生来就是善的或恶的说法。人，作为机器，凭借欲望而运作，这只是一个基本的事实，无善无恶。

作为自然状态的人，与动物没有太大差别。"蒙昧的动物皆仅仅热中愉悦自己，因而自然会遵从其自身的天然性向，并不考虑其愉悦势必带给他人的利与害。因此，处于自然野生状态下的生灵，最适于大量聚集在一起，平静地生活，最不需要知解力，其必须满足的欲望则更少。所以，倘无政府的辖制，没有一个动物物种比人类更缺少长期达成群体一致的能力。"[1] 这就是人性。曼德维尔表示，这种性质是好是坏，他不想作价值判断，只想告诉人们，只有人是社会动物，人不仅生来就是利己的（selfish），而且精明狡诈，无论人怎样受制于更高的力量，仅凭强力既无法让人驯服，也不能使人提升。从中可以看出霍布斯"每个人反对每个人的战争"的意味。霍布斯对于自然状态的描述，是为他的政治理念开辟道路。为了避免"每个人反对每个人的战争"，为了避免由于这种状态的出现而可能导致的自然人的毁灭，霍布斯提出我们必须有一个"利维坦"，即"人造的人"，以"保护自然人"。

曼德维尔认为，在日常生活中，人们习惯于把人分为大相径庭的两类，一类由卑劣低俗者组成，一类由高尚英武者组成。前者疯狂地追求眼前的个人享乐，既不克制，也不会为他人着想，除了一己私利以外，没有任何更高的目标。"这类人是感官享乐的奴隶，毫不抗拒地服从一切粗俗欲望的支配，不运用理性能力，只强化感官享乐。"[2] 人们会毫不迟疑地将这类人称为渣滓，意思是，他们只披了张人皮，行为与禽兽无异。而后

---

[1] 曼德维尔:《蜜蜂的寓言》，第31—32页。
[2] 同上书，第33页。

者可称之为高尚者,他们摆脱了肮脏的自私自利,把心灵的升华作为最完美的财富。这类人对自己真正的价值有清楚地认识,他们最大的快乐就是使自己拥有好的品质,除此之外,别无他求。他们鄙视与非理性群体拥有的相同资质,他们凭借理性对抗自己的天然欲望,为与他人和平共处,他们不断战胜自己的自然倾向。他们人生的最大乐趣就是自制以求公共福祉。后一类人几乎是圣人,是道德楷模。

尽管曼德维尔一再表明:"我首先确定一条原则,即在一切社会(无论大小)当中,为善乃是每个成员的责任。美德应受鼓励,恶德应遭反对,法律当被遵守,违法当受惩罚。"[1] 但是,他依然执着地重申,自始祖堕落以来,人的本性就定格了,即受欲望驱使。这是原罪说的翻版,这一论点在基督教世界属于常识性问题。从中世纪基督教时代到近代,多数思想者基本上都持这种立场。即便到了现代的大门口,亦有一些哲学家持这种立场。例如克尔凯郭尔,他对于人性及原罪的看法,在近代向现代过渡的时期,恐怕是最具代表性的。

克尔凯郭尔认为,在上帝创造的世界,最初既没有恶,也没有罪。上帝是至善的,不可能创造恶与罪。恶与罪是上帝创世之后出现的,它来自智慧之树。自从人受到蛇的诱惑,尝了禁果,就知道了善恶,于是,知识便与罪一道进入了世界。正如前面所说,亚当被造时并没有罪,即他不是生来(be)有罪的,而是**成为**(become)有罪的,唯有亚当是这样。由于亚当是被造之后**成为**有罪的,因而他与人类族群的关系是传承原罪的关系。"**传承之罪**是那**现在的**,是那**有罪性**。"对人类而言,正是通过亚当,罪存在了。克尔凯郭尔提醒人们,不要认为亚当有原罪与传承之罪是两个不同的东西。应该说,亚当身上的传承之罪就是原罪。因为"亚当是第一人,他同时是他自己和那族类。……他和区别那族类没有什么本质区别,因为如果有区别,那么族类根本就不存在;他不是那族类,因为如果他是那族类,那么那族也不存在——他是他自己和那族类"。[2] 解释亚当

---

[1] 曼德维尔:《蜜蜂的寓言》,第178页。
[2] 基尔克郭尔:《概念恐惧·致死的病症》,京不特译,上海三联书店,2004年,第43页。

的东西，可以用来解释族类，反过来也一样。亚当犯有原罪，通过亚当，原罪进入世界。因此，人类的罪与亚当的罪都是原罪，二者之间没有区别。我们不能认为，亚当的罪更重，人类的罪更轻，他们的罪是一样的。

始祖的原罪，表现形式是偷吃禁果。依据奥古斯丁解释，偷吃禁果之举，表面上是因为蛇的诱惑，才使亚当和夏娃违背上帝的禁令，但是实际上是"傲慢的天使降临，由于他的骄傲，他产生了嫉妒，因此背离了上帝，自行其事。他用一种暴君式的骄傲的蔑视，选择了愉悦自己，而不是成为一个属民；所以他从精神的伊甸园中跌落下来"。[1]

虽然曼德维尔没有提到奥古斯丁，也没有提及原罪问题，但是，他对于人实际上是什么的探讨，充满了奥古斯丁主义的色彩。曼德维尔把骄傲作为人的重要特质，并且认为骄傲是欲望的一种，也是使人产生德性的主要依托。提及曼德维尔学说，人们想到的第一要素即是欲望。在他的学说中，欲望几乎无所不在，而且是构成曼德维尔悖论的基础，人是激情的复合体，激情的核心是欲望，因而人生来受欲望支配。无论公认的高尚者，还是所谓人渣，其本性都是一样的——欲望动物。寻求欲望的满足是人的本质。曼德维尔声称，自己从来不认为，生活在富国的民众不可能拥有穷国人民的美德。这不是他的初衷，他想要表明的是，没有人的欲望，就不可能有富强的国家，即便有也不会持久。欲望促进社会和国家的繁荣富强，尽管欲望被视为恶习。而在基督教原罪赎罪说，骄傲是始祖原罪的祸首，但是，它也构成了基督教赎罪说的前提，既然始祖因骄傲而获原罪，那么赎罪的第一要义是克服人的骄傲。需要强调的品质和品格是谦卑，是戒除骄傲后形成的品行，谦卑是基督徒的美德。

曼德维尔同样是以骄傲为起点探讨德性问题，如果说由奥古斯丁的基督教传统，谈及人的骄傲（欲望）就是在谈论原罪的缘由，而信仰的第一件事情就是克服人的骄傲，那么曼德维尔由骄傲探讨人性始，却提出了另外一套学说，即统治者可以利用人的骄傲使人形成德性。他明确指出，就

---

[1] Augustine, *City of God,* Penguin Books, 1984, p.569.

产生美德的模式而言，没有任何国家能够与古希腊罗马，尤其是古罗马相媲美，但是，从罗马人的宗教以及罗马诸神的故事中，便可以清楚地看到："他们的宗教远远不是教导人们去战胜个人激情，远远不是为人们指明通向美德之路，而似乎相反，即极力为人欲辩护，并鼓励人的恶德。"[1] 原因在于，罗马人深谙欲望的妙用。罗马人壮观的凯旋仪式、宏伟的纪念碑、高大的拱门、威风凛凛的雕像、感人至深的碑刻铭文、对立功者的赞美、给献身者的荣耀等，所有这一切看似情理之中，却潜藏着罗马人的精明，即他们充分利用了人对于荣誉、赞美的渴望心理。他们深谙人性和其弱点，敢于利用人性的弱点。美德在罗马得以建立，有两个要素：第一，人性的弱点，第二，统治者的精明。前者涉及人实际上是什么，人性是什么，后者涉及政治统治术。一言以蔽之，"能够使古罗马人做出最高程度的自我克制的，不是别的，正是他们的一种政策，即充分利用能最有效地迎合人类骄傲之心的手段"[2]。从曼德维尔探讨中，没有看到他对于这一问题进行的历史性探讨。不过，我们依然能够看到，他认为利用人的骄傲等欲望，诱使人向善，形成人的德性，是西方自罗马以来的传统，直到曼德维尔时代依然如此。

曼德维尔之所以探讨"人实际上是什么"，并不是像苏格拉底和柏拉图那样，企图寻求人类可能的不朽，以求最大限度地分有神性。他之所以探讨这个问题，是想告诉人们一个事实，人是自私的，被人们所追捧的人的高尚、人的利他等德性等，确实存在，但不是人的天性。人用不着对自己那些不佳资质和品行感到羞愧，不论你承认与否，这些不佳就是人的本性。建立政治制度、理解社会、培养人的道德，这一切都不能忽略人自私的天性。甚至可以说，人的欲望是人能够管理、发展和繁荣的基础。人的进化、道德的产生、社会的发展等，是多样性的欲望拉动的结果，如果用一个简单的公式来表述，应该是这样的：生命—欲望—满足欲望。财富、道德、社会、制度、法律、国家，不过是欲望的副产品而已。

---

[1] 曼德维尔：《蜜蜂的寓言》，第37页。
[2] 同上。

曼德维尔从心理学的角度指出，管理自私自利且精明狡诈的人，独独使用强力恐怕收效甚微。立法者及其智囊团为管教人殚精竭虑，想出了一个治理社会和人的方法，他们"为建立社会而殚精竭虑，奋力以求的一件最主要的事情，一向就是使将被他们治理的人们相信：克服私欲这比放纵私欲给每个个人带来的益处更多；而照顾公众利益亦比照顾私人利益要好得多"。[1] 这是一个有悖于人的自然天性的命题。按照曼德维尔的看法，人生来就不是利他的，人的天性是自我保存。这一天性决定了人的特质：无利不起早。现在你倡导利他，这与人的天性相违背。

伦理学家和哲学家对人性做了详尽的分析，洞悉人类天性中所有的优点和弱点而有一个令人振奋的发现，即再蒙昧的人也会被赞美所陶醉，无耻之尤辈同样不能承受他人的蔑视。这是人性的弱点，这个弱点叫作骄傲。这个发现是一个重要转折，由于发现了人性的弱点，伦理学家找到了引导人走向利他的契机，这一契机孕育出人类社会的一切美德。美德或曰德性，听起来挺美好，但是出身不好，鲜花插在猪粪上，荷花长在淤泥中，花是美的，根子可就经不起审视了。这一尝试可谓"以毒攻毒"。用人性的弱点战胜人性的弱点，其结果是产生社会公益。

自智者以来，西方教育的一个重要理念是教人以善。直到今天，人们依然会说，教育首先是育人。育人，指教育学生如何做人。曼德维尔不这么理解教育，他认为，教育就是为了生计。笔者认为，他所说的教育，主要是指职业教育，教人以术。术，即是从希腊肇始的技艺（arts），所谓"授之以渔"。"在青年的教育方面，为了使他们成年时获得一种生计，大多数人都为他们寻找那些确有保障的行业，在每个大型的人类社会当中，这些行业形成了完整的实体或联盟。"[2] 有保障的行业指技艺、科学、贸易、手工艺等，人们认为这些行业有用，是因为它们永远存在。就是那些受过良好教育的人，人们心目中的上等人，在给孩子教育投入或选择行业时，同样是为了利益，不是选择挣钱多的，就是选择体面的。

---

[1] 曼德维尔：《蜜蜂的寓言》，第32页。
[2] 同上书，第43页。

被教育者的情形就更复杂了。他们被送到有保障的行业学习，其父母或者家境殷实，或者入不敷出。孩子们有出息当然更好，然而，最常见的情形是，他们或者不够勤勉，或者缺少对本行业的认知，或者沉溺于享乐，或者运气不佳……种种不走运，几乎是社会常态。于是，大量的倒霉蛋被抛入世界。受过大学教育的少量幸运儿，可能会进入教师行列，或者政府机构。

在这些人中，懒汉厌恶工作，浮躁的人厌恶任何形式的束缚。一些人可能受浪漫情愫的影响把目光投向舞台，成为艺人。也就是说，干演员这一行完全不是出于对艺术的喜爱，不是出于审美原因，而是出于偶然的激情。味觉好、通晓烹饪者或许成为美食家、食客；放荡者去私通，或者做皮条生意；狡诈灵巧者成为扒手和骗子，要是技能允许，他可以成为造假币者；利用他人愚蠢的人成为医师或预言家。人的恶习和弱点，成为自己谋生的手段。这是天生的、最便捷、最轻松的谋生手段。社会分工的支柱是人的劣根性。体面的、不体面的行业，无一例外出于人的狡诈、懒惰和欲望。

再说名誉（honour）。听起来挺美好的。名誉，谁不想获得，谁不珍惜呢？"所谓荣誉，就其真切的含义而言，不是别的，而只是来自他人的好评而已。荣誉被看做是一种多少具备实在性的东西；而展示荣誉时则多少总是喧嚣或热闹的。"[1] 在君主制下，名誉来自君主。通过授予头衔，或者其他奖励，给君主喜欢的人贴上美好的标签。不论一个人是否配得上好评，只要君主喜欢，他就可以被贴上名誉的标签。这个标签很实用，像货币一样流通。霍布斯也曾说过："世俗的荣宠来源于国家的人格，取决于君主的意志……世俗尊荣，如官爵、职位、封号以及某些地方的盾饰和彩袍等都属于这一类，人们把具有这类东西的人认为是具国宠象征而加以尊敬，这种国宠就是权势。"[2]

名誉的反面是不名誉（dishonour），或者耻辱，是由人的恶评所致。

---

[1] 曼德维尔:《蜜蜂的寓言》，第48页。
[2] 霍布斯:《利维坦》，第67页。

名誉是对良好行为的奖励，而不名誉是对恶行的惩罚，人们通常对不名誉者或行为，报以蔑视的态度，给予恶评。效果是引起人的羞耻感。名誉与不名誉只是"名"，却也是一种真实的感受。羞耻感不是与生俱来的，而是社会赋予人的。名誉和不名誉是社会价值评判体系赋予的道德判断，以男女的羞耻感为例，人们都认为羞耻感是人天生就有的。我们中国也有类似的说法："恻隐之心，人皆有之；羞恶之心，人皆有之；恭敬之心，人皆有之；是非之心，人皆有之。恻隐之心，仁也；羞恶之心，义也；恭敬之心，礼也；是非之心，智也。仁义礼智，非由外铄我也，我固有之也。"（《孟子·告子上》）孟子的这段话，被看作中国传统文化对所谓"性善论"的经典描述。人性善，因人生来就有恻隐之心、羞恶之心、恭敬之心、是非之心，这是人的善根。人因有善根，所以才有可能在善根之上，建立仁、义、礼、智的道德体系。

曼德维尔的观点与此完全不同。他认为，人生来只有欲望和本能，即自然天性，而没有道德感。以羞耻感为例，"众人几乎无法相信教育具有何等巨大的力量，因而将男女羞怯的差别归因于自然天性，而这种差别却完全来自早期教育"[1]。一位小姐自幼被灌输这样的理念，暴露是不雅的，只要她有违训诫，便会受到呵斥或者惩罚；男孩子也是如此，他们从小就被灌输一种理念，男孩子必须像个男孩，否则会被指斥为娘娘腔，从而受到其他孩子的蔑视。

教育、训诫之所以能够成功地培养出人的耻辱感，不是因为人天生有善根，而是因为人天生有激情。"羞耻意味着一种激情，一种能够产生种种相应症状的激情。羞耻支配我们的理性。"[2] 激情不受理性支配的说法与霍布斯有些相似，然而霍布斯认为，不仅如此，激情还支配着理性。霍布斯指出，人的自然天赋有四个方面：体力、经验、理性、激情。体力是人的肉体能力，是自然天赋的基础；经验包括感觉、想象、记忆等；记忆中的事物谓之感觉；理性指运用语言给事物命名、对事物进行判断和推理

---

[1] 曼德维尔：《蜜蜂的寓言》，第54页。
[2] 同上书，第48页。

的能力；激情是人的自觉运动的内在开端，自觉运动一指生命运动，即生理过程，二指自觉运动，即按照心中想好的方式行动，也就是按照某种意向活动，意向朝向某些事物时，称作欲望或愿望。简单地说，激情是某种欲望或愿望的展现。善与恶，出自人对欲望对象的评判，人喜欢的对象被称作善，而厌恶的对象被称作恶。"发现能力上的某种缺陷而悲伤谓之羞愧，也就是表现为赧颜的激情。这种情绪在于理解到有某种不体面的事情存在。……蔑视名誉谓之厚颜。"[1] 名誉与不名誉是外部力量所致，它们引起的荣誉感和羞耻感是个人的感受。这些感受存在的基础是激情，而激情是人的自主活动，即自然本性。在这一点上，曼德维尔与霍布斯颇为相似。曼德维尔强调，羞耻心作为个人感受，不是生来就有的，而是后天教育的结果。教育之所以能够奏效，是因为人有激情。

哈耶克称曼德维尔的思想是"达尔文之前的达尔文派"。他指出："在我看来，从许多方面看，达尔文是由曼德维尔启动的一项发展的顶点。"[2] 因为，正是曼德维尔率先揭示出进化论的规则，即社会"秩序赖以存在的公正意识和正直的品德，并不是一开始就被植入了人的大脑，而是像大脑自身一样，是从一个逐渐的进化过程中成长起来的"。[3] 哈耶克所言不谬。

四、罪恶产生公众利益

我们常见的社会现象是，多数人是勤勉的好人，他们辛辛苦苦劳作，以养活家人，教育子女；本本分分纳税，以尽自己一份公民义务。在人们心目中，这是一种体面的生活、体面的人生。曼德维尔告诫人们，这些被人视为有用的社会成员，维持体面生活需要从事某种行业。我们在前面已经讲过，在曼德维尔看来，所有的行业都充满尔虞我诈，行业的特点就是欺骗，行业是骗子的天下。行业的存在"主要依赖于他人的恶德，或

---

[1] 霍布斯：《利维坦》，第42页。
[2] 《哈耶克文选》，第518页。
[3] 同上。

者主要受到他人恶德的影响。这些人自己既不去犯罪，亦不去不协助犯罪，而仅仅是从事自己的行业，如同药剂师并不必定去下毒、铸剑者并不必定去杀人一样"。[1]

曼德维尔并不是从政治学、伦理道德角度论证这一观点，公众利益并不意味着善或者高尚，而单纯指利益，尤其指物质利益。

1. 一般商业活动可以带来公众利益

曼德维尔以制酒业为例，来证明自己的立论。酒的进出口贸易带来了商机，从而成为生产发展的催化剂。对外贸易的发展势必需要航运，于是促使航运得以发展，对外贸易则使国家获得可观的关税收入。酒的内部销售，促进谷物种植和酿酒业的发展。如果用我们今天的话来说，它不仅使国家的 GDP 大幅度提升，而且创造了诸多就业机会，还满足了人们饮酒的需求。

是什么原因造就了商业以及商人的成就和贡献呢？换句话说，是什么原因导致商业的繁荣？答案是人的欲望。以酒业为例，酿酒业最重要的因素是市场，如果人人节俭，无人愿意奢侈，无人愿意酗酒，酒就会砸在造酒商手里，便不会再有人做酒的贸易，这一贸易就会自行消失。同理，丝绸业、服装业、珠宝业，以及所有灯红酒绿的行业，繁荣与否，都取决于人的奢侈消费和日益高涨的需求。曼德维尔为这类消费做辩解还可以说得过去，毕竟这些行业是体面行业。不论是谁在酗酒，只要卖酒是合法的，酿酒、卖酒就是合法的职业。

酒不是什么好东西，酗酒使人无行，也损害人的健康。[2] 但是对于疯狂或绝望的男男女女，这酒乃是热湖之水，使头脑燃烧起来，烧得人五脏俱焚。这酒也是忘川之水，使倒霉蛋儿忘却烦恼，也失去理性，一旦失去理性，穷人就不必为嗷嗷待哺的幼子担心，也不必惦念寒冬里空空如也的家。当他们无力改变自己的境遇和命运时，借酒浇愁便成为他们生活的常

---

[1] 曼德维尔:《蜜蜂的寓言》，第 65 页。
[2] 这一部分内容可参见曼德维尔:《蜜蜂的寓言》，第 68—70 页。

态。出入酒馆的人或许是最懒惰、最懈怠、最能挥霍之辈。于是，酒成就了世间怪象，大都市不仅有达官贵人出入的高级酒吧，亦有平头百姓光顾的简陋酒馆，酒馆遍及都市、城镇、乡村。许多贫穷的地方，可能缺少其他东西，却不缺酒馆。

酒馆带给人的联想是纸醉金迷、灯红酒绿，是放纵与堕落的代名词。低等酒馆则让人产生犯罪、暴力等联想，似乎负面的东西远远大于光明的东西。曼德维尔却不这么看，他认为这类看法是俗人的短视，只看到因果链条上的一个环节。如果从环环相扣的因果链条来看，人们能够从中读出快乐来。因为从这些让人倒胃口的罪恶中，人们可以挖掘出利益。

首先，为国家税收做贡献。酒（曼德维尔在这里谈的是麦芽酒）的税收在国家税收中占有相当大的比例，不论酗酒之人属于哪个阶层和群体，只要他们买酒喝，就能为国家带来不俗的收入。

其次，形成行业链。制麦芽酒需要麦子，便导致耕地面积的扩大；种地需要工具，农具制造随之兴旺；运输麦子、蒸馏麦芽都是麦芽酒产生所需的行业。喝酒、酗酒，穷人、富人、良民、暴民、好人、坏人只要他举起手中的酒杯，他就以自己的行为滋养了与制酒相关的行业链。这些行业在为国家增加税收的同时，也为人们提供了可观的就业机会。麦芽酒是低度酒，有了它才有了烈酒。

最后，在苦难无望的世界中给人以慰藉。正如叔本华所说，世界是苦难的，世界之所以为苦难的，乃是因为意志是无休止的奋斗，即无休止的盲目冲动，因而他永远不会满足，他不断地奋斗却又永远毫无所获，永远陷于饥饿的欲望或者渴望之中。生活意志的这种特性，必然要投射到自我的对象化——人的身上，表现为人试图寻求满足和幸福，但却永远一无所获。因此，欲望是痛苦的一种形式。在欲望驱使下，人都想牺牲他人以肯定自己的存在，生活充满了相互冲突。欲望的骚动、由欲望骚动导致的冲突，是使世界和人生坠入苦难的深层原因。

当人无法改变境遇，却又不得不生存下去时，饮酒也能有一种释缓作用。尼采对于醉酒状态的描述，或许能让我们更好理解"醉"的内涵。醉是"从人最内在基础，即天性中升起的充满幸福的狂喜"。酒神祭上，人人喝得酩酊大醉,"醉"的狂喜使"数百万人颤栗着倒在灰尘里"。此刻奴隶也是自由人,贫困、专断,或人与人之间敌对的樊篱土崩瓦解;每个人都感到自己和邻人和解、融洽,甚至融为一体;放歌狂舞的人飘飘然欲乘风而去,神态宛若着魔一般;他仿佛觉得野兽开口说话,大地流出牛奶与蜂蜜,超自然的奇迹在人身上出现,他觉得自己就是神。[1]

曼德维尔没这么诗情画意,他用平铺直叙的语言,直白地道出了相似的见解。穷苦人在生活无助时,特别在"买不起价格更高的兴奋剂,于是麦芽烈酒便成了他们普遍能够负担的安逸,不仅在他们感到寒冷和疲惫的时候,而且大多在他们备感苦恼、不得不听从命运摆布的时候。这些烈酒的最大量需求,往往是在食品、饮料、衣服和住处最匮乏的地方。"[2] 毋庸置疑,酗酒有害,但也能给生活无助者以活下去的希望。当无法与命运抗争时,酒能够使人接受命运的安排,麻木地活下去。也就是说,酒使生活无望者有能够生活下去的力量,尽管醉生梦死,但是好歹赖活着。恐怕这是不经意间从罪恶中产生的最大的善了吧。客观上救他人一命,或者非设计性地、自发地起到挽救他人性命的作用,是酒业不可忽略的功劳,尽管酿酒、卖酒是为了赢利。

2. 犯罪行为可以产生公众利益

曼德维尔从一般商业活动讨论罪恶产生公益,那种罪恶还不是指犯罪,而是指人的欲望,就是西方文化一般意义上的罪恶。如果说,从这一角度说明个人欲望与公众利益的关系还不算太离谱,那么随后的讨论,却让人目瞪口呆。因为在随后的讨论中,曼德维尔进一步指出,不体面的行业,甚至犯罪行为,也是社会繁荣的动力,如盗贼和抢劫者。这种说法即便在今天,也得实在太惊世骇俗了。

曼德维尔表示,他也认为罪犯是社会的祸害,政府当下大力气杜绝犯罪事件。这只是表明一个立场,即我不是为犯罪唱赞歌,我也主张治理犯

---

[1] 尼采:《悲剧的诞生:尼采美学文选》,周国平译,生活·读书·新知三联书店,1986年,第5页。尼采关于醉的论述,均来自《悲剧的诞生》第5页。
[2] 曼德维尔:《蜜蜂的寓言》,第71页。

罪。不过，这种说辞只是轻轻带过，之后，曼德维尔便以较大的篇幅说明，即便是罪犯也比守财奴好。当然，曼德维尔对这一主张做了一个谨慎的限定，即他所说的守财奴是一个生性恶劣的守财奴。至于何谓生性恶劣，却未置一词。从行文可以看出，曼德维尔所说的生性恶劣，是指守财奴不消费，因而对于社会福利毫无贡献。除此之外，没有看到曼德维尔对于守财奴之生性恶劣做过进一步的说明。

一个守财奴拥有十多万镑的金钱[1]，却没有继承人，可是他每年只肯花费五十镑用于日常消费。在曼德维尔看来，这种人于国、于民、于公益毫无贡献。试想，如果他的一百或一千金币被抢劫了，结果如何？这些钱会进入流通领域。曼德维尔勾勒了一个流通链。

小偷和盗贼或因没有生计而偷窃抢劫，或因诚实的劳动无法维持生计，或是生性厌恶正常的工作，不论出于什么原因，他们走上了一条犯罪道路。他们靠偷窃抢劫得来的钱，需要维持自己的生存、需要满足感官快乐：喝酒、纵欲等。于是，盗贼的消费产生奇特的社会效果。抢劫发生了，盗贼得到钱。假设他把抢到的钱给了一个妓女10镑，由此开始，便形成至少若干个公众利益环节：

第一个公众利益环节，妓女得到体面。她把自己从头到脚重新装饰了一番，绸缎商、面料商、裁缝都会从她的消费中受益。当这妓女花钱时，没有任何一个商人（无论他多么正人君子），会因为她是妓女而拒绝卖给她东西。只要他们接受她的消费，他们就会有利润。

第二个公众利益环节，妓女的消费养活了为她服务的诸多行业。那些商人得到利润之后，亦会将钱投在自己的生产生活中，"这妓女花出去钱还会养活上百个不同行业的商人，不到一个月，他们便会将这妓女的一部分钱赚到自己手中"。[2] 曼德维尔似乎没有明确说明第三个公益环节，事实上，在他的行文中，确实向人们透露了这一环节的存在。

第三个公众利益环节，建立起和谐社会。盗贼用偷盗抢劫的钱去消

---

[1] 关于小偷如何促进公益，可参阅曼德维尔：《蜜蜂的寓言》，第67—69页。
[2] 曼德维尔：《蜜蜂的寓言》，第68页。

费，如用餐，饭馆老板不会过问钱的来历，这与他无关，盗贼的消费只与老板的收入有关。精明的老板深知赚钱的方式，能够巧妙地与之周旋，将其抢劫偷盗所得合理合法地尽收囊中，不仅如此，他们还关系融洽。抢劫的社会效果是营造了和谐社会。

第四个公众利益环节，扶贫助困，解救危难。曼德维尔进一步演绎说，阴差阳错，抢劫的金币落在三个贫苦农民手中，他们一个是诚实的农民欠地主30镑；一个是家有病妻和幼子的日工，第三个是一位绅士的园丁，其父亲在狱中，他本可以与一位女子订婚，因女方索要50金币而搁置。这笔不义之财拯救了这三个贫苦农民，第一个农民用这笔钱还清了债务；第二个农民可以为妻子治病，养活幼儿；第三个农民与心爱的女孩订婚，有情人终成眷属。这哪里是抢劫偷盗，简直就是从事慈善事业嘛。抢劫的钱"必定会进入流通，而国家便会因为这次抢劫而获益。这抢劫给国家带来的利益，与一位红衣主教向大众布施同样数量的钱给国家带来的利益，两者一样实实在在"[1]。国家最终会从抢劫中受益。

3. 贪婪挥霍造福社会

没有人会恭维贪婪，就像没有人恭维偷窃一样。人们对贪婪持批评态度是完全可以理解的，这不仅因为贪婪是万恶之源，更重要的是一些人贪得越多，就越是损害另外一些人的利益。贪得无厌者的所作所为，迫使他们抢劫了本不属于他们的东西。然而按照曼德维尔的看法，社会不能没有贪婪，或者直白地说，社会需要贪婪。

无贪婪便无挥霍，"贪婪与挥霍，这两种恶德虽然看似极为对立，却常常互相帮助"[2]。当然，有一种贪婪是只为攒钱而贪财，拒绝把贪来的钱用于消费的人对金钱的爱慕如同爱慕美女一般，曼德维尔称这种人为守财奴，他们就是巴尔扎克笔下的高老头、葛朗台一类的人物，他们最大的幸福就是数金币。每当清点自己攒下的金币时，他们的眼睛就放出狼眼一

---

[1] 曼德维尔:《蜜蜂的寓言》, 第67页。
[2] 同上书, 第79页。

样的绿光。按照曼德维尔的看法，这种贪婪与挥霍是对立的。曼德维尔在探讨偷窃也产生公众利益时已经表明了自己的看法，守财奴不能产生公众利益，他的钱被偷被抢也没什么可惜的。

曼德维尔所说的贪婪是挥霍之奴，是指另外一种贪婪，即贪财是为了挥霍，大多数文武百官、朝廷重臣都是这样的人。他们不惜重金购置豪宅，而宅邸装修极尽奢华，车辇娱乐无所不用其极，这种一掷千金的挥霍，使贪婪登峰造极。贪婪与挥霍，常常是不择手段攫取财富的孪生兄弟。这类人的常规表现是"觊觎他人的钱财，挥霍自己的钱财"。[1]

亦有一类挥霍者，在今天看来就是人们通常所说的花花公子。这类人与"觊觎他人的钱财，挥霍自己的钱财"的挥霍者有所不同，他们不是贪婪暴殄、仰取俯拾他人财富者。他们的财富不是靠敲诈勒索所得，而是来自富有的家庭。他们不把金钱当回事，恣意享乐，挥霍祖上辛苦积攒的资产。他们耽于感官享乐，花钱如流水，丝毫不把绝大多数人看重的东西放在心上，他们活着就是为了享乐。他们的生活方式是商人利润的代名词，所谓顾客是上帝用在他们身上是再贴切不过的，花花公子就是商人的上帝、是公众的送财童子。曼德维尔对贪婪并没有太多的批评，他矛头指向的是贪婪而不挥霍者，即守财奴。他对于单纯的贪婪，或者只为数钱而敛钱者，持激烈的批评态度。他甚至暗示，这类人的钱即便被偷被抢也不值得同情，理由是他们的贪婪不能带来公众利益。而对于贪婪且挥霍者、纯粹的挥霍者，曼德维尔并不吝啬溢美之词，将其称作"高贵的罪孽"。这是因为，守财奴——只贪婪不消费的人，"除了其继承人之外，只会有害于其他一切人；而挥霍者却是对整个社会的赐福，除了挥霍者自己之外，不会伤害其他任何人"。[2] 如果说贪婪者是无赖，那么挥霍者就是傻瓜。曼德维尔悲观地指出，如果一个社会没有匡正权势者的横征暴敛、贪得无厌的能力和机制，那么这些权势者自己无度的挥霍，正是把不择手段聚敛的财物还给公众。如果他是守财奴，那么他的后人花天酒地，也是替

---

[1] 曼德维尔:《蜜蜂的寓言》，第80页。
[2] 同上。

前人偿还社会公债，是把用罪恶的手段聚敛的金钱用正当的方式还给社会。在曼德维尔心目中，用剥夺的方式夺取某人的不义之财是一种低级的剥夺方式，而让其后代把这些不义之财挥霍殆尽，则是一种更高级的毁灭方式且更堂堂正正，所谓自作孽不可活。对于贪婪挥霍者的评判，曼德维尔毕竟不愿意从纯粹经济学的角度讨论问题，若是从纯粹经济学的角度看贪婪挥霍，结论必然是曼德维尔所说的，罪恶越大，对社会的贡献就越大。

在探讨贪婪挥霍问题时，虽然曼德维尔的起点是罪恶大者贡献大，然而在解释挥霍行为给社会带来的公益时，他离开了经济学，诉诸因果报应。

在评论"K"部分里，曼德维尔在总结自己的立场时，对贪婪和挥霍做了一个医学式的解释："我将社会中的贪婪与挥霍看做医学中两种相克的毒药。对于它们，有一点是确定无疑的：倘若它们的相克矫正了它们各自的毒性，它们便能够互为帮助，并且常常可以混合成为良药。"[1] 恐怕医学相生相克论比因果报应论，似乎更接近曼德维尔立场。

4. 国家重臣的自私和野心为民造福

帝王将相、王公大臣、文武百官及手握权柄的官员，从来就是权谋、野心、阴谋、贪婪、狠毒的代名词。清官得以流芳千古、清官戏经久不衰，恰恰说明清官只是少数，他们那些被传颂的事迹，几乎是官场里的"神迹"。"三年清知府，十万雪花银"，尽管此话的争议颇多，且意义含混，然而，无论这话如何解释，似乎都意味着：年俸百余两的知府，做稳三年即可得到十万两银子的进项。可见皇权统治下，权力没有制约，无官不贪。

曼德维尔也表述了同样的想法。在《蜜蜂的寓言》对话部分，曼德维尔借克列奥门尼斯之口说："国家重臣们以及一切手握权柄者的行为原则都是贪婪和野心；他们殚精竭虑地为自己牟利，即使在承担为公众谋利的苦

---

[1] 曼德维尔:《蜜蜂的寓言》，第83页。

役时，也无不怀有个人的目的；他们心底的快乐补偿了他们的疲惫，而他们都不愿意承认那种快乐。"[1] 虽然克列奥门尼斯是用看似自我讥讽的口气说，是自己心胸狭隘地这样认为，但实际上，他提出了一个明确的质疑，这些国家重臣的做法让人匪夷所思：自利是人的天性，一个人何以可能违背自己的天性，情愿当牛做马，竟然不为自己打算？他认为是因为他们关心自己的利益，他们要发财、要荣誉、要光宗耀祖、要门第显赫、要高尚的形象以及要一切和高尚、高贵相关的东西。如果认真审视曼德维尔的评论部分，可以清楚地看到，这正是曼德维尔真实的想法。不过，在对话中，他依然把自己的逻辑贯彻到底，得出一个准曼德维尔式的结论："在政治家的所有施政策略中，我清晰地看到了公众的利益；在他们的每一步行动中，我看到了社会的美德在闪光。我还发现，国民的利益乃是一切政治家行动的指针。"[2] 笔者之所以说这是一个准曼德维尔式的结论，是因为曼德维尔式的经典主张是自发论，即一切出于欲望的行为是人的本性所致，它本质上是为自己而在客观上形成公众利益。换句话说，主观为自己，客观为他人。公众利益是个人自利行为不经意的结果，人刻意为他人，在曼德维尔看来是违背人的自然天性的。正如托克维尔所说："我们的祖先只知道利己主义。利己主义是对自己的一种偏激的和过分的爱，它使人们只关心自己和爱自己甚于一切。"[3] 人的天性是只为自己活着，人生来是利己的，而一切利己的行为产生的结果恰恰是公众利益。但不知为什么，曼德维尔对于政治家的看法却如此温和，如此传统，以至于充满了他一贯反对的设计论的立场。

五、曼德维尔引发的理论思考

曼德维尔描述了个人欲望促成公众利益的过程，对于这一过程的描

---

[1] 曼德维尔：《蜜蜂的寓言》，第250—251页。
[2] 同上书，第251页。
[3] 托克维尔：《论美国的民主》下卷，董果良译，商务印书馆，1989年，第682页。

述，只限于勾勒行为及其结果，并没有在理论上做更多的阐释。在曼德维尔描述的现象后面，究竟有什么逻辑支撑？曼德维尔并没有给予太多的探讨，从他之后的英国自由主义者和关注自由主义的哲学家的著作中，我们或许可以看到一些端倪。

1. 引发了休谟的反理性主义

从曼德维尔阐释其著名的命题"私人的欲望，公众的利益"，我们不难看出，曼德维尔的思想，通篇没有为理性留下任何空间。他强调欲望、本能、生命有机体，强调人的欲望导致的商业产业链，欲望本能导致的消费链。当他把人当作动物，肌体当作骨骼、肌肉、血管合成的形体时，人不过就是一个寻求满足的动物。他提出"人实际上是什么"，而得到的答案是：人是动物且仅仅是动物。对于同样的问题，苏格拉底和柏拉图的回答是：人是有理性的动物。奥古斯丁给予的回答是：人是有信仰的动物。对比之下，不难看出，曼德维尔特别强调人是一具肉体动物。对于肉体动物而言，只有欲望的冲动和满足，这种动物的代名词叫自爱，这个自爱的动物，没有什么神圣和高贵可言。《蜜蜂的寓言》似乎是人的低俗本能的宣言书。它企图在理性主义时代，否定理性的作用，为人的欲望辩护，甚至为人的罪恶辩护，难怪曼德维尔被视为道德怪物。即便是今天，当我们看到这些论述时，依旧觉得骇世惊俗。那么，曼德维尔"私人的欲望，公众的利益"的思想究竟产生了什么影响？

休谟以知识论闻名遐迩。不过，休谟的主要任务是建立普遍的人性科学，关心普遍人性是休谟思想的核心。他的知识论是理解人的道德存在和社会成员行为方式的基础。"一切科学对于人性总是或多或少地有些关系，任何学科不论似乎与人性离得多远，它们总是会通过这样或那样的途径回到人性。即使数学，自然科学和自然宗教，也都是在某种程度上依靠于人的科学。"[1] 既然如此，休谟表示，自己的研究要抛弃以往哲学研究所采用的迂回曲折的老方法，那些方法所取得的成效，不过是一会儿攻克

---

[1] 休谟:《人性论》上册，第6页。

一个村庄，一会儿打下一座城池。他要"直捣这些科学的首都或心脏，即人性本身"。[1] 一旦掌握了人性，就能够在其他方面取得进展。因为"人的科学是其他科学的唯一牢固的基础；而我们对这个科学本身所能给予的唯一牢固的基础，又必须建立在经验和观察之上"。[2] 经验是一般人的理由，不需要研究就可以发现。人的科学，亦或称作"精神科学"，不是建立在理性的基础上，而是以感觉经验为基础。如休谟自己所云，理性无法为如下问题提供答案：我在什么地方？我是什么样的人？我何以存在？我由何而来，复归何处去？我应该追寻谁的恩惠，惧怕谁的愤怒？四周有什么样的存在物围绕着我？我影响谁，谁又影响我？休谟说，每当自己运用理性破解这些问题时，总是被它们所迷惑，四围一片漆黑，完全被剥夺了运用感官和肢体的能力。"幸运的是，理性虽然不能驱散这些疑云，可是自然本身却足以达到那个目的，把我的哲学的忧郁症和昏迷治愈了。……如果服从我的感官和知性，那末我就会、而且也必然顺从自然的倾向。"[3]

一个人有必要反抗自己的自然倾向吗？没有必要。休谟自问，有什么义务非这样浪费时间不可呢？这样做能够达到什么目的，是能够服务于人类利益，还是有利于个人利益？答案是都没有。如果要反抗人的自然天性，也必须得有正当理由才行。休谟认为，没有任何正当理由能够说服人去反抗自己的天性。在人们心目中，追求推理和信仰的人如同傻瓜一样，如果一定要做傻瓜，也要做个愉快的傻瓜。若说休谟是个地道的曼德维尔主义应该不过分。理性有没有作用呢，当然有，但理性发挥作用的前提是："生动活泼，并与某种倾向混合起来……理性如果不是这种情形，它便永远不能有影响我们的任何权利。"[4] 说得直白点，理性必须符合人的自然倾向，使人有愉快感，才会发生作用，反之则无。

哈耶克在评论曼德维尔的贡献时指出，17世纪，英国和欧洲大陆受理性主义支配，培根和霍布斯正是这种理性主义在英国的代言人。他们对于

---

[1] 休谟：《人性论》上册，第7页。
[2] 同上书，第8页。
[3] 同上书，第300页。
[4] 同上书，第301页。

英国思想的影响,丝毫不逊于笛卡尔和莱布尼茨,甚至洛克也深受理性主义影响。[1] 理性认识是17世纪最醒目的标签。按照哈耶克的看法,18世纪理性主义在欧洲大陆依然盛行之际,英国思想却发生了变化。原因在于英国原本想建立独裁政府,却没有成功,最后形成了君主立宪制,这种体制给人的印象是政府是软弱的。君主立宪"是未经设计而'生成的'"(哈耶克语)体制。伴随着"软弱的政府"而来的,是一种新思潮的产生,这种思潮"被称为'反理性主义'的传统。这个传统中的第一个伟大人物是原籍荷兰的曼德维尔"。[2] 休谟在道德和社会领域,把曼德维尔反理性主义的自发论发扬光大。

休谟的知识论阐释了这种非理性主义的立场,进而把这一立场推进到道德领域。休谟认为,"哲学普通分为思辨的和实践的两部分",道德"总是被归在实践项下"。[3] 道德准则对行为和情感产生影响,理性则没有这种作用。在休谟看来,理性的作用在于发现真伪,所谓真伪是指实在或事实是否符合观念。"我们的情感、意志和行为是不能有那种符合或不符合关系的;它们是原始的事实或实在,本身圆满自足,并不参照其他的情感、意志和行为。因此,它们就不可能被断定为真的或伪的,违反理性或符合于理性。"[4] 人们对于人的行为的评判,断定其功过是非,并非因为行为符合或违背理性;同理,理性既然不能凭借赞美或反对某种行为而直接引发或阻止那种行为,所以理性不是道德善恶的源泉。赞赏或厌恶某种行为,与该行为合理与否不是一回事。

休谟的道德理论表明,我们的道德信念既不是生而固有的,也不是理性的发明,而是文化进化的产物。在这个进化过程中,那些对人类行为有效的因素被保留下来,无效的则被淘汰。[5] 不难看出,这是20世纪人人耳熟能详的达尔文主义所倡导的"优胜劣汰""适者生存"原则,适者指

---

[1] 关于哈耶克的相关见解,参见《大卫·休谟的法哲学和政治哲学》,载于《哈耶克文选》,第485—500页。
[2] 哈耶克:《哈耶克文选》,第487页。
[3] 休谟:《人性论》下册,第497页。
[4] 同上书,第498页。
[5] 上述观点来自哈耶克:《大卫·休谟的法哲学和政治哲学》,见《哈耶克文选》,第489—491页。

最大的社会效益。这种前达尔文主义始于曼德维尔。休谟的作用在于进一步在哲学上将其系统化，这一点，曼德维尔还做不到。然而，休谟这一思想的起点是曼德维尔。

2. 正义的行为并不是产生于正义的动机

一切德性均产生于善良动机，即所谓动机和效果一致。休谟对此提出疑问，他认为，德性并非产生于善良动机，或者是出于对德性的尊重，而是产生于自然的动机。休谟在道德上对动机和结果一致性的质疑，建立在曼德维尔式的原则的基础上，即他同样认为，人的本性是自私和利己的。没有人会违背自己的天性做事。"假使我们说，对于自己的私利或名誉的关怀是一切诚实行为的合法动机，那么那种关怀一旦停止，诚实也就不再存在了。但是利己心，当它在自由活动的时候，确是并不促使我们作出诚实行为的，而是一切非义和暴行的源泉。"[1] 休谟的这一思想，与曼德维尔对于商人、盗贼、官员等行为链的描述何其相似。

以借债还钱为例。某人向他人借一笔钱，条件是到期归还。休谟问道，他凭什么要还借款啊？一般人会回答说，诚实、责任感、义务感，对奸诈、无赖行为的憎恨就是借债还钱的充足理由。在成熟的现代社会这也许可以成立，但是，如果在自然状态或不太文明的社会，这一说法会受到嘲弄，人们会问，所谓诚实和正义得以成立的基础是什么？基础绝对不是对于诚实和正义行为的敬意。"因为要说一个善良的动机是使一种行为成为诚实的必要条件，而同时又说对于诚实的尊重是那种行为的动机，那显然是一种谬论。"[2] 还钱的充足理由是：自己在别人眼中的人品、他人可能提供的服务，以及不合对自己的关系。倘若不是由于自爱和自身的利益，所借的钱便没有必须还的充足理由。信守承诺是为了自己，还钱也是为了自己，与公益无关。为了公益而做某些事情，"这个动机是太疏远了、太崇高了，难以影响一般的人们"。[3] 为了公益而做某事，属于违反私利

---

[1] 休谟：《人性论》下册，第520页。
[2] 同上。
[3] 同上书，第521页。

的行为，正义和一般的诚实的行为往往如此，一般人不会为了这些崇高而遥远的目标去做事。人类本性中根本没有这样纯粹的感情，只有自爱。借钱是为了自己，按照要求还钱也是为了自己，不是为了形象，就是为了眼前的和未来的利益。

再说正义的原始动机，对公众的慈善或对人类利益的尊重，是否为正义的原始动机？休谟认为，仅就心理学而言，它构不成原始动机。因为"人们一般都是把他们的爱置于他们所已占有的东西，而不置于他们所从未享有的东西；因为这种缘故，所以把一个人的任何财物夺去比起不给他任何财物来，是更大的残忍行为"。[1] 如果这种心理分析成立，那么一个人已经获得的财富他必定十分钟爱。让他把自己的最爱拿出来，献给不相干的人，有悖于人的自然本性，是不可想象的。对私人的慈善呢，即个人对个人的善行是否可以是原始动机呢？休谟认为，更不可能。他提出一系列曼德维尔式的疑问。假如此人是我的敌人，假如此人是个坏人，假如此人是一个守财奴，假如此人是个浪荡子……对私人慈善，并不能排除这些可能性，这意味着我们总是陷入"每个人反对每个人"的状态。所有这些情况都表明，当个人对个人有如此多的"假如"时，私人的慈善不仅可能性很小，更不可能是正义的原始动机。特别是在"未受教化的自然状态"尤其如此。在人类最原始的心理结构中，我们只对自己有最强烈的爱，其次是亲友，对于陌生人和与己无关的人，谈不上有什么关注。这种原始的心理结构，也是造成人的自然天性的重要基础。

原始的心理结构导致感情的偏私，对人的善恶观念产生影响。如果在利益冲突时，我们偏向陌生人而置家人于不顾，在自然的、未受教化的人的道德观念看来，这种行为就应该受到大家的指责，而且也一定会受到指责。对于人的自然本性导致的偏私，不可能靠自然本性得到纠正，只能凭借人为的措施来纠正。确切地说，是用"判断和知性作为一种补救来抵消感情中的不规则的和不利的条件"。[2] 在这一点上，休谟与曼德维尔的立

---

[1] 休谟：《人性论》下册，第523页。
[2] 同上书，第529页。

场是不同的。且用判断和知性纠正情感偏私，很难说是自发论的立场。不过紧接着，休谟又出现了一个重要且耐人寻味的转向，用今天的眼光看，这是一种功利主义的转向。休谟进一步指出，判断和知性之所以能够起到纠正偏私的作用，是因为人们感觉到社会可以带来的无限利益。要维护自己的更大利益，人们必须找到保护自己最大利益的方式，情感的偏私由此受到制约。公正起源于人的自私和人有限的慷慨，这慷慨不是为了别人，依然是为了自己，为了自己的最大利益而牺牲小利益。在此过程中，人形成了遵守规则的习惯。是环境的性质，"即休谟所谓的'人类社会的必然'，促成了三条基本的自然法的出现：'占有物的稳定性、其转移需经同意，以及信守诺言'"。[1] 这三条规则不是人类为了解决自己的问题特意发明出来的，它像语言一样不是人类特意的发明，而是自发生成的。因为"人类眼光短浅，本性急功近利，除非受到不考虑具体情况的后果而采用的普遍而不可改变的规则的约束，他们没有能力对自己真正的长远利益作出适当的评估"。[2] 哈耶克在休谟的论述中看到了自发论的倾向。

从休谟的观点，不难看出日后由边沁清晰表达的功利主义原理的萌芽。"功利是正义和公平之母。"[3] "功利原理是指这样的原理：它按照看来势必增大或减小利益有关者之幸福的倾向，亦即促进或妨碍此种幸福的倾向，来赞成或非难任何一项行动。"[4] 凭借知性与判断，来纠正偏私，标准为是否可以为个人带来最大利益，字里行间透出"功利是正义和公平之母"的气息。休谟从曼德维尔主义出发，为英国功利主义基本原则奠定了哲学基础。

3. 经济人

《蜜蜂的寓言》对于"人实际上是什么"以及德行的产生等问题的分析，具有明显的心理学特征。所以，哈耶克表示说："我非常乐意把他作为

---

[1] 哈耶克：《哈耶克文选》，第492页。
[2] 同上书，第493页。
[3] Frederick Rosen, *Classical Utilitarianism from Hume to Mill,* London: Routledge, 2003, p.15.
[4] 边沁：《道德与立法原理导论》，时殷弘译，商务印书馆，2000年，第58页。

一名真正伟大的心理学家加以称赞。"不过，曼德维尔对于"私人的欲望，公众的利益"的阐释并非心理学的，而是经济学的。他是从纯粹经济人的视角，阐释个人的私利如何形成公共的利益。在曼德维尔时代，西方世界尚没有"经济人"（Economic Man）概念。通常认为，"经济人假设"（Hypothesis of Economic Man）最早是由亚当·斯密提出来的。所谓经济人假设，即指人的一切行为都是为了最大限度地满足自己的利益，工作是为了获得经济报酬。简而言之，所谓经济人，就是指一切为了满足自己的最大利益，从经济报酬出发，决定自己的所为、所不为。如果回答曼德维尔"人实际上是什么"的问题，那么经济人假设得出的结论将是：人是经济动物。

亚当·斯密《国富论》的一段话，通常被认为是经济人假设的开端：

> 人几乎总是需要他的同胞的帮助，单凭人们的善意，他是无法得到这种帮助的。如果他能诉诸他们的自利心，向他们表明，他要求他们所做的事情是对他们自己有好处的，那他就更有可能如愿以偿。任何一个想同他人做交易的人，都是这样提议的。给我那个我想要的东西，你就能得到这个你想要的东西，这就是每一项交易的意义。正是用这种方式，我们彼此得到了自己所需要的绝大部分东西。我们期望的晚餐并非来自屠夫、酿酒师和面包师的恩惠，而是来自他们对自身利益的关切。我们不是向他们乞求仁慈，而是诉诸他们的自利心；我们从来不向他们谈论自己的需要，而只是谈论对他们的好处。[1]

人的行为，起因于经济动机，每个人都要争取最大的经济利益，而他们工作就是为了实现这一目标。

亚当·斯密的经济人假设，起源于对分工的解析。劳动分工概念源于曼德维尔。哈耶克表示，他不想把曼德维尔说成是伟大的经济学家，"虽然我们应把'劳动分工'一词，以及对这种现象更清晰的认识，归功于他

---

[1] 亚当·斯密:《国富论》，唐日松等译，华夏出版社，2004年，第13—14页。

(指曼德维尔),虽然像凯恩斯爵士这样的大权威,也曾对他的另一些经济学著作大加赞扬"。[1] 虽然哈耶克本人也认为,曼德维尔卓越非凡,但他认为,曼德维尔在经济学方面所说的话,基本上都是当时的老生常谈,唯独在"劳动分工"问题上,"是一个了不起的例外"。亚当·斯密不只是吸收了曼德维尔"劳动分工"这一概念,更重要的是,他对于劳动分工的看法,尤其是劳动分工起源的看法,是从对人性的分析出发,这个着眼点是地道的曼德维尔式的。从被人视为"经济人"概念开端的那段话,我们依稀可以看到曼德维尔的影子。个人的欲望是公共的利益的一种形象的说法。而且这段话也蕴含着曼德维尔一个重要思想,即分工是由人的需求和欲望自发形成的,不是人为设计的结果。

约翰·穆勒虽然认为,亚当·斯密等经济学家引导欧洲走上一条错误的道路,并对亚当·斯密的学说进行了严厉批评,但是,在经济人问题上,他却是亚当·斯密的继承者。他认为,政治经济学是科学的一个分支,它的主题是研究财富的,财富是每个时代的人最为关注的问题。谁都知道什么是财富,人们不会把财富与人类关心的其他研究混为一谈。"谁都知道致富是一回事,而有知识、勇敢或仁慈是另一回事。研究一个国家如何才能富裕,和研究一个国家如何才能自由、公正或在文学、艺术、军事、政治方面声名卓著,是完全不同的两个问题。"[2]

单纯的经济人仅从经济活动的结果来看待人,于是人便被视为经济动物。积累财富确实与知识勇敢、仁慈不是一回事。但是,无论在任何历史时期,都不会有纯粹的经济人。尽管我们可以狭义地理解政治经济学,如同穆勒所说的那样,认为政治经济学所研究的问题就是如何积累财富。而且,我们也不假装对财富不感兴趣,而承认财富或者说钱很重要。但是人生在世,难道只是为了钱吗?只要我们对经济人假设多问几个为什么,就可以看出单纯的经济人是不存在的。例如:为什么积累财富?为谁积累财富?如何积累财富?如何分配财富?……只要我们思考这些问题,经济行

---

[1] 哈耶克:《哈耶克文选》,第 501—502 页。
[2] 约翰·穆勒:《政治经济学原理:及其在社会哲学上的若干应用》上卷,赵荣潜等译,胡启林等校,商务印书馆,1991 年,第 13 页。

为背后的人、人性、规范或约束经济行为的制度和法律、社会结构等，便骤然凸现出来。如果我们回到曼德维尔"人实际上是什么"的问题，从他的视角审视经济人假设，答案似乎应该是：人是唯利是图的动物，人是自私的动物。人的一切行为都是为了最大限度满足自己的私利。古希腊人提出"认识你自己"，到了两千年之后的曼德维尔时代，人类的形象居然是：人是上帝的笔误。这似乎是一个很难令人鼓舞的结论。

从经济人假设出发，衍生出管理科学（这个问题不是本书要探讨的问题）。从经济人假设出发，也形成了功利主义的重要命题。

4. 结果主义

曼德维尔对于人的欲望持肯定性评价，这是对欲望作结果性推定。现代哲学家将这种方法称作结果主义。结果主义被视为英国功利主义的重要内涵之一。贝利（James Wood Baily）比较准确地概括出功利主义的四个特征："（1）可评估的结果主义，（2）个人利益理论，（3）人之间的可比性，（4）不关心利益分配。"[1] 按照贝利的解释："可评估的结果主义是指这样一种学说，评判一种行为正确与否，在于此行为是否为促进有利的态势做出贡献。结果主义认为，伦理学的目的在于促进世界总体利益的最大化。"[2] 也就是说，一个行为好与不好，不是看行为的动机，而是看行为的结果。标准是该行为是否对促进总体利益有利，这是一种利益标准。结果主义并不判定什么是好的、善的。结果主义的道德观与众不同之处在于，即便他们知道某些行为本质上是坏的，他们也允许行为主体在好与坏之间搞平衡。这与道义论者完全不同，因为道义论者坚持认为，对某些行为绝不可以搞平衡，无论结果是什么。仅以谋杀为例，结果主义者也认为，用任何利益总和不能证明杀害一个无辜者是正当的，除非一个无辜者被谋杀可以换来更多的无辜者不被谋杀；而对于道义论者来说，即便有天大的理由，哪怕谋杀一个无辜者可以挽救

---

[1] James Wood Baily, *Utilitarianism, Institution, and Justice*, Oxford: Oxford University Press, 1997, p.3.
[2] Ibid.

更多的无辜者,也不能允许谋杀发生。[1]

5. 人的发现的另一种说法

蒋百里先生在《欧洲文艺复兴史》一书中认为,欧洲文艺复兴有两个重要贡献,一是人的发现,一是世界的发现。所谓人的发现,"即人类自觉之谓。……人也者,非神之罪人,尤非教会之奴隶,我有耳目,不能绝聪明;我有头脑,不能绝思想;我有良心,不能绝判断"。[2] 老先生忘记或者不愿意说一句,"我有身体,不能绝欲望"。因"大块载我以形,劳我以生,佚我以老,息我以死"。人生来有肉体,这是欲望和需求的源泉。谈论人,人们总会谈及人的道德、精神、思想等,这些确实很神圣。然而,神圣的力量不是飘在空气中的鬼魂,承载这些神圣内涵的肉体、肉体的需求等,似乎常常被视为负面的力量。由肉体需求所发生的利益需求,虽然不能被忽视,却也不能被作为正当的东西加以肯定。东西方文明差异很大,然而古典文明在肉体问题上的文化差异没有我们想象得那么大。只有小人才重利,或者如普罗提诺所说的,肉体是纯粹的质料,是原生的恶,是"太一"流溢不到的地方。

从曼德维尔学说,我们或许可以看到一个另类的"人",也可以说是实际中的人,即人就是一个欲望体,甚至可以说与其在人身上贴什么道德、信徒之类的标签,不如坦率地说,人生来就是恶的(有欲的)。经过文艺复兴被发现的人是"个人",但却是个满身"臭毛病"的个人。

---

[1] James Wood Baily, *Utilitarianism, Institution, and Justice*, Oxford: Oxford University Press, 1997, p.4.
[2] 蒋百里:《欧洲文艺复兴史》,东方出版社,2005年,第9页。

第四编
近代理性主义人性论的嬗变

第十章　笛卡尔：我、我思、人

倘若从"塑造人、教化人、尊重人"的意义去理解人性相关问题，笛卡尔似乎很少直接讨论这类问题，因而很难说笛卡尔有什么完整的人性学说。西方哲学界在讨论近代人性论问题时，往往略过笛卡尔。毕竟笛卡尔哲学早已被西方哲学界贴上了知识论、科学、新方法等标签，而这些标签似乎与人性问题没有太直接的关系。事实上，这是对笛卡尔哲学极大的误判。笔者认为，笛卡尔哲学深刻影响了近代形形色色的人性论、人道主义理论，不同程度地预设或规定了它们的进程。

福柯在分析"启蒙"与人道主义的紧张关系时曾说："至少17世纪以来，所谓的人道主义（humanism），始终不得不依据有关'人'的某些概念，它们都是从宗教、科学或政治学借鉴来的。人道主义就是对被迫借助的这些'人'的概念加以美化和证实。"[1]套用这种关系模式，笛卡尔自然属于提供"人"的概念的一方。这并非夸大其词。从人们耳熟能详的哲学之树，人们或许可以看到此言不谬。就让我们从笛卡尔的哲学之树开始吧。

---

[1] Foucault, "What is Enlightenment?", p. 44. 参见《福柯集》，第538页。

一、人在哲学之树中

笛卡尔的哲学之树，几乎与笛卡尔的"我思故我在"一样著名。然而哲学界对笛卡尔的哲学之树的探讨，似乎没有投入太多的热情和精力。在研究笛卡尔哲学的作品中，偶尔可以见到一些对于哲学之树的探讨，不过，仅仅是或简单提及，或将其作为近代早期哲学家们对科学知识结构的看法对待。在现代人眼中，近代哲学对知识结构的看法，虽然在历史进程中曾经有过极大的价值，却也是明日黄花，尔今再也提不起太多的研究兴趣了。

侯赛因·萨卡尔（Husain Sarkar）在《笛卡尔的"我思"》一书中，有专门章节讨论笛卡尔的哲学之树，这是从纯粹知识结构的视角进行的探讨，也是近代以来对笛卡尔哲学进行探讨的主流视野。[1]

萨卡尔认为，《哲学原理》最著名的线索莫过于笛卡尔所说的哲学树：整个哲学像一棵树。他根据笛卡尔的行文描述，为哲学树勾勒一幅清晰的简略图。[2] 图表中，萨卡尔将笛卡尔的哲学之树视为公理系统，从这一公理系统出发，揭示知识结构的公理系统彼此之间的相互依托，它是并且只是公理系统。从这种典型的解读，我们看不到有丝毫人的气息存在。事实上，这种解读并没有什么不妥，它与笛卡尔的公众形象——探索世界、寻求新方法、建立普遍数学、崇尚自然理性的形象颇为契合。

不过，笔者想尝试从另外一种视角，解读笛卡尔的哲学树，这就是人的视角。在这一视角中，哲学之树不仅仅是精致坚固的公理系统，更是一棵充满生机的生命之树，它的核心是人。人赋予这个系统以活力，人是这棵哲学之树存在的充要条件。在《谈谈方法》"附录一"中，笛卡尔的一番宏论也许可以印证这一点。

在《谈谈方法》"附录一"中，笛卡尔请人们考虑哲学的用处。他指

---

[1] Husain Sarkar, *Descartes' Cogito: Saved from the Great Shipwreck,* Cambridge: Cambridge University Press, 2003, pp.16-22.
[2] Ibid., p.17.

出，哲学遍及人心所能知道的一切。人们应当相信，哲学"使我们有别于那些生番和蛮子，每一个民族的文明与开化，就是靠那里的人哲学研究得好，因此一个国家最大的好事就是拥有真正的哲学家"。[1] 哲学的作用不仅如此，对个人而言，哲学依然是人的生活不可或缺的力量，从事哲学研究，就是"用自己的眼睛指导自己的行动，以及用这种办法去享受颜色的美，享受光明，要比闭着两眼听别人指点好得多；不过听从别人指引比起闭上两眼只听任自己行动还要好些。真正说来，活着不研究哲学，就如同闭上两眼不肯睁开……总之，我们必须研究哲学来砥砺德行、指导人生"。[2] 笛卡尔对哲学之用做如下定位：民族的文明与开化、国家最大的好事、在个人生活中指导行动、用自己的办法享受美、享受光明、砥砺德行、指导人生。如此定位哲学，不难看出，哲学使人有道德、生活有价值。面对这深深的人文情怀，满怀热情的生活态度，还能说笛卡尔哲学是冷冰冰的公理系统吗？

按照笛卡尔的看法，动物只需保护身体，有食物果腹即为完美生活。而人则不同，人的主要部分是心灵，人应该把主要精力放在寻求智慧上，智慧才是人的真正养料。智慧是一个伟大而美好的东西，"这个伟大的好东西，在那种不带信仰光辉的自然理性看来，无非就是那种通过根本原因得到的对于真理的认识，也就是哲学所研究的那个智慧"。[3] 智慧是有层次的，笛卡尔把哲学研究的智慧视为一棵树："哲学好像一棵树，树根是形而上学，树干是物理学，从树干上生出的树枝是其他一切学问，归结起来主要有三种，即医学、机械学和道德学，道德学我认为是最高的、最完全的学问，它以其他学问的全部知识为前提，是最高等的智慧。"[4] 作为树根的形而上学，包括知识的本原，即说明了神的主要属性、我们灵魂的非物质性，以及我们心中那些清楚的、简单的见解。

---

[1] 笛卡尔：《谈谈方法》，王太庆译，商务印书馆，2000年，第62页。
[2] 同上书，第62—63页。
[3] 同上书，第63页。
[4] 同上书，第70页。

施特劳斯把笛卡尔的形而上学解释为"关于上帝和人的灵魂的知识"[1]。这个结论略显婉约,不过倒也相对贴切。树冠上生长出来的知识,是哲学之树的果实,人们是从树冠上获得果实,因而我们认识哲学的主要途径,是靠认识它的部分。笛卡尔认为,在树冠上,"道德学我认为是最高的、最完全的学问,它以其他学问的全部知识为前提,是最高等的智慧"。[2] 笔者认为,笛卡尔之所以认为道德学是最高、最完全的学问,是因为它是人的学问,是人做人的学问。唯有人,才能谈及道德。哲学的最终目的,终究不过是让人做个好人。长在树梢的道德学,以人的全部知识为基础,也就是说,无论人怎样求知,终归不过是为了做人而已。出于政治学的考量,施特劳斯指出,尽管笛卡尔说,哲学之树最后分枝是那完善的道德科学,但是,人们在笛卡尔已经发表和未曾发表的所有著作中,找不到他所说的完善的道德科学。然而这并不妨碍我们从笛卡尔哲学之树的两端,即树根和树冠中,找到属于人的尊贵和至高无上。在这一意义上可以说,这棵哲学之树是属于人。人是哲学之树的主题,如施特劳斯所说:在哲学之树上,笛卡尔"两次提到了人:一次是作为派生的形而上学之根,另一次是作为最高的分枝"。[3] 或者直白地说:"人是知识之树的开始和完成。"[4] 哲学之树为人而存在,以人为本。

需要强调的是,笛卡尔对人的理解,以其革命性的哲学体系为依托,全面体现了他的哲学立场和基本倾向。他所阐述的"人",深深根植于哲学的土壤中。或许正因为具有这种深厚的形而上学基础,他的"人"的概念,才为近代各类人性论人道主义思想构筑了牢固的理论架构。

同样需要注意的是笛卡尔的经典形象:探索世界、寻求新方法、建立普遍数学、崇尚自然理性。这些标签无不向人们昭示,笛卡尔首先是个科学家。在这样的科学家、哲学家心目中,对于人的理解,应当有与笛卡尔

---

[1] 施特劳斯、克罗波西主编:《政治哲学史》上,第495页。
[2] 笛卡尔:《谈谈方法》,第70页。
[3] 施特劳斯、克罗波西主编:《政治哲学史》上,第495页。
[4] 同上书,第496页。

形象相关的特色。笔者以为，笛卡尔哲学中的人，既然处于哲学之树，而起点是形而上学，那么在形而上学中的人，必定不是海德格尔式的饮食男女，在俗世的争斗中沉沦，而是一个非同寻常的思想者，所做的事情，首先是笛卡尔所说的我思。

笛卡尔哲学以强调"我思"著称，尤其强调心灵的优先性，于是自然产生一个问题："我思"与他的"人"的概念是什么关系？"我思"与身体是什么关系？对于这些问题的探讨，或许能为我们进一步全面理解笛卡尔对近代的人道主义思想的影响铺平道路。

二、"我"与"人"

在《第一哲学沉思集》的第二个沉思中，笛卡尔经过彻底怀疑之后，得出"我是""我存在"的结论，并将其当作确凿无疑的命题。[1]紧接着，他继续追问：这个确实知道我存在的我是什么？为了回答这个问题，他重新审视了自己先前所说的"我"。毫无疑问，"我"是"人"。"然而，人是什么？能否说是'一个有理性的动物'？不能，因为那样，我就不得不考察动物是什么，理性是什么，于是，一个问题让我陷入其他一些更困难的问题……"[2]这里，笛卡尔试图沟通"我"与"人"的联系，却否定了亚里士多德关于"人"的定义。理由很明确，彻底怀疑的方法，已经将"我"之外的任何东西悬置和暂时当作虚假之物加以排除，其中当然包括"动物"和"有理性的"这类概念。不仅如此，甚至亚里士多德所说的"灵魂"亦遭怀疑，因为营养和感觉功能均依赖于身体，而身体是凭借想象把握的东西，早就被怀疑掉了。"我不是人们称之为人体的肢体结构。我甚至不是渗入肢体的稀薄之气——风、火、空气、气息，或

---

[1] 参见 Descartes, *The Philosophical Writings of Descartes*, vol. II, John Cottingham, Robert Stoothoff, and Dugald Murdoch (ed. and trans.), Cambridge: Cambridge University Press, 1985, p. 17；中文版参见笛卡尔：《第一哲学沉思集：反驳和答辩》，庞景仁译，商务印书馆，1986年，第23页。
[2] Descartes, *The Philosophical Writings of Descartes*, vol. II, p. 17.

我想象出来的任何东西；因为这些东西，我已假定它们都是无。即便它们都是无，我依然是某种东西。"[1]是什么东西？严格说，是一个"在思维的东西，也就是说，我是一个心灵，或一个智能（intelligence），或一个理智，或一个理性"。[2]所谓"思维之物"，就是"一个在怀疑，在理解，在肯定，在否定，在愿意，在不愿意，也在想象，在感觉的东西"，[3]即一个实在的、真正存在着的东西。问题在于："我"这个纯粹的"思维之物"，即心灵，是否等同于人？对此，笛卡尔的态度并不明朗。

答案可以是否定的。笛卡尔的《论人》开篇便说："这些人像我们一样，由灵魂与身体组合而成。"[4]"这些人"是笛卡尔虚构的，性质与我们相同。笛卡尔试图借这些虚构人，揭示真实人的性质。第六个沉思也明确说：

> 这个形体（body），我具有某种特殊权利把它叫作"我的"，我有理由相信，与其他形体相比，它是属于我的。因为我能与其他形体分离，却决不能与它分离。我在身体上，并为了身体，感受到我的一切欲望和情感。最后，我在我的身体部分，而不是在与它分离的其他形体部分，感受到痛苦和快乐。[5]

况且，"我的本性教给我的最生动的东西，莫过于我有一个身体；当我感觉痛苦时，它就不舒服；当我感觉饥饿或干渴时，它就需要食物或饮料等。因此，我不怀疑其中包含的真理。"[6]笛卡尔后期著作《论灵魂的激情》，则将身心统一作为讨论的主题之一。以上文本似乎证明，笛卡尔心目中的人，是心灵与身体的统一，并非单纯的"我思"。

---

[1] Descartes, *The Philosophical Writings of Descartes*, vol. II, p. 18.
[2] Ibid., p. 17.
[3] Ibid., p. 19.
[4] Descartes, *Treatise on Man*, see *The Philosophical Writings of Descartes*, vol. I, John Cottingham, Robert Stoothoff, and Dugald Murdoch (ed. and trans.), Cambridge: Cambridge University Press, 1985, p. 99.
[5] Descartes, *The Philosophical Writings of Descartes*, vol. II, p. 52.
[6] Ibid., p. 56.

这种解读是将纯粹"我思"的发现看作笛卡尔的一种策略。"我思"不过是追求确定知识的阿基米德点，是正确认识现实人（身心统一体）的一个阶梯或一个必要途径。"人"的知识遭受怀疑，并不证明其必然虚假，而只是出于程序的考虑暂时悬置。知识的坚实基础一旦确立，形体与外部世界的存在一旦得到证明，身心统一的"人"便成为考察的中心，其真理性便显而易见。因此，"我思"不等同于"人"，只不过是认识"人"的一个必备条件。

然而，上述观点忽略了"我思"的特殊性质和地位。笛卡尔强调的恰恰是"我思"（心灵）的优先性：不仅在认识过程中，"我思"（心灵）比形体更容易认识，无须后者仍然可以单独认识前者，而后者的真理则必须依赖前者，而且"我思"（心灵）还拥有形而上学的独立地位，即它是一个实体。所谓"实体"，指无须它物便独立存在的东西。如此，笛卡尔对"我思"的论述就不是简单的权宜之计，而是对某种实体的具体分析。"我思"具有重大的形而上学承担。即便不把"我"等同于人，而是将人看作身心统一体，澄清"我思"（心灵）本身的性质和规定对于理解"人"仍具有重要意义，因为"我思"（心灵）毕竟是人的重要本质，何况，独立看来，它的地位比身体更重要。事实上，笛卡尔的一个重大贡献，就是创立身心二元论，将心灵与形体看作性质不同的两个实体。心灵与形体两个概念，按照笛卡尔的定义，只有分别考察才能获得清楚明白的观念。"人"作为身心统一体，其本性不仅依赖这两个实体的独特性质，而且取决于二者的冲突、结合与相互作用。因此，近代哲学面对的"人"自然呈现更加错综复杂、扑朔迷离的局面。

三、普遍怀疑

1. 形而上学的起点

笛卡尔的形而上学从普遍怀疑出发。但是，普遍怀疑不是怀疑主义。

怀疑主义为怀疑而怀疑，其结论是悲观的，断言人类无法得到确定的知识；普遍怀疑则充满积极进取的精神，目的是为人类知识寻求确定性。笛卡尔说："我早就指出过，在行为方面，有时必须遵从一些不可靠的意见，明知不可靠，却要把它当作无可怀疑的……可是现在，我只求专门研究真理，所以我想，我的做法应当完全相反，凡有可疑的意见，统统认作绝对的虚假，加以排除，看看心中是否还剩下什么不可怀疑的东西。"[1]"当我将一切可疑的东西清除干净，同时也将以前潜入我的心灵的一切错误统统拔除干净……我这样做，不是模仿怀疑派、为怀疑而怀疑、装作永远犹疑不决的样子。相反，我的整个计划只是为自己寻求确信的基础，把浮土和沙子排除，以便找出岩石或黏土来。"[2] 不难看出，笛卡尔的普遍怀疑是一种方法，是为寻找真理服务的。他所以用普遍怀疑的方法，暗中是将确定性与真理联系起来，认为寻求真理就是寻求确定性。也就是说，通过普遍怀疑，一旦发现确凿无疑的东西，便是发现了真理。

问题在于：真理与确定性是什么关系？寻求真理如何转化为寻求确定性？这种转化的认识论意义何在？

笛卡尔这里谈及的"真理"是认识论概念。这层含义的真理，早在古希腊时期便有所规定。亚里士多德主张，说不存在者存在，或者，说存在者不存在，是错误的；反之，说存在者存在，不存在者不存在，则是真实的。例如，"张三存在着"这个命题，其真假取决于张三存在或不存在这一事实。张三的存在是该命题所以正确的原因，反之则不然，这个正确的命题绝不能是张三存在的原因。亚里士多德的上述真理定义，一般被称作真理符合论。用现在的话说就是，一个命题或一个陈述是真是假，关键在于它是否与实在相符合。真理就是思想与实在相符合。

如果静态地考察我们的认识内容，这种真理理论似乎并不要求确定性。我们认识的真假，与认识者确信程度无关。对于一个观念，不管你是否确信，只要它与事实相符，那就是真实的。它的真实程度，不因你的坚

---

[1] Descartes, *The Philosophical Works of Descartes*, vol. I, pp.126-127.
[2] Ibid., p. 125.

持不懈而增加，也不因你的犹疑不决而减弱。例如，某甲有"毛泽东于1976年去世"的观念，不管他是否完全相信（也许，他对毛泽东充满感情，至今不太相信这是事实），这都是一个真的观念，因为事实如此。不过，尽管相信的程度无关紧要，但最低程度的相信却是必要的，因为相信与否，决定对一个观念或一个命题的肯定或否定。甲不相信"毛泽东于1976年去世"，实际是相信"毛泽东没有于1976年去世"。因此，甲获得真理至少要进入这样一种状态：如果P，甲相信P；如果非P，甲相信非P。这里似乎不需要寻求确定性。

然而，笛卡尔不是静态地考察真理问题，而是从人的认识过程出发考察真理问题。也就是说，他不仅考虑认识的内容，而且考虑认识的过程。他要说明甲是如何相信P（或非P）的，即说明甲是如何进入上述状态的。其实，即便静止地看，上述状态也显得不充分，因为它仅仅表明甲已经占有真理（P）的状态，却没有揭示甲为什么相信P。甲相信P必须具备先决条件，至少他应知道自己的信念是真的。或者说，他所以相信，是建立在"知道"的基础上，他的相信已经包含"如果P，甲知道P；非P，甲知道非P"。更重要的是，一旦引进认识的过程，甲的身份便不仅是真理的持有者，而且变成真理的探索者。探索者的任务是寻求，不断推究以实现自己的目的，但是结果往往凶吉难测，可能满载而归，也可能一无所获。关键是有一个正确的方法。探索真理也一样，甲要想进入真理状态，即"如果P，甲相信P；如果非P，甲相信非P"，需要自觉地采取一种正确方法。这种对方法的要求意味着：某人用此方法所获得的信念是真的，同样，除非信念是真的，否则某人将无法获得它们。所以，对作为探索者的某甲来说，他获取真理时的状态应该是：如果P，甲相信P；如果非P，甲相信非P，并且，无论哪种情况，甲的信念都有这种性质，即它们的产生方式保证，除非它们是真的，否则人们将无法获得它们。

应该指出，笛卡尔的研究就是以探索真理开始的，不过，探索条件远比某甲严格。第一，他一心探索真理，对任何其他事情毫无兴趣，日常的实际事物统统排除在探索范围之外，因而他的探索完全是必然的过程，探索方法的合理性完全内在于探索之中。第二，他是唯一的探索者，他作为人类理性的化身面对客观世界，试图表明：在没有其他人的理想状态里，人如何认识世界，如何获得真实的知识？笛卡尔的用意是将问题推向极端，以寻求获取真理的初始条件。在这种情况下，尽管是他个人获取信念，但是，这些信念的性质绝非偶然的，探索真理的方法也具有普遍的可靠性。

笛卡尔采取这种理想探索者的立场，自然将探索真理转变为寻求确定性。如果说，当第三者在场时，甲相信 P 的真实性有时还出于偶然，那么，在理想的探索状态，这种情形根本不可能发生。因为没有第三者能将 P 与甲的信念加以对照，甲的信念是否真，其判别完全取决于主体本身。从方法上看，要获取真信念，探索者的方法必须能够防止错误（error-proof），只要正确地运用，就能保证获得真理。由此产生的信念必然是确定的。反过来也可以说，若在理想状态下探索真理，寻求确定性是唯一可能的道路。所谓"确定性"就是确信不移。确切地说，寻求确定性就是寻找一种绝对无误的（incorrigible）命题。这种命题有一种性质，即如果有人相信它，符合逻辑的必然结果是他的信念是真的。绝对无误不同于一般的真理概念，它与信念联系在一起，一旦相信，必定是真信念。

可以看到，笛卡尔寻求知识的确定性，决不像有些人认为的那样，是一种过分的要求，是西方世界对知识的非分之想。其实，它是对人类知识考察的一个必然结果。除非笛卡尔的探索获得成功，否则，任何知识都是可疑的，也就是说，根本就没有什么知识可言。知识是对实在之物的认识，实在之物独立于认识主体而存在，即独立于思想和经验（除非特殊情况，即所认识的实在之物恰恰是心理要素）。问题在于，实在之物的独立意味着不受任何主体的干扰，即本来如此，可认知主体对它们的表象，即信念、经验、概念却因人而异、各不相同。对同一个事物，甲和乙的表象可能大相径庭。在这种情况下，人的知识如何可能呢？什么东西使不同的表象彼此相关？有没有统一的方式理解表象之间的差别？为了寻求出路，人们发明了"世界"的概念，它不仅包含甲和乙，而且也包含他们的表象。甲和乙都居住在同一个世界上，只是由于位置不同，视角不同，才对同一个事物有不同表象。但是，世界难道不是一个表象？只不过范围更广罢了。对世界的表象恐怕也是千差万别，很难说就是独立而存的实在之物。哲学家陷入了两难境地，一方面，知识要求独立自存的"实在"概念可以作为任何知识表象的对象，这种概念是知识得以成立的基础；另一方面，认识主体却只能因人而异，形成特殊的"实在"概念，很难说它们是独立的。这个矛盾是知识本身固有的，也是人类的认识过程逐步展示的。要么找到绝对的"实在"概念，使知识成为可能；要么满足于特殊的表象，承认认识的相对性。长期以来，这个问题苦苦纠缠着西方哲学家，使他们百思不得其解。

笛卡尔尽管提出普遍怀疑，实际上却对人类认识能力充满信心，他试图从理论上阐明绝对的实在概念，证明知识是可能的。寻求知识的确定性便是他的艰难历程的第一步。

笛卡尔以理想的探索者身份开始探索。他发现，头脑中已有的信念并非绝对无误，它们是从幼年开始逐渐形成和积累的，或者是把错误的见解当作真实的，或者是根据一些靠不住的原则建立起来的。现在，为了寻求确定性，应该将这些可疑的东西统统清除出去，看看是否还留下什么根本不可怀疑的东西，这个方法就是怀疑方法。这种怀疑的范围十分广阔，不仅包括头脑原有的可疑信念，而且包括一切可以设想的可疑信念，也就是说，凡有可能怀疑的东西，即便没有经验的效应，也要统统包括在内。由于怀疑的对象如此广泛，所以也叫作普遍怀疑方法。

普遍怀疑方法是一种普遍的排除法，排除可疑的，留下确定的。为了说明这一点，笛卡尔讲了一个选苹果的例子：某人有一篮苹果却担心有的烂了，想把烂的挑出来，以免弄坏其余苹果。他怎么办呢？他先把所有苹果倒出来，一个一个检查，把不烂的挑出来，重新放进篮子里，然后扔掉其余的烂苹果。人的情况与此相似，有些人过去没有学好哲学，头脑中的许多信念是早年积累的，其中有些恐怕并不真实。现在，他们试图区别错误与真理，否则两者混淆将导致信念普遍动摇。怎么办？最好的办法莫过于将所有信念统统抛弃，暂且当作错误的或可疑的，然后对它们逐一研究，保留那些确定无疑的真实信念。在笛卡尔看来，谁若想获得真理，一生中至少应该进行一次普遍的怀疑。

下面我们看看，笛卡尔对哪些东西表示怀疑，以及提出怎样的论证。

2. 梦还是醒

笛卡尔首先对我们的感官知觉表示怀疑,认为感官常常欺骗我们。因为一个人假如仅仅凭借感官,甚至根本无法确定他不是在做梦,更不用说证明外部世界的真实性了。他论证说,有些事情,在我们的感官看来,似乎确凿无疑:

> 比如我在这里,坐在火炉旁边,穿着冬袍,两只手上拿着这张纸,以及诸如此类的事情。我怎么能够否认这双手、这个身体是我的呢?除非拿我与那些疯子相比……

可是,问题并不那么简单:

> ……我在这里必须考虑到我是人,因而有睡觉的习惯,并且惯常梦见一些东西,和疯子醒的时候见到的一模一样,有时甚至更加荒唐。夜里,我曾经不知多少次梦见自己在这个地方,穿着衣服,靠在火炉旁边,虽然我是一丝不挂地躺在床上。现在,我似乎确实认为自己醒着,睁大的眼睛看着这张纸,摇晃的脑袋也没有发昏,我故意地、自觉地伸出这只手,并感觉到这只手,而梦中的情形好像不这么清楚,也没有这么明白。但是,细细想来,我回忆起自己在睡梦中,时常为类似的一些假相所欺骗。想到这些,我明显地看到,居然没有什么确定不移的标志,使人能够清清楚楚地区分清醒与睡梦。这不禁使我大吃一惊,其程度几乎能够让我相信我现在是在做梦。[1]

笛卡尔的论证从"我在这里,坐在火炉旁边……"的事实开始,最后,他却产生疑问:我是否在这里,坐在火炉旁边?显然,假如笛卡尔能确定自

---

[1] Descartes, *The Philosophical Writings of Descartes*, vol. II, p. 13.

己是醒着，他便能消除疑问。但是，笛卡尔却问：我是醒着吗？我不能肯定。我根据什么说我醒着？似乎只能根据我实际在这里。可是，这又回到前面提出的问题。因为我可以梦见我在这里，没有什么办法说出我究竟是醒着还是做梦。笛卡尔的论证是要表明，睡梦的经验与清醒的经验性质相同，二者难以区分。既然如此，我的感觉经验的性质也就无法保证我不是在做梦，所以，我无法知道我现在不是在做梦，也无法知道我始终不是在做梦。进一步的推论必将得出：我不可能知道以经验为基础的信念是否真实。笛卡尔的论证有釜底抽薪之妙：它不拘泥于具体的感觉经验，即便有的经验是"我"的当下感受，真真切切，但依然逃脱不了正在做梦的可能性。感觉经验没有提供可靠的标准以将梦与醒区别开来。

或许有人产生疑问："怎么连梦与醒都分不清？那不会是傻瓜吧？"

的确，在我们的日常生活中，白天黑夜，起床睡觉，周而复始，似乎无人不能区分梦与醒。我实际地写作与我在梦中写作，似乎截然不同：前者产生一定效果，白纸黑字，历历在目，不仅我可以看见，其他人也可以阅读；后者则不会产生任何实际效果，睁眼醒来，桌上的白纸仍然空空如也。你在梦中赚的钱，第二天早晨也绝不会实际地攥在你的手中。生活就是如此这般地继续下去，一切都那么正常，那么顺理成章，似乎无人为区别梦与醒的标准而发愁，梦与醒的区分似乎根本不成问题。

然而，笛卡尔讨论梦与醒的问题，不是想否定实际生活的真实性，他的目的是从理论上寻求区分梦与醒的最后标准：究竟怎么从理论上证明梦与醒的不同？如果感觉经验不能提供标准，那就值得怀疑，应该另请高明。日常生活得以正常进行，并不能从理论上说明感觉经验是可靠的。从理论上说，梦与醒无法通过人的感觉经验加以区别。即使你的著作可以发表，可以阅读，甚至可以为他人所承认，但是，这些情形的发生都通过你的感觉经验。问题在于，这些经验难道不是梦的经验？如果不是，理论上如何证明？你有钱的时候与没钱的时候，哪个是梦，哪个是醒？也许你说的"现实"恰恰是梦，你以为的梦乡则正是现实。即便生活中，人们有时不也分不清梦与醒吗？或咬嘴唇，或敲脑壳以验证是否清醒。其实，你由此感觉到的流血的经验和头痛的经验，也许都是梦的经验。但常识不能代替理论，要拒斥笛卡尔的论证，单凭日常生活的体验是不行的，必须提出理论的证明。

有一些哲学家向笛卡尔论证提出理论的挑战。

肯尼（Anthony Kenny）批评了笛卡尔论证的一个前提。[1] 按照笛卡尔的观点，唯有经验的性质作保证，我才可以知道我是醒着。也就是说，只有当我的经验具有某些性质，可以推断我醒着，那么，我才能知道我现在不是做梦。肯尼则认为，根本无须求助经验的性质便可知道我是醒着。因为我说"我醒着"，是在下判断，而只有当我醒着，才可能下判断，人不能在梦中下判断。肯尼的论述可以这样表示：

如果我判断我醒着，我便知道我醒着。
我现在判断我醒着。
_____
所以，我现在知道我醒着。

可是，事实告诉我们，人在梦中有时也做判断，甚至做出正确的判断。例如，有人在睡梦中思考数学题，并得出正确的答案。再如，人在做梦时，不是经常断定自己是在做梦吗？所以，很难说只有在醒着的时候，才能做出判断。况且，如何确定我的判断"我醒着"是真的？也许我做判断时，当下的经验格外鲜明和生动。但是，仔细想想，在过去许多梦境中，我做判断的当下情形不同样鲜明和生动吗？而实际上，我只是梦见我正在做判断。因此，我似乎做判断不足以证明我确实在做判断。肯尼的批评没有驳倒笛卡尔，相反，他的小前提的真实性，恰恰需要笛卡尔所怀疑的感觉经验来保证。因为肯尼首先要回答：你如何知道你现在实际正在判断你醒着？

麦克唐纳（Margaret MacDonald）的批评十分尖锐。[2] 她说，睡梦与清醒的性质并非相同，梦境与醒时的错觉，甚至幻觉（除了地道的精神病

---

[1] 可参阅 Anthony Kenny, *Descartes: A Study of His Philosophy,* New York: Random House,1968。
[2] 见 Margaret MacDonald, "Sleeping and Waking", in Georges J. D. Moyal (ed.), *René Descartes: Critical Assessments,* Vol. II,London: Routledge, 1991, pp.66-77。

患者），都有明显的差异。首先，清醒时的错觉和幻觉是在实在的境况中发生的，可以与周围其他实在物体相比较。筷子是直的，放在水里看上去却是弯的，不过，水是实在的，将手浸在水里不纯粹是湿的感觉。引起错觉的物体与其他实在物体之间有一种空间关系，可以实际被记录下来，例如，照相机便可拍摄水中筷子的情形。而梦没有这种性质。我躺在卧室的床上梦见威斯敏斯特教堂，不能说"我的梦出现在衣柜与窗户之间"，只能说"我梦见威斯敏斯特教堂在衣柜与窗户之间"。梦不是一个地方，梦的内容不是客体，与任何地方的客体亦无空间关系。"我梦见……"并不意味着"我将某物置于梦中"，"在梦中"完全不同于"在一个地方"。其次，睡梦与错觉的验证亦不相同。清醒时的知觉总能找到某种程序来确定其自身是否虚幻，也可以用其他的知觉检验和调整。远山看上去很小、很低，但可以走近它，仔细观察它的高度和形状，以修正原来的错觉。睡梦没有这种性质，在梦中，人们根本无法运用任何切实有效的验证方法。清醒本身亦不是证明，它是一种自然过程，不是逻辑。一觉醒来，梦便消失，其内容也不复存在，只可回忆而不可修正。确切地说，对于睡梦，"修正"一词毫无意义，因为它不像错觉是某种实在的歪曲显现。"我梦见我感觉……"与"我感觉……"截然不同。哲学家混淆了这两种陈述的逻辑位置，过分强调"我梦见"后边的从句，结果看不到睡梦与错觉的差异。由此必然得出结论：笛卡尔所说的"没有什么确定不移的标志，使人能够清清楚楚地区分清醒与睡梦"，乃不实之词。

尽管麦克唐纳指出梦与醒的许多差异，但有一点却被忽略了，即只有当这些差异为人所意识或为人所领会，混淆才能避免和修正。如果一开始便知道两个事物之间的差异，就不会将一个错认成另一个；如果后来逐步领会二者间的差异，先前的混淆便可得到修正。笛卡尔所谓的"没有"，其义是无法领会，而且是无法为感官所把握。事物之间可能存在很大差别，可是，它们的表面现象也许十分相似，肉眼难以分辨。贝克（M. J. Baker）举了双胞胎的例子：两个女孩是孪生姐妹，一个叫爱丽丝，一个叫安娜；两人性格迥然不同，一个有诗人气质，另一个却呆板乏味，可是，当面对这两位女孩时，依然分不清谁是谁，因为二者的相貌一模一样,无法为感官所分辨。[1] 梦和醒也是一样,尽管二者有很大差别,但其表面现象却不允许我们确定处于哪种状态。麦克唐纳指出,只有清醒时,才可进行验证。可是,问题在于,当我能够知道我究竟是进行验证,还是梦见我进行验证之前,首先必须确定,我究竟是醒着,还是在做梦。麦克唐纳的验证标准的确可以将领悟的这一部分与那一部分区别开来,但是,当我们考虑醒与梦的问题时,涉及的是领悟的整体性质。验证似乎无能为力。至于随后发生的情形,梦与醒似乎也不像麦克唐纳所说,能提供什么明显的区分标准。当然,"我知觉P"与"我梦见P"不同,前者要求P是事实,后者则没有这种要求。但是,这种知识并不能帮助我确定是梦还是醒,即我究竟是梦见还是在知觉。后来标志能够形成,恰恰需要我们首先领悟所处状态的性质。

摩尔(G. E. Moore)的批评揭示了笛卡尔证明的一个逻辑错误。他承认,我现在的某些感觉经验,有一些重要方面与梦中曾经出现的影像十分相似。但是,以此为前提,推出"我不知道我现在是不是在做梦"的结论,在摩尔看来则是荒谬的。因为前提本身便隐含着:"我知道梦曾经发生过。"这种暗示与结论相矛盾。"假如一个人某时某刻不知道自己是不是在做梦,他怎么可能知道曾经做过梦?如果他现在正在做梦,或许正梦见曾经做过梦;如果他不知道他现在是不是在做梦,他怎么能够知道他现在不正是梦见曾经做过梦?他怎么能够知道曾经做过梦?"[2]

摩尔的抨击可谓一针见血。但是,结论与前提的不一致不足以推翻笛卡尔的整个论证。这仅仅表明,笛卡尔的论证是一种归谬法,证明前提是不可接受的。笛卡尔的目的就是要指出前提的可疑性,并不是说前提有什么错,而是表明,谁若采用这些前提,必然无法确定自己是不是在做梦,由此证明前提是不确定的。

对笛卡尔睡梦论证的挑战还有许多。自从这个论证问世之后,西方不少哲学家绞尽脑汁,设想种种方案企图解决梦与醒之谜。然而,他们的努

---

[1] René Descartes: Critical Assessments, Vol. II, pp.78–82.
[2] See G. E. Moore, "Certainty", in Philosophical Papers, London: Allen and Unwin, 1959.

力至今也很难说获得完全的成功。

3. 欺人的恶魔

如果说，建立在感觉经验基础上的命题不可靠，那么，类似数学性质的一般命题应该确定无疑，因为它们研究的都是一些非常简单，非常一般的东西，不考虑这些东西是否存在于自然界，它们总有某种确凿无疑的东西似乎与感觉经验无关。不管我醒着还是睡着，2+3 必然等于 5，正方形总是四条边，否则必将陷于错误。

然而，在笛卡尔看来，这种命题也不确定，依然值得怀疑。为了证明这一点，他虚构了一个欺人的恶魔：

> 很久以来，我心中一直有个想法：存在着一个全能的上帝，是他按照我现在的样子把我创造出来。但是，我怎么知道他不让这类事情发生，即本来就没有地，没有天，没有广延的物体，没有形状，没有大小，没有地点，而我却偏偏具有所有这些东西的感觉，而且，它们正像我所看见的那个样子存在着？还有，我时常想起，有些事情人们自以为知道得千真万确，其实却常常搞错，同样，我怎么知道上帝不会捉弄我，让我每次计算 2+3 时，或者数一个正方形的边时，或者判定什么更简单的东西（如果可以想象比这更简单的东西的话）时，总是弄错？[1]

笛卡尔的论证表明：我不能确定上帝不欺骗我，所以，我也不能确信数学之类的命题。可是上帝是全智全能的，上帝的概念本身就包含了至善至美，他怎么能欺骗我们呢？笛卡尔自己也意识到这一点，他回答说，上帝也许是善良的，不会让我总是出错，但是，容许我有时出错似乎也不与他的善良本性相冲突。既然容许我有时出错，为什么不会让我总是出错？上帝的全能怎么不能让我永远正确？或许，我的起源并非全能的上帝，而是其他不完满的作者。既然失误和弄错是一种不完满，那么可以肯定，使我

---

[1] Descartes, *The Philosophical Works of Descartes*, vol. II, p.14.

得以存在的作者越无能，我就越可能不完满，以致总是出错。无论哪种情况，笛卡尔似乎都有可能受骗。他无可奈何地说：我不得不承认，我早先信以为真的事情，没有一个是现在不能怀疑的。这究竟因为什么？是万能的力量指使，还是缺乏完满的原因？至少应该肯定，笛卡尔的怀疑"决不是由于考虑不周或草率行事，而是有深思熟虑的充分理由"。[1] 欺骗笛卡尔的骗子的确有可能存在，不管把他叫做什么。后来，笛卡尔在第一个沉思的结尾，果然用"恶魔"取代了"骗人的上帝"。他说："因此我要假定，用尽全部机智欺骗我的，不是真正的上帝（他是真理的源泉），而是一个恶魔，它的狡诈和强大绝不亚于上帝。"[2]

笛卡尔所以在"上帝"与"恶魔"之间左顾右盼、举棋不定，并非没有理由，而是因为那个让他总是出错的骗子，同时兼有上帝和恶魔的品性：力量强大却道德败坏。只有面对这样的骗子，我们才能清楚地看到，"我"的整个心灵是有所依赖的存在，"我"所认识的真理也有所依赖。换句话说，思想与真理之间横隔一条黑暗地带，暧昧不明，假如没有中介，假如不依靠无限的意志或力量，人不可能把握实在之物，也不可能认识真理。倘若中介力量有意地误导我，我只能上当受骗。无限的力量能做任何事情，因而，我受骗是可能的。可以看到，骗子的假设决不是哲学家的随意虚构，而是对人类认识能力和认识条件的考察，有其深刻的哲学意蕴。骗子的出现导致怀疑范围扩大，不仅感性知觉值得怀疑，甚至"2+3=5"的理性判断也有理由怀疑。笛卡尔宣称："我要认为天、地、颜色、形状、声音以及所有其他外界事物，都不过是假象和梦幻，是这个恶魔为骗取我的信任而设下的圈套。我要认为自己本来没有手，没有眼睛，没有肉，没有血，什么感官都没有，却错误地相信我有这些东西。"[3] 几乎世界上的一切，都被笛卡尔所怀疑。其实，何止于此，那位至尊至善的上帝，不是也很可疑吗？

一切都可以怀疑，最后还剩下什么呢？

---

[1] Descartes, *The Philosophical Works of Descartes,* vol. II, p. 15.
[2] Ibid.
[3] Ibid.

四、我思故我在

1. 寻求知识的确定性

16—17世纪的欧洲,特别是法国,在科学、数学、宗教等领域,盛行深深的、强大的怀疑主义。"宗教迫害十分猖獗,而认识论是一个新的战争机器。鉴于对许多事情的极端怀疑,对知识的可能性的信任几乎消失殆尽。笛卡尔拼命与之斗争的,正是这种怀疑主义。"[1] 尽管笛卡尔哲学的入口是普遍怀疑,但是,不把笛卡尔视为怀疑论者,因为怀疑论者具有消极的意义,而笛卡尔之所以进入普遍怀疑,是为了寻找知识的确定性,这是一种积极的尝试。

从中世纪发展而来的近代欧洲,其知识体系包含通过文艺复兴、宗教改革、科学革命带来的希腊科学与哲学,亦包含通过中世纪基督教摆渡过来的希腊思想。这些知识有多少真实性可言?对此,笛卡尔陷入普遍的怀疑,并且上帝、世界,乃至自己的身体统统都是假象,统统不能相信。此情此景好像旱鸭子掉进深水潭,惶惶然不知所措,既不能触摸水底站稳脚跟,又不会自己游上来浮到水面,多么需要一个坚实的支撑点!经过不懈的探索,笛卡尔终于找到这个支撑点,即他确信无疑的东西。他说:

> 我曾说服自己相信,世界上什么也没有,没有天,没有地,没有心灵,没有身体。我是不是也曾说服自己相信,连我也不存在呢?绝对不是。如果我说服自己相信什么东西,那么我毫无疑问是存在的。可是,有一个非常强大、非常狡猾的骗子,总是想方设法欺骗我。如果它欺骗我,那么我毫无疑问是存在的。不管它如何随心所欲地欺骗我,只

---

[1] Husain Sarkar, *Descartes's Cogito: Saved from the Great Shipwreck*, p.58.

要我想到我是某个东西,它就决不能使我不存在。所以,经过全面思索和细致考虑之后,我必然得出结论,坚信我是(I am),我存在(I exist)这个命题,只要我说出它或心里想到它,就必然是真的。[1]

……我注意到,当我设想一切都是假的时候,在想这件事的"我"必然应当是某种东西。我发现,"我思想,所以我存在"这条真理,是如此确实,如此可靠,连怀疑派最狂妄的假定都不能使它动摇,于是我就立刻断定,我可以毫无疑虑地接受这条真理,把它当作我所寻求的第一哲学原理。[2]

通过上述的引文可以看出,在笛卡尔那里,"我思"和"我在"都是确定无疑的,它们正是怀疑后的剩余物。因此"我思故我在"这个命题,就是笛卡尔移动地球的阿基米德支点,是他的全部知识大厦的基石。

2. "我思"的二重含义

从字面上就不难理解,"我思"包含"自我"与"理性"两层含义。

克尔凯郭尔曾抱怨同代人:没有人敢说"我"。[3]他的意思当然不是指日常生活中没有人用"我"说话,甚至不是指无人用"我"(第一人称)著书撰文,而是指哲学上无人敢承认"我"的形而上学地位,即没有人敢采取查尔斯·泰勒(Charles Taylor)所说的"第一人称立场"(the first-person standpoint)。所谓"第一人称立场":

> 意指"我所认识的世界为我而存在(is there for me),为我所经验,为我所思考,对我有意义。知识、意识,总是行为者的……我们通常处理事务时,每每忽略这种经验维度,而关注被经验的事物。然而,我们可以改变方向,将经验作为我们的注意对象,去意识我们的

---

[1] Descartes, *The Philosophical Works of Descartes,* vol. Ⅱ, pp.16–17.
[2] Ibid., vol. Ⅰ., p.127.
[3] 参见 G. B. Matthews, *Thought's Ego in Augustine and Descartes,* New York: Cornell University Press, 1992, p. ix。

意识，试图经验我们的经验，关注世界为我们存在的方式"。[1]

我们通过激进的反省来面对自我，经验主体本身隐含的自我突显出来。克尔凯郭尔之前，以这种立场著称的当属奥古斯丁与笛卡尔。

然而，当奥古斯丁的自我转向第一人称时，事实上又回到超越的上帝，上帝是自我的根本秩序，是真理的源泉。上帝使灵魂拥有生命，具有生气，于此柏拉图相论的痕迹清晰可见。笛卡尔则激烈得多，正如泰勒所说：

> 自笛卡尔以来的现代认识论传统，还有现代文化中由此发源的一切传统，已使这种立场（第一人称立场）成为根本——甚至可以认为，已经达到偏激的程度。竟然产生一种观点：有一个特殊的"内在"对象领域，唯独从这种立场出发才能获得；或者形成这样一种观念："我思"的优点就是以某种方式外在于（outside）我们所经验的事物世界。[2]

彻底的怀疑方法固然具有异常强大的隔离与净化功能，为"我思"独辟一个特殊的领域，让它与"我"之外的任何事物截然分离，不过，其根源还是因为"我"本身现实地发生作用。思想意味着活动：怀疑、设想、肯定，或者意愿。然而，思想总是"我"在思想。我透过这些心灵活动，意识到自己是发动这些思想的行为者。"我"是思想之源，我作为行为主体，已经潜在地存在于对"我思"的认知过程中，自我认识蕴含着认识主体。或许，正是在这个意义上海德格尔认为："'我在（是）'不是思想的结果，恰恰相反，它倒是思想的基础。"[3] "我"是笛卡尔第一原则的核心。"我"作为主体，其主体性由我性（I-ness）所决定。于是，"我"成为一个特殊的主体：唯独依据它，才能设定"内在的"领域，唯独与它形

---

[1] Charles Taylor, *Sources of the Self: The Making of the Modern Identity*, Cambridge: Harvard University Press, 2001, p. 130；中译本可参见泰勒：《自我的根源：现代认同的形成》，韩震等译，译林出版社，2001年，第193—194页。
[2] Charles Taylor, *Sources of the Self: The Making of the Modern Identity*, p.131.
[3] Heidegger, *What is a Thing?*, W. B. Barton, Jr. and Vera Deutsch (trans), Chicago: Henry Regnery Company, 1967, p.104.

成某种关系，客体才被设立，事物本身才成为客体（对象）。[1]"我"属自己，其之外属他者以与"我"对照而别。"我"终于成为世界的中心，成为确定知识的最后根源。

甚至上帝的观念，也要以"我"为参照，在"我"的领域内寻找形式依据。如果说，奥古斯丁还需要彼岸的、超越的上帝来救赎人，那么，笛卡尔则完全凭借"自我"的力量。因此，原来从上帝到灵魂的传统，现在被颠覆、被倒转了。原来为了认识我是谁，首先必须知道上帝是什么；现在为了认识上帝是什么，首先必须知道我是谁。在笛卡尔那里，一切重要力量均被内在化，均发自"我"。人在世界中的位置陡然提升。难怪海德格尔断言："'我'因而成为对人的重要的、根本的界定。"[2]激进的自我反思追求最内部、最本质的自我，其反思过程是主体的认知，而结果却将主体的认知变成认知的对象（客体）。

单从"我思"出发，获得的知识将不是意见，而是真理，因为我思所运用的标准是理性标准，甚至外界事物的知识也以内在的理性为尺度。"的确，除非依靠我内心的观念，否则关于我之外的存在物，我不会有任何知识。"[3]理性使我们形成一门统一的科学，因为理性不再受制于外在的、现成的逻各斯，理性具有自身的秩序，各门科学均建立在理性秩序的基础上。发现真理，就在于将我们心灵关注的对象加以安排并给予秩序。从词源学考虑，"沉思"（cogitare）与"cogere"（"集合"或"排序"）本来就具有十分密切的关联。[4]正如海德格尔所说："伴随'我思——我在'，理性现在显然按照自身的要求加以设定，成为一切知识的首要基础，成为规定事物的准则。"[5]

笛卡尔以理性统一科学的纲领，体现在"普遍数学"的概念中。笛卡

---

[1] Heidegger, *What is Thing?*, p. 105.
[2] Ibid., p. 106.
[3] Descartes, "Letter to Gibieuf, 19 January 1642", see *The Philosophical Writings of Descartes, vol. III*, John Cottingham, Robert Stoothoff, and Dugald Murdoch(ed. and trans.), Cambridge: Cambridge University Press, 1991, p. 201.
[4] 参见 Charles Taylor, *Sources of the Self: The Making of the Modern Identity*, p.145。
[5] Heidegger, *What is a Thing?*, p. 106.

尔力主建立"普遍数学",并不完全因为数学能够提供严格的知识,作为科学的楷模,主要是因为数学方法本身具有的品质。在笛卡尔看来,数学本质上是一种逻辑工具,是排列和组合知识的一种有效方法。他认为:"如果更细心地研究,就会发现,所有的事物,只要觉察出秩序和度量,都涉及数学。这种度量,无论在数字中、图形中、星体中、声音中,还是在随便什么对象中去寻找,都应该没有什么两样。所以说,应该存在着某种普遍科学,可以解释关于秩序和度量的一切问题。它与任何具体题材没有牵涉。"[1] 可以看到,笛卡尔认为,数学凭借符号语言处理数量关系的方法,能够推及所有其他事物,成为认识论的基本工具。他在给梅尔森的信里说:"认识这种秩序是关键和基础,借此,我们可以得到我们希望获得的最完善的科学,关于物质事物的科学;人们通过它,可以先天地认识世间物体的不同形状和本质。"[2] 普遍数学为事物确立了一种新的认识标准:知识不是通过经验从事物引申出来的,而是作为公理加于事物之上的。在这里,理性原则起着重要作用。这种理性原则决定了科学的秩序不同于自然的天然秩序。所以,笛卡尔要求我们"按照某种秩序逐一考察事物,而不是按照该事物实在的存在秩序去考虑它们"。[3] 这种新的秩序独立于所考虑的对象,本质上是武断的。普遍数学不是描绘或临摹自然,而是预测或指示对象可能的存在。对象不再独立发生作用,因为它作为一种符号隶属于公理系统。因此,普遍数学实际上提供了一套新的理性关系,其公理特征构成一种逻辑语境,规定其中的各个对象。正如海德格尔所说:"数学的基础有这样一种要求,即运用事物的决定因素。这种运用不是经验地产生于事物,而是作为事物决定因素的基础,使它们成为可能,给它们以活动空间。"[4] 按照这种理解,笛卡尔所说的理性并不意味着与外界秩序保持一致。"笛卡尔的选择是把理性,或思维能力,看作我们必须建构秩序的能力,而这些秩序符合知识、理智和确定性所要求的标准。"[5] 从这个意义

---

[1] Descartes, *Rules for the Direction of the Mind*, see *The Philosophical Writings of Descartes*, vol. I, p.19.
[2] Descartes, "Letter to Mersenne, 10 May 1632", see Ibid, vol. III, p. 38.
[3] Descartes, *Rules for the Direction of the Mind*, see Ibid, vol. I, p.44.
[4] Heidegger, *What is a Thing?*, p. 89.
[5] Charles Taylor, *Sources of the Self: The Making of the Modern Identity*, p. 147.

说，世界的秩序是人建构的，世界的本质是属人的、理性的。

3. 我在

"我在"也是绝对无误的。不过，它需要"我思"作为条件。也就是说，只要我思想，我存在就是确实的，即绝对无误的；我思想多久，我也就存在多久；假如我停止思想，我将不复存在。可见，"我在"要通过"我思"加以说明。实际上，笛卡尔本人就是通过"我思"论证"我在"的。问题在于："我思"与"我在"是什么关系？"我思"如何说明"我在"？笛卡尔为什么能够凭借他的思想确定他的存在？这些都是理解笛卡尔哲学的关键，但也是相当困难的问题，西方哲学家对此众说纷纭，莫衷一是。

从传统上看，哲学家争论的焦点是：笛卡尔是如何认识自己的存在的，通过直观还是通过推理？

今天主张直观的经典论证当推亚克·辛提加（Jaakko Hintikka）。他在著名论文《"我思故我在"：推理还是行为？》[1]中明确指出，"我在"的确定性建立在直观基础上。当然，笛卡尔的表述有时的确像是推理，例如，"我思想，所以我存在"。"我存在"似乎是论证得出的一个结论。但是，在辛提加看来，推理的假设必将导致逻辑矛盾。假如"我在"是从"我思"推导出来的，那么，必然将"我思是存在的"作为隐含的前提。因为，若把"我思想，所以我存在"置于可证的逻辑系统，那将意味着，其中涉及的所有单称词项，都指谓某个实际存在的个体。我们进行推理的时候，在提出"我思想"这一前提之前，已经确定"我"是某种存在的东西了，而这正是推理所要得出的结论。换句话说，除非事先知道结论，否则我们将无法确定前提是否真。

推理的假设不足取，自然应该让位于直观。辛提加认为，"我思"是一种行为（performance）或一种实现。我思与我在并不是两个命题之间的

---

[1] Jaakko Hintikka, "*Cogito, Ergo Sum*: Inference or Performance?" in Georges J. D. Moyal (ed.), *René Descartes: Critical Assessments*, Vol. II, London: Routledge, 1991, pp.162-184.

关系，笛卡尔所确定的只是一个命题，即"我在"，"我思"则微不足道。这里，起根本作用的是思想活动本身。例如，"我不存在"的句子尽管形式上合理，但从存在的角度出发则矛盾重重。任何人，假如懂得这门语言和第一人称的使用规则，必然知道讲这种话是错误的。如果一个人企图通过自己的某种活动否定自身的存在，那是极其荒谬的。因此，在笛卡尔那里，正是通过他本人的思想活动，他才知道他的存在是确定无疑的。某个确定的思想活动，必然导致确信存在，显然，"我思"与"我在"之间的关系，远远超出推理关系。也许，"我通过思想感知到我的存在"更能精确地表达笛卡尔的意思。

辛提加的论证的确表现了当代哲学家的智慧和洞见，深刻揭示了推理假设的逻辑矛盾，以新的形式支持直观假设，即每个人都能通过直观看见"我思"和"我在"而无须推理。这一点，笛卡尔早在《指导心灵的规则》中便已指出。然而，辛提加的论证也有缺陷。弗兰克福（Harry G. Frankfurt）批评了两点：（1）辛提加的解释对思想活动的内容有特殊要求。若想通过思想活动感知自身的存在，我试图设想以及我无法相信的只能是"我不存在"，我试图设想却不能相信，才使我意识到我确实存在。但是，在笛卡尔的文本里，思想内容相当广泛，且变幻不定。我所以确信我存在，可能是因为我考虑到没有地，没有天，没有身体，如此等等；也可能因为我断定一块蜂蜡存在；或者因为我认为自己是某种东西。（2）辛提加的解释对思想活动的形式也有特殊要求。假如我思索我不存在的可能性，便不符合他的要求，因为这种思索是可能的。他所说的思想活动，仅仅限于思想我现在不存在。但是对笛卡尔来说，这个要求显然过分苛刻。笛卡尔不仅通过他的怀疑行为引进他的存在，甚至根据接受任何一个命题的事实来证明他的存在。[1] 按照弗兰克福的看法，辛提加的论证限制过于狭窄，很难找到更多的文本根据。不过，笔者以为，除上述缺陷外，辛提加更严重的缺陷是掩盖了"我思"对"我在"的条件作用。他的论述给

---

[1] 见 Harry G. Frankfurt, "Descartes's Discussion of His Existence in the Second Meditation", in, *René Descartes: Critical Assessments*, Vol. II, Georges J.D. Moyal (ed.), London: Routledge, 1991, pp.185-206。

人一种印象,似乎思想活动可以直接把握"我在",无须"我思"作基础。假如真是这样,笛卡尔为什么还要反复强调"我思"呢?他的"我思故我在"为什么包含"我思"和"我在"两个命题呢?

或许,推理的假设更符合笛卡尔的原意,因为这种假设明确将"我思"作为前提条件,"我在"是从"我思"推出的结论。

这是一个十分复杂的问题。从字面看,笛卡尔的有些话很像主张推理,例如,他在《谈谈方法》中说,正是从我想到怀疑一切其他事物的真实性这一点,可以非常明白、非常清楚地推出:"我是存在的。"但是,笛卡尔也十分明确地指出,他的"我思故我在"根本不是三段式。他在对第二组反驳的答辩中说:

> 当有人说"我思想,所以我存在"的时候,不是通过三段式从他的思想推出他的存在,而是凭借心灵的单纯直观,看出那是一个自明的事情。事实表明,如果他是从三段式推论出来的,他就必须事先认识大前提:凡在思想的东西都存在。但是,相反,他认识这一点恰恰要依赖自己的经验,即如果他不存在,他就不能思想。因为,从认识个别命题进而认识一般命题,正是心灵的本质。[1]

笛卡尔所说的三段式可以这样表示:

> 凡在思想的东西都存在
> 我在思想
> ——————————
> 所以,我存在。

笛卡尔的意思是说,假如是三段式,就必须有大前提。可是,要得出"凡

---

[1] Descartes, *The Philosophical Writings of Descartes*, vol. II, John Cottingham, Robert Stoothoff, and Dugald Murdoch (ed. and trans.), Cambridge: Cambridge University Press, 1984, p. 100.

在思想的东西都存在"这个大前提，必须依靠个体的经验。也就是说，个人首先要意识到，如果他不存在便无法思想，恰恰把"我存在"作为前提。大前提要以三段式的结论为根据，结果陷入循环论证。毫无疑问，笛卡尔清楚地意识到了这一点，他的"我思故我在"不可能是这种三段式。

但是否可以看作一种非三段式的推理？笛卡尔对第二组反驳的答辩，似乎仅仅拒绝三段式，并没有排斥其他推理。

有人认为是一种假言推理。然而，即便我们不去纠缠文本的依据，这种看法也将面对前边所说的辛提加的责难。威廉斯（Williams）有一个解释，他认为，"我思想，所以我存在"的推理条件是一种规则，而不是前提。或许可以说，推理原则就是允许我们从一个东西推导另一个东西的规则——例如，从 p 推导 q。但是，从 p 推导 q 就是以 p 为根据认识 q，就目前的问题而言，这是不可设想的，我不能根据"f(a)"是真的这一事实，认识 a 所表示的东西。如何克服这个困难？威廉斯说："逻辑是相当有用的，例如可以说，有一种原则允许我们从'p 和 q'推出 p，无须事先知道 p 是真的，甚至可能已经假定，实际上根本不可能知道'p 和 q'是真的。"[1]这番话表明，辛提加的责难并非无懈可击，不能完全排除对"我思故我在"做推理的解释。

但是，威廉斯的解释过分强调逻辑形式的一面，而忽略了笛卡尔论证的认识论的意图。笛卡尔是要寻求坚实的认识基础，在此基地上建立人类的知识大厦，不仅仅是要求推理规则。

相比之下，弗兰克福的解释[2]似乎更有启发性。弗兰克福另辟蹊径，试图根据文本证明笛卡尔的论证是一种推理，但不是严格意义的证明。他认为，笛卡尔是从询问"难道我不是什么东西"开始的，并提出反对他存在的三个论据：

---

[1] Bernard Williams, "The Certainty of the Cogito", in *Descartes: A Collection of Critical Essays*, W. Doney (ed.), London: Palgrave Macmillan, 1968, pp. 88-107.
[2] 参见 Harry G. Frankfurt, "Descartes's Discussion of His Existence in the *Second Meditation*", pp.185-206。

(1)"可是我已经否认我有感官和身体。不过,我依然迷惑不解,由此将得出什么结论?难道我非依靠身体和感官,没有它们我就不存在?"

(2)"可是我曾说服自己相信,世界上什么也没有,没有天,没有地,没有心灵,没有身体。我是不是也曾说服自己相信,连我也不存在呢?绝对不是。如果我说服自己相信什么东西,那么我毫无疑问是存在的。"

(3)"可是,有一个非常强大、非常狡猾的骗子,总是想方设法欺骗我。如果它欺骗我,那么我毫无疑问是存在的。不管它如何随心所欲地欺骗我,只要我想到我是某个东西,它就决不能使我不存在。"

第一个反驳没有结论,只有疑问。第二和第三个反驳实际上是两个条件陈述:

如果我说服自己相信什么东西,那么我存在。
如果他欺骗我,那么我存在。

然而,这不是笛卡尔的最后结论,他进一步指出,(4)"所以,经过全面思索和细致考虑之后,我必然得出结论,坚信我是(I am),我存在(I exist)这个命题,只要我说出它或心里想到它,就必然是真的"。[1] 按照弗兰克福的看法,结论不表明"我存在"是真的,只是表明:当我说出"我存在"或设想"我存在"的时候,它才是真的。笛卡尔的目的仅仅是要证明"我存在"是不可怀疑的。这里的"不可怀疑"是特定含义的,不是说不能怀疑,而是说没有理性的根据去怀疑。确定无疑地相信"我存在"是以"我思想它"为前提的。

弗兰克福的解释承认"我思故我在"是推理,同时却否认它是亚里士

---

[1] Descartes, *The Philosophical Writings of Descartes*, vol. II, pp.16–17.

多德式的证明,因而无须严格的证明前提。"我存在"为什么确定无疑?为什么可以抗拒普遍的怀疑?就是因为任何怀疑都以这种或那种方式包含着"我在思想"。"我在思想"的假设正是合理怀疑的条件。不过,这个假设同时又要求"我存在"。从这个意义上可以说,"我存在"是从"我思想"推导出来的。但是,"我思想"并非证明的前提,它只是合理怀疑的一个重要因素。按照这种理解,辛提加所说的"使用未经证明的假定"便成了虚妄之词,因为"我存在"不是证明的结论。

我以为,弗兰克福的解释有三个优点:

第一,忠实于原文,把握了笛卡尔的思想脉络。尽管现代的许多哲学家对"我思故我在"的分析细致入微,从逻辑学和语言学的角度揭示其内在结构和深层含义,为我们的理解提供了广阔的基础,但是,他们往往过分注重命题的形式,对于笛卡尔的整个思想过程考虑则较少,因而容易偏离笛卡尔的原义,缺乏文本根据。弗兰克福则从普遍怀疑入手进行分析,顺此线索追踪下去,并以普遍怀疑的目的为背景理解"我思故我在"的命题,确定其性质,似乎更接近笛卡尔。

第二,肯定了"我思"与"我在"之间的必然联系。直观的解释往往强调思想直接"观看"的活动,却忽视了"我思"的前提作用。按照笛卡尔的思维线索,他是在确认"我思"的确定性之后,才引出"我在"的确定性。这并不是说,"我在"是结论,其确定性是从"我思"推导出来的,而是说,"我在"的确定性要以"我思"为条件。伽桑狄就没有看到这一点,所以,他反驳笛卡尔说:

> 关于第二个沉思,我看出你依然执迷不悟;不过,我也看到,你毕竟承认你是存在的,因而得出结论:每当你说出或想起"我是,我存在"这个命题时,它就是真的。但是,我看不出你为什么费那么多事,其实,你有其他途径确认你的存在。你可以从别的什么行为得出同样结论,因为自然之光告诉我们,凡起作用的东西都是存在的。[1]

---

[1] Descartes, *The Philosophical Writings of Descartes*, vol. II, p.180.

笛卡尔回答：

> 你说我能从别的什么行为得出同样结论，那是完全错误的，因为除思想以外，没有一个行为是我完全清楚的（即具有形而上的确定性，这里仅涉及这种确定性）。例如，你没有权利推论：我散步，所以我存在，除非我们所说的散步指的是思想，即对散步的意识。只有关于思想，这个推论才是可靠的，关于身体的运动则不行，就像有时在梦中，我好像是在散步，其实根本没有那回事。[1]

脱离"我思"便没有"我在"，这一点似乎确定无疑。笛卡尔所要强调的正是"我思"。他怀疑了一切，最后不能怀疑的是"我在怀疑"本身，即"我思"。透过"我思"，而且只有透过"我思"，才能进一步确定"我在"。这种方法看似麻烦，其实恰恰反映了笛卡尔哲学的基本倾向：认识主体所能直接确定的是思想本身，只有通过思想的内在性，才能确定知识的最后基础。弗兰克福的解释始终突出"我思"的这种前提作用，的确意味深长。

第三，用宽泛的"推理"区别狭义的"证明"，既可以纠正直观解释忽视"我思"的误导，又可以摆脱推理解释面临"大前提"的窘境。也许，直观解释不想完全否认"我思"的前提作用：假如没有我的思想活动，怎么能够直观我的存在呢？但是，按照这种解释，"我思"与"我在"并非两个命题之间的关系，"我思"指一种事实状态，不是一个命题；"我在"才是命题，是通过我思活动直观到的。这是两个层面的东西，所以，当讨论"我思想，所以我存在"的命题时，"我思想"便退居后台，它的前提作用自然也就隐而不见了。一般的推理解释可以弥补上述缺陷，因为推理形式本身便确定了"我思"的前提作用。但是，它又遇到证明大前提和避免使用未证假设的困难。弗兰克福独具慧眼，找到一条"中

---

[1] Descartes, *The Philosophical Writings of Descartes*, vol. II, p.244.

间道路"。其实，从某种意义上说，笛卡尔哲学的一个目的就是寻求知识的第一原则。古典怀疑主义屡屡对人类知识体系发难，责难之一就是认为任何命题的证明都将是无限的过程，因为证明的前提仍需证明，依次后退，乃至无穷。亚里士多德似乎已经意识到这一点，并试图补救。他认为必然存在一些命题充当第一前提，它们是不能通过证明获得的，甚至说，它们根本不可证明。[1] 然而，他论述过于武断，缺乏合理的根据。笛卡尔知道怀疑主义的责难，以其人之道还治其人之身。他运用普遍怀疑的方法试图表明，知识的第一原则是不可怀疑的，就是说，人们没有理论的根据怀疑它们。因而，第一原则显然应该不同于一般前提，由此出发的推理自然也不同于一般推理，即弗兰克福所说的"亚里士多德式的证明"。假如人们用一般的观点分析笛卡尔的"我思想，所以我存在"，必将违背笛卡尔的初衷，或者纠缠外在的形式而不能自拔，或者与笛卡尔哲学的真谛失之交臂。

五、人的心灵的本质

《第一哲学沉思集》中着重讨论"我思故我在"的篇章是第二个沉思，其标题是"论人的心灵的本质以及心灵比形体更容易认识"。这个标题不仅表明了第二沉思的主题，而且揭示了"我思故我在"的深刻内涵。笛卡尔的"我思故我在"，目的就是要确立自己心灵的存在，并由此揭示心灵的本质。或者说，在笛卡尔看来，"我思故我在"的论证是展现心灵本质的唯一途径。

为什么是"唯一途径"？

用一句话回答：因为心灵是"一个完全的东西"。换句话说，因为我们可以完全脱离形体的条件单独认识心灵。笛卡尔在对第四组反驳的答辩

---

[1] Aristotle, *Posterio Analytics*, 72b, 18–34, in *The Complete Works of Aristotle*, vol. 1, Jonathan Barnes (ed.), Princeton: Princeton University Press, 1984.

中作了更详细的解释：

> 我们可以清楚明白地认识心灵，或者说，充分地认识心灵，将其看作完全的东西，无须借助我们认识形体是一种实体时所采用的形式或属性，就像我认为在第二沉思里已经充分指出的那样；我也把形体清楚地理解为一个完全的东西，用不着任何心灵的属性。[1]

笛卡尔这种完全脱离身体的认识方式，体现了近代哲学的基本精神和发展方向，与古典的亚里士多德以及经院哲学的亚里士多德主义有明显区别。

按照托马斯·阿奎那的看法，理智认识自身有两种方式。他说：

> 因此，理智认识自身不是凭借它的本质，而是凭借它的活动。这有两种方式：第一种方式是个别的，就像苏格拉底或柏拉图，因为他感知到他在理解，所以知道他有理智的灵魂。第二种方式是普遍的，诸如通过理智活动的知识考察人的心灵的本质。[2]

第一种方式是灵魂认识自身存在（that it is）的方式，主体通过感知自身的认知活动而认识自己的个别存在。心灵的存在是这种认识的充分条件，因为感知活动的动力就是心灵本身。既然心灵能够自发地认识自身存在，谁又能否认自己存在呢？"在这个意义上，没人会认为自己不存在。因为他在思想某物的时候，同时感知到自己是存在的。"[3]第二种方式是灵魂认识自身本质（what it is）的方式，将自己与其他事物区分开来。对阿奎那来说，这种方式更加重要，因为它是认识心灵的科学方式，需要经过细致入微的研究，需要借助思辨科学的各种原则，以把握心灵的内在能力。

根据亚里士多德的原则，上述两种方式，无论感知心灵的活动，还是

---

[1] Descartes, *The Philosophical Writings of Descartes*, vol. II, p.157.
[2] Thomas Aquinas: *The Summa Theologica*, I, Q. 87, A. 1.
[3] Thomas Aquinas: *De Veritate*, Q. 10, A. 12, ad7.

把握心灵的能力，都遵循一定的程序或条件：理解心灵的能力首先需要说明心灵的活动，认识心灵的活动则要求事先考察与这些能力相关的对象。也就是说，理解心灵的存在或本质，不能完全脱离心灵寓居的形体和认识对象。阿奎那讲得更清楚：

> 人的灵魂知道事物的普遍性质，通过这个事实可以领悟到，我们用于理解的种（species）是非物质的。不然，它将被个体化，无法认识共相。通过我们用于理解的种的非物质性，哲学家懂得了理智独立于物质。从这一点出发，他们又进一步认识理智灵魂的其他属性。[1]

哲学家如何知道理智灵魂的力量呢？根据理智的活动。理智理解事物的形式是种，是非物质的，所以理智灵魂的能力独立于物质。为什么说认知形式是非物质的？因为认识对象是事物的普遍性质，事物的共性是非物质的，不同于个别的物体。可以看到，亚里士多德主义认识心灵本质的路线是：通过心灵对象认识心灵活动，通过心灵活动认识心灵能力，通过心灵能力认识心灵本质。这种认识路线反映了亚里士多德主义的一个基本观点，即抽象主义（abstractionism）。

所谓"抽象"是指心灵把握普遍观念的过程。亚里士多德主张形质论（Hylomorphism），认为实体是质料和形式的结合。心灵若想认识事物，首先必须通过感觉经验获得感觉材料或感觉影像，即共相与殊相的混合，然后再将普遍的形式抽取出来。不难看出，对于这种抽象主义，感觉经验和客观对象在认识过程中起着相当重要的作用。阿奎那曾经指出，感觉经验是理性知识的原因。尽管感觉影像不能激发理智的活动，但是，它是物质的原因，是理性知识得以产生的一个必然条件。凡理智中的东西，没有哪个不能事先在感觉中发现。理智的自我认识也是一样：假如没有感觉经验，我们便无法知道共相是非物质的。所以，我们只能间接地认识理智的性质，不能完全摆脱形体的因素。

---

[1] Thomas Aquinas: *De Veritate*, Q.10, A.8.

笛卡尔向亚里士多德主义传统提出挑战。他主张"完全脱离形体认识心灵的本质"蕴含着两个变革：首先，摈弃了抽象主义。在他那里，理智的观念不再依赖灵魂与世界的同型，即感觉经验与感觉对象一致，然而经过抽象，在理智水平达到认知与所知的同一。他认为，上帝在创造人的理智时，赋予了一些天赋观念，这些观念可以看成思维的方法或方式，无须牵涉外界事物便有所认识，而且获得的知识是正确的。所以称作"天赋"，就是因为它们的形成不是通过感官，而是来源于我们的纯粹理智。也就是说，在笛卡尔看来，人的一些认识可以完全脱离形体和外部对象，无须亚里士多德的抽象过程。其次，将认识主体与外界对象、精神与物质截然分离。心灵是心灵，形体是形体，二者本质不同，互不干扰。尽管作为认识主体的心灵与作为认识对象的形体之间，形成一定的认知关系，但是，决不能根据后者的特征去说明前者的性质。甚至承载心灵的人体，也不能说明心灵本身的性质。亚里士多德主义用回溯的方法探究理智对象的特征，企图借助个别实体间接地解释理智的本质，其隐含前提是认知与所知的同一，意思是说：认识活动与认识对象的性质是相同的。它们所以相同，是因为具有同一的基础，即构成人的形式和质料与构成外部事物的形式和质料是同一的，都是自然的属性和结构。[1] 笛卡尔恰恰抛弃了这种传统的世界观，主张认识主体与外界对象、精神与物质完全分离的二元论。他的"完全脱离形体认识心灵本质"的方法，意味着心灵可以没有形体而单独存在。

笛卡尔"我思故我在"的论证，就是"完全脱离形体认识心灵本质"的具体表现形式。它要求人们的视线从外界返回心灵，单凭心灵本身的活动，确认心灵的存在和心灵的本质。这种认识不需要物质世界，也不需要感觉器官和人的身体，只要求心灵本身。

按照我们前边的论述，"我思故我在"以"我思"为条件，推论出"我在"是确定无疑的。这种确认完全依赖心灵自身的活动，与形体无关。然而，仅仅承认我的存在并非最后结果，笛卡尔还想进一步弄清这个

---

[1] 赵敦华：《基督教哲学1500年》，人民出版社，2005年，第389页。

"我"是什么?他说:

> 可是,我还不大清楚,这个确知我存在的我究竟是什么。所以我必须小心从事,不要冒冒失失地把其他什么东西当成我,并且,对于我先前获得的最明确的知识,不可掉以轻心,迷失方向。[1]

"我"不是一个人吗?不错,是人。可是,人又是什么?笛卡尔回忆起以前自然形成的想法:人由两部分组成,一部分是身体,另一部分是灵魂。他说:

> 首先,我认为自己有脸,有手,有胳臂,是骨和肉构成的一架成套的机器,如同在一具尸体身上看到的情形,我把它称作身体。除此之外,我考虑到我吃过饭,走过路,感觉过和思想过,并将这些活动统统归于灵魂;但是,我没有停下来细想灵魂到底是什么;如果说我细想过,那就是把灵魂想象成极其细致稀薄的东西,好像一阵风,一团火,或者好像一种以太,分散在我那粗糙的肢体里。[2]

笛卡尔先前的这种想法是经院哲学的,主要建立在亚里士多德主义哲学的基础上。按照这种看法,非生命的性质属于身体,即物质属性,例如我的脸,我的手,我的胳臂等。生命性质则属于灵魂。灵魂又根据它的活动或能力分成三种:植物灵魂,专司营养,如我吃饭;动物灵魂,也叫感觉灵魂,负责运动和感觉,即笛卡尔所说的我走路和我感觉;人的灵魂,其特征是理智,即我思想。

然而,笛卡尔这时充分认识到,"我"显然不是身体。这不仅因为我的身体已经被怀疑掉,而且,因为笛卡尔所理解的物体是占据空间、能够运动、可被感觉的东西,而"我"却没有这些属性。至少应该承认,当我

---

[1] Descartes, *The Philosophical Writings of Descartes*, vol. II, p.17.
[2] Ibid.

进行纯粹的思想时，没有任何东西属于物质的属性。因此，"我"是非物质的。

"我"不仅是非物质的，而且，也没有植物灵魂和动物灵魂。例如，吃饭和走路。"假如我真的没有身体，那么，我也真的既不能吃饭，也不能走路。"[1] 感觉也是一样，没有身体，怎么去感觉呢？营养能力、运动能力以及感觉能力，都因为"我"没有身体而被排除。因此，我们没有充分的理由将低级的灵魂归于"我"。

最后剩下的只有理智灵魂，即思想。笛卡尔说：

> 现在我发现，思想是属于我的唯一属性，只有它不能与我分离。有我，我存在，这是确实的。但是，多长时间？只有我思想的时候。很可能假如我完全停止思想，我也就完全停止了存在。现在，对那些不必然为真的东西，我一概不承认。因此，严格说来，我只是一个在思想的东西，也就是说，一个心灵、一个灵魂、一个理智，或者一个理性，这些名称的意义，我以前并不知道。我是一个实在的东西，一个真实存在的东西。然而，是什么东西？我已经说过：是一个在思想的东西。[2]

笛卡尔终于发现，"我"的本质是思想，这也是他的唯一属性。而且，关键在于，只有思想不能与"我"分离。我与思是同一个东西，这就是思想（心灵）的本质。也正是由于这种性质，"我思故我在"的论证才得以可能。如果将外界的一切统统排除，如果将任何可疑的东西统统视作虚假，那么，唯一剩下的是"我在思想"。我的思想活动与我的存在是同一的。思想活动可以展示"我"的存在。

笛卡尔的"我"的发现是一个伟大的发现，是划时代的发现，它标志着近代哲学的"主体"正式建立起来。这是一个纯粹思想的主体，与物质

---

[1] Descartes, *The Philosophical Writings of Descartes*, vol. II, p.18.
[2] Ibid.

和以物质为基础的客体相对立。笛卡尔用心灵实体和物体实体分别表示二者：心灵实体的性质是思想，物质实体的性质是广延，二者都是实在的。世界就是这样一种二元世界。这是近代哲学家眼里的世界：思想为一方，自然为另一方。在某种意义上，二者处于一种对立状态，存在着一种紧张关系。以理性为特征的人若想发展科学，若想认识世界，若想征服自然，必须在这种二元世界的架构中寻找途径。近代开创的科学，当以这种二元世界为背景。也正是在这种二元架构的基础上，笛卡尔为科学的知识找到了确定性的根据所在，那就是自我，是纯粹的我思。如果有人问：人类知识的最后根据何在？人何以有真理的认识？笛卡尔答曰：只能在我的思想本身。

果然如此吗？提出这个问题是理所当然的。也许正是围绕这个问题以及由此引申的各种纷繁复杂的问题，才导演出近代哲学史上一幕幕威武雄壮、光彩夺目的戏剧，才产生出一个又一个天才的哲学大师。直至今天，这场戏依然在热闹地进行着，似乎谁也难将它终止，尽管也有一些人时不时地出来宣布演出到此结束。

六、人：身体及其与心灵的统一体

我们再回到笛卡尔的"人"之概念。笛卡尔的"人"，不仅是"我思"，也具有身体。

倘若单独考察，身体是独立的实体，其本质是广延，遵循物质的运动法则。因而，单纯的身体（没有心灵的）是自动机。"自动机"的概念在动物身上表现尤其明显：动物具有与人相似的感觉器官，却没有人一样的心灵，没有意识和灵魂，因而是一架机器。这个概念不是贬义，而是想从积极的一面来主张，动物身上所观察到的一切运动完全可以用身体各个部分的构造和倾向加以说明。笛卡尔相信，单凭机械原则，便足以解释动物的行为，没有任何遗漏和保留。人的身体亦如此。撇开心灵单独考察身体，人像动物一样是一架自动机。

笛卡尔的论断是对亚里士多德主义的批判。亚里士多德将灵魂看作动物和人的形式或本质：灵魂既是感觉或思维的根源，亦是身体活动的动因。笛卡尔则强调，人具有两个运动本源：一个是精神的，另一个是机械的。[1]

在笛卡尔眼里，甚至连感觉和欲望也遵从机械的原理。他在《论人》一书中概括了人体机器的特性：

> 最后，我希望你们考虑一下我归于这架机器的全部功能——诸如消化……营养……呼吸，醒与睡，外感官接受光、声、气味、味道、热及其他性质，这些性质的观念铭刻在常识和想象器官上，保留在记忆中，欲望和激情的内部运动，以及所有肢体的外部运动……我希望你们考虑一下，这些功能统统是这架机器的自然运作，完全产生于各个器官的构造，就像钟表或其他自动机的运动产生于配重和齿轮的构造一样。因此，为了说明这些功能，无须设想这架机器具有植物灵魂，或感觉灵魂，或者运动和生命的其他本原，仅须凭借血液和精气（spirit）……[2]

尽管我们可以单从"我思"（心灵）或者单从"身体"考察人，不过，现实中的人既非单纯的"我思"，亦非单纯的"身体"，而是身心统一体。

笛卡尔在第六沉思中说："自然也用疼痛、饥饿、干渴等感觉告诉我，我不仅出现在身体中，好像一个舵手出现在船上，而且，我与身体结合得非常紧密，似乎彼此混杂，因而我与它结成一体。"[3]身体比其他形体更密切地与"我思"连结在一起，而且"我思"亦十分清楚，感觉并非完全出自"思想"，也与人体密切相关。因此，我们可以断言："人由身体与灵魂组成，并非一个面对或接近另一个，而是真正的实体的统一（sub-

---

[1] 参见 Hiram Caton, *The Origin of Subjectivity: An Essay on Descartes,* New Haven: Yale University Press, 1973, p. 89。
[2] Descartes, *Treatise on Man,* see *The Philosophical Writings of Descartes,* vol. I, p. 108.
[3] Ibid., vol. II, p. 56.

stantial union）……我们的用语或许异乎寻常，然而我们以为，它充分表达我们的意思。"[1]心灵与身体的"实体的统一"很容易引起误解，好像除了心灵与物体两个实体之外，还有第三个实体，即身心统一体。事实上，笛卡尔并不承认身心结合体为一个实体。笛卡尔的意思无非是说，为了理解真正的人，必须将其看作一个整体，看作两个实体（形体与心灵）的统一。"因为身体与灵魂彼此结合而成的统一体，对于人来说，并非偶然的，而是本质的，没有这种统一，人便不再是人。"[2]

上面引文似乎让笛卡尔陷入矛盾境地：一方面，他声称我是思想物，此外并无其他性质或本质，身心二者是厘然有别的；另一方面，他又宣称身心统一才是人的本质。前者倘若成立，后者便岌岌可危。或许，正是出于这个缘由，阿尔诺（Arnauld）断言，笛卡尔所说的身心相互作用根本不可能，因为"思想"的性质"把我们带回柏拉图的观点（笛卡尔先生却反对），即没有任何物性属于我们的本质，因此，人仅仅是一个理性灵魂，身体纯粹是运载灵魂的车辆——把人定义为'运用身体的灵魂'。"[3]笛卡尔则反驳说，他的意思并非阿尔诺所说，人绝非运用身体的灵魂，而且，"实体的统一并不妨碍我们对单独的精神具有清楚明白的概念，将其看作一个完全的东西。"[4]在笛卡尔看来，身心的分离与身心的统一都是真的，只是确认的方式分属不同层面：前者为形而上学的沉思所把握，后者为经验所把握。不过，笛卡尔的这个解释需要做进一步阐明。

笛卡尔带我们返回三个基本观念（primitive notions）：心灵、身体与身心统一体。他认为，这些观念是自然之光的产物，智慧的种子（天赋观念）。我们一旦意识到这些观念，必然能够正确地把经验与恰当的基本观念联系起来，因为人的其他概念都分别隶属于某个基本观念。混乱在于不能清晰地分门别类，而犯了所谓的范畴错误，将这类经验或概念归于那类基本观念。要理解身心相互作用的性质，首先必须澄清三个基本观念，严

---

[1] Descartes, "Letter to Regius, January 1642", see *The Philosophical Writings of Descartes,* vol. III, p.209.
[2] Ibid.
[3] Arnauld, "Fourth Set of Objections", in Ibid, vol. II, p. 143.
[4] Descartes, "Fourth Set of Replies", in Ibid, vol. II, p. 160.

格固守各个基本观念的范围。笛卡尔的结论是：单独的心灵或单独的身体只能由纯粹理智分别考察，而且，对于前者，想象无能为力，对于后者，想象则能助理智一臂之力，因为身体包含广延、形状与运动；身心统一体与前两者不同，单独凭借理智只能得到模糊的认识，即便借助想象，结果也大抵如此，只有感官才能获得身心统一体的清晰认识。[1]按照这个结论，我们要理解身心统一体，不能凭借理智，反而必须进入相对不确定的感觉经验领域。然而，伊丽莎白女王向笛卡尔谈及自己的经验时，承认感觉让她觉察身心的相互作用，但并不能让她理解这种相互作用究竟是如何发生的。她以为出路在于将灵魂物化，即赋予其广延的性质。她说："我很容易将物质和广延归于灵魂，却很难将推动物体与被推动的能力归于非物质的存在。"[2] "尽管广延不是思想所必须的，但与思想并不矛盾，它可以归属于灵魂的其他非本质的功能。"[3]伊丽莎白的思想显然与笛卡尔的格格不入，因为笛卡尔在《第一哲学沉思集》里明确将心灵与形体，截然分离。然而，笛卡尔的答复令人惊讶。他在信中说：

> 我请殿下随心所欲，将这种物质和广延归于灵魂，因为那不过是设想灵魂与身体合为一体。殿下一旦形成严格的物质概念，并在自身经验到它，便很容易认为，最归属于思想的物质并非思想本身，物质的广延与思想的广延性质不同，因为前者占据确定的位置，借以排除所有其他物体的广延，后者则不同。因此，殿下将很容易恢复身心彼此区别的知识，尽管设想二者为统一体。[4]

从字面看，笛卡尔似乎鼓励伊丽莎白将心灵设想为广延的。其实，他的意思是说：当人们观察身心统一体时，心灵只是看上去好像有广延，事实

---

[1] 参见 *Descartes: His Moral Philosophy and Psychology*, John Blom (tans.), New York: New York University Press, 1978, p. 113.
[2] Ibid., p. 112.
[3] Ibid., p. 117.
[4] Descartes, "Letter to Princess Elizabeth, 29 June 1643", see *The Philosophical Writings of Descartes*, vol. III, p.228.

上,心灵并没有广延,这需要我们单独考察心灵。笛卡尔向伊丽莎白指出,混乱源于将形而上学与经验混为一谈。理解身心的实在区别与理解身心的统一必须运用两套不同的方法:前者以理性为基础,属于思辨的形而上学,后者以经验为基础,属于常识,需要运用辅助因素,诸如类比之类的手段。

可以看到,笛卡尔试图将身心的区分与身心统一体归属不同领域,借以消除"我思"(心灵)与"人"(身心统一)的冲突。然而,这种方式即便能够缓解二者间的矛盾,却不能完全解决问题。人们仍然要问:两个本质截然不同的实体如何相互作用?虽然经验告诉我们二者彼此作用,协调一致,但如何说明这种结果呢?两个实体的相互作用为什么不会干扰二者彼此的区别?笛卡尔在其《心灵的激情》中,试图回答这些问题,但并不成功,成为后人不断讨论的一个主题。

七、结语

我们似乎可以合理地说,笛卡尔对"我思"与"人"的分析和论述,非但没有消除我们对"人"的种种困惑,反而加剧了问题的复杂性,屡屡让我们面对精神与物质、理论与实践、理性与经验、个体与整体的冲突和张力。然而,这正是现代人面对"人""人性"和"人道主义"问题的现实处境。

倘若我们从笛卡尔的哲学架构理解"人",那么面对的并非一个具体的人,而至少需要考察三个基本要素:心灵、身体以及身心统一体,还有三者之间错综复杂的相互关系。甚至不能将其理解为一个具体人的三个组成部分,毋宁说,那是不同层面的三个"人"。三者具有各自的目标、特征和关联,分属不同的领域。单凭经验或单凭理性都无法正确理解人,必须从不同角度,透过不同的维度去全面加以理解。单纯的形而上学无法全面理解人。"我思"在形而上学层面划定"我"的领域,确立理性的权威,并建立了理性控制的新模式。然而,这并非"人"的全貌。尽管形而上学及其原则是哲学之根基,但并非哲学的终结,只能是哲学的起点。形而上学的根基还须生长出枝杈,才形成完整的知识之树。笛卡尔的"人"论告诉我们,他的哲学并非完全思辨的,还需要产生实践的知识,指导人追求幸福的生活。理解现实的人(即身心统一体)与理解"我思"不同,不能单凭纯粹理智,还需要依靠经验,返回日常生活。因此,"人"或"人性"不会直接呈现在我们面前,亦不会完全成为形而上学的抽象对象,而只能以错综复杂的形式间接反映出来,盘根错节缠绕于形而上学与经验的不同层面。或者说,"人"或"人性"就是身与心、"我思"与"人"(身心统一体)复杂关系的凝结,而且不可能只有一种结果,各种背景与关系的互动交叠、观察者的视角与立场,必然呈现五光十色的景象。然而,不管什么结果,都是笛卡尔的哲学架构造成的。笛卡尔进行的哲学革命摧毁了古代的哲学模式,代之以科学的世界观和解释理论,自然也影响着人类学急剧变化,影响到人的道德和自制的全部体系。不仅笛卡尔本人对"人"及"人性"的理解为其哲学架构所制约,其后大部分人也不得不在这个架构下理解"人"及"人性",并在此基础上阐释人道主义。

第十一章 斯宾诺莎：
上帝、实体、人

　　黑格尔曾经说过：要达到斯宾诺莎的哲学成就是不容易的，要达到斯宾诺莎的人格是不可能的。有人列出斯宾诺莎12条哲理名言，其中"自由人最少想到死，他的智慧不是关于死的默念，而是对于生的沉思"颇让人动容。生的沉思，即是追求真理。人生的意义即在于此。斯宾诺莎用自己的一生，来践行这一格言。他就因为坚持自己的信仰，被逐出了犹太教会堂，被迫搬出犹太人居住区。他宁以磨镜片为生，也不向犹太教权贵低头。黑格尔对斯宾诺莎人格的评价可谓恰如其分！

　　斯宾诺莎最重要著作《简论上帝、人及其心灵健康》《笛卡尔哲学原理》《神学政治论》《政治论》《伦理学》《知性改进论》等，在近代哲学中，留下了浓墨重彩的一笔。也许因为斯宾诺莎哲学涉及多个哲学领域，故而有西方哲学家发问：有多少个斯宾诺莎？要达到斯宾诺莎的哲学成就是不容易的。黑格尔所言不谬！勒布夫（Michael LeBuffe）指出："斯宾诺莎在知识上的成就，不能被简化为任何单一的立场或著作。"[1] 正因如此，斯宾诺莎给后人留下了广阔的研究空间。

---

[1] Michael LeBuffe, *From Bondage to Freedom*, Oxford: Oxford University Press, 2010, p. 3.

有学者认为斯宾诺莎热爱几何学[1]，因而偏重于他的方法论研究，无疑，方法论是斯宾诺莎的重要贡献，也使得他在近代西方哲学史上占据着重要地位。施特劳斯认为，斯宾诺莎在哲学界首开先河，写下了一系列为民主声辩的论著。"这样的态度并非偶然，而是他的形而上学哲学观以及他对传统政治哲学的强烈反叛所产生的必然结果。"[2] 施特劳斯所说的形而上学的核心，就是斯宾诺莎著名的实体学说。他认为，实体说是斯宾诺莎政治思想的基础。基斯纳（Matthew J. Kisner）认为：

> 在斯宾诺莎诸多的哲学目的和抱负中，唯有帮助人们获得自由，更接近他的预期。斯宾诺莎每一部有关形而上学的著作，从他早期对《笛卡尔哲学原理》的评论，到他最后的绝响《伦理学》，都以讨论自由而告终，他始终强调自由的可能性和重要性。事实上，伦理学的核心目标是向我们表明通往自由的道路。斯宾诺莎的另一部主要著作，他的政治学著作，也受他对自由的关注的激励。他在书中表明，国家的真正目的实际上就是自由。甚至斯宾诺莎的救赎概念，也明确地指向我们的自由。[3]

勒蒙德（Lucia Lermond）则认为，斯宾诺莎的《伦理学》主要关注人的本质问题。[4] 不难看出，由于探讨问题的角度不同，各位学者的说法有明显差异。但是，无论如何，我们不能忽略他们的共同之处，那就是斯宾诺莎哲学尽管范围广阔，但是，他对人的问题的关注，确是他学说中最令人瞩目的地方。

不过，在斯宾诺莎哲学中，人的问题是与上帝问题、实体问题密切相

---

[1] Steven B. Smith, *Spinoza's Book of Life: Freedom and Redemption in the Ethics*, New Haven: Yale University Press, 2003, p.14.
[2] 列奥·施特劳斯和约瑟夫·克罗波西主编：《政治哲学史》上，李天然译，河北人民出版社，1993年，第539页。
[3] Matthew J. Kisner, *Spinoza on Human Freedom: Reason Autonomy and the Good Life*, Cambridge: Cambridge University Press, 2011, p.1.
[4] Lucia Lermond, *The Form of Man: Human Essence in Spinoza's Ethic*, Leiden: E. J. Brill, 1988, p.3..

关。这些问题是斯宾诺莎人的问题的形而上学之前提。因此，我们探讨斯宾诺莎关于人的问题，需要用一定的篇幅阐释其作品中关于上帝、实体问题，否则人的问题无解。

一、上帝是唯一实体

斯宾诺莎认为，世界上只存在一种实体，也就是上帝。对于他来说，我们凡人都只是上帝的样式（modes）罢了。因此，讨论实体问题，其实就是讨论上帝问题。关于上帝存在的证明，上帝是唯一实体的阐释，率先出现在斯宾诺莎的早期著作《简论上帝、人及其心灵健康》中。

从中世纪哲学一路下来，反观斯宾诺莎哲学对上帝的论述，总给人似曾相识的感觉。不过，斯宾诺莎给人印象最深的，是他断言上帝是唯一实体。《简论上帝、人及其心灵健康》的第二章"上帝是什么"，主要内容就是探讨上帝是实体。于是，实体伴随着"上帝是什么"的问题跃然于纸上。而且，斯宾诺莎围绕"上帝是什么"问题展开的讨论，更多的是围绕上帝是实体、实体是什么而展开的。

在"上帝是什么"一章的第一小节，斯宾诺莎首先用百余字阐明上帝是什么，尔后的篇幅则是探讨实体问题。本节以下内容就是围绕"上帝是实体"而展开。对于实体，斯宾诺莎提出四个命题：

第一个命题："没有任何受限制的实体，反之，每一个实体都是在它的自类之中无限地完善的，因为，这也就是说，在上帝的无限悟性中不可能有一个实体比它在自然中已是那样完善的更加完善。"[1] "如果我们证明：不能有任何受限制的实体，那么一切实体就都无限制地属于上帝。"[2] 如果有人对此持反对意见，那么，他必须回答如下问题：这个实体是因为自身的原因，从而自己限制自己吗？这个原因或者是不曾能，或者是不曾愿

---

[1] 斯宾诺莎:《斯宾诺莎文集》第一卷之《简论上帝、人及其心灵健康·知性改进论》，顾寿观译，商务印书馆，2014年，第44—45页。
[2] 同上书，第45页。

意给它以更多的东西？斯宾诺莎认为，第一个可能性不存在，因为一个实体，特别是由于自身的原因而存在的实体，不可能愿意限制自己。第二个可能性：这个原因不能或不愿意给他更多的东西，"不能与上帝的全能相抵触，"不愿"与上帝的至善和完满不符。

关于没有任何受限制的实体，在"上帝是什么"一章第一小节脚注中[1]，斯宾诺莎提出几点证明，算是对正文的补充解释：（1）或者它自己限制了它自己，实体受限制必须是它改变了它的全部性质。假如实体是上帝，上帝是不可能被改变，更不用说改变全部性质，或者另一个实体限制了它。它不可能自己限制了它自身，因为它原来是不受限制的，也不能是另一个实体限制了它。如果上帝受限制，意味着上帝是不完善的。然而，上帝就是至善、完善。说上帝有缺陷与上帝至善、完善的属性相违背。（2）不能有任何受限制的实体，如若不是这样，就意味着有某种东西是从乌有得来的，这是不可能的。因为这个乌有的东西从哪里来？决不是来自上帝，因为上帝没有任何不完善、受限制等。世界上不存在两个相等的、不受限制的实体。由此得出一个结论：一个实体不能产生另一个实体。其理由如下：产生这个实体的那个原因，它必须具有和被它产生的实体同一的属性，并且必须具有或者同等，或者更多或者更少的完善性。第一个可能是不可能的，否则就会有两个相等的实体；第二个可能是不可能的，否则就会有一个受限制的实体；第三个可能是也不可能的，因为从无不可能产生有。

第二个命题：没有两个相等的实体。证明：任何一个实体在其自类中完善；因为，如果有两个相等的实体，必然一个限制另一个，并且二者都不可能是无限的。

第三个命题：一个实体不能产生另一个实体。如果有人持反对意见，斯宾诺莎说，他要提一些问题：产生这个实体的原因是什么？它和那个被产生的实体，是否具有同一属性？产生者和被产生者具有同等的完善还是较多或较少的完善？斯宾诺莎认为，较多较少都是不可

---

[1] 关于几个命题及补充解释，参见斯宾诺莎：《斯宾诺莎文集》第一卷，第44—46页。

能的。如果一个实体产生另一个实体，它必须是同等完善的两个相等实体。但是，一个实体产生另一个实体等于无中生有，在斯宾诺莎看来，这是不可能的。因此，同等完善的两个实体是不可能的。"一个被创造的东西在任何情况下不能出于乌有，而必须是为一个真实存在的东西所创造。但是从它之中要产生出某种东西，而在这个东西被产生以后，它丝毫不变，还是具有这个东西，这，用我们的认识能力是不可理解的。"[1]

在《伦理学》第一部分"论上帝"命题六，斯宾诺莎提出另外一类证明："按事物的本性，不能有两个具有相同属性的实体，这就是说，两个实体之间决无共同之点。所以这一个实体不能为另一个实体的原因，或者一个实体不能为另一个实体所产生。"[2] 推论："实体不是任何别的东西所能产生的。因为宇宙间除实体及其分殊以外，不能有别的东西……并且这一实体又不能产生另一个实体；所以知道实体决不是任何别的东西所能产生的。"[3] 再证"如果一个实体可以为另一个实体所产生，则认识这个实体，必须依靠认识它的原因，这样，它就不是实体了。"[4]

第四个命题：在上帝的无限悟性中，没有一个实体或属性不是在自然中形式地存在的。因为上帝有无限的能力，上帝有单一的意志，上帝必须做好的东西，就上帝是实体而论，既然一个实体不能产生另一个实体，凡是当下没有的，就不能开始有。"因此……关于自然，一切的东西全部地肯定属于它，并因此自然包含无限的属性，其中每一个属性在它自类之中完善。而这，和人们关于上帝的定义整个地相合。"[5]

斯宾诺莎阐述实体的以上四个命题，试图表明：上帝是实体，且唯有上帝是实体，世间的一切都是实体的属性。也就是说，上帝是无限、完善的实体，世间的一切都属于上帝，都是上帝的属性。在《简论上帝、人及其心灵健康》一书，斯宾诺莎也谈及上帝与广袤、部分与整体、思想与广

---

[1] 斯宾诺莎：《斯宾诺莎文集》第一卷，第47页。
[2] 斯宾诺莎：《斯宾诺莎文集》第四卷之《伦理学》，贺麟译，商务印书馆，2014年，第4页。
[3] 同上书，第4页。
[4] 同上书，第4—5页。
[5] 斯宾诺莎：《斯宾诺莎文集》第一卷，第47—48页。

袤等问题，斯宾诺莎认为，这一切都不过是在描述上帝的属性。上帝是唯一的实体。

在《伦理学》第一部分"论上帝"提出的"定义"（definitions，中译本译作"界说"），共有8条，内容与《简论上帝、人及其心灵健康》有重叠，但更为详尽。

(1) 上帝是自因的。"自因（causa sui），我理解为这样的东西，它的本质（essentia）即包含存在（existentia），或者它的本性只能设想为存在着。"[1] 上帝存在，上帝自己是自身存在的原因。

(2) 上帝是无限的。"神（Deus），我理解为绝对无限的存在，亦即具有无限'多'属性的实体，其中每一属性各表示永恒无限的本质。"[2] 在《简论上帝、人及其心灵健康》中也有此类说法：上帝是什么？"它是，我们说，这样一个东西，关于这个东西的一切属性，或者说无限属性，都肯定属于它，其中每一个属性在它自类之中无限地完善。"[3]

(3) 上帝是实体（substantia）。所谓"实体，我理解为在自身内并通过自身而被认识的东西。换言之，形成实体的概念，可以无须借助于他物的概念"[4]。

(4) 属性即指理智认为是构成实体本质的东西。"上帝的属性不是超验的上帝的属性，而是现实被理解的方式，是上帝被表达的属性。……斯宾诺莎的属性是动态的。实体表达自身，属性是实体的表达。"[5] 德勒兹解释说："'表达'（expression）一词，在这一语境中有两个含蓄的传统隐喻：镜像观念和萌芽或种子观念，前者是反射图像，后者表达的是树的种子。斯宾诺莎的属性是镜像，每一个表达方

---

[1] 斯宾诺莎：《斯宾诺莎文集》第四卷，第1页。
[2] 同上书，第1—2页。
[3] 斯宾诺莎：《斯宾诺莎文集》第一卷，第44页。
[4] 斯宾诺莎：《斯宾诺莎文集》第四卷，第1页。
[5] Genevieve Lloyd, *Routledge Philosophy Guide Book to Spinoza and the Ethics*, London: Routledge, 1996, p.31.

式都是实体的本质。"[1]

（5）样式（modes）是实体的情感，即在他物内，通过他物而被认识的东西。

（6）上帝是绝对无限的存在，亦即具有无限"多"属性的实体。"我说神是绝对无限而不说它是自类无限（in suo genereinfinita），因为仅仅是自类无限的东西，我们可以否认其无限多的属性；而绝对无限者的本性中就具备了一切足以表示本质的东西，却并不包含否定。"[2]

（7）上帝是自由的。凡是仅仅由自身本性的必然性而存在、其行为仅仅由它自身决定的东西叫作自由（libera）。反之，凡一物的存在及其行为均按一定的方式由他物所决定，便叫作必然（necessaria）或受制（coata）。

（8）上帝是永恒（aeternitas）的。"永恒，我理解为存在的自身，就存在被理解为只能从永恒事物的界说中必然推出而言。……这样的存在也可以设想为永恒的真理，有如事物的本质，因此不可以用绵延或时间去解释它。"[3]上帝不存在于时空中，谓之永恒。

按照吉纳维芙·劳埃德（Genevieve Lloyd）的说法，《伦理学》第一章是全书核心：涉及上帝作为实体的整体性和独一无二。以上8个定义，"强调实体的形而上学和自由、必然性以及永恒之间的关联"。[4]对现代读者而言，斯宾诺莎清楚地表明，上帝是独一无二的实体，是无限的。不仅如此，这个上帝还存在。斯宾诺莎明白地告诉人们，如果你认为上帝不存在，就等于认为你自己不存在一样。在《简论上帝、人及其心灵健康》第一卷第一章斯宾诺莎论证上帝存在，第二章证明上帝是什么。结论：上帝是实体。在《伦理学》第一部分"论上帝"中，斯宾诺莎同样阐释了上帝是什么，我们依然可以看出我们熟悉的斯宾诺莎命题，上帝是实体，上

---

[1] Genevieve Lloyd, *Routledge Philosophy Guide Book to Spinoza and the Ethics*, London: Routledge, 1996, p.31.
[2] 斯宾诺莎：《斯宾诺莎文集》第四卷，第2页。
[3] 同上。
[4] Genevieve Lloyd, *Routledge Philosophy Guide Book to Spinoza and the Ethics*, p.29.

帝是永恒的，上帝是无限的等命题。

在上帝存在，上帝是实体的前提下，斯宾诺莎提出7条公理：

（1）一切事物不是在自身内，就必定是在他物内。
（2）一切事物，如果不能通过他物而被认识，就必定通过自身而被认识。
（3）如果有确定原因，则必定有结果相随，反之，如果无确定的原因，则决无结果相随。
（4）认识结果有赖于认识原因，并且也包含了认识原因。
（5）凡两物间无相互共同之点，则这物不能借那物而被理解，换言之，这物的概念不包含那物的概念。
（6）真观念必定符合它的对象。
（7）凡是可以设想为不存在的东西，则它的本质不包含存在。[1]

这7条公理"不仅告诉我们，如何思考定义的基本概念，而且指导整部著作的推理过程"。[2] 它们也"突出强调另一个核心命题。即思想与现实之间必然的对应关系。在现实中真实的东西，在思想中也是真实的。在自身中的*所是*，必须通过自身来构想"。[3] 除了关系中的存在（being）——它把关系中的物结合在一起——之外，还有通过这一关系产生的思想——它把它们的概念结合在一起。"公理还把我们引入了另一个决定性的关系：观念与事物之间的关系。但这不是因果关系，而是同一性关系：真理是观念与对象之间的同一性。"[4] 按照斯宾诺莎的看法，这种关系有三类：物与物、观念与观念、观念与物。对于这三类关系的探讨，是斯宾诺莎伦理学的龙骨。而思想与现实、观念与对象必须一致，恰恰是斯宾诺莎被视为理性主义的一个主要原因。

---

[1] 斯宾诺莎：《斯宾诺莎文集》第四卷，第2—3页。
[2] Genevieve Lloyd, *Routledge Philosophy Guide Book to Spinoza and the Ethics*, p.29.
[3] Ibid., p.30.
[4] Ibid.

由公理系统派生出如下命题[1]：

命题一：实体按其本性，必然先于它的情感（affections，贺麟先生译作"分殊"，它的原始含义是影响、感情、喜爱、慈爱）。

命题二：具有不同属性的两个实体，彼此没有共同之点。因为每一个实体，各个均在自身内，并通过自身而被认识，因此，这一实体的概念，不包含另一个实体的概念。

命题三：凡彼此间没有共同点的东西，此物不能为彼物的原因。因为，如果两物之间没有共同点，那么此物不能借彼物而被理解。

命题四：两个或多个不同之物，其区别所在，不是由于实体的属性不同，必是由于实体的情感各异。因为一切存在的事物，不是在自身之内，就必然是在他物之内。即在知性之外，除了实体和它的情感之外，没有别的东西。除了实体和情感之外，没有任何东西可以用来区别众多事物之间的异同。

命题五：按事物的本性，不能有两个或多个具有相同性质或属性的实体。

命题六：一个实体不能为另一个实体所产生。根据命题二、三、五，可以证明此命题。

命题七：存在是实体的本性。实体不能为任何别的东西所产生，所以必然是自因的。换言之，它的本质必然包含存在，或者存在即属于它的本性。

命题八：每一个实体必然是无限的。根据命题五，具有一个属性的实体，必然是唯一的实体，根据命题七，这个唯一实体的本性就是存在，不是有限的，就必定是无限的。但是，实体不能是有限的，根据命题二、五、七，结论是：实体必然是无限的。所谓有限，就是部分地否定它的某种性质的存在。所谓无限，是绝对地肯定其某种性质的存在，所以每个实体必定是无限的。对于命题八，斯宾诺莎用了较多的篇幅，笔者不再一一阐述。

---

[1] 参见斯宾诺莎：《斯宾诺莎文集》第四卷之《伦理学》第一部分《论神》。

命题九：一物具有的实在性或存在愈多，它所具有的属性就愈多。

命题十：实体的每一个属性，必然是通过自身而被认识的。构成实体本质的东西，必然是通过自身而被认识的。

命题十一：上帝，或实体，具有无限多的属性，而它的每一个属性，各表示其永恒无限的本质，必然存在。

命题十二：由实体的属性推出实体可分（divibilis），是没有真正认识实体的属性。如果设想实体可分，则从实体分出的各个部分，或将保留实体的性质，或将失去实体的性质。如果保留实体的性质，则每一个部分都是无限的、自因的，都具有异于其他部分的属性，这无异于说，一个实体可以形成多个实体，这是不可能的。再者，部分与整体无共同点，而且整体可以离开部分而存在，而被认识，这更说不通。

命题十三：绝对无限的实体是不可分的。即使是有形的实体，也是不可分的。

命题十四：除了上帝以外，不能有任何实体，也不能设想任何实体。既然上帝是绝对无限的，那么实体的本质属性必须属于上帝。既然上帝是必然存在的，如果上帝之外还有实体存在，那么这个实体就必须凭借上帝的某种属性而存在，这样，世界就会有两个具有相同属性的实体了，这是不可能。

命题十五：一切存在的东西，都存在于上帝之内，没有上帝就没有任何东西存在，也不能有任何东西被认识。除上帝之外，没有任何实体，也不能设想有任何实体。也就是说，上帝之外，没有任何在自身内并通过自身而被认识的东西。没有实体，样式既不能存在，也不能被认识，样式只能存在于上帝之内。除了实体与样式以外，没有别的东西存在，也不能有任何东西被认识。

命题十六：从上帝本性的必然性，能够推出无限多形式下的无限多的事物。

命题十七：上帝只是按照他的本性法则而行动，不受任何东西强迫。

命题十八：上帝是万物的内因，而不是外因。首先，凡存在的事物，都在上帝以内，都是通过上帝而被认识，所以，上帝是万物的原因。

其次，上帝之外，没有任何实体，也就是说，上帝之外，没有任何自在之物。

命题十九：上帝，或者上帝的一切属性都是永恒的。因为上帝是实体，实体必然存在，即上帝的本性包含存在。其次，上帝的属性就是上帝神圣实体的本质的东西，即属于实体的东西。实体必然包含属性，因此，每一个属性必然包含着永恒。斯宾诺莎进一步阐释说，上帝的存在和上帝的本性一样，是一个永恒的真理。需要注意的是，这一命题是人性问题的重要铺垫。

命题二十：上帝的存在和上帝的本质是同一的。上帝和上帝的一切属性都是永恒的，即上帝的每一项属性都表示存在。凡是表明上帝永恒本质的属性，也表明上帝是永恒的存在。斯宾诺莎由此命题出发，做两点推论：第一，上帝存在，上帝的本质，都是永恒的真理。第二，上帝的一切属性都是不变的。如果上帝的存在改变了，则他的本质也必然发生变化。这无异于说，真的可以变成假的。

命题二十一：凡是从上帝的任何属性的绝对本性而出的东西，必然永远无限地存在，或者凭借这个属性而成为永恒和无限的。斯宾诺莎以思想为例证明此命题，他认为，思想是上帝的属性，思想本质上是无限的。思想只有被别的思想所限制，才是有限的，但是，只要思想构成上帝的观念，这个思想便不能被别的思想所限制。因为，若是构成上帝的观念的思想可以被限制，那么上帝的观念也成为有限的。但是，上帝是必然的存在，所以上帝是无限的。

命题二十二：凡是出于上帝的属性，只要它处于必然无限存在的情感状态，那么这个东西也一定必然、无限地存在。

命题二十三：一切必然无限存在的样式，或者必然出于上帝某种属性的绝对本性，或者出于某种属性的情感，必然无限地存在着。

命题二十四：凡是由上帝产生的事物，其本质不包含存在。如果一物本性包含存在，那它就是自因的，依靠本性的必然性而存在，只有上帝才有可能。由此推论，上帝是万物开始存在的原因，也是它们继续存在的原因。即上帝是存在因。

命题二十五：上帝不仅是万物存在的致动因，也是万物本质的致动因。

命题二十六：一物被决定有某种动作，必定是被上帝所决定的。没有被上帝所决定的东西，不能自己决定自己有什么动作。

命题二十七：由上帝所决定而有某种动作的东西，不能使其不被决定。

命题二十八：每个个体事物，或者有限的且具有一定存在的事物，非经另一个有限的且有一定存在的原因决定它的存在和动作，便不能存在，也不能有所动作。凡是被决定的存在和动作，都是被上帝所决定。但是，有限的且具有一定存在的东西，不能由上帝的绝对本性所产生。因为凡出于上帝的任何属性的绝对本性，都是无限的、永恒的。任何有限之物，不是出自上帝，而只是出自上帝的某种属性。这种属性被视为某种样式。因为，除了实体与样式以外，并没有别的东西。而样式不外是上帝属性的情感。

命题二十九：自然中没有任何偶然的东西，一切事物都受上帝本性的必然性不近情理地所决定，并以一定的方式存在和动作。一切存在都在上帝之内，上帝是必然的存在，而非偶然的存在。上帝的样式也是从上帝的本性必然而出。

命题三十：现实的理智，无论是有限的，还是无限的，只能被理解为上帝的属性和情感。

命题三十一：现实的理智，无论是有限的还是无限的，与意志、欲望、爱情等一样，必须被算作是被动的自然，而不是能动的自然。这里所说的理智，并不是指绝对的思想，而是指思想的一种样式，它有别于欲望、爱情等。只有凭借绝对思想，才能理解理智。

命题三十二：意志不是自因的，只能说是必然的。意志和理智一样，是思想的一种样式。所以每一个意愿只有为另一个原因所决定，才可以存在，可以动作。而另一个原因又为另一个原因所决定。如此递推，以至无穷。这无疑是一个因果关系链，上帝是这个因果关系链的终极原因。此处可见呼之欲出的亚里士多德主义。

命题三十三：万物被产生的状态或秩序，是上帝的手笔，全心全意不能有别的状态或秩序。万物都是按照最高的完满性，由上帝所产生。上帝不可能再度创造今天的万物存在状态与秩序。

命题三十四：上帝的力量就是上帝的本质。

命题三十五：上帝力量以内的东西必然存在。

命题三十六：所有存在的事物，都由它的本质产生。一切存在的事物，都以某种方式显示上帝的本质。换言之，一切存在的事物，都是以某种方式表现上帝的力量，而上帝的力量就是万物的原因。

斯宾诺莎这样概括《伦理学》上述内容的义涵：上帝的本性和上帝的特质就是，上帝必然存在；上帝是唯一的；上帝只是出于它的本性的必然性而存在和动作；上帝是万物的自由因，以及上帝在什么方式下是万物的自由因；万物都在上帝之内，都依靠上帝，因而没有上帝，万物既不能存在，也不能被理解。最后，万物都预先为上帝所决定，不是为上帝的自由意志或绝对任性（beneplactius）所决定，而是为上帝的绝对本性或无限力量所决定。[1] 上帝是存在，上帝是永恒、无限、绝对、自由的；上帝是万物的原因，是万物的自由因；万物在上帝之内，依靠上帝而存在。上帝是永恒的秩序，"永恒秩序是世俗秩序的基础，并决定着世俗秩序"。[2] 人是世俗秩序的一部分，因此，人的一切都被上帝所决定。在斯宾诺莎哲学中，若想理解人的问题，必须理解上帝的本质。我们之所以用一定的篇幅阐释斯宾诺莎对上帝的探讨，就是为了能够清楚地阐述斯宾诺莎哲学关于人的问题。

二、人是什么？

斯宾诺莎在其早期著作《简论上帝、人及其心灵健康》一书第二卷"论人和属于人的东西"中申明，他在本卷讨论的是特殊的、受限制的东

---

[1] 斯宾诺莎：《斯宾诺莎文集》第四卷，第37页。
[2] 施特劳斯、克罗波西主编：《政治哲学史》上，第539页。

西,确切地说,即讨论那些与人有关的东西,以期阐明人是什么?然而,斯宾诺莎并没有率先回答这一问题,而是首先阐明,人不是什么。

1. 人不是什么?

在第二卷"论人和属于人的东西"开篇,斯宾诺莎明示,第一卷已经讨论过上帝和那些普遍的、无限的东西,第二卷则进而讨论特殊的、受限制的东西。不过,并不讨论全部特殊的、受限制的东西,仅讨论与人相关的问题。简单地说,人是特殊的、受限制东西之一。依据斯宾诺莎观点,只有普遍无限的东西才是实体,因此,"我决不认为人……是一个实体"。[1] 斯宾诺莎提出实体必然具备的三个条件,这三个条件,不是要阐明人是什么,而是表述人不是什么:"(1)任何实体不能具有开始;(2)一个实体不能产生另一个实体;以及最后(3)不能有两个相等的实体。既然人不是亘古以来永恒存在的,是受限制的,并且是和很多人等同的,因此,他不能是实体。"[2] 人是被造物,因此人有开始。仅就这一条,人就不是实体。人是被上帝创造的,上帝是实体,依据第二条,一个实体不能产生另外一个实体,所以,人不是实体。实体只有一个,那就是上帝,如果人是实体,就等于世界上有两个相同的实体,这是不可能的。斯宾诺莎对于人不是什么的论证,是一个简单的形式逻辑的论证。主要有五个方面。

第一,"我们的心灵或是一个实体,或是一个式态(样式 mode);它不是一个实体,因为我们证明自然中不能有受限制的实体;因此它是一个式态。"[3] 人是有限的,离开了永恒人就不能存在,所以人不是实体。人只有在上帝的实体性中才有可能存在。因此,人只是思想属性的样式(mode),而思想属性的样式属于上帝。

在英文本《斯宾诺莎著作集》(*The Collected Works of Spinoza*),有这样一段描述:"虽然有人试图证明,人是实体,其依据的事实是:若是没有我们自己勉强承认是实体的那些属性(attributes),人性便不能存在,也不

---

[1] 斯宾诺莎:《斯宾诺莎文集》第一卷,第103页。
[2] 同上。
[3] 同上。

能被理解。然而，这一说法没有任何依据，是一种错误的假设。"[1] 从人不是实体这一结论，我们得到了的第一个定性，人不是实体，而是思想属性的样式，是上帝属性的样式。人不是实体，也不是属性，而是上帝属性的样式。"关于属性的定义。这些属性属于一个由它自身而存在的东西；这样的定义不需要任何类，或任何使它被更好地思议或更好地理解的东西，因为作为一个由它自身而存在的东西的属性，它们既由它们自身而存在，也就由它们自身而被认知。"[2] 人不是由自身而存在，所以人不是属性，只是上帝属性的样式。

第二，因为心灵是一个样式，所以，它或者是实体性的广袤样式，或者是实体性的思想样式。心灵不是有广延的样式（式态），只是实体性的思想样式。所谓实体性的，意思是由实体决定的。人的心灵之所以为实体性样式，是因为人因上帝而存在，上帝是实体，因此，人是实体性存在。于是，我们得到了人的第二个定性。

第三，在人的形式存在之前，特质的性质已经存在，所以特质性不是人体特有的。"特质性不属于人的性质。"[3] 因为，特质不等于人性，因为特质是万物共有的，特质性不属于人性范畴。斯宾诺莎公开表明，他否认这一基本原理：即人性属于特质性，没有特质性，万物既不能存在，也不能被理解。斯宾诺莎告诫人们，他已经证明，没有上帝，万物既不能存在，也不能被理解。"在特殊物体存在并且被理解之前，上帝必须率先存在和被理解。"[4] 这是斯宾诺莎关于人的第三个定性，人性首先是思想性质的存在。人首先是一个思想物。当然思想具有特质载体。但是载体并不能代表人性，而是自然物共有的。由此顺理成章地衍生出下一个定性。

第四，"实体性的思想，因为它是不可能受限制的，因此在它的自类

---

[1] Spinoza, *Short Treatise on God, Man, and His Well-Being*, in Edwin Curley (ed. and trans.), *The Collected Works of Spinoza*, I, Princeton: Princeton University Press, 1985, p. 94
[2] 斯宾诺莎：《斯宾诺莎文集》第一卷，第90页。
[3] Spinoza, *Short Treatise on God, Man, and His Well-Being*, in Edwin Curley (ed. and trans.) *The Collected Works of Spinoza*, I, p.94.
[4] Ibid.

之中无限完善，并且是上帝的一个属性。"[1] 被译作"自类"的概念其英文是"in its kind"，在行文中斯宾诺莎有时也用"enera"来表达，该词是属、种、类的意思，是一个种群概念。种群内的个体由于他人的存在而存在，由于他人的被理解而被理解。对于人而言，这一描述潜在的含义是：人是有思想的社会动物。

第五，一个完善的思想必须拥有对每个事物的知识、观念、思维模式，这事物既是实体的，也是样式的存在，没有例外。所谓实体的存在不是指它是实体，而是说它是被造物。这是斯宾诺莎对于人的又一个定性：人是有思想的存在。

斯宾诺莎关于人的定性，皆起源于"人不是实体"这一命题。从斯宾诺莎的定性可以看出，人不是实体，但是，人是实体性的存在。人的实体性存在是由上帝所赐。关于人，斯宾诺莎还有其他的定性，例如，人的肉体，人的情感、人的运动等。

2. 人是被产生的自然

自然总体上被斯宾诺莎表述为"Nature"，大写的大自然，是指上帝，这是因袭惯例。自然分为两部分：产生的自然（Natura naturans，也有译作"能生的自然"，笔者更喜欢用能生的自然）和被产生的自然（Natura naturata）。能生的自然是指由他自身，人们就能清楚、明确地理解他，而不需要借助他以外的任何东西，显然，这个能生的自然就是上帝。因为只有上帝才是自足的。"在托马斯学派，所谓产生的自然也是指上帝；但是他们的产生的自然是一个东西，这个东西（他们这样称它）是在一切实体之外的。"[2] 在斯宾诺莎哲学中，上帝就是实体。能生的自然是上帝，当然也是实体。被产生的自然是被实体产生的自然，即被产生的自然不是实体。

在斯宾诺莎哲学中，被产生的自然被分为两部分：普遍的（universal）

---

[1] 斯宾诺莎：《斯宾诺莎文集》第一卷，第104页。
[2] 同上书，第93页。

和特殊的（particular）。普遍的被产生的自然，是直接依靠上帝的样式（modes）。特殊的被产生的自然，包含一切特殊的东西，特殊的东西为普遍的样式所产生。普遍的被产生的自然，即是模式和被造物，直接由上帝所创造。被上帝直接创造的东西，"我们所知的只有两个，就是：物质中的运动（Motion in matter）和思想的东西中的悟性（Intellect in the thinking thing）。这些，我们说，是从来就永恒存在、并且永远永恒不变的。真是一个和它的匠师的伟大相配的伟大的作品。"[1] 把"Intellect in the thinking thing"译作"思想的东西中的悟性"也未尝不可，不过笔者以为，译作"思想物的理智"似乎更符合斯宾诺莎的原意。关于物质中的运动，斯宾诺莎指出，运动属于自然科学研究的问题，运动亘古以来如此，并且永恒不变，运动在"类自身"（in its kind）中是无限的，并且只有在广袤中才能存在，才能被思想。

运动、广延等属于自然物的物理属性，斯宾诺莎用了一些篇幅探讨这些问题。不过，在斯宾诺莎的全部作品中，我们可以看到，他对于人的情感的关注，要远远大于对人的物理属性的关注。事实上，在身心关系问题上，关于肉体，斯宾诺莎更关注与身体相关的情感、欲望、幸福等问题。因为这些问题涉及情感与理性的关系问题。人"是一个精神、心灵或躯体"[2]。人的心灵是一个模式，不是实体性的广袤模式，而是实体性的思想模式。实体性的思想在自类中无限完善，并且是上帝的一个属性。

3. 人的身心统一于上帝

在《伦理学》第二部分，斯宾诺莎提出五条公理，其中第二至第五条公理，是界定思想的公理。第二条公理：人有思想（换言之，我们知道我们思想）。第三条公理：思想的各个模式，如爱情、欲望，以及其他。思想样式存在的前提是有所爱、所欲对象的观念，即使没有思想的样式，观念仍然可以存在。第四条公理：我感觉到一个受多种方式被影响的身体

---

[1] 斯宾诺莎：《斯宾诺莎文集》第一卷，第94页。
[2] 同上书，第103页。

（或物体）。第五条公理：除了身体（或物体）和思想模式以外，我们感觉或知觉不到任何个体东西。[1] 简单说：我有思想、思想有对象、对象影响身体、我们能够感觉知觉到的东西，只存在于身体（物体）和思想模式之中。我们先来看公理下的命题。[2]

命题一：思想是上帝的属性，上帝是一个思想物（a thinking thing）。个人的思想、这样那样的思想，只是一些模式，它们以某种方式表达上帝的属性。因此，思想是上帝无限属性之一，表达了上帝永恒无限的本质。一切个体的思想，都被包含在上帝的属性之中，唯有通过上帝的属性，人的思想才是可以想象的，即上帝是思想物。从另外一个角度也可以证明这一点，即我们能够构想一个有无限思想的存在。一个思想物能够思想的东西越多，我们便认为它具有越多的实在性和完满。因此，能够以无限的方式思考无限事物的存在，凭借它的思想，它必然是无限的。结论：思想必然是上帝无限多的属性之一。

命题二：广延是上帝的一个属性。

命题三：在上帝之内，必然有本质和依本质而来的事物的观念。因为上帝能够以无限多的方式，思考无限多的事物，或者上帝能够形成他自己本质和从上帝的本质必然产生的事物的观念。凡是在上帝力量之内的一切，都是必然存在的。

命题四：无限多的事物，以无限多的方式，从上帝的观念（idea）中产生，上帝的观念是一，而且只能是一。无限理智（intellect）只能理解上帝的属性和他的情感（affections）。但是，上帝是一，并且只是一，所以，无限多的事物，以无限多的方式从上帝中产生出来，上帝必然是一，并且只能是一。

命题五：仅就上帝是思想物而言，上帝是观念形式存在的原因（意指形质说的形式，自亚里士多德以来，形式的存在即是客观存在）。也就是说，只有上帝-思想者本身，才是观念对象和被感知事物的致动原因。

---

[1] 斯宾诺莎：《斯宾诺莎文集》第四卷，第44—45页。
[2] 以下对于命题的阐释，参见同上书，第45—60页。之后文字，不再一一注释。

命题六：因为上帝是在那一属性下，而不是其他属性下被认识的，因此，任何属性的模式，只以上帝为原因。

命题七：观念的次序和联系与事物的次序和联系是相同的。由此推知，上帝思想的力量等于上帝行动的现实力量。也就是说，凡是形式上从上帝无限本性而出的任何东西，也是依同一次序和同一联系出自上帝的观念。

命题八：不存在的（nonexisting）个别事物的观念或模式，必须根据上帝无限的观念来理解，同理，个别事物的形式的本质或模式，被包含在上帝的属性中。

命题九：上帝之所以是实际存在事物的观念的原因，不是因为他是无限的，而是因为他被认为是对另一个真实存在物有影响，上帝也是这个真实的存在物的原因，因为他受第三观念的影响。这个命题有些复杂。斯宾诺莎做了如下解释：实际存在的个别事物的观念是思想的一个模式，与思想的其他模式不同。因为上帝是一个思想者，所以它以上帝为原因。

命题十：实体的存在不属于人的本质，即实体不构成人的形式。关于人不是实体，世间只有上帝才是实体这一点，斯宾诺莎在多处有所阐释，笔者在前面也进行过阐释，这里不再重复。

命题十一：构成人的心灵现实存在的最初成分，不外是一个现实存在着的个别事物的观念。人的本质是上帝思想模式所构成，在所有思想模式中，观念在先。由于人的心灵是上帝无限理智的一部分，所以当我们说，人的心灵看到这物或那物时，意思是，上帝具有这个或那个观念。上帝构成人的心灵的本质。

命题十二：构成人心灵观念的对象发生变化，人的心灵必定能够察觉，换言之，对象变化的观念必定存在于人的心灵中。如果构成人心灵观念的对象是一个物体，只要它发生了变化，就必定为人的心灵所察觉。

命题十三：构成人心灵的观念的对象，只是身体或某种现实存在着的广延的模式，而不是别的。

命题十四：人心有认识许多事物的能力，人的身体适应的方面越多，这种能力越大。

命题十五：构成人心形式存在的观念，不是简单观念，而是由许多观念构成。

命题十六：受外物影响产生的观念，必须包含人身的性质，也包含外物的性质。

命题十七：人体受外部特质影响产生的状况，包含外物的性质，那么人心将认为这个外物真实存在。斯宾诺莎强调，这是自明的。

命题十八：如果人身同时受两个或更多物体影响，那么当人心后来想象其中之一物时，也会想起其他物体。

命题十九：除了受身体影响产生的观念外，人的心灵没有任何关于身体的知识，也不知道它的存在。所谓人心，就是人身的观念或知识，而这种观念或知识是在上帝之内的。

命题二十：人心的观念和知识同样存在于上帝之内，并由上帝而出，如人身的观念和知识一样。思想是上帝的一个属性，在上帝内，必定有上帝自身的观念以及上帝和神的一切情感的观念。因此，上帝内必定有人心的观念。在什么意义上可以说，人心的观念或知识存在于上帝之内，不是在上帝是无限的意义上，而是指上帝是另一个个体事物的情感而言。

命题二十一：心灵的观念和心灵的结合，如同心灵和肉体的结合一样。

命题二十二：人心不仅能够感知肉体的情感，而且能够感知这些情感的观念。

命题二十三：人心只有感知身体情感的观念，才能认识自身。

命题二十四：人心不包括组成人身各部分的知识。组成人体的各部分，属于人体自身的本质这些部分依一定规律互相传递运动。

命题二十五：人体中任何一种情感观念，不包含对于外部物体的正确认识。

命题二十六：人心只有凭借身体内的情感观念，才能感知外界物体。

命题二十七：人体的任何情感观念，都不包含人体的正确的知识。

命题二十八：人体的情感观念，只要仅仅与人心有关联，就不是清晰的，而是混淆的。

命题二十九：人体的任何情感观念的观念，不包含对人心的正确认识。

命题三十：对于我们身体的绵延，我们只有不充分的知识。

命题三十一：对于我们之外的个体事物的绵延，我们仅有很有限且不充分的知识。

命题三十二：一切与上帝相关的观念都是真观念。

命题三十三：在观念中，没有任何积极的东西能够被说成是谬误。

命题三十四：在我们心中，每一个绝对的、正确的、完满的观念都是真观念。

命题三十五：错误是由于知识的缺陷，而不正确的、片段的、混淆的观念，必定包含知识的缺陷。直白地说，错误由知识不充分所致。

命题三十六：不正确的混淆的观念，与正确的、清楚的观念都出于同样的必然性。

命题三十七：一切事物所共有的，并且同等存在于事物的部分和整体中的，并不构成个体事物的本质。

命题三十八：只有为一切事物所共有的，并且同等地存在于部分和整体内的东西，才可以正确地被认识。

命题三十九：对于人体所共有的和特有的、对于影响人体的任何外部物体以及对于任何物体所特有的和共有的，人心都具有正确的观念。

命题四十：凡出自心灵正确观念的任何观念，都是正确的。

命题四十一：凡是混淆的不正确的观念都属于第一种知识，这种知识是错误的原因。凡是正确的观念都属于第二和第三种知识。第一种知识是错误的唯一原因，第二种和第三种知识必然是正确的。

命题四十二：第二和第三种知识教导我们认识真理。

命题四十三：具有真观念的人，必须同时知道他具有真观念，他决不能怀疑他所知道的东西的真理性。

命题四十四：理性的本性不在于认识事物是偶然的，而在于认识事物是必然的。理性的本性在于真正地认识事物自身。因而不是认识事物的偶然性，而是认识事物的必然性。

命题四十五：一个物体或一个现实存在的个体事物的观念，必须包含上帝的永恒无限的本质。

命题四十六：每一个观念所包含的上帝永恒无限的本质，都是充分的、完满的。

命题四十七：人心拥有上帝永恒、无限本质的充分的知识。借助这些观念，人得以认识自身和外界物体。

命题四十八：在心灵中，没有绝对的或自由的意志。心灵中的各种意志，是由一个原因决定的，而这个原因又被另一个原因所决定，如此类推，以至无穷。

命题四十九：除了观念所包含的肯定或否定东西以外，心灵中没有肯定或否定的意志（volition），因为心灵没有愿意或不愿意的绝对能力，只有个别意愿，即这个肯定和那个肯定、这个否定或那个否定。意志和理智不是别的，只是个别的意愿和观念自身。但个别的意愿和观念是同一的，所以意志与理智是同一的。

斯宾诺莎表示，他想通过四十九个命题，解释人的身心本质和性质。不言而喻，由于斯宾诺莎深受笛卡尔的影响，对于身心问题的探讨，很难摆脱笛卡尔的视域。不过，从斯宾诺莎对于身心问题的讨论可以看出，虽然身心问题在斯宾诺莎哲学中也是沿着上帝、心灵、身体的三角关系展开，但结论却大相径庭。这是因为，笛卡尔的身心关系，虽然也是上帝、心灵和身体的三角关系，但是，上帝在身心关系之外，身与心是两个实体，这是笛卡尔二元论的基础。

笛卡尔哲学的最大特点是二元论，身与心、精神世界和物理世界、认识与对象都清楚明白地分割开来的。然而，把世界分割成二元，旨在于使世界变得清楚明白。但是，在割裂的两个世界之间是否有一种相互联系，如何解决二者之间的相互联系，找到由此达彼的桥梁来解决两个世界的统一性问题，是解决二元世界对立的关键。因此，为二元世界建立中介，便成为至关重要的问题。这个中介必须与两个世界有不可分割的联系，但是，又必须高于二元世界，否则无法使二者统一起来。因此，上帝便成为理想的人选。由此可以看出，上帝只是中介的名称，在认识论体系中，是一种逻辑在先的东西。

笛卡尔从"我"的观念引出上帝的观念，再从"我"的观念，证明上帝的存在，即"从自我到上帝"。但是，只要是在"我"的范围内讨论问题，无论论证多么充分，依然很难摆脱从信仰出发论证上帝存在的嫌疑。况且，作为一种认识论体系，笛卡尔必须解决外部世界的观念与上帝和"我"的关系问题。只有这样才能实现笛卡尔最初的设想——从理性的角度证明上帝的存在。用人的理性证明上帝的存在，同时又用上帝的存在证明人的理性，这似乎陷入循环论证。这确实有一些结构上的困难。西方学者把这种困难归结为"笛卡尔循环"。循环的症结在于，上帝在身心之外，从理性出发证明上帝，又用上帝来证明人的理性。

问题在于，如果"可靠的理性"不是自因，不是自足的，即它的可靠性只能凭借证明上帝的存在才可以保证，那么，这种可靠性只是相对的，也就是说，它有或然性的一面。在这种情况下，通过内省自己的观念来获悉上帝的存在，又如何能够具有确定性呢？同时，为了发现有关上帝存在证明的有效性以及证明前提的真实性，我又必须依赖我的理性，理性成为证明上帝存在的前提。但是，我们怎么能够知道这些理性的知觉有无缺陷？实际上，在这一阶段，当我尚未证明上帝存在以前，不应该考虑任何求助于上帝诚实无欺的做法。因此，这一主张似乎是为了证明上帝的存在，我需要相信我的理性，然而，没有上帝存在的先验知识，我实际上又没有理由相信我的理性。这个问题确实是笛卡尔体系最困难的地方。

斯宾诺莎没有陷入笛卡尔循环，是因为他把人的身心放在上帝属性的观念之内，上帝是人的身心的保证，因此，在斯宾诺莎哲学中，笛卡尔的二元论不见了。人的身心统一于上帝。

4. 人的情感

斯宾诺莎指出，大部分人讨论人的情感和生活方式，并没有把人视为遵守共同规律的自然物，而是把人视为超自然物。于是，在他们眼中，原本属于自然物本身的东西，例如情感等，便成为人的软弱无力和变化无常的原因，认为它们是人性的弱点或缺陷。谁能敏锐地指责人心的弱点，谁就被尊为神圣。斯宾诺莎认为：

> 还没有人曾经规定了人的情感的性质和力量，以及人心如何可以克制情感。……那鼎鼎大名的笛卡尔，虽然他也以为人心有绝对力量来控制自己的行为，但是他却曾经设法从人的情感的第一原因去解释人的情感，并且同时指出人心能够获得绝对力量来控制情感的途径。不过至少据我看来，他这些做法，除了表示他的伟大的机智外，并不足以表示别的。[1]

在《政治论》中，斯宾诺莎也表达了同样的看法：

> 哲学家总是把折磨我们的激情看作是我们由于自己的过失而造成的缺陷或邪恶（vitium）。因此他们惯于嘲笑、叹惋、斥责这些激情，或者为了显得比别人更虔诚，就以神的名义加以诅咒。他们认为这样做就是神圣的行为，并且一旦学会赞扬某些根本不存在的人性，和诋毁某些实际存在的人性，他们就自认为已经达到了智慧的顶峰。[2]

在斯宾诺莎心目中，诸如此类的作品在伦理学和政治学上没什么价值，只是幻想而已，只有在乌托邦或诗人讴歌的黄金时代才可实施。但是，乌托邦和黄金时代根本不需要他们的东西。说白了，他们的东西是一堆废纸，百无一用。实际上，用不着这么贬低人的激情，"对于人们的诸种激情，如爱、憎、怒、嫉妒、功名心、同情心，以及引起波动的其他各种感觉，我都不视为人性的缺陷或邪恶，而视为人性的诸属性，犹如热、冷、风暴、雷鸣之类是大气本性的诸属性一样"[3]。人是自然的一部分，与其

---

[1] 斯宾诺莎:《斯宾诺莎文集》第四卷，第95—96页。
[2] 斯宾诺莎:《斯宾诺莎文集》第二卷之《政治论》，冯炳昆译，第224页。
[3] 同上书，第226页。

他自然现象一样，人的诸多属性是人的自然本性所致，是自然的而不是邪恶的，只是自然本性所为。也许这些本性可能会令人不快，但它是必然存在，如同大自然的现象一样，如果没有这些现象，就不会有什么大自然，人也一样，如果没有这些激情，如爱、憎、怒、嫉妒、功名心、同情心，人就不是活生生的、有血有肉的存在，最多算是一个概念，甚至一个符号。

在《伦理学》中，斯宾诺莎也重申，哲学家们把情感视为违反理性，是人类的缺陷，是虚幻的、荒谬的、荒诞的东西因而是错误的。理由是：在自然界中，没有任何东西起于自然的缺陷，因为自然是永远和到处同一的；万物按照自然的力量和作用而存在，并从一些形态变化到另一些形态，这些变化永远遵从自然法则。我们应该按照自然法则理解事物的性质。"仇恨、忿怒、嫉妒等情感就其本身看来，正如其他个体事物一样，皆出于自然的同一的必然性和力量。"[1] 人是自然的一部分，与其他自然存在一样，人同样遵从自然法则。情感是作为自然存在的人的一部分，它不是人的弱点和缺陷，而是自然法则所致。血肉之躯，岂能没有感情。斯宾诺莎明确指出："我把情感理解为身体的感触，这些感触使身体活动的力量增进或减退，顺畅或阻碍，而这些情感或感触的观念同时亦随之增进或减退，顺畅或阻碍。"[2] 这不啻告诉人们，人是有感情的生物。如果我们能够成为感情的原因，那么，这种感情就是主动情感（activity，或者译作积极情感），否则就是被动情感（passivity，或者译作消极情感）。情感与人的心灵相关。人的心灵有时主动，有时被动。有正确的观念，心灵就是主动的，只要具有不正确的观念，它必然是被动的。

按照斯宾诺莎的观点，组成人的模式的是一些概念，概念分为意见、真实的信仰以及清楚明白的认识。概念由对象所引起，各从其类。第一类模式：意见。所谓意见就是，相信人云亦云。"我们称为意见，因为它不能摆脱错误的可能，并且决不会产生于我们所确知的东西上，而只会产生

---

[1] 斯宾诺莎：《斯宾诺莎文集》第四卷，第96页。
[2] 同上书，第97页。

于这样的场合，即一个人是在揣测或臆度。"[1] 第二类模式：信仰。按照斯宾诺莎的看法："单纯通过我们的理性所把握的东西并非为我们所实见，而只是通过一种合理的信念为我们所知：它必须是这样而不能是别样的。"[2] 第三种模式：清楚的认识。"这种认识不是通过一种合理的信念，而是通过对东西本身的感觉和对它的享有而产生的，这一种认识远胜于其他的认识。"[3] 意见产生被动感情、信仰产生良好欲望、清楚的认识产生正当的爱恋以及由爱恋而来的一切。由于斯宾诺莎立志改进人性，或者用他的话来说，是改进人的知性，因此，斯宾诺莎予以浓墨重彩的部分，是被动感情，或者说是情感的负资产。改进了它，就是改进了人性。不过，我们也可以看出，斯宾诺莎并不排斥正当的情感——由信仰和清楚的认识产生的情感。

情感的内容太过丰富繁杂，斯宾诺莎从情感中选取几类加以探讨，所求的，不过是为改进人性做铺垫。斯宾诺莎阐释的情感之一是惊讶，"它是以第一种式态认识事物的人具有的感情"。[4] 惊讶产生于第一种模式，即产生于意见。对于惊讶，斯宾诺莎并没有给予太多的说明。

情感之二是爱恋。对此爱恋，斯宾诺莎的探讨算得上是丰富且详细。他认为，爱恋或者产生于真实观念，或者产生于意见，或者产生于单纯的听闻。产生于意见的爱恋，关系到我们的毁灭，而产生于概念的爱恋，关系到我们的最高幸福。

关于产生于意见的爱恋是这样的：任何时候，凡一个人看到或者想象到某个东西好，就要求与这个东西结合为一。为了这个东西中所见的好，他把这个东西视为最好的，这时候的他，就不知道还有什么比这更好的东西了，所谓情人眼里出西施。若是他又看到一个比现在所知更好的东西，他立即把爱恋从第一个东西转移到第二个，以此类推。这应该就是所谓的移情吧。

---

[1] 斯宾诺莎：《斯宾诺莎文集》第一卷之《简论上帝、人及其心灵健康》，第111页。
[2] 同上。
[3] 同上。
[4] 同上书，第113页。

关于从真实概念而来的爱恋，斯宾诺莎在《简论上帝、人及其心灵健康》第二十二章做了探讨。有一种爱恋产生于意见，意见是各种被动情感的原因。它或者产生于听闻，或者产生于经验。凡是在我们内部感受到的东西，比来自我们之外的东西，对我们有更大的控制力。因此，理性可以消除我们由道听途说得来的意见，却不能消除由我们经验而来的东西，也就是说，理性没有能力引导我们达到心灵的健康。不过理性的作用在于引导我们去认识上帝，由此与上帝结合为一。"因为上帝之呈现于我们，就我们所知，是不能别样的，只能是至上地荣耀、至上地善的，并且正是在这一结合中，它是我们唯一的幸福所在。"[1]理性做不到抑制意见和被动情感，它只能引导我们认识上帝，当我们与上帝结合为一时，我们就寻求到了至善，就不会被意见支配的爱恋所迷惑。斯宾诺莎动情地说：十全十美，这是怎样的一种结合，怎样的一种爱恋。斯宾诺莎对于理性、上帝、爱之间关系的阐释，是阿奎那主义的再现。

由听闻而来的爱恋，在家长与孩子的关系中体现得最为清晰。父母说这个食物好吃，孩子就认为它好吃，这是一种灌输。有人出于对家乡、祖国的爱而捐弃生命，这种行为的感召力，使一些人产生同样的热情。这是教育的结果，所谓榜样的力量。由听闻而来的爱恋，也是由意见而产生的。与爱恋相对立的东西，非憎恨莫属。憎恨是由意见而产生的错误，当然，憎恨也可以由听闻而来。例如，土耳其人憎恨犹太人和基督徒、犹太人憎恨土耳其人和基督教、基督徒憎恨土耳其人和犹太人等，都是听闻所致。

情感之三是欲望。斯宾诺莎这样描述欲望，所谓欲望是一种要求或货币，想取得一个人所缺少的，或者保持我们已经拥有的东西。总之，任何人有欲望，都是因为这个东西在他看来是好的。欲望可以产生于意见、可以产生于听闻、可以产生于经验。按照斯宾诺莎的看法，欲望不可能产生于理性，不仅如此，欲望与理性相悖。

---

[1] 斯宾诺莎：《斯宾诺莎文集》第一卷，第173页。

5. 人性的改进

斯宾诺莎哲学的主要目的，是改进知性。笔者以为，所谓改进知性，就是改进人的价值观，解决如何做人、做什么样的人的问题。无论是斯宾诺莎探讨知性改进，还是他的政治学和伦理学，无不以此为目标。《知性改进论》通常被认为是斯宾诺莎一部经典的形而上学著作。施特劳斯认为，斯宾诺莎的形而上学，是新的或者是科学的形而上学。它以关于人性的新概述为出发点。"科学的形而上学采用世俗和非世俗的共同的东西来回答人是什么这个命题，而不是用'纯粹的'世俗目光来看待人本身。"[1]

《知性改进论》开篇，斯宾诺莎表明自己哲学的目的：

> 当我受到经验的教训之后，才深悟得日常生活中所习见的一切东西，都是虚幻的、无谓的，并且我又确见到一切令我恐惧的东西，除了我的心灵受它触动外，其本身既无所谓善，亦无所谓恶，因此最后我就决意探究是否有一个人人都可以分享的真正的善，它可以排除其他的东西，单独地支配心灵。这就是说，我要探究究竟有没有一种东西，一经发现和获得之后，我就可以永远享有连续的、无上的快乐。[2]

斯宾诺莎透露出的意愿再明显不过了：第一，日常生活所见的一切，均属虚幻；第二，有些东西虽然令人恐怖，却无所谓善与恶。只有当它们触动人的心灵时，善与恶的价值判断才会产生；第三，是否存在一种人人可以分享的真正的善，它可以排除其它东西，单独支配人的心灵，一经被发现，便享有连续的、无上的快乐。即是否有永恒的善，人是否可以拥有永恒的善。最后一点，是斯宾诺莎哲学所追求的最终目标。

斯宾诺莎所说的日常生活习见的东西，指财富、荣誉和感官快乐。

---

[1] 施特劳斯、克罗波西主编：《政治哲学史》上，第541页。
[2] 斯宾诺莎：《知性改进论：并论最足以指导人达到对事物的真知识的途径》，贺麟译，商务印书馆，1986年，第18页。

"那些在生活中最常见，并且由人们的行为所表明，被当作是最高幸福的东西，归纳起来，大约不外三项：财富、荣誉、感官快乐。萦绕人们的心灵，使人们不能想到别的幸福的，就是这三种东西。"[1] 正所谓："天下熙熙，皆为利来；天下攘攘，皆为利往。"《史记·货殖列传》。财富、荣誉和感官快乐，是摸得着，看得见的利益，放弃这些去追寻那人人可以分享的善，似乎有点儿犯傻。且不说有没有那人人可以分享的善，即使是有，与日常生活经常所见的荣誉和财富相比，它是何等的虚无缥缈。这种追寻明智吗？斯宾诺莎也清楚地意识到，放弃人们心目中确定的东西，而追寻那些不确定的东西，意味着放弃对于荣誉和财富的追求。但是，如果最高的幸福就在于荣誉和财富，放弃这一切就等于放弃自己的最高幸福。假如最高的幸福是善，虽然美好，但是，能找得到吗？这样，同样与最高幸福失之交臂。真是蚀本生意。

获得财富、荣誉和感官快乐，是人们心目中的幸福所在。斯宾诺莎却告诫人们，沉溺于感官快乐时好像获得了幸福，人们或许根本想不起别的东西，但是，感官快乐是过眼云烟，它使人获得极大满足的同时，也会转瞬即逝。当感官的满足感消失时，极大的苦恼随即而来。人的心灵即使不失去清明，也会感到困惑和钝拙。这种状况或许就像吸食毒品一样。同理，对于荣誉和财富的追求，特别是将它们当作人生的目标时，足以让人深陷其中，难以自拔，误以为这就是最高的善。不过，与感官快乐相比，获得荣誉和财富，并非当下就给人带来苦恼与悔恨，相反，荣誉财富获得的越多，快感就越多，而增加财富和荣誉的念头就越强烈。不仅如此，荣誉还有一个缺点，就是为了追求荣誉，我们必须完全按照人们的意见生活，追求人们通常所追求的东西。简言之，荣誉使人失去自我，是一种异化。

财富、荣誉、感官快乐是人们日常生活趋之若鹜的东西，但是，它们却是寻求新生活的障碍。"而且不仅是障碍，实在是和它正相反对，势不

---

[1] 斯宾诺莎：《知性改进论》，第18页。

两立，二者必去其一。"[1] 这种不二的选择是人必须做出的。因为斯宾诺莎认为，放弃追求财富、荣誉、感官快乐，就是放弃本性上不确定的善。而追求永恒的善，难度很大，且难以知晓能否达到目标。不过，"经过深长的思索，使我确切见到，如果我彻底下决心，放弃迷乱人心的财富、荣誉、肉体快乐这三种东西，则我所放弃的必定是真正的恶，而我所获得的必定是真正的善"。[2] 财富、荣誉和肉体快乐之所以被斯宾诺莎视为真正的恶，是因为它们激起人的占有欲。然而：

> 凡占有它们的人……很少有幸免于沉沦的，而为它们所占有的人则绝不能逃避毁灭。世界上因拥有财富而遭受祸害以至丧生的人，或因积聚财产，愚而不能自拔，置身虎口，甚至身殉其愚的人，例子是很多的。世界上忍受最难堪的痛苦以图追逐浮名而保全声誉的人，例子也并不较少。至于因过于放纵肉欲而自速死亡的人更是不可胜数。"[3]

如此说来，追逐财富、荣誉、肉体快乐，不啻踏上死亡之旅。故追求财富、荣誉、肉体快乐是恶。恶的源头是引起人的快乐和痛苦的事物的性质。

相比之下，"爱好永恒无限的东西，却可以培养我们的心灵，使得它经常欢欣愉快，不会受到苦恼的侵袭，因此，它最值得我们用全力去追求，去探寻"。[4] 虽然我们所要追求的东西已经明显地呈现在心灵，我们依然无法立刻把一切贪婪、肉欲、虚荣扫除干净，但是，却可以让我们一定程度上摆脱那些欲望，认真考虑新生活的目标，这就是我们通常所说的生的沉思，即追求无限、追求善、追求真理！如果我们知道，财富、荣誉和追求快乐只是手段，而非目的，那么欲望会得到抑制，这对于我们所示

---

[1] 斯宾诺莎：《知性改进论》，第19页。
[2] 同上。
[3] 同上书，第20页。
[4] 同上。

最高目标没有害处。

这里所说的善，在斯宾诺莎学说中分为两类：真善（verum bonum）和至善（summum bonum）。真善就是通常所说善，斯宾诺莎强调指出："必须注意，所谓善与恶的概念只具有相对的意义；所以同一事物，在不同的观点之下，可以叫做善，亦可以叫做恶，同样，可以叫做完善，也可以叫做不完善。"[1] 善是相对的，而"至善乃是这样一种东西，人一经获得之后，凡是具有这种品格的其他个人也都可以同样分享"。[2] 至善是斯宾诺莎追求的目标："自己达到这种品格，并且尽力使很多人都能同我一起达到这种品格。"[3] 这是斯宾诺莎的快乐。

施特劳斯认为，斯宾诺莎沿袭了马基雅维利的思路，认为："命运可为人类中的强者所掌握，甚而通过发展有效的方法，人的天性（或许就是自然本身）都可以被改变。"[4] 斯宾诺莎的尝试，就是通过一种方法，改进人类的知性，以期帮助人们认识自己实际上是什么，把人自然的真实状态暴露出来。他的尝试是通过人自身的力量——理性的力量，控制自己的自然天性，实现知性改进的目标。事实上，所谓知性的改进，是人性的改进，更具体地说，是人的价值观的改进。

三、人的权利和自由

在讨论人的权利之前，我们还需要简略说明一个与人的权利无直接关系的一个小问题。不过这个小问题，却是斯宾诺莎寻找人的最高的善的有效途径。

1. 神学与哲学互不隶属

斯宾诺莎的学说始终围绕着上帝、人与自然的关系展开。作为形而上

---

[1] 斯宾诺莎：《知性改进论》，第21页。
[2] 同上。
[3] 同上书，第22页。
[4] 施特劳斯、克罗波西主编：《政治哲学史》上，第541页。

学基本内涵的实体说，界定了上帝、人、自然的本质。《知性改进论》所关注的是，如何运用人的理性，将人引向沐浴圣洁的最高幸福，从而使人能够将自己的欲望限制在合理的范围内。尽管斯宾诺莎认为，人的欲望有其存在的合理性，但是，他并不认为任欲望肆意泛滥是正当的。当人一味地沉迷于欲望，将欲望索取的东西视为幸福，人就沉沦了。斯宾诺莎提出改进人性（知性）的路径，是凭借理性抑制欲望，将人引入追求更高、更圣洁的生活和幸福之中。

从斯宾诺莎哲学的意涵可以看出，人的最高幸福是人孜孜以求的，但是，最高幸福的实现，有赖于上帝和理性。不过，斯宾诺莎认为，这并不意味着哲学与神学有隶属关系。在《神学政治论》中，斯宾诺莎用了近两章的篇幅，讨论神学与哲学的关系。并得出如下结论："神学不一定要听理智的使唤，理智也不一定要听神学的使唤，二者各有其领域。我们认为这是不可争辩的……理智的范围是真理与智慧，神学的范围是虔敬与服从。"[1] 神学断定，人仅凭单纯的服从就可以得福，不需要理智。神学的力量仅在于皈依，除了皈依，它不可能对我们发号施令。理性的作用亦是神学无法替代的。因为"神学无意也无力来反对理智。对于归顺上帝，信条也许是不可少的，仅是就这点，神学对于信条加以阐明，至于断定信条的真实性则留待理智。因为理智是心的光明，没有理智万物都是梦幻"[2]。神学信条只能信，只能靠启示，不能用理智来证明。理智的作用在于可靠地理解启示的内涵。有哲学家用数学来证实《圣经》的权威，在斯宾诺莎看来就是无稽之谈。因为《圣经》的权威不依赖科学，而依赖预言家的权威。斯宾诺莎也不认同另外一种观点，即认为哲学与神学相互矛盾，必定会有一个把另一个推下宝座。他强调的是，哲学与神学分开，各有所属。哪个都不是另一个的奴隶。把哲学与神学分开，应能"保证哲学与神学都有思想的自由"[3]。不过斯宾诺莎并没有否定启示的作用，他认为，启示告诉我们由于上帝的恩惠，顺从是得救的道路，上帝的恩惠是理智达不到

---

[1] 斯宾诺莎：《斯宾诺莎文集》第三卷之《神学政治论》，温锡增译，商务印书馆，2014年，第209页。
[2] 同上。
[3] 斯宾诺莎：《斯宾诺莎文集》第三卷，第214页。

的。因此，《圣经》给人以很大的安慰。这岂不是说，相信启示的尽管服从启示，因为《圣经》告诉你，你可以通过顺从得救，而少数能够运用理智的人，则凭借理智可以获得道路，各行其道都能得救。

但在具体实践中，现实往往与斯宾诺莎所期许的差别很大。按照《圣经》所云，要爱你的邻人，但是，即使是基督徒，在日常生活中也基本是想要他人按照自己的意志生活，赞同他所赞同的，拒绝他所拒绝的。人人都想胜过别人，为此不惜作恶。其实每个人都知道，这是违反宗教教义的，但是，他们依然这样做。事实上，这些教义对于人抑制激情、走向最高的善几乎毫无作用。只有人之将死，奄奄一息，或者在教堂里祷告而无须钩心斗角之际，教义才起作用。这时候起作用，几乎等于没用！在世俗生活里，人之间出于激情，钩心斗角是常态，这个时候，教义的作用却缺位了。

与人类总数相比，只有极少数人能够凭借理智的指导获得道德的习惯。但是，"理性所指出的道路是异常艰难的。因此，如果认为民众或为公共事务而忙碌的人们能完全凭理性的指令生活，那简直是沉迷于诗人们所歌颂的黄金时代，或耽于童话似的梦想"。[1] 斯宾诺莎为改进人性而划定的蓝图，理性处于举足轻重的地位。由理性来制衡激情，人便不至于在欲望中沉沦。不过斯宾诺莎也清楚地看到，虽然理性对于克制和调节激情起很大的作用，但是，理性所指出的道路是异常困苦艰难的。那怎么办，路在何方？斯宾诺莎指出，不论是野蛮人还是文明人，都会结成社会，形成某种国家形态。而国家的起源及其自然基础，不是理性的教训，而是基于人的共同本性或素质。

2. 人的自然权利

斯宾诺莎有关自然权利的思想，是斯宾诺莎一以贯之的神、人、自然关系。这似乎是斯宾诺莎学说的金律。他说：

---

[1] 斯宾诺莎：《斯宾诺莎文集》第二卷，第227—228页。

既然已知自然万物借以存在和活动的力量实际上就是神的力量，由此我们不难理解，自然权利究竟是什么。其实，因为神对万物均具有权利，而且神的权利不外乎被认为绝对自由的神力，由此可见，自然万物从自然取得的权利同它们借以存在和活动的力量一样多，因为各个自然物借以存在和活动的力量实际上就是绝对自由的神力。

于是，我把自然权利视为据以产生万物的自然法则或自然规律，亦即自然力本身。[1]

宗教和理性应该为人通向最高的善开辟通途，但是，只是应当。在真正实施时，他们各自都有鞭长莫及的时候，或许可以另辟蹊径。在斯宾诺莎的《神学政治论》和《政治论》中，我们似乎看到了斯宾诺莎为人们的幸福生活寻找了新的出路。在伦理学、知性改进等方面找不到答案，而在政治学领域看到了曙光。

斯宾诺莎认为："人类的本性就在于，没有一个共同的法律体系，人就不能生活。"[2] 人的本性决定人必须生活在社会和国家之中。"不论野蛮人还是文明人，到处结成社会关系，形成某种国家状态（status civilis），那么，国家的起源及其自然基础就不应该归诸理性的教训，而是在于人的共同本性或素质。"[3] 国家起源的自然基础是天赋权利和法令。"所谓天然的权利与法令，我只是指一些自然律，因为有这些律，我们认为每个个体都为自然所限，在某种方式中生活与活动。"[4] 例如，由自然律所致，天造地设，鱼在水中游是鱼的生存方式，这是鱼的快乐；大鱼吃小鱼，这是大鱼的天赋权利。斯宾诺莎由此断言，自然权利与自然之力一样广大。"自然之力就是上帝之力，上帝之力有治万物之权；因为自然之力不过是自然中个别成分之力的集合。"[5] 所以，每个个体的所作所为，均有最高之权为

---

[1] 斯宾诺莎:《斯宾诺莎文集》第二卷，第230—231页。
[2] 同上书，第226页。
[3] 同上书，第228页。
[4] 斯宾诺莎:《斯宾诺莎文集》第三卷，第214页。
[5] 同上。

依仗。换言之，正是上帝之权，让个体之权达于上帝所规定的力量的最大限度。既然上帝是个体权利的依仗，"那么，每个个体应竭力以保存其自身，不顾一切，只有自己，这是自然的最高的律法与权利。所以每个个体都有这样的最高的律法与权利，那就是，按照其天然的条件以生存与活动"。[1] 由于自然权利是上帝所赐，那么天然之物，有理智与无理智之人，愚人、疯人与常人就没什么分别。无论人依据天性做了什么，他都有权这样做。因为天性所致，他不得不这样做。在自然权利统治之下，人依照欲望而行，与依据理性而行，具有同等权利。人本来就是上帝所创造，人是上帝属性的模式，雷霆雨露莫非天恩，依理智还是依欲望而行，都是人的天性。斯宾诺莎认为，这符合保罗的教旨。"保罗承认，在律法以前，那就是说，若是人生活于自然的统治之下。就无所谓罪恶。"[2] 自然状态无所谓罪恶，既然符合自然法，一切皆为天性所致，无所谓罪恶。

个人的天赋权利不是理性所决定的，而是由欲望和力量决定的。尽管人人都有理性，但是，并非所有人生来就依照理性行事。道德是习得的，在人没有学会正当做人，养成道德习惯之前，他们只能借助欲望的冲动生活，以保存自己。"他不必遵照知识之命而生活，就犹之乎一只猫必不遵狮子的天性的规律而生活。"[3] 人类的天赋权利即是受命于自然，人受到的禁止，只是一些无人欲求、无人能获得的东西。"并不禁绝争斗、怨恨、愤怒、欺骗，着实说来，凡欲望所指示的任何方法都不禁绝。"[4] 这些东西在理性看来是恶的，但是，如果从自然整体秩序和规律来看，它们不是恶。它们之所以被视为恶，是因为我们从理性的规律来看待它们。

斯宾诺莎为欲望的合理性辩护是显而易见的，但是，这并不意味着，他主张仅有欲望就足够了，否则，他也不会主张改进人性了。他指出："我们相信，我们循理智的规律和确实的指示而生活要好得多。……这

---

[1] 斯宾诺莎：《斯宾诺莎文集》第三卷，第214页。
[2] 同上书，第215页。
[3] 同上。
[4] 同上书，第216页。

些理智的规律与指示的目的是为人类求真正的福利。"[1] 但是，斯宾诺莎反复重申，不是所有人都能够依照理性行事，亦不是所有人都会依《圣经》行事。在日常生活中，人就是一个充满肉体欲望的生命体，一介凡夫俗子而已，大概率事件是为满足欲望为所欲为。可以想象，在没有理性帮助的情况下，人必是极其可怜地生活着。如果人要想享受属于人的天赋权利，就必须彼此和睦相处，于是，"生活不应再为个人的力量与欲望所规定，而是要取决于全体的力量和意志"。[2] 这意味着每个人必须接受理性的指导，遏制有损于他人的欲望，视人如己，像维护自己的权利一样维护他人的权利，这是一种协定或契约。这种契约关系的基础是互惠，以使人避免更大的祸害。"若是欲望是他们的唯一的指导，他们就不能达到这个目的。"[3] 人享受属于人的天赋权利，并不是无条件的：人必须妥善地和睦相处；生活不应再为个人的力量和欲望所规定，而是取决于全体的力量与意志。"他们必须断然确定凡事受理智的指导（每个人不敢公然弃绝理智，怕人家把自己看成是一个疯人），遏制有损于他人的欲望，凡愿人施于己者都施于人，维护他人的权利和自己的一样。"[4] 运用理智遏制欲望，与他人互惠互利，共同生活在一个共同体中，只有这样才能保障人享有天赋权利。为此，人之间形成一种契约关系，以期互利共存。

这种契约建立在人性的一条普遍规律上，即凡人们认为有利的，必不会等闲视之，除非为了获得更大的好处，或害怕更大的祸害；人也不会忍受祸害，除非为了避免更大的祸害，或为了更大的好处。这就是所谓两害相权取其轻，两利相权取其重。所谓权衡之后取大取小，与判断正确与否无关，仅仅是趋利避害。"这条规律是深入人心，应列为永恒的真理与公理之一。"[5] 尽管人们可以缔结契约，但是，没有谁会放弃个人对事物的权利，也没有人会真的遵守诺言。"契约之有效完全是由于其实用，除却

---

[1] 斯宾诺莎：《斯宾诺莎文集》第三卷，第216页。
[2] 同上。
[3] 同上。
[4] 同上书，第217页。
[5] 同上。

实用，契约就归无效。"[1] 事实上，只要人的自然权利和自由取决于个人的力量，这种权利实际上就不存在，或者只是一番空论。还有一个事实是，一个人感到恐惧的原因越多，他的力量就越小，他所拥有的权利也就越少。由此得出结论："只有在人们拥有共同的法律，有力量保卫他们居住和耕种的土地，保护他们自己，排除一切暴力，而且按照全体的共同意志生活下去的情况下，才谈得到人类固有的自然权利。"[2] 以理性为指导的生活，遵守契约，保障个人天赋权利的情况，只有在国家里才有可能实现。在国家里，人们拥有共同的法律，而不是个人的自然法。国家宛如一个有大脑指挥的人，而指挥的准则是法——共同的法、公民法。由众人的力量所确定的共同权利，通常称为统治权。

3. 国家辖下的个人权利

国家是什么？"各种统治状态均称为国家状态（status civilis）。统治的总体称为国家，而处于最高掌权者指导之下的共同事务称为国务。凡是根据政治权利享有国家的一切好处的人们均称为公民；凡是有服从国家各项规章和法律的义务的人们均称为国民。"[3] 按照斯宾诺莎的看法，国家或最高掌权者的权利[4]无非就是自然权利本身，但是，它不取决于每个人的力量，而是取决于受一个头脑指挥的多数人（multitude）的力量。也就是说，像处于自然状态中的个人一样，国家的躯体和精神有多大力量，就有多大的权利。国家的力量超过公民或臣民越多，公民和臣民的力量就越小。"由此可见，除了按照国家的共同法令得到的东西以外，每个公民无权从事或占有任何事物。"[5] 国家是由人与人之间的契约而成，契约的有效性在于实用，如不实用，契约就无效。在讨论自然权利时，斯宾诺莎表明，契约关系的形成在于个人的力量有限，因而无法保障自己的自然权

---

[1] 斯宾诺莎：《斯宾诺莎文集》第三卷，第218页。
[2] 斯宾诺莎：《斯宾诺莎文集》第二卷，第238页。
[3] 同上书，第244页。
[4] 英文为"The Right of a State, or of the Supreme Powers"，冯炳昆译作"国家或最高掌权者的权利"。
[5] 斯宾诺莎：《斯宾诺莎文集》第二卷，第240页。

利，所以需要把力量转给某人，可以是自愿，也可以是被迫。随着力量的移交，至少部分自然权利也被移交出来。这便形成了统治一切人的权力，这种权力属于有最大威权的人。若每个人把权力全部交给国家，国家就有唯一绝对的统治力。这种权力建立在人的自然权利的基础上，因而它并不违背人的天赋权利。而且这种权力是每个人必须服从的，否则会受到严厉的惩罚。在自然状态下，一切皆为自然法所致，因而没有所谓罪过。只有在国家里才有罪过之说，也就是说，在国家里依据共同的国法，判定善恶是非，除了根据共同的法令，或符合公意的事情以外，人们没有权利做任何其他事情。在国家内，所谓罪就是做违反法律的事情，服从法律谓之善。

人把权利让渡给国家，那么，个人或者平民还有权利吗？"我们只能说平民的权是指每人所有的保存其生存的自由，这种自由为统治权的谕令所限制，并且只为统治权的权威所保持。因为若是一个人出于自愿把他的生存之权转付给另一个人，也就是说，把他的自由与自卫的能力转付于人，他就不得不听命于那个人以生活，完全听那个人的保护。"[1] 如此说来，平民保持其生存的自由也只是一个说辞，其自由都转让出去了，保护自己生存的自由和责任成为他人的自由和责任，那么，留给个人的就不剩下什么了。人民的义务就是要服从统治权发出的命令，除了统治权所认可的权利以外，不承认有任何其他权利。人民岂不是成了奴隶？但是，斯宾诺莎说，人民不是奴隶。"也许有人以为我们使人民变成了奴隶，因为奴隶听从命令，自由人随意过活。但是这种想法是出于一种误解，因为真正的奴隶是那种受快乐操纵的人，他既不知道他自身的利益是什么，也不为自己的利益采取行动。只有完全听从理智的指导的人才是自由的人。"[2] 这有些像用华丽的辞藻进行概念偷换。人民是不是奴隶，这是一个政治学问题，它关系到每个人在国家中，是否有公民权利、政治权利的问题。但是，当斯宾诺莎诠释公民的权利时指出，在一个自由国家，每个人都可以

---

[1] 斯宾诺莎：《斯宾诺莎文集》第三卷，第222页。
[2] 同上书，第220页。

自由思想，自由发表意见。所谓的自由国家，就是斯宾诺莎在《政治论》中所说的民主政体。然而，在斯宾诺莎所处的时代，虽然尼德兰革命已经成功，但是，整个国家完全走出中世纪何其难。因而在国家的行动层面，自由来得有点迟。当斯宾诺莎需要探讨行动层面的人的自由时，他谈起了理性。焉知这不是无可奈何的心境，或者现实困境的一种表述？当斯宾诺莎把形而下问题变成了形而上问题时，也只能说，虽然人没有行动自由，但只要有理性，人就有精神自由。身心在政治学中被割裂了。斯宾诺莎终于没能走出笛卡尔身心二元论。这也许不是一个理论问题，大约就是一种思想上的无奈。

施特劳斯关于斯宾诺莎的评论，也许可以参考。他认为，斯宾诺莎是把数学的分析运用于人类秩序，把这种秩序分解为单元，以至于严格推理得出自然状态中的人，先于社会而存在。[1] 斯宾诺莎与霍布斯相同的地方在于，两者都认为人类自然状态的特征表现为个体处于优先地位，个体是多样纷呈的，只要能力允许，每个人都为一己的生存权利而斗争，相互倾轧是社会之初的一幅原本图景，即每个人反对每个人的战争状态。不过，施特劳斯认为，霍布斯与斯宾诺莎之间，也存在本质的差异，"在一定程度上可以看作是他们的形而上学的导向之不同所造成的"。[2] 既然思维规律"是人类对运动的结果或模式的诠释"，而"这种阐释的科学性来自并最终归结为对主要几种运动方式的定义，以及对那些组合这些定义的思想规则的解释"，[3] 那么，人类就内在结构而言，是完全有别于其他运动方式的另外一种运动。在政治学领域，人的重要性表现为人有自然权利，自然权利是基本的人权。人有自我保护意识，在每个人反对每个人的战争状态，人做的第一件事，就是自我保护，保护自己的生命。这种自我保护意识是与生俱来的，它先于国家、社会、宗教、哲学，国家之所以产生，是每个人自愿让渡个人权利给第三方，与之形成契约关系，让其执掌公权利，以保证每个人的生命安全。

---

[1] 施特劳斯、克罗波西主编：《政治哲学史》上，第542页。
[2] 同上。
[3] 同上。

斯宾诺莎与霍布斯有所不同。他继承了斯多亚学派传统，"认为永恒秩序是先于并独立于个体及个体的意愿而存在的……社会是哲学产生的条件，或者说是发现秩序的条件"。[1] 首先是上帝安排的秩序：永恒的秩序。人的意愿受命于永恒的秩序。个体可以展示从永恒秩序到实际等级制度的衔接，"于是他认为，在把人当作政治学基点的时候，就应该承认人与人之间天生的不同"。[2] 若承认这一点，就要承认一个不可更改的事实：社会允许各种人存在，社会也要满足各种人的各种要求，允许各种言论的存在，除非这种言论会摧毁社会秩序，否则，不同的政治言论不应该受到政治权力的压制。

4. 人的自由

我们在前面谈到，斯宾诺莎在政治学上处理自由问题时，把形而上问题变成了形而下问题，即把行动层面的自由变成了思想自由。当然，我们需要注意的是，斯宾诺莎在谈论行动的自由时，主要指生活在国家中的公民或臣民的自由，在这种身份界定中人的行动只有服从，自由在于思想。但是，斯宾诺莎常说中，有没有一般意义上的人的自由？可以说，在斯宾诺莎著作中，对于人的自由的探讨俯首即拾。

斯宾诺莎在早期著作《简论上帝、人及其心灵健康》第 26 章[3]，用五个命题说明什么是真正的自由。

命题一：一个东西越是具有更多的本质，就越具有更多的能动性、更少的被动性。

命题二：一切被动的感受，不论它是一个从存在到不存在，还是从不存在到存在的转化过程，都必须有一个外在的，而非内在的作用因。

命题三：凡是由外在的原因产生的东西，也就和这些外在的原因没有任何共同之处，从而既不能为它们所改换，也不能为它们所改变。

由第二和第三个命题得出第四个命题：由一个内在的或者内部的原因

---

[1] 施特劳斯、克罗波西主编：《政治哲学史》上，第 543 页。
[2] 同上。
[3] 斯宾诺莎：《斯宾诺莎文集》第一卷，第 187 页。以下五个命题，均出于此。

(两者完全是一回事）所产生的任何作用，只要这个原因继续存在，这个作用就不可能消灭或改变。

命题五：最自由的、最与上帝一致的原因是内部原因。因为由这样的原因产生的作用或后果，这样地依赖于这个原因，以至于没有这个原因，就不可能存在或者被思议，并且这个作用或后果不受任何其他原因的影响；再次，它和它的原因结合在一起，以至于和它成为一个整体。

由这五个命题得出四点结论：

（1）既然上帝的本质是无限的，因此，上帝具有无限的活动性和对于一切被动性的无限否定。因此，事物越是具有更多的本质，与上帝结合越密切，就越有更多的活动性，越小的被动性。

（2）真实的理性[1]永远不可能消亡，因为它由上帝产生，它自身内不可能包含使自己灭亡的原因。并且按照第三个命题，由于上帝是它内在的原因，所以它不可能被外因所毁坏。按照第四个命题，只要这个内在的原因存在，理性不可能消亡。即只要上帝存在，理性就不会消亡。

（3）理性的作用和结果，与上帝结合在一起，是最优越的，比其他一切作用和结果更有价值。上帝是永恒的，理性就是永恒的。

（4）自身之外产生的一切作用和结果，越是和我们结合在一起，形成同一个性质，就越完善，就越接近内在的作用和结果。

斯宾诺莎提出上述五个命题和四点结论，为他阐释什么是真正的自由奠定了形而上学的基础。其逻辑顺序是：上帝—理性—自由。这一因果链意味着真正的自由，且相似。其实，斯宾诺莎在探讨实体问题时，已经展示出这一链条，只不过链条的最后一个环节不是自由，而是与人相关的任何具体事物。斯宾诺莎概括这四点结论时说：所谓人的自由，就是我们的理性与上帝直接结合，从而得到一种坚固的真实性，在它之内产生某些观

---

[1] 英译为"reason"，顾寿观先生译作悟性，实际上就是理性。

念，由于它自身造成某些和它性质相一致的作用和结果，这些作用和结果不受任何外在原因的影响。[1] 人心有理性，理性与上帝结合在一起，由此形成自由的观念。无论外部环境如何，人心的自由都不会被毁坏。不受任何外部原因影响的自由，是真正的自由。

在《伦理学》中，斯宾诺莎也是在书的最后一节讨论人的理性的力量与自由的问题，讨论问题的角度是上帝—理性—情感和欲望。当情感制衡欲望的无度时，人便是自由的。

在《神学政治论》第二十章，斯宾诺莎从政治学的角度讨论自由问题，他认为，在一个自由的国家，每个人都可以自由思想，自由发表意见。他认为，政府可以管制人，但是，人心和舌头不容易控制。因为：

> 没有人会愿意或被迫把他的天赋自由思考判断之权转让与人的。因为这个道理，想法子控制人的心的政府，可以说是暴虐的政府，而且规定什么是真的要接受，什么是不真的不要接受，或者规定什么信仰以激发人民崇拜上帝，这可算是误用政权与篡夺人民之权。所有这些问题都属于一个人的天赋之权。此天赋之权，即使由于自愿，也是不能割弃的。[2]

人将天赋权利移交给政府，但并不意味着人把所有的天赋权利统统交给政府。至少，人的言论、思想、宗教信仰的天赋权利，是不会移交出去的。此类天赋之权，即使出于自愿，也是不能完全割弃的！政府管辖下的民众，可能必须遵守法律，其行动会受到限制，但是，上述三大自由，无论如何是不会割弃给政府的。失去了这些自由，人还是人吗？

基斯纳指出："尽管自由概念在斯宾诺莎哲学中处于核心地位，但是，他如何理解自由，却并非显而易见的事。"[3] 他认为，从总体上理解斯宾诺莎的自由概念困难重重。在《伦理学》中，斯宾诺莎依据形而上学

---

[1] 斯宾诺莎：《斯宾诺莎文集》第一卷，第189页。
[2] 斯宾诺莎：《斯宾诺莎文集》第三卷，第274页。
[3] Kisner, *Spinoza on Human Freedom: Reason, Autonomy and the Good Life*, p.17.

词语，把自由定义为人自身存在和行动的原因，而在以后的文献中，则把自由等同于为掌控人的情绪的伦理学目标。因此，如何理解斯宾诺莎关于自由主张的一致性，则遇到同样的困难。斯宾诺莎把自由定义为自因的，这意味着公开承认，只有上帝是自由的。然而他在《伦理学》中，却又承诺帮助人们获得自由。

笔者以为，基斯纳提到的上述困难值得考虑。首先，从总体上看，斯宾诺莎关于自由的观点，可分为如下三个层面：形而上学层面、伦理学层面和政治学层面。而这三个层面探讨自由问题，依如下逻辑展开：上帝—理性—人的心灵的观念（或激情，或行动等）。上帝—理性的环节，是人的一切思想和行动的形而上学基础。在这一逻辑环节，上帝拥有的一切都会在人的身上有所显现。这种关系是绝对与相对的关系。仅就自由而言，上帝的自由是绝对的，只有上帝才有绝对自由。而人的理性是上帝赋予的，所以，拥有理性的人，也有一定的自由。然而，这不是绝对的自由，只是相对的自由。

所引文献

1. 西文部分

Augustine Saint, *City of God*, G. R. Evans (eds.), London: Penguin Books, 2003.

Baily, James Wood, *Utilitarianism, Institutions, and Justice*, Oxford: Oxford University Press, 1997.

Barnes, Jonathan, *Aristotle*, Oxford: Oxford University Press, 1982.

Beattie, Amanda Russell, *Justice and Morality: Human Suffering, Natural Law and International Politics*, London: Routledge, 2010.

Burnet, John, *Greek Philosophy: Thales to Plato*, London: Macmillan, 1914.

Boyd, William, *An Introduction to the Republic of Plato*, London: Routledge, 2010.

Brown, K. C.(ed.), *Hobbes Studies*, Oxford: Basil Blackwell, 1965.

Caton, Hiram, *The Origin of Subjectivity: An Essay on Descartes*, New Haven: Yale University Press, 1973.

Descartes, René, *The Philosophical Writings of Descartes*, 2 vols, John Cottingham, Robert Stoothoff, and Dugald Murdoch (ed. and trans.), Cambridge: Cambridge University Press, 1984–5.

Descartes, René, *The Philosophical Writings of Descartes*, vol. III, *The Cor-*

respondence, John Cottingham, Robert Stoothoff, Dugald Murdoch, and Anthony Kenny (ed. and trans.), Cambridge: Cambridge University Press, 1984.

Doney, W. (ed.), *Descartes: A Collection of Critical Essays,* London: Macmillan, 1968.

Finn, Stephen J., *Thomas Hobbes and the Politics of Natural Philosophy,* London: Continuum, 2004.

Haakonssen, Knud, *Natural Law and Moral Philosophy: From Grotius to the Scottish Enlightenment,* Cambridge: Cambridge University Press, 1996.

Haara, Heikki, *Pufendorf's Theory of Sociability: Passions, Habits and Social Order,* New York City: Springer, 2018.

Heidegger, M., *What is a Thing?,* W. B. Barton (trans.), Jr. and Vera Deutsch, Chicago: Henry Regnery Company, 1967.

Hobbes, Thomas, *Leviathan,* edited with an introduction and notes by J. C. A. Gaskin, Oxford: Oxford University Press, 1998.

Hume, David, *A Treaties of Human Nature,* L. A. Selby-Bigge (ed.), Oxford: Oxford University Press, 1978.

Hundert, E. J., "Bernard Mandeville and the Enlightenment's Maxims of Modernity", in *Journal of the History of Idea,* vol.56, No. 4(Oct.), 1995.

Hyland, Paul (ed.), *The Enlightenment: A Sourcebook and Reader,* London: Routledge, 2003.

Irwin, Terence, *The Development of Ethics: A Historical and Critical Study,* vol. II(*From Suarrez to Rousseau*), Oxford: Oxford University Press, 2008.

Johansen, Karsten Friis, *A History of Ancient Philosophy: From Beginnings to Augustine,* Henrik Rosenmeier (trans.), London: Routledge, 1998.

Kenny, Anthony, *Descartes: A Study of His Philosophy,* New York: Random House, 1968.

Kisenr, Matthew J., *Sipnoza on Human Freedom: Reason Autonomy and the Good Life,* Cambridge: Cambridge University Press, 2011.

Koyre, Alexander, *Discovering Plato,* Leonora Cohen Rosenfield (trans.),

New York: Columbia University Press, 1946.

LeBuffe, Michael, *From Bondage to Freedom: Spinoza on Human Excellence,* Oxford: Oxford University Press, 2010.

Lermond, Lucia, *The Form of Man: Human Essence in Spinoza's Ethic,* Leiden: E. J. Brill, 1988.

Matthews, G. B., *Thought's Ego in Augustine and Descartes,* New York: Cornell University Press, 1992.

Mattox, John Mark, *Saint Augustine and the Theory of Just War,* London: Continuum, 2006.

Mill, David van, *Liberty, Rationality, and Agency in Hobbes's Leviathan,* New York: State University of New York Press, 2001.

Moore, G. E., *Philosophical Papers,* London: Allen and Unwin, 1959.

Moyal, Georges J. D.(ed.), *René Descartes: Critical Assessments,* Vols. I–IV, London: Routledge, 1991.

Newey, Glen, *The Routledge Philosophy Guide Book to Hobbes and Leviathan,* London: Routledge, 2008.

O'Neal, Michael J., *The Crusades: Almanac,* Marcia Merryman Means and Neil Schlager (eds.), U.S.: UXL, 2005.

Pope, A., *An Essay on Man,* Indianapolis: The Bobbs-Merrill Company, 1965.

Rabinow, Paul (ed.), *The Foucault Reader,* New York: Pantheon Books, 1984.

Ratulea, Gabriela, *From the Natural Man to the Political Machine: Sovereignty and Power in the Works of Thomas Hobbes,* Frankfurt: Peter Lang, 2015.

Ross, David, *Aristotle,* London: Routledge, 1995.

Rupp, E. Gordon and Watson, Philip S. (eds.), *Luther and Erasmus: Free Will and Salvation,* Louisville: Westminster Press, 1969.

Sarkar, Husain, *Descartes' Cogito: Saved from the Great Shipwreck,* Cambridge: Cambridge University Press, 2003.

Smith, Steven B., *Spinoza's Book of Life: Freedom and Redemption in the Ethics*, New Haven: Yale University Press, 2003.

Spinoza, Benedict de, *The Collected Works of Spinoza,* vols. I-II, Edwin Curley (ed. and trans.), Princeton: Princeton University Press, 1985-2016.

Springborg, Patricia(ed.), *The Cambridge Companion to Hobbes's Leviathan,* Cambridge: Cambridge University Press, 2007.

Taylor, Charles, *Sources of the Self: The Making of the Modern Identity,* Cambridge: Harvard University Press, 2001.

Thomas, D. A. Lloyd, *Routledge Philosophy Guidebook to Locke: On Government,* London: Routledge, 1995.

Thornton, Helen, *State of Nature or Eden? Thomas Hobbes and His Contemporaries on the Natural Condition of Human Being,* Rochester: University of Rochester Press, 2005.

Wolfgang, von Leyden, *Hobbes and Locke: The Politics of Freedom and Obligation,* London: Macmillan, 1981.

Waldron, Jeremy, *God, Locke, and Equality: Christian Foundations of John Locke's Political Thought,* Cambridge: Cambridge University Press, 2002.

Winter, Ernst F.(trans. and ed.), *Discourse on Free Will,* New York: Continuum, 2002.

Zagorim, Perez, *Hobbes and the Law of Nature,* Princeton: Princeton University Press, 2009.

Zeller, Eduard, *A History of Greek Philosophy: Stoics, Epicureans and Sceptics,* Oswald J. Reichel (trans.), London: Longmans, Green and co., 1892.

2. 中文部分

A. E. 泰勒:《柏拉图：生平及其著作》，谢随知、苗力田译，山东人民出版社，1996年。

A. J. 赫舍尔:《人是谁：Who is man》，隗仁莲、安希孟译，陈维政校译，贵州人民出版社，1994年。

A. N. 怀特海：《科学与近代世界》，何钦译，商务印书馆，1989年。

C. 沃伦·霍莱斯特：《欧洲中世纪简史》，陶松寿译，陶松云校，商务印书馆，1988年。

E. 策勒尔：《古希腊哲学史纲》，翁绍军译，山东人民出版社，1992年。

E. 卡西尔：《启蒙哲学》，顾伟铭、杨光仲、郑楚宣译，山东人民出版社，1988年。

G. R. 埃尔顿（编）：《新编剑桥世界近代史（第2卷）：宗教改革（1520—1559年）》，中国社会科学院世界历史研究所组译，中国社会科学出版社，2002年。

G. R. 波特（编）：《新编剑桥世界近代史（第1卷）：文艺复兴（1493—1520年）》，中国社会科学院世界历史研究所组译，中国社会科学出版社，1999年。

H. G. 伽达默尔：《伽达默尔论柏拉图》，余纪元译，光明日报出版社，1992年。

J. B. 施尼温德：《自律的发明：近代道德哲学史》，张志平译，上海三联书店，2012年。

N. 帕帕斯：《柏拉图与〈理想国〉》，朱清华译，广西师范大学出版社，2007年。

P. 布瓦松纳：《中世纪欧洲生活和劳动（五至十五世纪）》，潘源来译，商务印书馆，1985年。

S. 薇依：《在期待之中》，杜小真译，生活·读书·新知三联书店，1997年。

阿巴·埃班：《犹太史》，阎瑞松译，中国社会科学出版社，1986年。

阿拉斯戴尔·麦金太尔：《追寻美德：道德理论研究》，宋继杰译，译林出版社，2011年。

爱德华·伯曼：《宗教裁判所：异端之锤》，何开松译，辽宁教育出版社，2001年。

爱德华·傅克斯：《欧洲风化史：文艺复兴时代（插图本）》，侯焕闳译，辽宁教育出版社，2000年。

爱德华·格兰特：《中世纪的物理科学思想》，郝刘祥译，复旦大学出版社，2000年。

爱德华·吉本：《罗马帝国衰亡史：D. M. 洛节编本》上、下册，黄宜思、黄雨石译，商务印书馆，1997年。

爱德华·吉本：《罗马帝国衰亡史》六卷，席代岳译，吉林出版集团有限责任公司，2008年。

安德烈·舒拉基：《犹太教史》，吴模信译，商务印书馆，2001年。

安德鲁·迪克森·怀特：《基督教世界科学与神学论战史》上卷，鲁旭东译，广西师范大学出版社，2006年。

奥古斯丁：《忏悔录》，周士良译，商务印书馆，1981年。

奥古斯丁：《恩典与自由：奥古斯丁人论经典二篇》，奥古斯丁著作翻译小组译，江西人民出版社，2008年。

奥古斯丁：《论自由意志：奥古斯丁对话录二篇》，成官泯译，上海人民出版社，2010年。

奥古斯丁：《上帝之城：驳异教徒》（上），吴飞译，上海三联书店，2007年。

柏拉图：《柏拉图全集》四卷，王晓朝译，人民出版社，2002-2003年

柏拉图：《斐多：柏拉图对话录之一》，杨绛译，辽宁人民出版社，2000年。

柏拉图：《理想国》，郭斌和、张竹明译，商务印书馆，1986年。

保罗·奥斯卡·克利斯特勒：《意大利文艺复兴时期八个哲学家》，姚鹏、陶建平译，上海译文出版社，1987年。

北京大学哲学系外国哲学史教研室（编译）：《古希腊罗马哲学》，生活·读书·新知三联书店，1957年。

边沁：《道德与立法原理导论》，时殷弘译，商务印书馆，2002年。

伯纳德·曼德维尔：《蜜蜂的寓言：私人的恶德，公众的利益》，肖聿译，中国社会科学出版社，2002年。

查尔斯·霍默·哈斯金斯:《大学的兴起》,王建妮译,上海人民出版社,2007年。

查尔斯·泰勒:《自我的根源:现代认同的形成》,韩震、王兵、乔春夏等译,译林出版社,2001年。

查理·斯托非:《宗教改革(1517-1564)》,高煜译,商务印书馆,1995年。

陈乐民、周弘:《欧洲文明的进程》,生活·读书·新知三联书店,2003年。

陈曦文:《基督教与中世纪西欧社会》,中国青年出版社,1999年。

大卫·弗里德里希·施特劳斯:《耶稣传》,吴永泉译,商务印书馆,1993年。

丹尼斯·哈伊:《意大利文艺复兴的历史背景》,李玉成译,生活·读书·新知三联书店,1988年。

笛卡尔:《第一哲学沉思集:反驳和答辩》,庞景仁译,商务印书馆,1986年。

笛卡尔:《谈谈方法》,王太庆译,商务印书馆,2001年。

杜丽燕:《爱的福音:中世纪基督教人道主义》,华夏出版社,2005年。

杜丽燕:《人性的曙光:希腊人道主义研究》,华夏出版社,2005年。

范明生:《晚期希腊哲学和基督教神学》,上海人民出版社,1993年。

费尔南·布罗代尔:《15至18世纪的物质文明、经济和资本主义》第一卷,顾良译,施康强校,生活·读书·新知三联书店,1992年。

弗朗西斯·奥克利:《自然法、自然法则、自然权利:观念史中的连续与中断》,王涛译,商务印书馆,2015年。

弗里德里希·冯·哈耶克:《哈耶克文选:哈耶克论文演讲集》,冯克利译,江苏人民出版社,2007年。

伏尔泰:《风俗论:论各民族的精神与风俗以及自查理曼至路易十三的历史》全三册,梁守锵、吴模信、谢戊申等译,郑福熙、梁守锵校,商务印书馆,2000年。

格兰特:《科学与宗教:从亚里士多德到哥白尼(400B.C.—A.D.1550)》,常春兰、安乐译,山东人民出版社,2009年。

海斯汀·拉斯达尔:《中世纪的欧洲大学》三卷,崔延强、邓磊译,重庆大学出版社,2011年。

汉娜·阿伦特:《人的条件》,竺乾威译,上海人民出版社,1999年。

黑格尔:《精神现象学》,贺麟、王玖兴译,商务印书馆,1983年。

亨利·皮雷纳:《中世纪的城市》,陈国樑译,商务印书馆,2006年。

胡果·格劳秀斯:《战争与和平法》,A.C.坎贝尔英译,何勤华等译,上海人民出版社,2005年。

霍布斯:《利维坦》,黎思复、黎廷弼译,商务印书馆,1985年。

霍布斯:《论公民》,应星、冯克利译,贵州人民出版社,2002年。

霍赫斯特拉瑟:《早期启蒙的自然法理论》,杨天江译,知识产权出版社,2016年。

基尔克郭尔:《概念恐惧:致死的病症》,京不特译,上海三联书店,2004年。

蒋百里:《欧洲文艺复兴史》,东方出版社,2007年。

卡尔·白舍客:《基督宗教伦理学》(第一、二卷),静也、常宏、雷立柏等译,上海三联书店,2003年。

卡尔·雅斯贝斯:《历史的起源与目标》,魏楚雄、俞新天译,华夏出版社,1989年。

列奥·施特劳斯、约瑟夫·克罗波西(主编):《政治哲学史》,李天然译,河北人民出版社,1993年。

列奥·施特劳斯:《霍布斯的政治哲学:基础与起源》,申彤译,译林出版社,2001年。

列奥·施特劳斯:《自然权利与历史》,彭刚译,生活·读书·新知三联书店,2003年。

列夫·舍斯托夫:《雅典与耶路撒冷》,张冰译,上海人民出版社,2004年。

路易斯·亨利·摩尔根:《古代社会》上、下册,杨东莼、马雍、马巨译，商务印书馆，1981年。

罗素：《西方哲学史：及其与从古代到现代的政治、社会情况的联系》上、下册，何兆武、李约瑟译，商务印书馆，1982年。

马丁·路德：《路德文集》，路德文集中文版编辑委员会译，上海三联书店，2005年。

马克·布洛赫：《封建社会》上、下卷，张绪山译，郭守田、徐家玲校，商务印书馆，2004年。

马克思、恩格斯：《马克思恩格斯全集》第二十五卷，中共中央马克思恩格斯列宁斯大林著作编译局编译，人民出版社，2001年。

孟德斯鸠：《论法的精神》，张雁深译，商务印书馆，1995年。

莫里斯·克莱因：《古今数学思想》四册，张理京、张锦炎、江泽涵译，上海科学技术出版社，2013年。

尼采：《悲剧的诞生：尼采美学文选》，周国平译，生活·读书·新知三联书店，1986年。

皮科·米兰多拉：《论人的尊严》，顾超一、樊虹谷译，吴功青校，北京大学出版社，2010年。

乔纳森·爱德华兹：《信仰的深情：上帝面前的基督徒禀性》，杜丽燕译，中国致公出版社，2001年。

乔治·泰特：《十字军东征：以耶路撒冷之名》，吴岳添译，上海书店出版社，1998年。

秋风：《哈耶克的爱与痛》，载于《经济观察报书评》，2003年6月。

让-皮埃尔·韦尔南：《希腊思想的起源》，秦海鹰译，生活·读书·新知三联书店，1996年。

萨特：《萨特戏剧集》（两册），沈志明、袁树仁选译，人民文学出版社，1985年。

塞缪尔·普芬道夫：《人和公民的自然法义务》，鞠成伟译，商务印书馆，2010年。

赛班：《西方政治思想史》，李少军、尚新建译，台湾桂冠图书股份有限公司，1992年。

圣多玛斯·阿奎那：《神学大全》第六册《论法律与恩宠》，高旭东、陈家华译，中华道明会/碧岳学社，2008年。

圣多玛斯·阿奎那：《神学大全》第七册《论信德与望德》，陈家华、周克勤译，中华道明会/碧岳学社，2008年。

时代-生活图书公司（编著）：《骑士时代：中世纪的欧洲（公元800—1500）》，侯树栋译，山东画报出版社，2001年。

斯宾诺莎：《斯宾诺莎文集》五卷，顾寿观、冯炳昆、温锡增、贺麟等译，商务印书馆，2014年。

斯宾诺莎：《知性改进论：并论最足以指导人达到对事物的真知识的途径》，贺麟译，商务印书馆，1986年。

塔西佗：《阿古利可拉传 日耳曼尼亚志》，马雍、傅正元译，商务印书馆，2009年。

汤普逊：《中世纪经济社会史（300—1300年）》上、下册，耿淡如译，商务印书馆，1997年。

唐纳德·坦嫩鲍姆、戴维·舒尔茨：《观念的发明者：西方政治哲学导论》，叶颖译，北京大学出版社，2008年。

托克维尔：《论美国的民主》，董果良译，商务印书馆，1989年。

托马斯·库恩：《哥白尼革命：西方思想发展中的行星天文学》，吴国盛、张东林、李立译，北京大学出版社，2003年。

陀莱绘：《十字军东征图集》，梁展译，大象出版社，2001年。

王亚平：《权力之争：中世纪西欧的君权与教权》，东方出版社，1995年。

威尔·杜兰特：《世界文明史》之《信仰的时代》上、下卷，幼狮文化公司译，东方出版社，1999年。

威尔·杜兰特：《世界文明史》之《宗教改革》上、下卷，幼狮文化公司译，东方出版社，1999年。

威廉·巴雷特：《非理性的人》，段德智译，上海译文出版社，1992年。

西塞罗：《国家篇 法律篇》，沈叔平、苏力译，商务印书馆，1999年。

休谟:《人性论》上、下册,关文运译,郑之骧校,商务印书馆,1996年。

薛定谔:《自然与古希腊》,颜锋译,上海科学技术出版社,2001年。

雅各布·布克哈特:《意大利文艺复兴时期的文化》,何新译,商务印书馆,1983年。

雅克·勒戈夫:《中世纪的知识分子》,张弘译,商务印书馆,1996年。

亚当·斯密:《国富论》,唐日松等译,华夏出版社,2005年。

亚里士多德:《动物四篇:动物之构造、动物之运动、动物之行进、动物之生殖》,吴寿彭译,商务印书馆,1985年。

亚里士多德:《形而上学》,吴寿彭译,商务印书馆,1997年。

亚里士多德:《亚里士多德全集》十卷,苗力田主编,中国人民大学出版社,1992年。

约翰·赫伊津哈:《伊拉斯谟传:伊拉斯谟与宗教改革》,何道宽译,广西师范大学出版社,2008年。

约翰·加尔文、约翰·麦克尼尔:《基督教要义》,钱曜诚等译,生活·读书·新知三联书店,2010年。

约翰·洛克:《论宗教宽容:致友人的一封信》,吴云贵译,商务印书馆,1998年。

约翰·洛克:《政府论:论政府的真正起源、范围和目的》上、下册,叶启芳、瞿菊农译,商务印书馆,1964年。

约翰·麦克里兰:《西方政治思想史》,彭淮栋译,海南出版社,2003年。

约翰·麦克曼勒斯(主编):《牛津基督教史(插图本)》,张景龙、沙辰译,贵州人民出版社,1995年。

约翰·穆勒:《功利主义》,徐大健译,上海人民出版社,2008年。

约翰·穆勒:《政治经济学原理:及其在社会哲学上的若干应用》,赵荣潜译,胡启林校,商务印书馆,1991年。

詹姆士·里德:《基督的人生观》,蒋庆译,生活·读书·新知三联书店,1998年。

詹姆斯·斯蒂芬:《自由·平等·博爱:一位法学家对约翰·密尔的批判》,冯克利、杨日鹏译,广西师范大学出版社,2007年。

张春林:《世界文化史知识(第三卷·通往东方之路:朝圣者与十字军)》,辽宁大学出版社,1996年。

张世英:《自我实现的历程:解读黑格尔〈精神现象学〉》,山东人民出版社,2001年。

朱迪斯·M. 本内特、C. 沃伦·霍利斯特:《欧洲中世纪史(第10版)》,杨宁、李韵译,上海社会科学院出版社,2007年。

朱寰主编:《世界中古史(修订本)》,吉林人民出版社,1981年。

后　记

　　本书本该是两年前完成的作品，直到 2021 年圣诞节才鸣金收兵。之所以延迟了两年，是因为停下来翻译《机器人伦理学导引》，这是一件不得不做的事情。在不得不做和喜欢做的事情之间做出抉择，也是一件颇为无奈的事情。

　　自 20 世纪 80 年代起，笔者关注人道主义和人性论问题。从 1998 年开始，笔者开始撰写西方人道主义史。于 2005 年至 2009 年，由华夏出版社出版了三卷本的西方人道主义史：《人性的曙光：希腊人道主义探源》《爱的福音：中世纪基督教人道主义》《回归自我：20 世纪西方人道主义与反人道主义》。近代人道主义也是计划写作的内容。

　　计划中的近代人道主义写作，总题目是《西方近代人性论源流考》，第一卷是《理性时代：西方早期人性论的嬗变》，第二卷是《启蒙时代：18 世纪人性论的嬗变》。目前完成的作品，是人道主义研究近代卷的第一卷。稍事休整之后，便该着手写作第二卷。

　　从 1998 年开始写作西方人道主义史到今天，算来已经有 20 余年了。岁月在读书写作中不知不觉流逝。借用时下流行的一句话：时间都到哪里去了？君不见，那字里行间，渗透着岁月静好的过往。那破解问题的韵律，弹奏的便是日常的喜怒哀乐。在书中邂逅大师、倘佯历史，这等不染凡尘的洁净，着实净化着人的身心。时间就在作品中，乐趣就在读书写作中。投入如此多的时间与精力，不为别的，只因为喜欢。